高等职业教育“十三五”规划教材（网络工程课程群）

Windows 服务器配置与管理

主　编　罗元成　汪　应

副主编　黄　华　张　坤

主　审　唐腾健

中国水利水电出版社

www.waterpub.com.cn

·北京·

内 容 提 要

本书围绕网络工程师、信息系统集成工程师等岗位对 Windows 服务配置与管理的核心技能需求，以 Windows Server 2012 平台为载体，结合高职教育特色，以理论知识够用为度，强调实践动手能力。采用"项目 + 任务"形式编写教材，每个学习项目按照任务描述、相关知识、任务实施等方式展开。

本书主要内容包括：计算机网络基础、Windows Server 2012 服务器基本配置、DHCP 服务器配置与管理、DNS 服务器配置与管理、FTP 服务器安装与基本配置、Web 服务器配置与管理、邮件服务器配置与管理、网络负载均衡群集配置、活动目录配置与管理等 9 个项目，还在每个项目中设计有拓展实训和同步训练环节。

本书图文并茂、主次分明、项目具体，可作为高等职业院校"Windows 服务器与管理"课程教学用的理实一体化教材或参考书，也可作为从事网络管理与系统集成人员的指导用书。

图书在版编目（CIP）数据

Windows服务器配置与管理 / 罗元成，汪应主编. -- 北京 : 中国水利水电出版社，2017.3（2023.9 重印）
高等职业教育"十三五"规划教材. 网络工程课程群
ISBN 978-7-5170-5195-4

Ⅰ. ①W… Ⅱ. ①罗… ②汪… Ⅲ. ①Windows操作系统－网络服务器－高等职业教育－教材 Ⅳ. ①TP316.86

中国版本图书馆CIP数据核字(2017)第030882号

策划编辑：祝智敏　责任编辑：魏渊源　加工编辑：郭继琼　封面设计：梁　燕

书　　名	高等职业教育"十三五"规划教材（网络工程课程群） Windows服务器配置与管理 Windows FUWUQI PEIZHI YU GUANLI
作　　者	主　编　罗元成　汪　应 副主编　黄　华　张　坤 主　审　唐腾健
出版发行	中国水利水电出版社 （北京市海淀区玉渊潭南路 1 号 D 座　100038） 网址：www.waterpub.com.cn E-mail：mchannel@263.net（答疑） sales@mwr.gov.cn 电话：（010）68545888（营销中心）、82562819（组稿）
经　　售	北京科水图书销售有限公司 电话：（010）68545874、63202643 全国各地新华书店和相关出版物销售网点
排　　版	北京万水电子信息有限公司
印　　刷	三河市德贤弘印务有限公司
规　　格	184mm×260mm　16 开本　18.75 印张　405 千字
版　　次	2017 年 3 月第 1 版　2023 年 9 月第 5 次印刷
印　　数	7001—8000 册
定　　价	48.00 元

丛书编委会

序 言

《国务院关于积极推进“互联网 +”行动的指导意见》的发布标志着我国全面开启通往“互联网 +”时代的大门，我国在全功能接入国际互联网 20 年后达到全球领先水平。目前，我国约 93.5% 的行政村已开通宽带，网民人数超过 6.5 亿，一批互联网和通信设备制造企业进入国际第一阵营。互联网在我国的发展，分别“+”出了网购、电商，“+”出了 O2O（线上线下联动），也“+”出了 OTT（微信等顶端业务），2015 年全面进入“互联网 +”时代，拉开了融合创新的序幕。纵观全球，德国通过“工业 4.0 战略”让制造业再升级；美国通过“产业互联网”让互联网技术的优势带动产业提升；如今在我国，信息化和工业化的深度融合越发使“互联网 +”被寄予厚望。

“互联网 +”时代的到来，使网络技术成为信息社会发展的推动力。社会发展日新月异，新知识、新标准层出不穷，不断挑战着学校相关专业教学的科学性，这给当前网络专业技术人才的培养提出了极大的挑战。因此，新教材的编写和新技术的更新也显得日益迫切。教育只有顺应时代的需求持续不断地进行革命性的创新，才能走向新的境界。

在这样的背景下，中国水利水电出版社和重庆工程职业技术学院、重庆电子工程职业学院、重庆城市管理职业学院、重庆工业职业技术学院、重庆信息技术职业学院、重庆工商职业学院、浙江金华职业技术学院等示范高职院校，以及中兴通讯股份有限公司、星网锐捷网络有限公司、杭州华三通信技术有限公司等网络产品和方案提供商联合，组织来自企业的专业工程师和部分院校的一线教师协同规划和开发了本系列教材。教材以网络工程实用技术为脉络，依托自企业多年积累的工程项目案例，将目前行业发展中最实用、最新的网络专业技术汇集到专业方案和课程方案中，然后编写入专业教材，再传递到教学一线，以期为各高职院校的网络专业教学提供更多的参考与借鉴。

一、整体规划全面系统　紧贴技术发展和应用要求

本系列教材的规划和内容的选择都与传统的网络专业教材有很大的区别，选编知识具有体系化、全面化的特征，能体现和代表当前最新的网络技术的发展方向。为帮助读者建立直观的网络印象，本书引入来自企业的真实网络工程项目，让读者身临其境地了解发生在真实网络工程项目中的场景，了解对应的工程施工中所需要的技术，学习关键网络技术应用对应的技术细节，对传统课程体系实施改革。真正做到以强化实际应用，全面系统培养人才，尽快适应企业工作需求为教学指导思想。

二、鼓励工程项目形式教学　知识领域和工程思想同步培养

倡导教学以工程项目的形式开展，按项目划分小组，以团队的方式组织实施；倡导各团队成员之间进行技术交流和沟通，共同解决本组工程方案的技术问题，查询相关技术资料，并撰写项目方案等工程资料。把企业的工程项目引入到课堂教学中，针对工程中所需要的实际工作技能组织教学，重组理论与实践教学内容，让学生在掌握

理论体系的同时，能熟悉网络工程实施中的实际工作技能，缩短学生未来在企业工作岗位上的适应时间。

三、同步开发教学资源　及时有效更新项目资源

为保证本系列课程在学校的有效实施，丛书编委会还专门投入了巨大的人力和物力，为本系列课程开发了相应的、专门的教学资源，以有效支撑专业教学实施过程中备课、授课、项目资源的更新和疑难问题的解决，详细内容可以访问中国水利水电出版社万水分社的网站，以获得更多的资源支持。

四、培养“互联网 +”时代软技能　服务现代职教体系建设

互联网像点石成金的魔杖一般，不管“+”上什么，都会发生神奇的变化。互联网与教育的深度拥抱带来了教育技术的革新，引起了教育观念、教学方式、人才培养等方面的深刻变化。正是在这样的机遇与挑战面前，教育在尽量保持知识先进性的同时，更要注重培养人的“软技能”，如沟通能力、学习能力、执行力、团队精神和领导力等。为此，在本系列教材规划的过程中，一方面注重诠释技术，一方面融入了“工程”“项目”“实施”和“协作”等环节，把需要掌握的技术元素和工程软技能一并考虑进来，以期达到综合素质培养的目标。

本系列教材是出版社、院校和企业联合策划开发的成果，希望能吸收各方面的经验，积众所长，保证规划课程的科学性。配合专业改革、专业建设的开展，丛书主创人员先后组织数次研讨会进行交流、修订以保证专业建设和课程建设具有科学的指向性。来自中兴通讯股份有限公司、星网锐捷网络有限公司、杭州华三通信技术有限公司的众多专业工程师，以及产品经理罗荣志、罗脂刚、杨毅等为全书提供了技术和工程项目方案的支持，并承担全书技术资料的整理和企业工程项目的审阅工作。重庆工程职业技术学院的杨智勇、李建华，重庆工业职业技术学院的王璐烽，重庆电子工程职业学院的武春岭、唐继勇，重庆城市管理职业学院的乐明于、罗勇，重庆工商职业学院的胡方霞，重庆信息技术职业学院的曾鹏，浙江金华职业技术学院的宣翠仙等在全书成稿过程中给予了悉心指导及大力支持，在此一并表示衷心的感谢！

本系列丛书的规划、编写与出版历经三年的时间，在技术、文字和应用方面历经多次的修订，但考虑到前沿技术、新增内容较多，加之作者文字水平有限，错漏之处在所难免，敬请广大读者批评指正。

丛书编委会

前 言

本书围绕 Windows 服务器系统管理员、网络工程师等岗位的核心技能要求，通过引入行业标准和职业岗位标准，以基于主流的 Windows Server 2012 系统平台构建网络为载体，采用任务驱动和项目引领模式，将网络组建基础和网络服务配置与管理融入到各项目中。

本书是由重庆工程职业技术学院“Windows 服务器与管理”课程任课老师根据往年教学和单位信息化管理经验，对以前的教学用书进行了重新编写和修订。主要以高校和企业网络信息化管理为例，紧跟行业技术发展，将实际建设和运行的 DNS 服务器、DHCP 服务器、Web 服务器、FTP 服务器、邮件服务器等项目建设与实施的方法融入到书中，强调教学的可操作性。每个项目都分解为若干个任务，在每个任务的准备阶段都有任务描述、相关知识等作为铺垫，任务实施过程叙述详细、步骤清晰，并配有任务的验证方法，符合工程项目组织实施的一般规律。案例真实、具体，重点突出，应用普遍，技术新颖，综合性强。

本书作为部分高职院校计算机类专业课程体系和教学思路改革的体现，具有以下特点：

（1）案例采用“项目 + 任务”形式。全书共 9 个项目，每个项目设立若干个任务，取自于学校和企业网络信息化建设项目。内容由易到难、由简到繁、层层递进，读者能通过任务实践完成相关知识和技能的训练。

（2）紧跟行业技术发展。本书着力于当前主流技术和新技术的讲解，与行业紧密联系。

（3）强调实用性，便于教学组织设计，可操作性强。

本书由重庆工程职业技术学院联合重庆市内外兄弟院校骨干老师和企业专家组织编写。本书共 9 个项目，项目 1、2、6、8 由罗元成编写，项目 3、9 由黄华编写，项目 4、5 由汪应编写，项目 7 由张坤编写。全书由罗元成、汪应担任主编并负责统稿，黄华、张坤担任副主编，唐腾健担任主审。

在此，要特别感谢学校领导以及家人对本书编写工作的大力支持，还要感谢编委会在全书成稿过程中给予的悉心指导。没有他们的关爱与支持，我们很难完成本书的编写与修订工作。

由于编者水平有限，书中难免存在疏漏和不足之处，敬请广大读者批评指正。

编者

2016 年 10 月

目录 CONTENTS

项目 1
计算机网络基础

【学习目标】

知识目标：了解计算机网络的概念，常见网络的类型，介质的种类和特性；熟悉各种网络设备的功能和类型。

技能目标：能正确制作直通线和交叉线，掌握各种网络设备间连接的方法。

【任务描述】

在组建网络之前，需要确定网络的类型及拓扑结构，选择相应的传输介质，然后使用网络设备组建网络。

本次任务是在了解计算机网络的概念、网络分类，熟悉传输介质、网络基本设备等专业内容基础上完成直通线和交叉线的制作、网线连通性的测试，并利用虚拟机搭建如图 1.1 所示的网络。

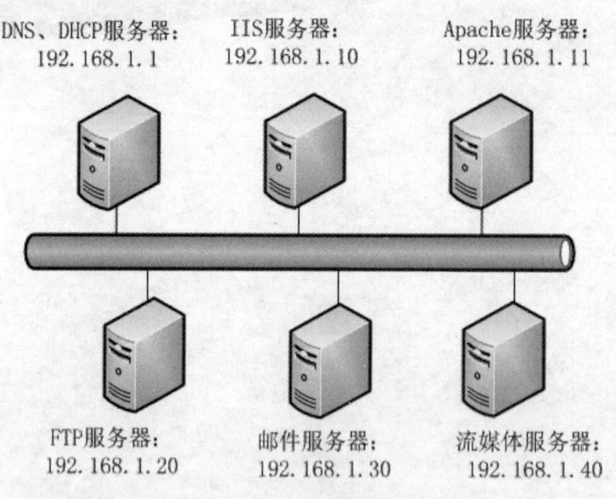

图 1.1　网络结构图

【相关知识】

1. 计算机网络的概念

计算机网络是现代通信技术与计算机技术相结合的产物。所谓计算机网络，就是把分布在不同地理区域的计算机与专用外部设备用通信线路互联成一个规模大、功能强的计算机应用系统，从而使众多的计算机可以方便地互相传递信息，共享硬件、软件、数据信息等资源。

2. 计算机网络的分类

计算机网络的种类很多，根据不同的分类原则，可以得到不同类型的计算机网络。按照覆盖范围的大小不同，计算机网络可以分为局域网（LAN，Local Area Network）、城域网（MAN，Metropolitan Area Network）、广域网（WAN，Wide Area Network）；按照网络的拓扑结构来划分，计算机网络可以分为总线型、星型、环型、树型等；按照通信传输介质来划分，可以分为双绞线网、同轴电缆网、光纤网、微波网、卫星网、红外线网等；按照信号频带占用方式来划分，又可以分为基带网和宽带网。在此，我们主要按拓扑结构对网络的分类并进行详细分析。

计算机网络的拓扑结构，即指网上计算机或设备与传输媒介形成的结点与线的物理构成模式。网络的结点有两类：一类是转换和交换信息的转接结点，包括结点交换机、集线器和终端控制器等；另一类是访问结点，包括计算机主机和终端等。线则代表各种传输媒介，包括有形的和无形的。

计算机网络常见的拓扑结构有：总线型拓扑、星型拓扑、环型拓扑、树型拓扑。

（1）总线型拓扑结构

总线型拓扑结构由一条高速公用主干电缆即总线连接若干个结点构成网络，其工作站和服务器均挂在一条总线上，各工作站地位平等，无中心结点控制，公用总线上的信息多以基带形式串行传递，其传递方向总是从发送信息的结点开始向两端扩散，如同广播电台发射的信息一样，因此又称广播式计算机网络，如图 1.2 所示。各结点在接受信息时都进行地址检查，看是否与自己的工作站地址相符，相符则接收网上的信息。网络中所有的结点通过总线进行信息的传输。这种结构的特点是结构简单灵活，建网容易，使用方便，性能好。其缺点是主干总线对网络起决定性作用，总线故障将影响整个网络。总线型拓扑是使用最普遍的一种网络。

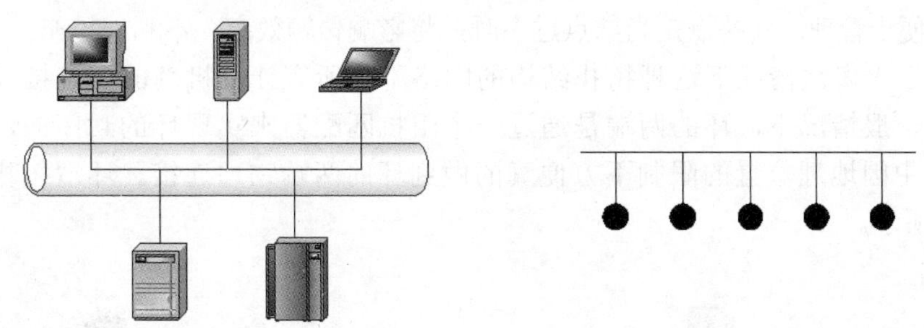

（a）总线型局域网的计算机连接　　（b）总线型局域网的拓扑结构

图 1.2　总线型拓扑结构图

（2）星型拓扑结构

星型拓扑结构由中央结点集线器与各个结点连接组成。这种网络属于集中控制型网络，整个网络由中心结点执行集中式通行控制管理，各结点间的通信都要通过中心结点。每一个要发送数据的结点都将要发送的数据发送至中心结点，再由中心结点负责将数据送到目地结点。因此，中心结点相当复杂，而各个结点的通信处理负担都很小，只需要满足链路的简单通信要求。星型拓扑结构的特点是结构简单、建网容易，便于控制和管理。其缺点是中央结点负担较重，容易形成系统的“瓶颈”，线路的利用率也不高。

总的来说星型拓扑结构相对简单，便于管理，建网容易，是目前局域网普遍采用的一种拓扑结构。采用星型拓扑结构的局域网，一般使用双绞线或光纤作为传输介质，符合综合布线标准，能够满足多种宽带需求。星型拓扑结构图如图 1.3 所示。

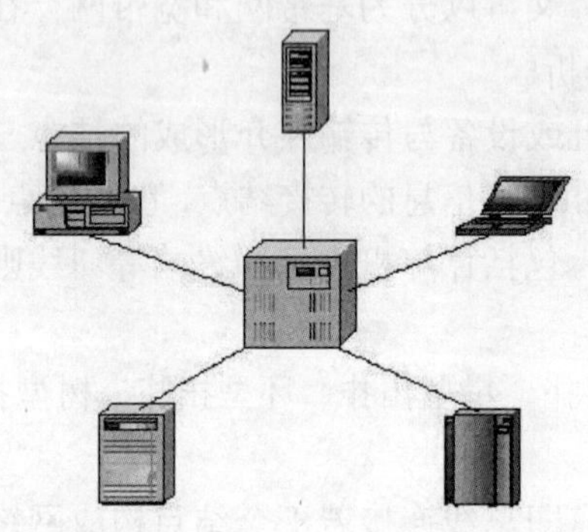

（a）星型局域网的计算机连接

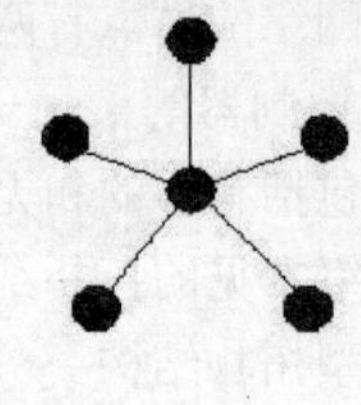

（b）星型局域网的拓扑结构

图 1.3　星型拓扑结构图

（3）环型拓扑结构

环型拓扑由各结点首尾相连形成一个闭合环型线路。这种结构使公共传输电缆组成环型连接，数据在环路中沿着一个方向在各个结点间传输，信息从一个结点传到另一个结点。环型网络中的信息传送是单向的，即沿一个方向从一个结点传到另一个结点；每个结点需安装中继器，以接收、放大、发送信号。这种结构的特点是结构简单，建网容易，便于管理。其缺点是当结点过多时，将影响传输效率，不利于扩充。

实际上大多数情况下这种拓扑结构的网络不是所有计算机真的要连接成物理上的环型，一般情况下，环的两端是通过一个阻抗匹配器来实现环的封闭的，因为在实际组网中因地理位置的限制不方便真的做到环的两端物理连接。环型拓扑结构图如图 1.4 所示。

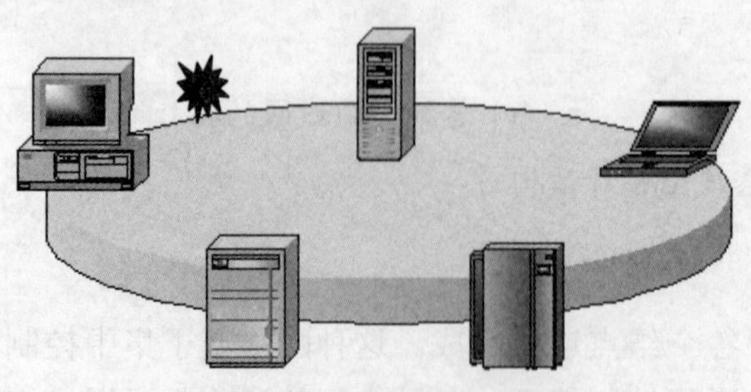

（a）环型局域网的计算机连接

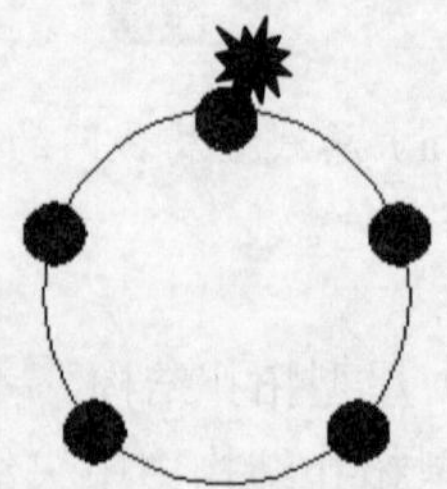

（b）环型局域网的拓扑结构

图 1.4　环型拓扑结构图

（4）树型拓扑结构

树型拓扑结构是一种分级结构，如图 1.5 所示。在树型结构的网络中，任意两个结点之间不产生回路，每条通路都支持双向传输。树型结构是分级的集中控制式网络，与星型结构相比，它的通信线路总长度短，成本较低，结点易于扩充，寻找路径比较方便，但除了叶结点及其相连的线路外，任一结点或与其相连的线路故障都会使系统受到影响。这种结构的特点是扩充方便、灵活，成本低，易推广，适于分主次或分等级的层次型管理系统。

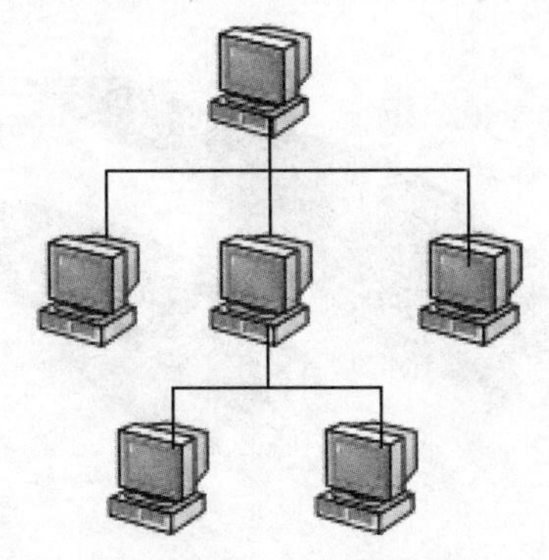

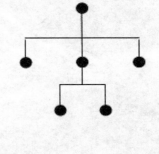

（a）树型局域网的计算机连接

（b）树型局域网的拓扑结构

图 1.5　树型拓扑结构

3. 网络传输介质

网络传输介质是网络中发送方与接收方之间的物理通路，它对网络的数据通信具有一定的影响。常用的网络传输介质可以分为两类：一类是有线的，一类是无线的。有线传输介质主要有双绞线、同轴电缆、光纤；无线传输介质主要有微波、无线电、激光和红外线等。

（1）同轴电缆

同轴电缆（Coaxial Cable）绝缘效果好，频带较宽，数据传输稳定，性价比高。同轴电缆中央是一根内导体铜质芯线，外面依次包有绝缘层、网状编织的外导体屏蔽层和塑料保护外层，如图 1.6 所示。

图 1.6　同轴电缆

通常按特性阻抗数值的不同，可将同轴电缆分为 50Ω 基带同轴电缆和 75Ω 宽带同轴电缆。前者用于传输基带数字信号，是早期局域网的主要传输介质；后者是有线电视系统CATV中的标准传输电缆，在这种电缆上传输的信号采用了频分复用宽带模拟信号。

（2）双绞线

双绞线（Twisted Pair）是由两条导线按一定扭矩相互绞合在一起的类似于电话线的传输介质，每根线加绝缘层并用颜色来标记，如图1.7所示左边部分。成对线的扭绞旨在使电磁辐射和外部电磁干扰减到最小。使用双绞线组网，双绞线与网卡、双绞线与集线器的接口叫RJ45，俗称水晶头，如图1.7所示右半部分。

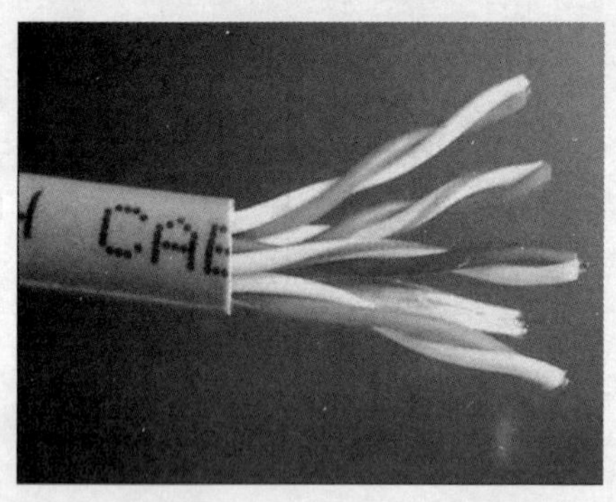

图1.7　双绞线及水晶头

双绞线采用了一对绝缘的金属导线互相绞合的方式来抵御一部分外界电磁波干扰，更主要的是降低自身信号的对外干扰。把两根绝缘的铜导线按一定密度互相绞合，可以降低信号干扰的程度，每一根导线在传输中辐射的电波会被另一根线上发出的电波抵消，“双绞线”的名字也由此而来。

双绞线分为屏蔽双绞线（STP）和非屏蔽双绞线（UTP），STP双绞线内部包含了一层皱纹状的屏蔽金属物质，并且多了一条接地用的金属铜丝线，因此它的抗干扰性比UTP双绞线强，但价格要贵很多，阻抗通常为15Ω。对于UTP双绞线，其阻抗值通常为100Ω。

电气工业协会/电信工业协会（EIT/TIA）按其电气特性将双绞线分为1类、2类、3类、4类、5类、超5类、6类，同时欧洲提出7类双绞线。其中，1类双绞线用于模拟话音，在局域网中不使用；2类可用于综合业务数据网，如数字语音，在局域网中也很少用；3类双绞线由4对非屏蔽双绞线组成，可用来进行10Mb/s的语音和数据传输，4类双绞线适用于包括16Mb/s令牌环局域网在内的数据传输速率，可以是UTP，也可以是STP；5类双绞线适用于16Mb/s以上的速率，最高可达100Mb/s；超5类是对现有的5UTP性能加以改善后的，但传输带宽仍然为100MHz，连接方式和现有广泛使用的RJ45接插模块相兼容；6类双绞线与5类相比，除了各项参数都有较大提高外，其带宽将扩展至200MHz或更高，连接方式和现在广泛使用的RJ45接插模块相兼容；7类双绞线是欧洲提出的一种电缆标准，其计划的带宽为600MHz，但是其连接模块的结构和目前的RJ45形式完全不兼容，是一种屏蔽系统。

根据 EIA/TIA 接线标准，双绞线与 RJ45 接头连接时需要 4 根导线通信，两条用于发送数据，两条用于接收数据。RJ45 接口制作有两种标准：EIA/TIA 568A 标准和 EIA/TIA 568B 标准。T568A 的排线顺序为：绿白、绿、橙白、蓝、蓝白、橙、棕白、棕；T568B 的排线顺序为：橙白、橙、绿白、蓝、蓝白、绿、棕白、棕。

（3）光纤

光纤又称为光缆或光导纤维，由光导纤维纤芯、玻璃网层和能吸收光线的外壳组成。是由一组光导纤维组成的用来传播光束的、细小而柔韧的传输介质。

光纤主要分为单模光纤和多模光纤。单模光纤：由激光作光源，仅有一条光通路，传输距离长，2 千米以上。多模光纤：由二极管发光作光源，低速短距离，2 千米以内。

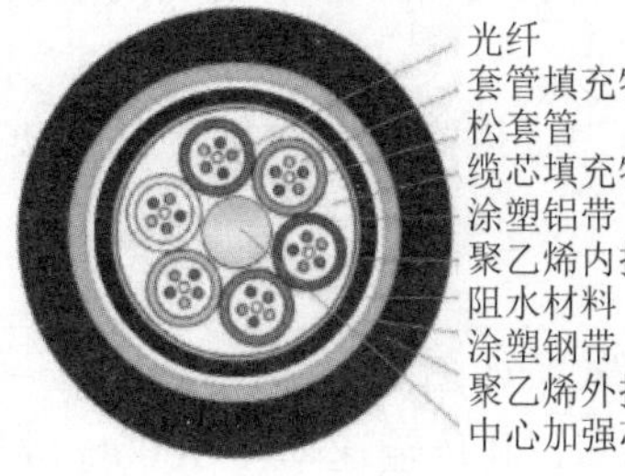

图 1.8 光纤结构图

（4）无线传输

上述 3 种传输介质有一个共同的缺点，那便是都需要一根缆线连接电脑，这在很多场合下是不方便的。例如，若通信线路需要穿过高山或岛屿或在市区跨越主干道路时就很难敷设，这时利用无线电波在空间自由地传播，可以进行多种通信。

无线传输主要分为无线电、微波、红外线及可见光几个波段，紫外线和更高的波段目前还不能用于通信。国际电信联盟对无线传输所使用的频段进行了正式命名，分别是低频（LF）、中频（MF）、高频（HF）、甚高频（VHF）、特高频（UHF）、超高频（SHF）、极高频（EHF）和目前尚无标准译名的 THF。

无线电微波通信在数据通信中占有重要地位。微波的频段范围为 300MHz ～ 300GHz，但主要使用 2 ～ 4GHz 的频率范围。微波通信主要有两种方式：地面微波接力通信和卫星通信。

由于微波在空间是直线传播，而地球表面是个曲面，因此其传输距离会受到限制，一般只有 50km 左右。若采用 100m 高的天线塔，传输距离可增大到 100km。为了实现远距离传输，必须在信道的两个终端之间建立若干个中继站，称为“接力通信”。其主要优点是：频率高、范围大，因此通信容量很大；因频谱干扰少，故传输质量高，可靠性高；与相同距离的电缆载波通信相比，投资少，见效快。缺点是：因相邻站之间必须直视，对环境要求高，有时会受恶劣天气的影响，保密性差。

卫星通信是在地球站之间利用位于 36000km 高空的同步卫星为中继的一种微波接力通信。每颗卫星覆盖范围达 18000km，通常在赤道上面等距离放置 3 颗相隔 120° 的卫星就可以覆盖全球。和微波通信相似，卫星通信也具有频带宽、干扰少、容量大、质量好等优点。另外，其最大的优点是通信距离远，基本没有盲区。缺点是传输时延长。

4. 物理层网络设备

（1）调制解调器

调制解调器（modem）是由调制器与解调器组合而成的，故称为调制解调器。调制器的基本职能就是把从终端设备和计算机送出的数字信号转变成适合在电话线、有线电视线等模拟信道上传输的模拟信号；解调器的基本职能是将从模拟信道上接收到的模拟信号恢复成数字信号，交给终端计算机处理。

1）调制解调器的功能

差错控制功能：差错控制是为了克服线路传输中出现的数据差错，实现调制解调器至远端调制解调器的无差错数据传送。

数据压缩功能：数据压缩功能是为了提高线路传输中的数据吞吐率，使数据更快地传送至对方。

2）调制解调器的分类

- 按安装位置分为内置式和外置式，如图 1.9 所示。
- 按传输速率分为低速调制解调器，其传输速率在 9600b/s 以下；中速调制解调器，其传输速率在 9.6～19.2kb/s 之间；高速调制解调器，传输速率达到 19.2～56kb/s。

（a）外置式调制解调器

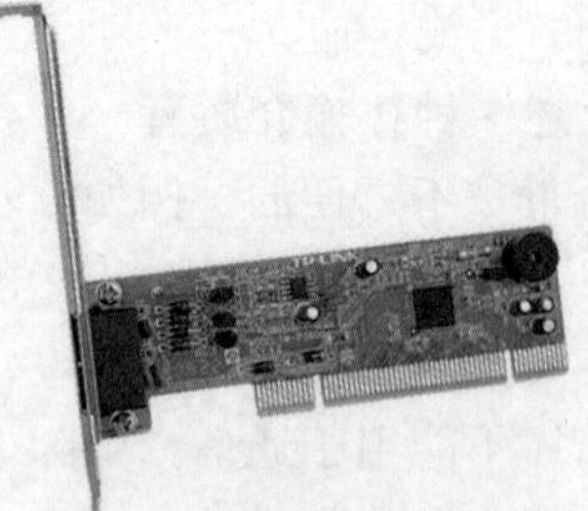

（b）内置式调制解调器

图 1.9　调制解调器

（2）中继器

中继器（repeater）是一种简单的网络互联设备，工作于 OSI 的物理层。它主要负责在两个结点的物理层上按位传递信息，完成信号的复制、调整和放大功能，以此来延长网络的长度。一般情况下，中继器的两端连接的是相同的媒体。

1）中继器的功能

中继器又称为“转发器”，主要作用是对信号进行放大、整形，使衰减的信号得以再生，并沿着原来的方向继续传播，在实际使用中主要用于延伸网络长度和连接不同网络。使用中继器扩展和连接网络如图 1.10 和图 1.11 所示。

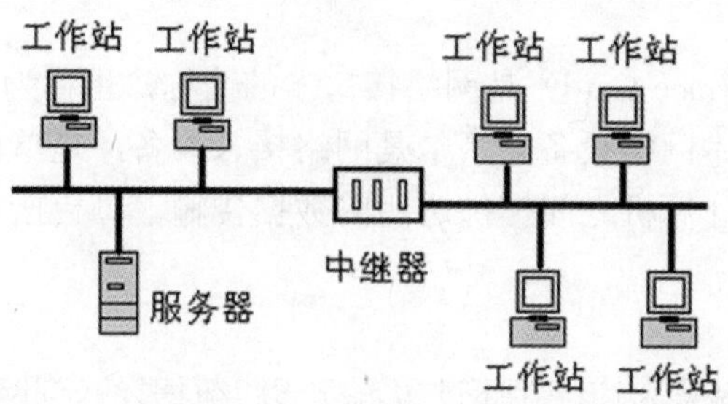

图 1.10　使用中继器扩展网络

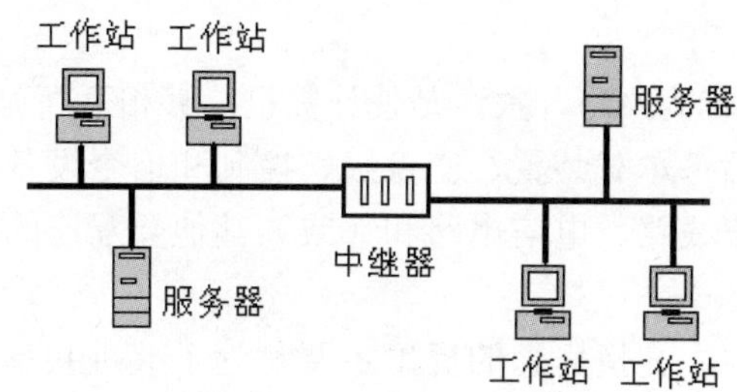

图 1.11　使用中继器连接网络

2）中继器的特点

中继器工作在物理层，它不解释也不改变接收的信号，只是起着增强信号、延长传输距离的作用，对高层协议是透明的，用中继器连接的网络在物理上和逻辑上是同一个网络，相当于用同一条电缆组成的一个更大的网络。

不足：中继器只是物理层设备，它既不关心帧的起点，也不关心帧的格式，不具有过滤作用。

（3）集线器

集线器（Hub）又称为集中器，平时人们都习惯地称之为“Hub”，它是双绞线网络中将双绞线集中到一起以实现连网的物理层网络设备，对信号有整形放大的作用，其实质是一个多端口的中继器。

集线器是一个共享设备，网络中所有用户共享一个带宽；集线器又是一个多端口的信号放大设备；主要用于星型以太网中。集线器主要按以下方式分类：

①依据带宽分类，可以将集线器分为 10Mb/s、100Mbs、10/100Mb/s 自适应型双速集线器和 1000Mb/s 集线器。

②依据管理方式分类，集线器可以分为哑集线器和智能集线器。

③依据配置形式分类，独立集线器、模块化集线器和可堆叠式集线器。

5. 数据链路层网络设备

（1）网卡

网卡（Network Interface Card）是网络接口卡的简称，也称为网络适配器，是计算机网络中必不可少的基本网络设备。网卡是网络接入设备，是单机与网络中其他计算机之间通信的桥梁，为计算机之间提供透明的数据传输，每台接入网络的计算机都必须安装网卡。

1）网卡的作用

一是将计算机数据封装为帧，并通过传输介质将数据发送到网络上去；

二是接收帧，并将帧重新组合成数据，通过主板上的总线传输给本地计算机。

2）网卡的分类

网卡种类繁多，可以从总线类型、网络接口、网络类型、支持的带宽等不同的角度进行划分。

（2）交换机

交换机（Switch）又称为网络开关，是使计算机能够相互高速通信的独享带宽的网络设备，是网络结点上话务承载装置、交换级、控制和信令设备以及其他功能单元的集合体。交换机能把用户线路、电信电路和（或）其他要互连的功能单元根据单个用户的请求连接起来。

在计算机网络系统中，交换概念的提出主要是为了改进共享工作模式，交换机拥有一条带宽很高的背部总线和内部交换矩阵，所有的端口都挂接在这条背部总线上，控制电路接收到数据包后，处理端口会查找内存中的地址对照表以确定目的地址挂接在哪个端口上，通过内部交换矩阵迅速地将数据包传送到目的端口。

交换机的作用：

①像集线器一样，交换机提供了大量可供线缆连接的端口，这样可以采用星型拓扑布线。

②像中继器、集线器和网桥那样，当转发帧时，交换机会重新产生一个不失真的方形电信号。

③像网桥那样，交换机在每个端口上都使用相同的转发或过滤逻辑。

④像网桥那样，交换机将局域网分为多个冲突域，每个冲突域都有独立的宽带，因此大大提高了局域网的带宽。

⑤除了具有网桥、集线器和中继器的功能以外，交换机还提供了更先进的功能，如虚拟局域网（VLAN）和更高的性能。

（3）网桥

网桥（bridge）又称为桥接器，是连接两个局域网的一种存储—转发设备。网桥将两个相似的网络连接起来，并对网络数据的流通进行管理。它工作于数据链路层，不但能扩展网络的距离或范围，而且可提高网络的性能、可靠性和安全性。

1）网桥的工作原理

网桥从端口接收到网段传送的各种帧，每当收到一个帧时，就先放在其缓冲区中。若此帧未出现差错，且欲发往目的站的地址属于另一个网段，则通过查找站表将收到的帧送往对应的端口转发出去，否则就丢弃此帧。仅在同一网段中通信的帧，不会被网桥转发到另一个网段去。

2）网桥的基本功能

- 能匹配不同端口的速率
- 对帧具有检测和过滤的作用
- 能扩大网络地理范围
- 提升带宽
- 连接不同传输介质的网络
- 具有学习功能

3）网桥的分类

网桥分为内桥、外桥和远程桥三类。

内桥：是文件服务器的一部分，它在文件服务器中利用不同网卡把局域网连接起来，如图 1.12 所示。

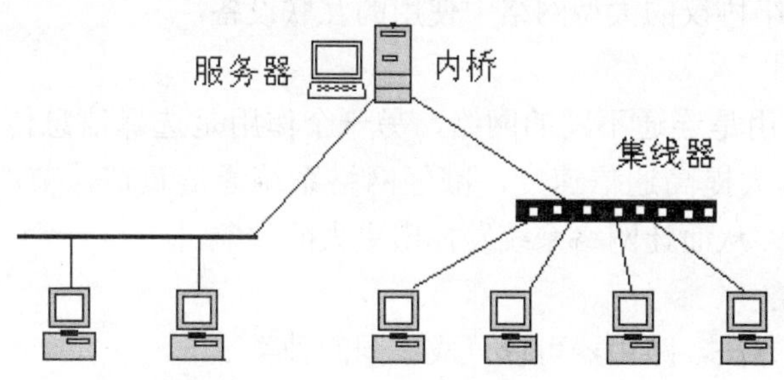

图 1.12　内桥

外桥：不同于内桥，是独立于被连接的网络之外的、实现两个相似的不同网络之间连接的设备。通常用连接在网络上的工作站作为外桥，如图 1.13 所示。

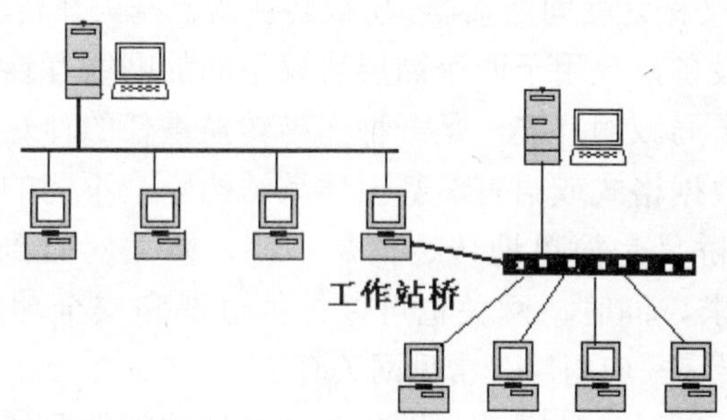

图 1.13　外桥

远程桥：是实现远程网之间连接的设备，通常用调制解调器与通信媒体连接，如用电话线实现两个局域网的连接，如图 1.14 所示。

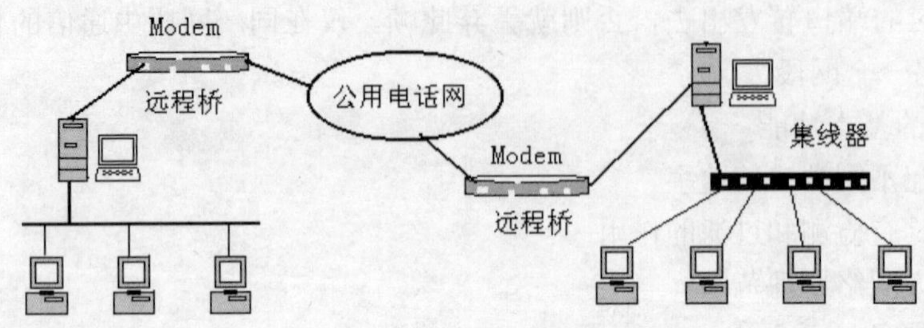

图 1.14　远程桥

6. 网络及其上层设备

（1）路由器

路由器（router）是网络层的中继系统，是一种可以在速度不同的网络和不同媒体之间进行数据转换的，基于在网络层协议上保持信息、管理局域网至局域网的通信，适用于在运行多种网络协议的大型网络中使用的互联设备。

1）路由器的作用

路由器的一个作用是连通不同的网络，另一个作用是选择信息传送的线路。选择通畅快捷的近路能大大提高通信速度，减轻网络系统通信负荷，节约网络系统资源，提高网络系统畅通率，从而让网络系统发挥出更大的效益。

2）路由器的分类

根据不同的划分方法，路由器可以分成不同的种类：

- 按照协议来分：单协议路由器和多协议路由器；
- 按照使用场所来分：本地路由器和远端路由器；
- 根据路由器的技术特点和应用特点来分：骨干级路由器、企业级路由器和接入级路由器。

（2）网关

网关（Gateway）又称为网间连接器、协议转换器。网关在传输层上实现网络互连，是最复杂的网络互连设备，仅用于两个高层协议不同的网络互连。网关既可以用于广域网互连，也可以用于局域网互连，是一种充当转换重任的计算机系统或设备。在使用不同的通信协议、数据格式或语言，甚至体系结构完全不同的两种系统之间，网关是一个翻译器。与网桥只是简单地传达信息不同，网关对收到的信息要重新打包，以适应目的系统的需求。同时，网关也可以提供过滤和安全功能。大多数网关运行在 OSI 7 层协议的顶层——应用层。常见网关有：

①电子邮件网关。通过这种网关可以从一种类型的邮件系统向另一种类型的邮件系统传输数据。电子邮件网关允许使用不同电子邮件系统的用户相互收发邮件。

②因特网网关。这种网关用于管理局域网和因特网之间的通信。因特网网关可以限制某些局域网用户访问因特网，或者限制某些因特网用户访问局域网，防火墙可以看作是一种因特网网关。

③局域网网关。通过这种网关，运行不同协议或运行于不同层上的局域网网段间可以相互通信。允许远程用户通过拨号方式接入局域网的远程访问服务器可以看作局域网网关。

④ IP 电话网关。实现公用电话网和 IP 网的接口，是电话用户使用 IP 电话的接入设备。

【任务实施】

网线的制作

（1）实训器材准备

①网线钳一把；

②双绞线（5 类或其他类别）若干；

③ 4 只 RJ45 水晶头；

④网线测试仪一个。

（2）认识双绞线

关于 RJ45 水晶头的端接标准有两个，一个是 T568A 和 T568B，二者只是颜色上有区别。RJ45 水晶头的本质问题是要保证 1-2 线对是一个绕对、3-6 线对是一个绕对、4-5 线对是一个绕对、7-8 线对是一个绕对。常用的接线法是 T568B 接线方法，接口线序和直通线的线序如图 1.15 和图 1.16 所示。

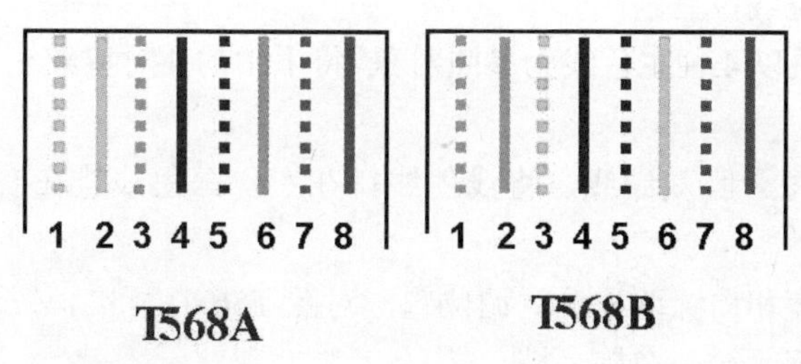

图 1.15 EIA/TIA RJ45 接口线序

其实双绞线的 4 对 8 根是有序排列的。实现 100M 上带宽的最低要求是保持白橙和橙、白绿和绿这两对线畅通（这 4 根对应于 T568B，线序是 1、2、3、6；对应于 T568A，则线序是 3、6、1、2），

T568A 的排线顺序为：绿白、绿、橙白、蓝、蓝白、橙、棕白、棕。

T568B 的排线顺序为：橙白、橙、绿白、蓝、蓝白、绿、棕白、棕。

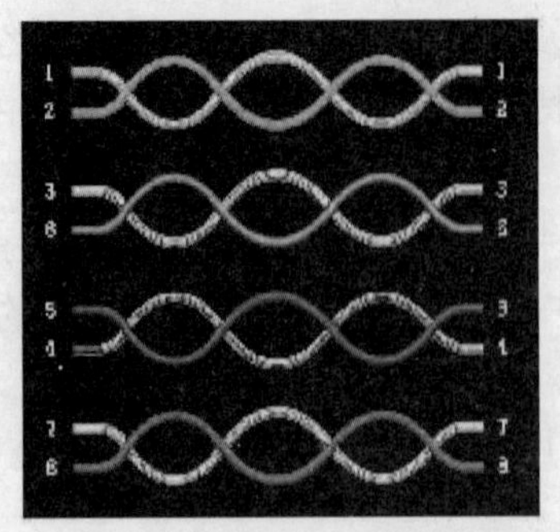

图 1.16　直通线的线序

（3）双绞线（直通线）的制作步骤

①先将双绞线外皮剥出 2cm 左右的小段，如图 1.17 所示。

图 1.17　去掉护套的双绞线

②将双绞线缠绕线拉直。

③初排序。如果以 4 种主色线为参照对象，将手中的 4 对双绞线从左到右可以排成：橙、蓝、绿、棕。

④分线。分开每一股双绞线，将浅色线排在左，深色线排在右，即深色、浅色线交叉排列。

⑤跳线。将白蓝和白绿两根线对调位置，对照 T568B 标准，发现线序已是：白橙、橙、白绿、蓝、白蓝、绿、白棕、棕。

⑥理直排齐。将 8 根线并拢，再上下、左右抖动，使 8 根线整齐排列，前后（正对操作者）都构成一个平面，最外两根线位置平行。注意根部尽量不要扭绕。

⑦剪齐。用夹线钳将导线多余部分剪掉，切口应与外侧线相垂直，与双绞线外套间留有 1.2 ～ 1.5cm 的长度，注意不要留太长（外套可能压不到水晶头内，这样线压不紧，容易松动，会导致网线接触故障），也不能过短（8 根线头不宜全送到槽位，导致铜片与线不能可靠连接，使得 RJ45 水晶头制作达不到要求或制作失败）。

⑧送线。将 8 根线头送入槽内，送入后，从水晶头头部看，应能看到 8 根铜线头

整齐到头，如图 1.18 所示。

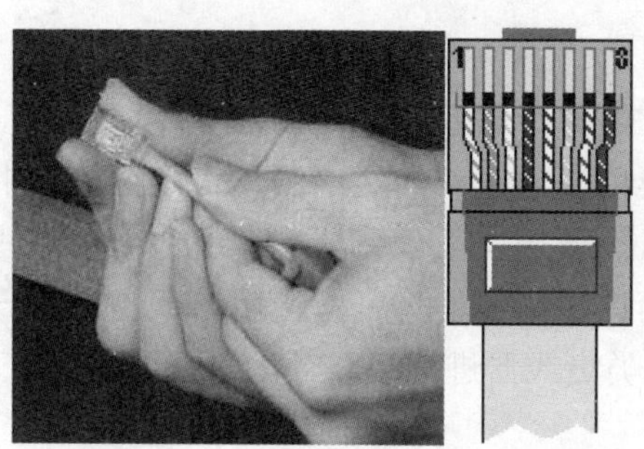

图 1.18　按序将双绞线插入 RJ45 接口

⑨压线。检查线序及送线的质量后，就可以完成最后一道压线工序。压线时，应注意先缓用力，然后才可能用力压到位。开始时切不可用力过猛，因为用力过猛容易使铜片变形，若不能刺破导线绝缘层，就会导致铜片与线芯连接不可靠。钳压水晶头如图 1.19 所示。

图 1.19　钳压水晶头

⑩测试。压好线后，就可以用测线仪检测导通状况了。指示灯依次跳亮则表示双绞线制作成功。测试仪如图 1.20 所示。

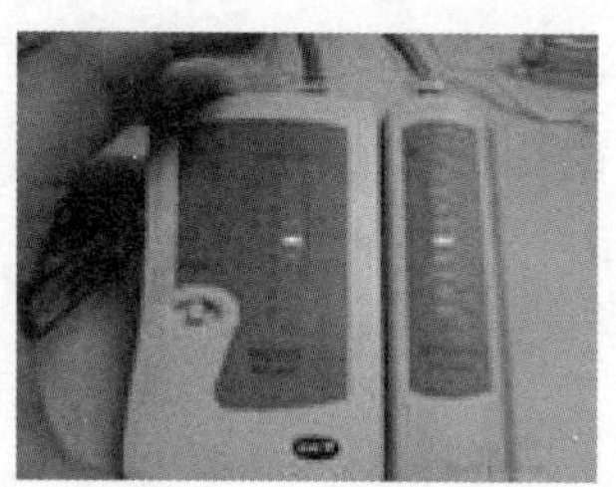

图 1.20　双绞线测试仪

（4）双绞线（交叉线）的制作步骤

与直通线的制作方法基本一样，唯一的不同是，一端按 EIT/TIA 568A，一端按 EIA/TIA 568B 的线序进行排列。

（5）设备之间的连接方法

①网卡与网卡

10M、100M 网卡之间直接连接时，可以不用 Hub，应采用交叉线接法。

②网卡与交换机

双绞线为直通线接法。

③集线器与集线器（交换机与交换机）

两台集线器（或交换机）通过双绞线级联，双绞线接头中线对的分布与连接网卡和集线器时有所不同，必须要用交叉线。这种情况适用于那些没有标明专用级联端口的集线器之间的连接，而许多集线器为了方便用户，提供了一个专门用来串接到另一台集线器的端口，在对此类集线器进行级联时，双绞线均应为直通线接法。

【拓展实训】

（1）利用 VMware Workstation 虚拟机软件完成局域网网络搭建（见图 1.1）。

（2）修改每台服务器的 IP 地址，如表 1.1 所示。

表 1.1　服务器 IP 地址表

服务器	IP 地址
DNS、DHCP 服务器	192.168.1.1
IIS 服务器	192.168.1.10
Apache 服务器	192.168.1.11
FTP 服务器	192.168.1.20
邮件服务器	192.168.1.30
流媒体服务器	192.168.1.40

【同步训练】

1. 使用 RJ11 制作电话线。
2. 局域网常用的网络拓扑结构有哪些？

项目 2 Windows Server 2012 服务器基本配置

【学习目标】

知识目标：了解 Windows Server 2012 服务器操作系统磁盘类型、用户类型和用户组类型；了解系统常见服务的作用。

技能目标：能根据任务需求进行磁盘分区管理，用户和用户组管理，文件共享服务管理；掌握文件系统权限管理的方法和常见服务的管理方法。

【任务描述】

某公司要求用 Windows Server 2012 作为公司信息化管理的服务器操作系统，要求系统管理员在新购的服务器上进行磁盘分区创建、删除操作，还要进行磁盘配额管理、用户权限分配，建立共享文件夹并配置相应权限、系统服务管理等。

在本次任务中，要完成配置网络、基本磁盘管理、Windows 系统本地用户及用户组管理、文件共享服务等操作。

【相关知识】

1. Windows Server 2012 磁盘类型

Windows 为我们提供了灵活、强大的磁盘管理方式，把磁盘分为基本磁盘和动态磁盘两种类型。

（1）基本磁盘

基本磁盘是一种可由 MS-DOS 和所有基于 Windows 的操作系统访问的物理磁盘，以分区方式组织和管理磁盘空间。基本磁盘可包含多达 4 个主磁盘分区，或 3 个主磁盘分区加一个具有多个逻辑驱动器的扩展磁盘分区。

基本磁盘上的分区类型有主磁盘分区和扩展磁盘分区两种。

①主磁盘分区

主磁盘分区就是通常用来启动操作系统的分区。磁盘上最多可以有 4 个主磁盘分区。如果基本磁盘上包含有两个以上的主磁盘分区时，可以在不同的分区里安装不同的操作系统，系统将默认由第一个主磁盘分区作为启动分区。

②扩展磁盘分区

扩展磁盘分区是基本磁盘中除主磁盘分区之外剩余的硬盘空间，不能用来启动操作系统。一个硬盘中只能存在一个扩展磁盘分区，系统管理员可根据实际需要在扩展磁盘分区上创建多个逻辑驱动器。

（2）动态磁盘

在动态磁盘上不再采用基本磁盘的主磁盘分区和含有逻辑驱动器的扩展磁盘分区，

而是采用卷来组织和管理磁盘空间。动态磁盘可以提供一些基本磁盘不具备的功能，例如创建可跨越多个磁盘的卷（跨区卷和带区卷）和创建具有容错能力的卷（镜像卷和 RAID-5 卷）。所有动态磁盘上的卷都是动态卷。

动态磁盘的卷分为以下五种卷类型。

①简单卷

由单个动态磁盘的磁盘空间所组成的动态卷。简单卷可以由磁盘上的单个区域或同一磁盘上链接在一起的多个区域组成。简单卷不能提升读写性能，也不能提供容错功能。

②跨区卷

跨区卷是由多个物理磁盘上的磁盘空间组成的卷。可以通过向其他动态磁盘扩展来增加跨区卷的容量。只能在动态磁盘上创建跨区卷，跨区卷不能容错也不能被镜像。建立跨区卷的首要条件是要有两个动态磁盘。

③带区卷

带区卷是通过将也两个或更多磁盘上的可用空间区域合并到一个逻辑卷而创建的，可以在多个磁盘上分布数据。带区卷不能被扩展或镜像，并且不提供容错。如果包含带区卷的其中一个磁盘出现故障，则整个卷将无法工作。当创建带区卷时，最好使用相同大小、型号和制造商的磁盘。

利用带区卷可以将数据分块并按一定的顺序在阵列中的所有磁盘上分布，与跨区卷类似。带区卷可以同时对所有磁盘进行写数据操作，从而以相同的速率向所有磁盘写数据。

尽管不具备容错能力，但带区卷在所有 Windows 磁盘管理策略中的性能最好，同时它通过在多个磁盘上分配 I/O 请求从而提高了 I/O 性能。

④镜像卷

镜像卷是具有容错能力的卷，它通过使用卷的两个副本或镜像复制存储在卷上的数据，从而提供数据冗余性。写入到镜像卷上的所有数据都写入到位于独立的物理磁盘上的两个镜像中。

⑤ RAID-5 卷

RAID-5 卷是数据和奇偶校验间断分布在三个或更多物理磁盘上的容错卷。如果物理磁盘的某一部分失败，可以用余下的数据和奇偶校验重新创建磁盘上失败的那一部分的数据。对于多数活动由读取数据构成的计算机环境中的数据冗余来说，RAID-5 卷是一种很好的解决方案。

与镜像卷相比，RAID-5 卷具有更好的读取性能。然而，当其中某个成员丢失时（例如当某个磁盘出现故障时），由于需要使用奇偶信息恢复数据，因此读取性能会降低。对于需要冗余和主要用于读取操作的程序，建议该策略要优先于镜像卷。奇偶校验计算会降低写性能。

RAID-5 卷的每个带区中包含一个奇偶校验块。因此，必须使用至少三个磁盘，而不是两个磁盘来存储奇偶校验信息。奇偶校验带区在所有卷之间分布从而可以平衡输入 / 输出（I/O）负载。重新生成 RAID-5 卷时，将使用正常磁盘上的数据的奇偶校验信息来重新创建出现故障的磁盘上的数据。创建 RAID-5 卷的前提条件是必须有三个以上的动态磁盘，每个动态磁盘上使用相同大小的空间量。动态磁盘与基本磁盘对比如表 2.1 所示。

表 2.1 动态磁盘与基本磁盘对比

对比项	动态磁盘	基本磁盘
磁盘容量	在不重新启动计算机的情况下可更改磁盘容量大小，而且不会丢失数据	分区一旦创建，就无法更改容量大小，除非借助于特殊的磁盘工具软件，如 PQMagic 等
磁盘空间的限制	可被扩展到磁盘中，包括不连续的磁盘空间，还可以创建跨磁盘的卷集，将几个磁盘合为一个大卷集	必须是同一磁盘上的连续的空间才可分为一个区，分区最大的容量也就是磁盘的容量
卷或分区个数	在一个磁盘上可创建的卷个数没有限制	最多只能建立四个磁盘分区

2. Windows Server 2012 用户账户类型

Windows Server 2012 用户账户的类型分为域用户账户和本地用户账户两种类型。

（1）域用户账户

建立在域控制器上的是“域用户账户”，这个账户的信息会存储在 AD（Active Directory）数据库。“域用户账户”可用来登录域、访问域内的资源（包括域内任何计算机上的共享文件夹及共享打印机等）。

（2）本地用户账户

本地用户账户只能在本地计算机上使用，不能访问其他计算机的资源。

3. Windows Server 2012 组账户类型

用户账户分为本地用户账户和域用户账户。同样，组也分为本地组与域组。

（1）内置本地组

用户在非域控制器的计算机上创建的组称为“本地组”。这些组账户存储在本地安全账户数据库内。本地组只限于在本地计算机上使用，即只能访问本地计算机的资源。Windows Server 2012 操作系统安装完成后未升级成域控制器之前会自动创建的一些组，称为内置本地组。

常用的内置本地组：

Administrators，该组成员用户都具有系统管理员权限，即拥有使用该计算机的最大权限。

Guests，该组成员用户称为来宾用户，默认具有与用户组成员同样的访问权，但来宾账户限制更多，如不能更改账户密码。

IIS_IUSRS，这是 Internet 信息服务（IIS）使用的内置组。

Users，该组成员拥有一些基本的权限，但默认无法更改系统设置。该组用户可以运行经过验证的应用程序，但不可以运行大多数旧版应用程序。

这些本地组保存在“本地安全账户数据库内”，它们具有管理计算机的能力。加入到这些组中的用户账户，也会具有同等的权利及权限。

要建立本地组，可以打开“开始”→“管理工具”→“计算机管理”→“本地用户和组”，打开如图 2.1 所示的界面。

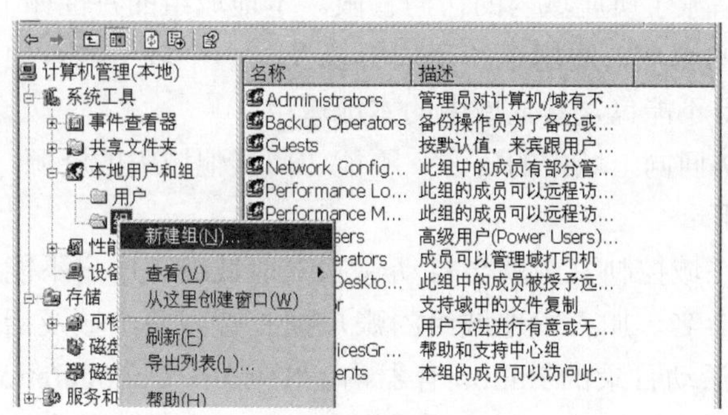

图 2.1　新建本地组

（2）域组

用户在 Windows Server 2012 域控制器上创建的组称为域组。这些组账户存储在 Active Directory 数据库内。这些组适用于所有属于这个域的计算机，即它们能够访问所有计算机的资源，条件是要有适当的权限。

按组的使用领域（范围）来分，Windows Server 2012 的域组可分为通用组、全局组、本地域组三种类型。

①通用组

通用组可设置所有域中的访问权限，从而能够访问所有域中的资源。通用组的特性如下：

具有通用范围的特性，其成员能够包含域目录林中所有域中的用户、通用组、全局组。但通用组无法包含任何一个域中的本地域组。

可访问所有域内的资源，即可在任何一个域内设置通用组的权限（这个通用组可以在同一个域中，也可以在另一个域中），从而让通用组可以访问该域的资源。

Enterprise Admins：通用组，只出现在整个域目录林的根域，子域中不包含该组。该组成员可以管理整个林中的所有域。

②全局组

可以将多个即将被赋予相同权限的用户账户加入到同一个全局组中。全局组的特性如下：

全局组只能够包含与该组同一域中的用户和全局组。

全局组在域目录林中可以访问任何一个域中的资源。

Cert Publishers：全局组，用来更新代理程序。

Domain Admins：全局组，该组默认属于 Administrators 组，账户 Administrator 属于该组成员。

Domain Computers：全局组，加入域中的所有计算机都属于该组成员。

Domain Controllers：全局组，域内所有域控制器都属于该组成员。

Domain Guests：全局组，属于 Guests 本地域组。Guest 域用户账户默认属于该组。

Domain Users：全局组，所有的域用户账户默认都属于该组成员。

③本地域组

本地域组主要指派了所属域内的访问权限。本地域组的特性如下：

任何一个域中的用户、通用组和全局组以及同一个域中的本地域组都可以是本地域组成员，本地域组不能包含其他域中的本地域组。

本地域组只能访问同一域中的资源，不能访问其他域中的资源。

常用的本地域组：

建立域之后，在域控制器中就会自动建立本地域组。用户不能对这些本地域组随意删除、移动及重命名。加入本地域组的账户拥有管理整个域及活动目录的权利。这些本地域组存在于活动目录的 Builtin 容器内。Network Configuration Operators 等组与本地组重名，它们的功能与对应的本地组相似，一点区别就是本地组的权利和权限只局限于本地计算机，而本地域组则可扩充到整个域内的所有计算机。

Account Operators：该组成员可以登录域控制器、新建 / 删除及管理域用户账户和组，但不能更改及删除下列组及其成员：Administrators、Domain Admins、Print Operators、Server Operators、Account Operators、Backup Operators。

Administrators：该组成员拥有最高的权利与权限，对整个域有最大的控制权。

Backup Operators：该组成员拥有在本地登录、系统关机、备份文件与目录、回存文件与目录等权利。

Incoming Forest Trust Builders：该组只存在于林根域。

Print Operators：该组成员可本地登录、系统关机，也可新建 / 删除、设置域内共享打印机。

Server Operators：该组成员拥有本地登录、系统关机、锁定与解开域控制器、备份文件与目录、回存文件与目录等权利，该组成员的权限仅次于 Administrators 组。

Users：该组成员可登录域中除域控制器之外的所有计算机，访问域内共享资源，但一般不能更该系统设置。

系统在 Users 容器中还会产生全局组与通用组，这些组默认属于对应的本地域组，它们的权利与权限也来自它们所属的本地域组。

4. NTFS 数据管理功能

Windows Server 2012 支持 FAT16、FAT32 和 NTFS 文件系统。NTFS 是 NT File System（NT 文件系统）的缩写，它是 NT 架构操作系统专用的文件系统，提供了高性能，安全，可靠性以及未在任何 FAT 版本中出现的诸如文件和文件夹权限、加密、磁盘配额和压缩之类的高级功能。

可为安装分区选择 NTFS、FAT 和 FAT32 三种文件系统之一，在大多数情况下强烈建议使用 NTFS。

由于 NTFS 与 FAT 结构上的差异，NTFS 提供了更好的安全性和可恢复性。FAT16 和 FAT32 都没有为文件提供本地安全性。FAT 卷中所能够使用的安全性只局限于共享的网络访问。只有 NTFS 允许分配基于文件的权限。除此之外，NTFS 还提供了内置的压缩功能（允许压缩文件），NTFS 驱动器在空闲时负责解压缩处理，从而使得压缩对用户来说是透明的。就速度而言，NTFS 并不总是这三者中最快的。但是，NTFS 优化了文件系统的结构、簇尺寸、磁盘碎片、文件数等，而且当今的硬盘使得文件系统的性能更好（而与文件系统类型无关），所以在多数情况下，速度不是一个主要考虑因素，选择正确的底层磁盘子系统通常更为重要（SCSI 接口与其他接口比较而言）。三种文件系统的功能比较如表 2.2 所示。

表 2.2　三种文件系统的功能比较

功能	NTFS	FAT	FAT32
能识别的操作系统	运行 Windows 2000 及以上家族产品的计算机可以访问本地 NTFS 分区上的文件	可通过 MS-DOS、Windows 的所有版本和 OS/2 访问本地分区上的文件	只能通过 Windows 95 OSR2 及以上家族产品访问本地分区上的文件
磁盘分区容量	起始为 2TB，并可以达更大范围	单个分区最大容量为 2048MB	为 33MB 到 2TB 的卷进行读写，不支持域
文件大小	尽管文件大小不能超过它们所在的卷或分区的大小，但潜在的最大文件大小可为 16TB 减去 64kb	最大文件大小为 2GB	最大文件大小为 4GB

（1）NTFS 权限设置

在文件或文件夹“属性”（Properties）对话框的“安全”（Security）选项卡中可设置访问文件权限。右击选中文件并从弹出的快捷菜单中选择“属性”选项，然后选择“安全”选项卡。文件权限设置列表如图 2.2 所示。

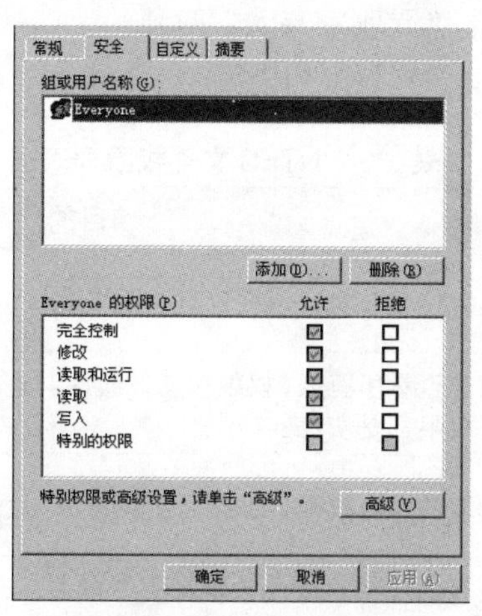

图 2.2　文件权限设置列表

（2）NTFS 权限设置的原则

针对权限的管理有四项原则，即拒绝优于允许原则、权限最小化原则、权限继承性原则和累加原则。这四项基本原则对于权限的设置来说，将会起到非常重要的作用。

①拒绝优于允许原则

拒绝优于允许原则是一条非常重要且基础性的原则，它可以非常完美地处理好因用户在用户组的归属方面引起的权限“纠纷”，例如，“w1”这个用户既属于“ws”用户组，也属于“hs”用户组，当我们对“hs”组中某个资源进行“写入”权限的集中分配（即针对用户组进行）时，这时“w1”账户将自动拥有“写入”的权限。若在“ws”组中同样也对“w1”用户进行了针对这个资源的权限设置，但设置的权限是“拒绝写入”。这时“w1”用户无法对这个资源进行“写入”操作。因为“w1”在“ws”组中被“拒绝写入”的权限将优先于“hs”组中被赋予的允许“写入”权限。

②权限最小化原则

权限最小化原则可以尽量让用户不能访问或不必要访问的资源得到有效的权限赋予限制。在实际的权限赋予操作中，我们就必须为资源明确赋予允许或拒绝操作的权限。例如系统中新建的受限用户“w1”在默认状态下对“abc”目录是没有任何权限的，现在需要为这个用户赋予对“abc”目录有“读取”的权限，那么就必须在“abc”目录的权限列表中为“w1”用户添加“读取”权限。

③权限继承性原则

权限继承性原则可以让资源的权限设置变得更加简单。假设现在有个“abc”目录，在这个目录中有“a1”“a2”“a3”等子目录，现在需要对 abc 目录及其下的子目录均设置“w1”用户有“写入”权限。因为有继承性原则，所以只需对“abc”目录设置“w1”用户有“写入”权限，其下的所有子目录将自动继承这个权限的设置。

④累加原则

这个原则比较好理解，假设现在“w1”用户既属于“A”用户组，也属于“B”用户组，它在“A”用户组的权限是“读取”，在“B”用户组的权限是“写入”，那么根据累加原则，“w1”用户的实际权限将会是“读取 + 写入”两种。

NTFS 文件权限列表和文件夹权限列表如表 2.3 和表 2.4 所示。

表 2.3　NTFS 文件权限列表

权限	目的
完全控制（Full Control）	获得所有权以及执行下列权限的所有动作
读取（Read）	允许用户查看所有权、权限和文件属性，读文件内容，但不能修改文件内容。所有写权限都是灰色的
读取和执行（Read & Execute）	拥有读取的所有权限，并且可以执行应用程序
写（Write）	允许授权这个用户用此权限将文件覆盖，改变文件的属性，查看文件的所有权、权限和文件属性
修改（Modify）	除了“写入”与“读取和执行”权限外，还有更改文件数据、删除文件、改变文件名的权限
特殊权限（Special Permissions）	只有启用了特殊权限或者高级权限，才可以选中该权限的复选框。只有通过单击“高级”按钮才可以访问高级（Advanced）权限

表 2.4 NTFS 文件夹权限列表

权限	目的
完全控制（Full Control）	获得所有权以及执行下列权限的所有动作
读取（Read）	允许用户查看文件夹内的文件名称与子文件夹名称，查看文件夹的属性、所有者和权限。所有写权限都是灰色的
列文件夹内容（List Folder Content）	允许这些用户查看这个文件夹管理下的文件和子文件夹
读取和执行（Read & Execute）	允许授权用户移动从根文件夹向下的文件夹，也可让用户在这个文件夹和所有子文件夹中读文件和执行应用程序
写（Write）	允许授权这个用户创建文件和这个文件夹管理的文件夹，也能改变文件属性以及查看所有权和权限
修改（Modify）	让授权用户删除管理下的文件夹和所有前面的权限
特殊权限（Special Permissions）	只有启用了特殊权限或者高级权限，才可以选中该权限的复选框。只有通过单击“高级”按钮才可以访问高级权限

【任务实施】

1. Windows Server 2012 服务器 IP 配置

Windows 2012 操作系统集成大多数网卡驱动程序，一般操作系统安装完成后就自动添加了网卡驱动程序，可通过选择“开始”→“控制面板”→“网络和 Internet”→“网络和共享中心”查看基本网络信息，如图 2.3 所示。

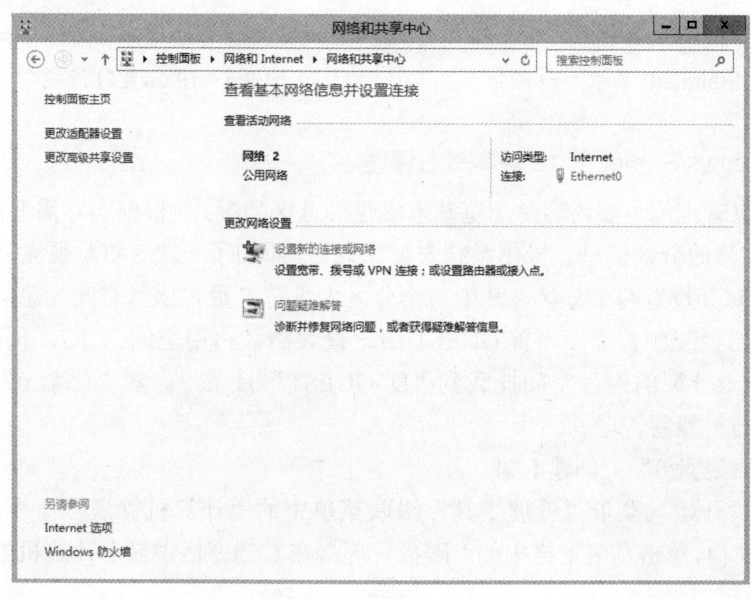

图 2.3 基本网络配置

网卡要能访问网络，除了安装好驱动程序外，还要进行网络配置，如添加网络协议、网络客户，设置 IP 地址等。本任务是要求配置本系统“Ethernet0”的固定 IP 地址为 192.168.1.1，子网掩码为 255.255.255.0，网关为 192.168.1.254，DNS 为 192.168.1.1。

在图 2.3 所示界面中选择“更改适配器设置”，右击“Ethernet0”，选择“属性”，弹出本地连接“Ethernet0 属性”对话框，如图 2.4 所示。

在“此连接使用下列项目”中选择“Internet 协议版本 4（TCP/IPv4）”，点击“属性”，弹出 IP 地址配置对话框，根据需求配置对应的 IP 地址、子网掩码、网关、DNS 等选项后点击“确定”IP 配置即可生效，如图 2.5 所示。

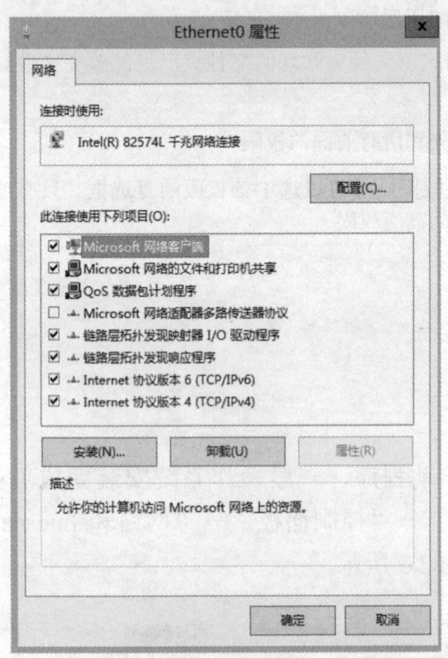

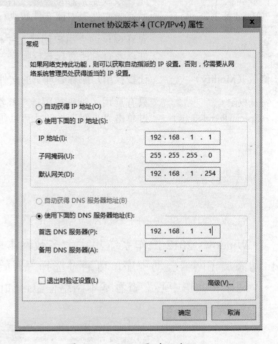

图 2.4 “Ethernet0 属性”对话框

图 2.5 IP 配置对话框

2. Windows Server 2012 基本磁盘管理

基本磁盘管理的主要内容是浏览基本磁盘的分区情况，并根据实际需要添加、删除、格式化分区，修改分区信息。操作系统安装完成后，添加了一块 SATA 硬盘，编号为“磁盘 0”。现需对其设置两个分区，其中一个分区为盘符 F 盘，磁盘空间为总容量的一半，并对其进行磁盘配额管理，设置 GUEST 用户最大磁盘占用空间为 5G，预警值设置为 5M；磁盘 0 未分配的磁盘空间挂载到“D:\GUEST”目录下。对“磁盘 0”的“D 盘”进行压缩卷与扩展卷管理。

（1）在“磁盘 0”上创建 F 盘。

①选择“开始”菜单“管理工具”级联菜单中的“计算机管理”命令，打开“计算机管理”窗口，单击左侧窗格中的“磁盘管理”，在右侧窗格中显示计算机的磁盘信息，如图 2.6 所示。

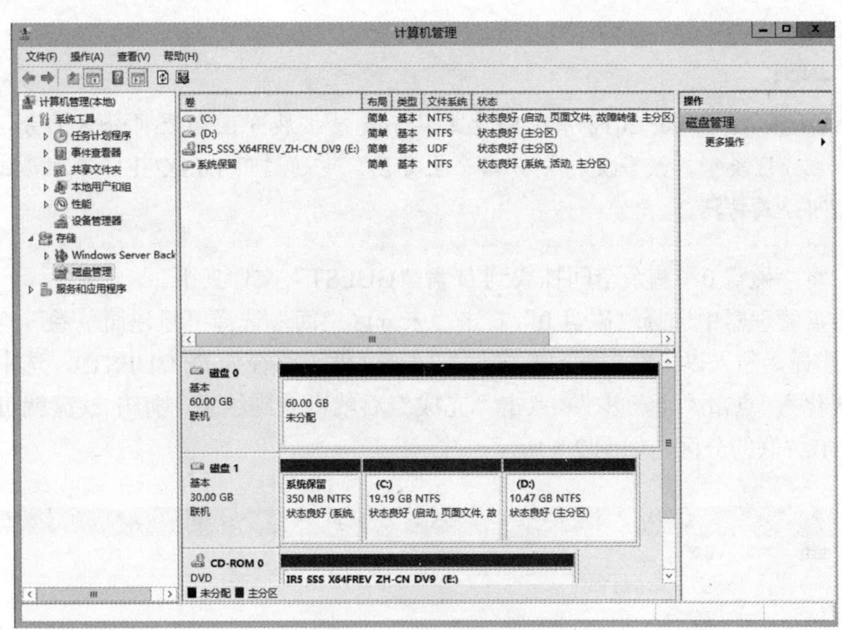

图 2.6 磁盘管理器界面

②选中“磁盘 0”,单击右键选择“新建简单卷”,点击“下一步”;在“简单卷大小处”输入“30000M”，点击“下一步”；设置“分配以下盘符”为 F 盘，选中“按下列设置格式化这个卷”选项（文件系统为 NTFS，分配单位大小为默认值，卷标为 DATA），选中“执行快速格式化”，点击“下一步”；点击“完成”后就可看到 F 盘的创建结果，如图 2.7 所示。

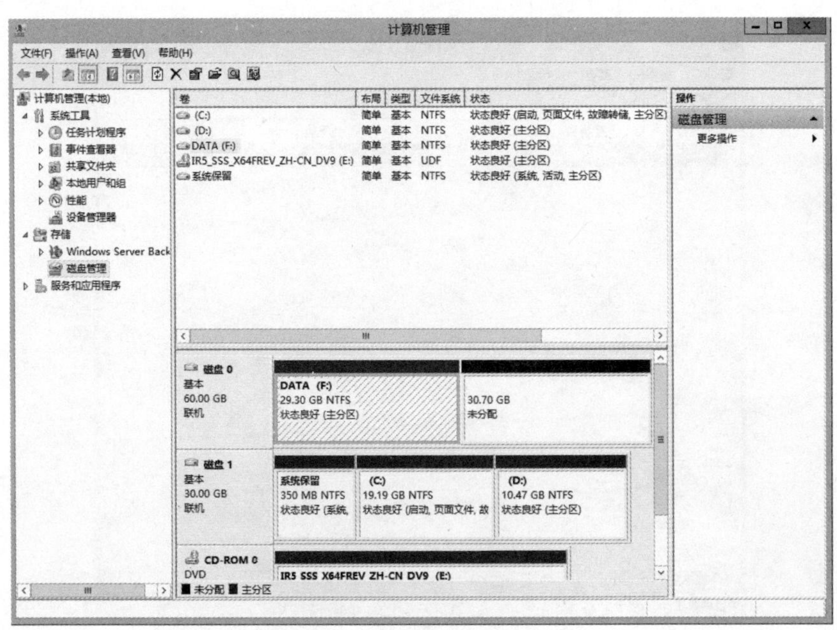

图 2.7 F 盘创建结果界面

注意：

Windows Server 2012 系统磁盘工具不支持扩展分区和逻辑分区划分，只支持主分区类型，最多支持划分四个主分区。可通过用 DISKGEN 等磁盘工具实现划分或转换。

（2）将“磁盘 0”剩余空间挂载到 D 盘“GUEST”文件夹下。

在磁盘管理器中选择“磁盘 0”,右击“未分区空间”,选择“新建简单卷”,点击“下一步”；选择“装入以下空白 NTFS 文件夹中（文件夹路径为 D:\GUEST），选中“执行快速格式化”，点击“下一步”；点击“完成”后就可看到结果，打开 D 盘就可以看到 D:\GUEST 关联的分区，如图 2.8 所示。

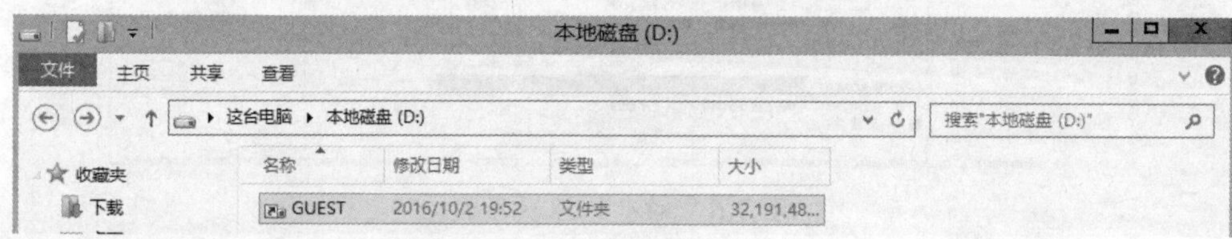

图 2.8　挂载盘创建结果界面

（3）磁盘配额管理，将 GUEST 用户对 F 盘的磁盘使用空间限制为 5GB，警告等级设置为 5MB。

选中“F 盘”,右击选择“属性”→“配额”,选中“启用配额管理”,点击“配额项”,弹出 F 盘配额对话框，如图 2.9 所示。

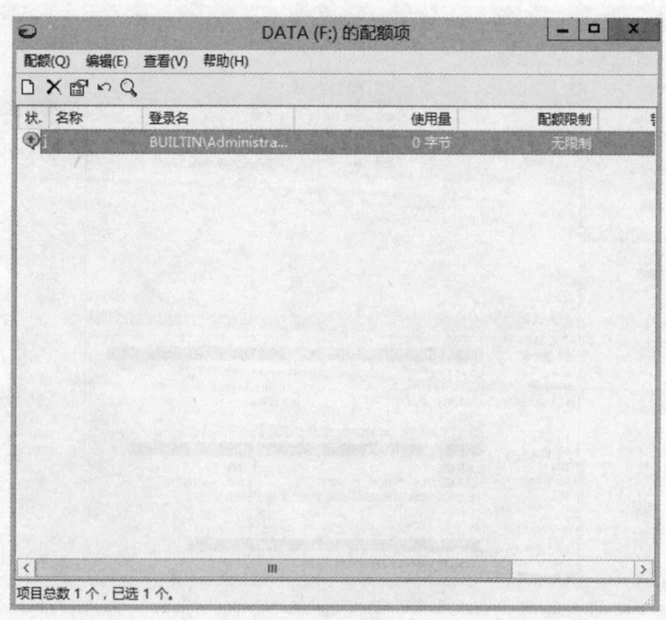

图 2.9　F 盘配额对话框

在图 2.9 所示对话框中点击“配额”→“新建配额项”，选择“GUEST”用户，点击“确定”，按图 2.10 所示进行配置，配置好后点击“确定”。

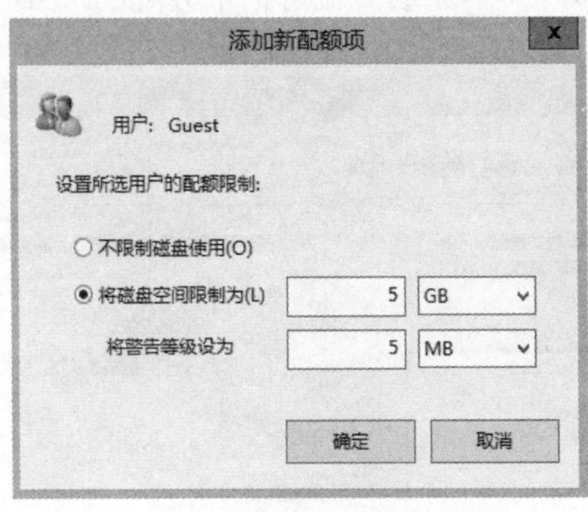

图 2.10 “添加新配额项”对话框

（4）压缩与扩展卷。

系统在使用过程中，会存在分区空间不足的问题，Windows Server 2012 磁盘管理工具支持压缩卷，可以通过扩展卷的方式将剩余空间进行无损安全合并。

在“计算机管理”窗口中选中“D 盘”，右击选择“压缩卷”，设置输入压缩卷空间容量为 2048MB，点击“压缩”，完成 D 盘 2GB 空间的压缩任务，如图 2.11 所示，D 盘的后续空间中存在 2GB 的未分配空间。

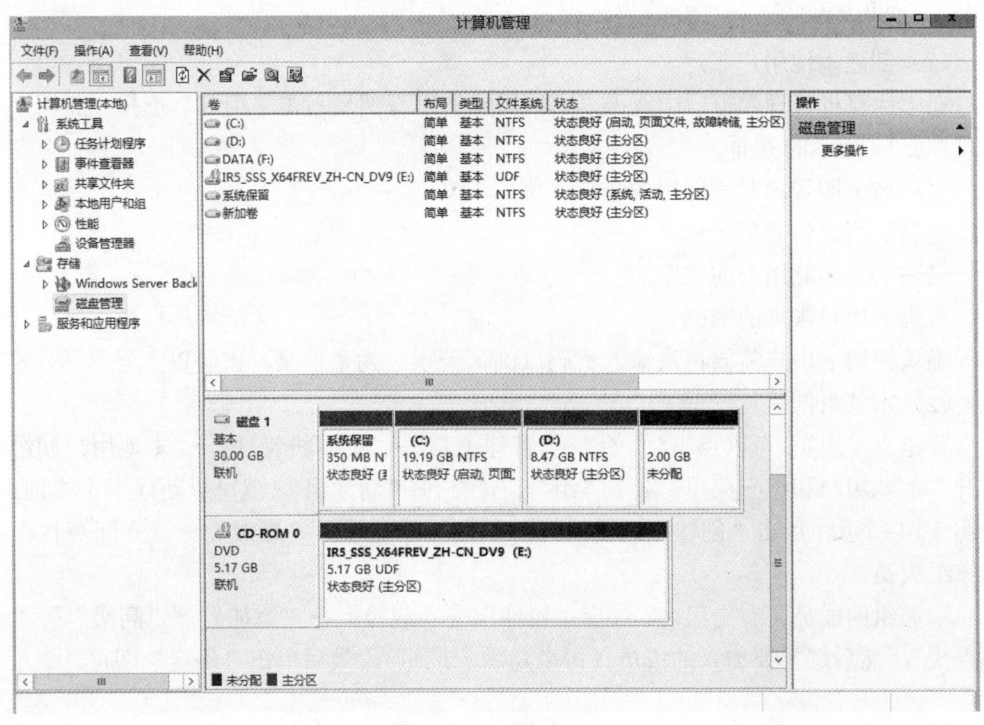

图 2.11 压缩卷结果

可通过扩展卷的方法将 D 盘后续中未分配的 2GB 合并到 D 分区。在“计算机管理”窗口中选中“D 盘”,右击选择“扩展卷”,单击“下一步”继续,按图 2.12 所示设置“选择空间量”,点击“下一步”→“完成”就可把未分配的 2GB 合并到 D 分区。

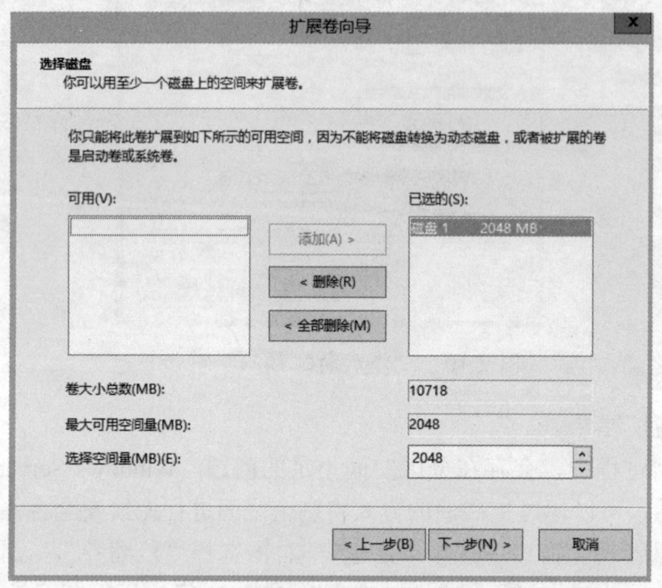

图 2.12 扩展卷向导

3. Windows Server 2012 本地用户及用户组管理

（1）创建本地用户账户

在“计算机管理”窗口中双击“本地用户和组”,然后右击“用户”,选择“新用户”,出现图 2.13 所示的界面。

用户名：即登录时所使用的账户名称。

全名：用户的完整名称。

描述：描述此用户的文字。

密码：用户账户的密码。

确认密码：用户需要再次输入密码以确认无误。为了安全，密码以 * 号显示。

（2）本地组创建与管理

要建立本地组,可以点击“开始”→“管理工具”→“计算机管理”→“本地用户和组”,打开“本地用户和组”菜单，选中“组”，右击选择“新建组”，就可以新建一个本地组，如图 2.14 所示。点击“创建”之前，还可通过“添加”→“高级”→“立即查找”添加该组成员。

添加组的成员。右击组名，选择“属性”→“成员”→“添加”→“高级”→“立即查找”，然后选择要加入的成员（可以是用户或组），最后单击“确定”即可。

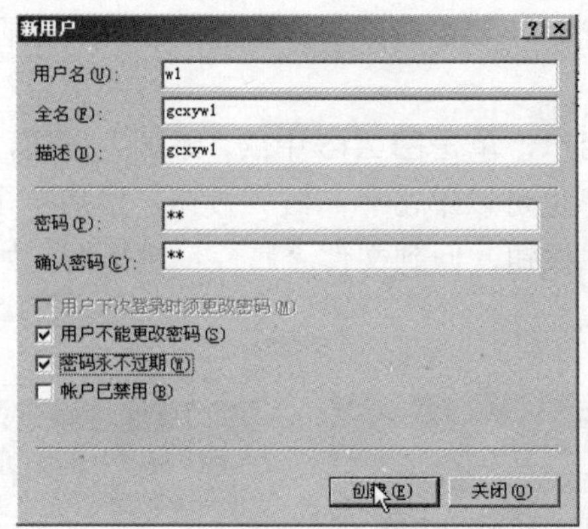

图 2.13 创建“新用户”对话框

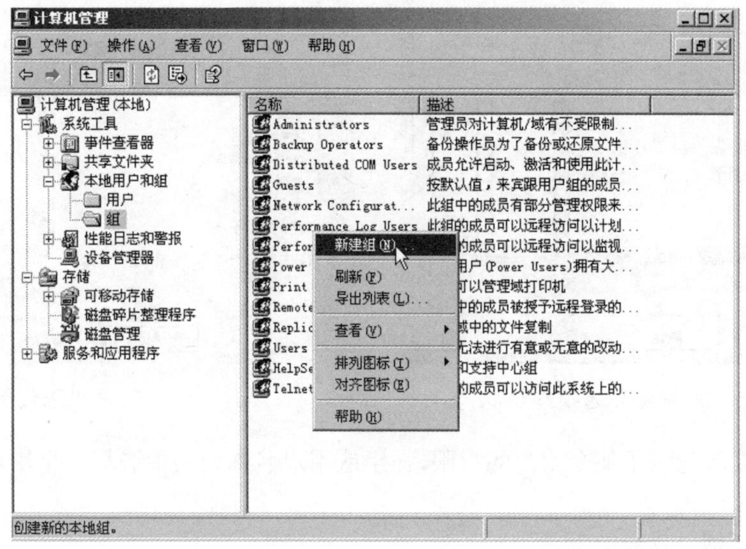

图 2.14 新建组

4. Windows Server 2012 NTFS 权限设置

通过设置 NTFS 权限，可以实现文件和文件夹的本地安全性。Windows Server 2012 利用 NTFS 文件系统格式化磁盘驱动器时，系统自动赋予 Everyone 组分区根目录完全控制的 NTFS 权限。管理员可以根据需要修改文件和文件夹的 NTFS 权限，控制用户对 NTFS 文件和文件夹的访问。

只有 Administrators 组内的成员、文件和文件夹的所有者、具备完全控制权限的用户，才有权更改这个文件或文件夹的 NTFS 权限。可以遵循以下步骤进行设置：

（1）打开“这台电脑”，找到 NTFS 分区要修改 NTFS 权限的文件或文件夹。

（2）右击文件或文件夹，选择“属性”选项。然后选择“安全”选项卡，出现图 2.15 所示的界面，图中的权限已经有一些被勾选，这些是默认的权限，是从父对象继承的。

（3）勾选权限右方的“允许”或“拒绝”复选框，可以更改文件或文件夹的权限。

但是不能将灰色对勾删除。若要更改则必须清除“允许将来自父系的可继承权限传播给该对象”。

（4）若要增加权限用户，单击图 2.15 中的“添加”按钮，选择所需用户。可以在编辑框中输入对象名称，也可以单击“高级”按钮，然后单击“立即查找”按钮。选定用户后，单击“确定”按钮，回到文件“属性”对话框，如图 2.16 所示，为添加的用户设置相应的权限。

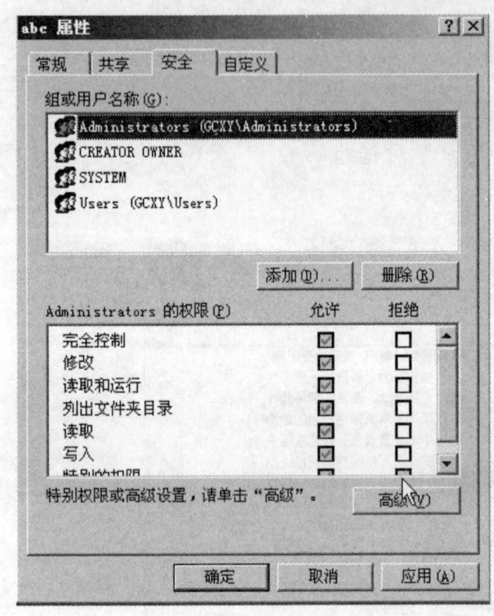

图 2.15　文件安全选项默认状态

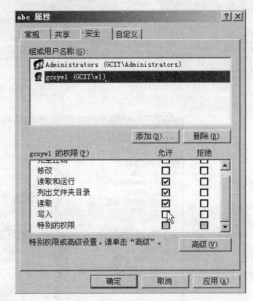

图 2.16　用户权限设置

（5）若要清除赋予某个用户的权限，在组或用户名称列表中选择一个用户，单击“删除”按钮。

（6）阻止或允许权限继承

如果某个文件夹中只有一个文件与其他文件的权限不同，我们可以对该文件夹设置所需要的权限，而使这个文件不继承父文件夹的权限，单独设置不同的权限即可。阻止或允许权限继承，可以执行以下步骤：

①打开“这台电脑”，找到要修改 NTFS 权限的文件或文件夹。

②右击文件或文件夹，选择“属性”选项，然后选择“安全”选项卡。

③单击“高级”按钮，在对话框下方有一个复选框为：“允许父项的继承权限传播到该对象和所有子对象。包括那些在此明确定义的项目”。选中该复选框使文件、文件夹，或对象从父对象继承权限项。默认情况下为选中。清除该复选框以防止对象从父对象继承权限项。虽然选择从父对象复制当前权限项目集选项，但对象不再受父对象的安全性设置影响。

④单击该复选框后，可以使用“复制”和“删除”两个按钮，它们的作用如下。

复制：系统将把以前从父文件夹继承来的所有权限保留下来，不再继承以后为父文件夹赋予的任何 NTFS 权限。

删除：系统将把以前从父文件夹继承来的所有权限清除掉，不再继承以后为父文件夹赋予的任何 NTFS 权限。

（7）文件与文件夹的所有权

在 Windows Server 2012 的 NTFS 磁盘内，每个文件与文件夹都有其“所有者”，系统默认创建文件或文件夹的用户就是该文件或文件夹的所有者。管理员、所有者或有对象的完全控制权限的用户能设置用户或组获得对象的所有权。

一旦管理员从管理员组继承权利就能够获得对象的所有权，而不管这个对象的访问控制列表里的权限是什么。

要获得对象的所有权，步骤如下：

①打开“这台电脑”，找到要修改 NTFS 权限的文件或文件夹。

②右击文件或文件夹，选择“属性”选项，然后选择“安全”选项卡。

③单击“高级”按钮，然后从“高级安全设置”对话框中选择“所有者”选项卡。

④在“将所有者更改为”列表框里，选择将获得所有权的用户或组的账户名称，如果要将所有权转移给其他用户或组，单击“其他用户或组”按钮，然后单击“应用”按钮。

（8）复制和移动文件或文件夹时权限的变化

对于 NTFS 磁盘内的文件，复制和移动文件或文件夹时，文件或文件夹的权限可能会发生变化。

在实际复制或移动文件夹或文件以前，应该检查和确保移动或者复制的所有权和权利。假如没有移动或者复制文件夹的所有权或者权限，即使作为一名管理员也不能这么操作。但是，可以先获得所有权，然后分配给自己必要的权限。

在系统中，复制文件或文件夹时，不论文件或文件夹被复制到同一个磁盘还是不同的磁盘，系统都将目标文件作为新文件对待，因此新文件将继承目的地文件夹的权限。

在系统中，移动文件或文件夹时，分两种情况：

①如果移动到同一磁盘的另一个文件夹内，仍然保持原来的 NTFS 权限。

②如果移动到另一磁盘内，系统将目标文件作为新文件对待，因此新文件将继承目的地文件夹的权限。

如果将文件或文件夹复制和移动到 FAT 或 FAT32 磁盘内，因为 FAT 或 FAT32 磁盘不支持 NTFS 权限设置，其原有的权限设置都将被删除。

（9）查看和修改文件或文件夹的特殊 NTFS 权限，执行下列步骤：

①打开“这台电脑”，找到要修改 NTFS 权限的文件或文件夹。

②右击文件或文件夹，选择“属性”选项，然后选择“安全”选项卡。

③选择一个组或用户名称，单击“高级”按钮，弹出图 2.17 所示的“abc 的高级安全设置”对话框，可以修改 NTFS 权限。通常情况下只需设置标准权限就可以满足要求。

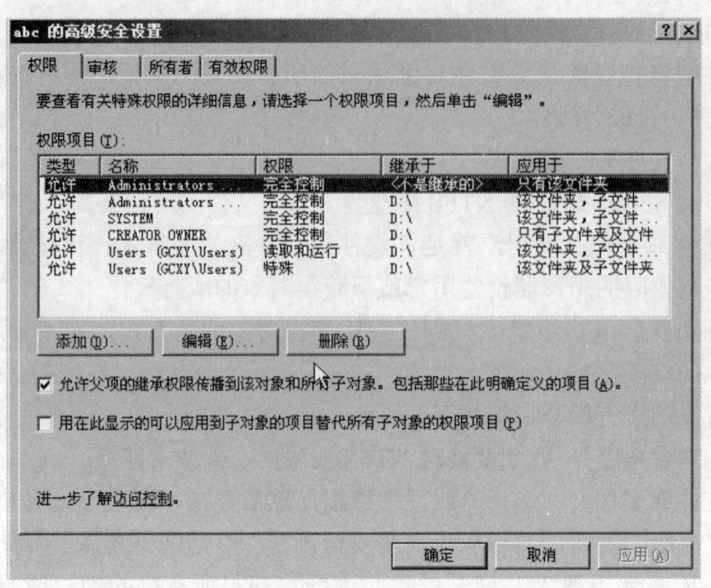

图 2.17 “abc 的高级安全设置”对话框

5. 文件共享及权限管理

文件共享是指在计算机上共享文件供局域网其他计算机使用。在 Windows Server 2012 的文件夹右键菜单中提供了目录的共享设置链接，在配置用户共享时，系统会自动安装文件共享服务角色和功能，在网络中专门用于提供文件共享服务的服务器称为文件服务器。

在文件服务器上部署共享可以提供多种用户访问权限，常见的有读取和写入权限。但是如果该共享目录所在磁盘为 NTFS 文件系统磁盘，则该目录的访问权限还会受到 NTFS 权限的限制。此时，用户对共享目录的访问权限为文件共享权限和 NTFS 权限的并集。

根据计划，需在 IP 为 192.168.1.1 的 Windows Server 2012 服务器 NTFS 分区的 D 盘创建一个共享名为 share 的文件夹，给予匿名账户 GUEST 文件共享权限为只允许读取、写入、读取和执行、列出文件夹的内容而拒绝其他权限。

（1）检查配置本地安全策略是否允许匿名账户访问

①依次点击“开始”→“控制面板”→“本地安全策略”，打开“本地安全策略”窗口，如图 2.18 所示。

②点击窗口左边的“安全选项”，找到“网络访问：不允许 SAM 账户和共享的匿名枚举”，双击此项，选择“已禁用”，如图 2.19 所示。

③在安全选项中找到“网络访问：本地账户的共享和安全模型”，设为“仅来宾 - 对本地用户进行身份验证，其身份为来宾”，如图 2.20 所示。“账户：来宾账户状态”设为“启用”，“账户：使用空密码的本地账户只允许进行控制台登录”设为“禁用”，如图 2.21 所示。

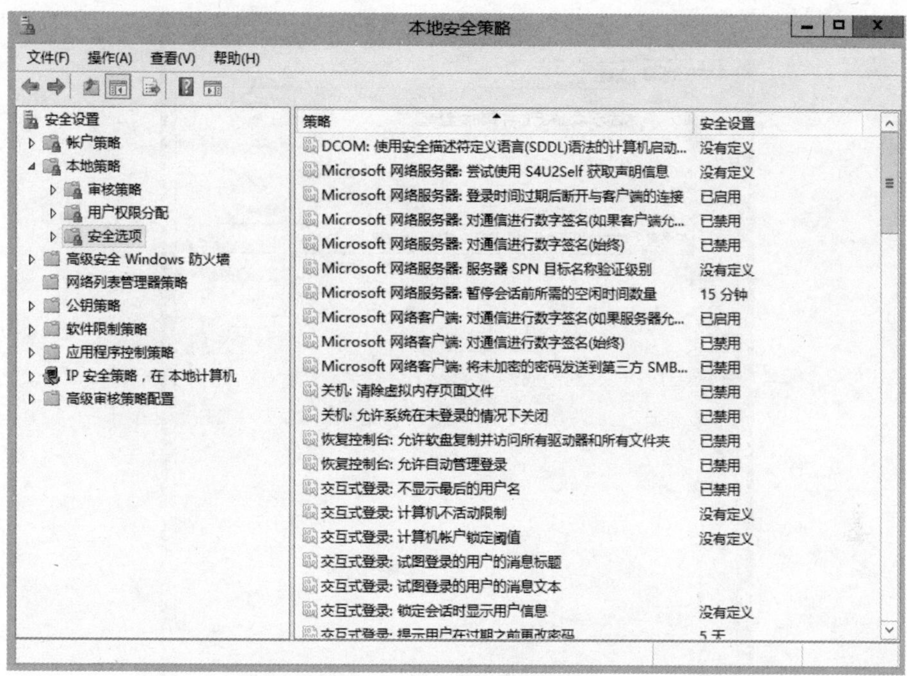

图 2.18　“本地安全策略”窗口

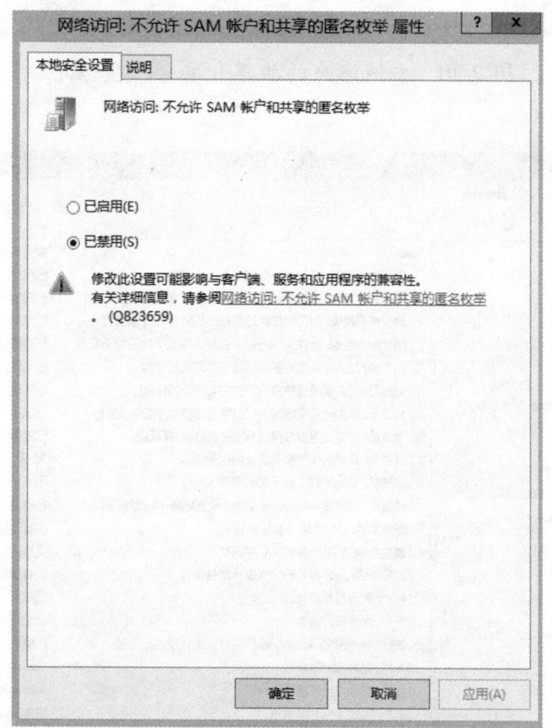

图 2.19　不允许 SAM 账户和共享的匿名枚举设置

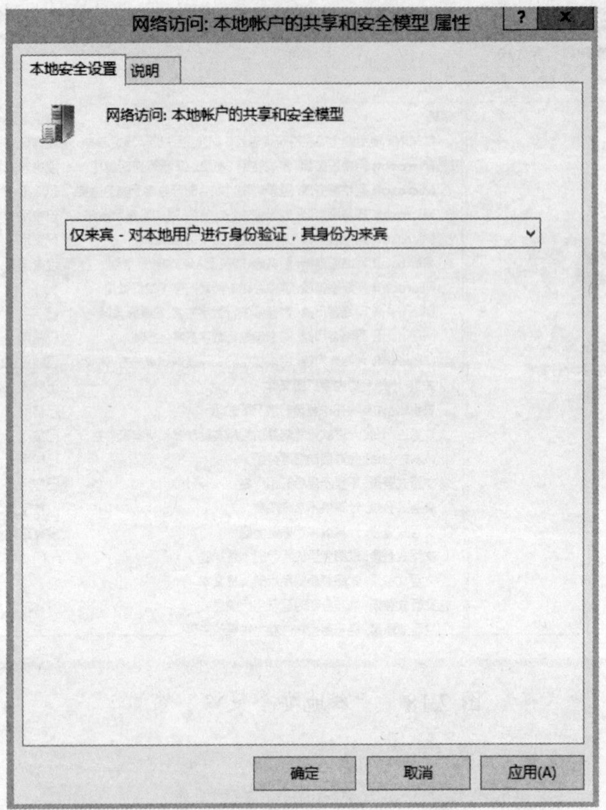

图 2.20　本地账户的共享和安全模型 属性

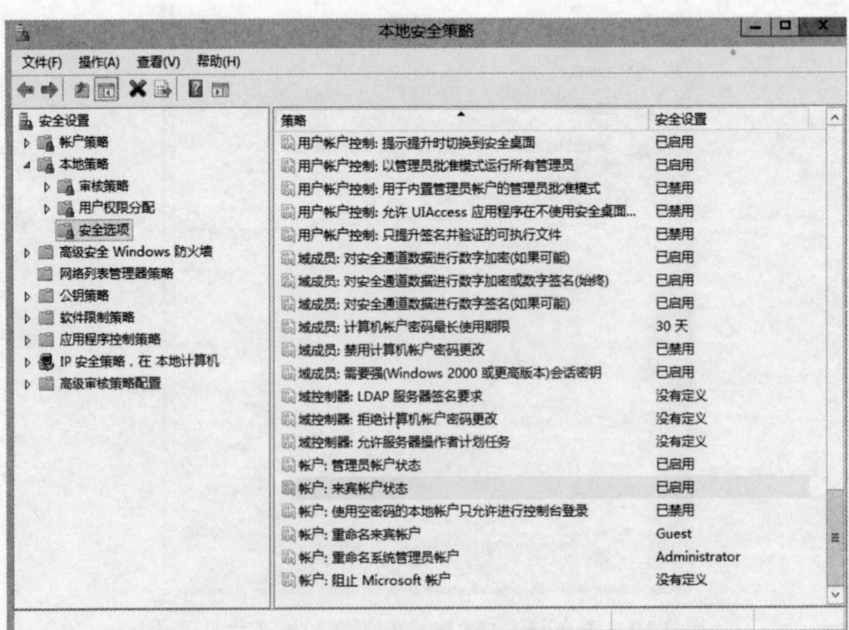

图 2.21　账户安全设置

项目 2

④在窗口左边找到“用户权限分配”并单击，在右边找到“拒绝从网络访问这台计算机”并设为“删除 Guset”（没有就不操作），再找到“从网络访问此计算机”添加“用户 Guest”，如图 2.22 所示。

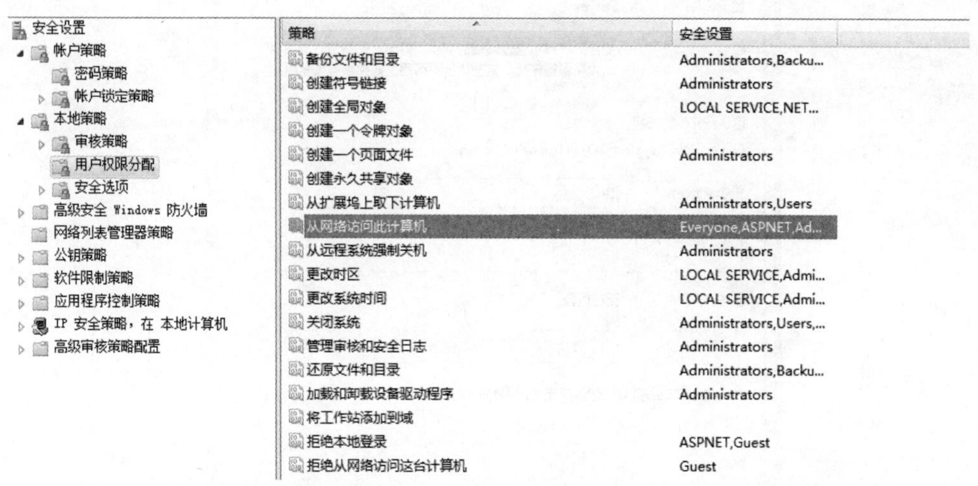

图 2.22 添加用户 Guest 从网络访问此计算机

（2）检查 Guest 账户是否被启用

打开“计算机管理”→“本地用户和组”→“用户”，双击 Guest，删除“账户已停用”。如图 2.23 所示。

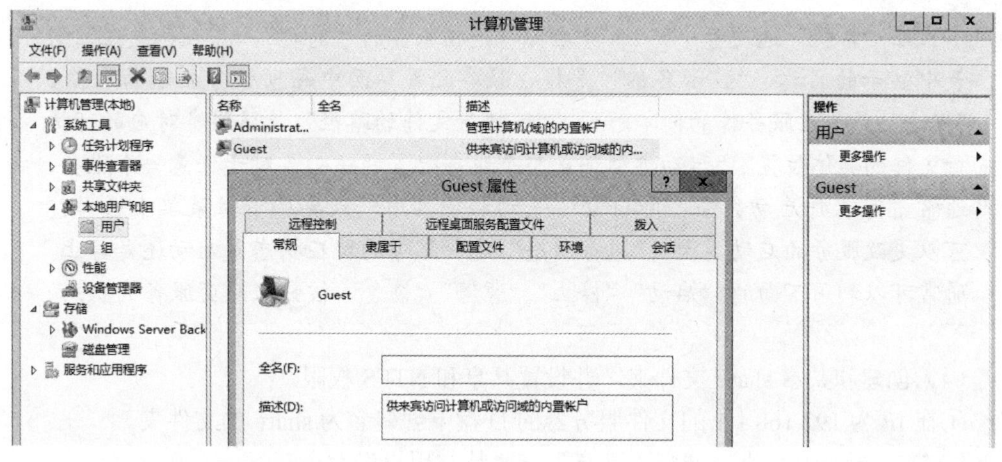

图 2.23 Guest 账户属性

（3）检查配置 Server 服务是否启动

打开“管理工具”→“服务”，在窗口右边找到“Server”，“启动类型”设为“自动”，“服务状态”设为“启动”，如图 2.24 所示。

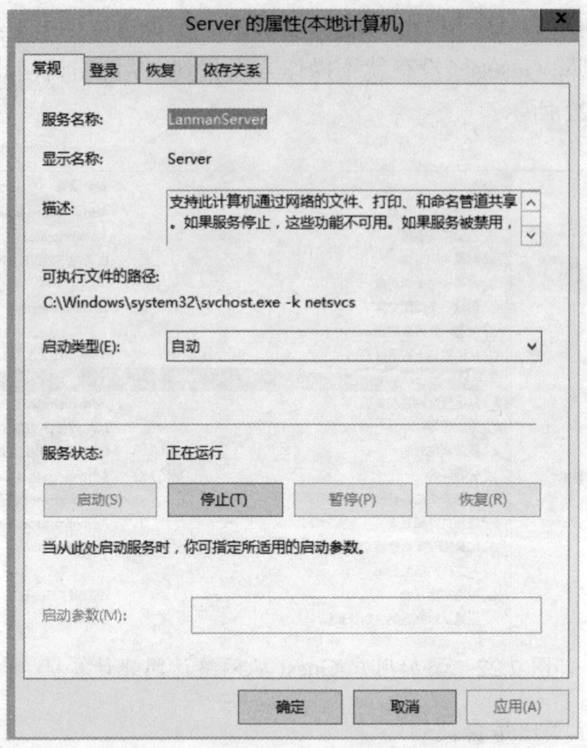

图 2.24　Server 服务启动选项

> 注意：
>
> 在“常规”选项卡中，“服务名称”是指服务的“简称”，并且也是在注册表中显示的名称；“显示名称”是指在服务配置界面中每项服务显示的名称；“描述”是为该服务作的简单解释；“可执行文件的路径”是该服务对应的可执行文件的具体位置；“启动类型”是整个服务配置的核心，对于任意一个服务，通常都有三种启动类型，即自动、手动和已禁用，只要从下拉菜单中选择就可以更改服务的启动类型；“服务状态”是指服务的现在状态是启动还是停止，通常可以利用下面的“启动”“停止”“暂停”“恢复”按钮来改变服务的状态。

（4）创建和共享 share 文件夹，并设置共享和 NTFS 权限

①在 IP 为 192.168.1.1 的文件服务器的 D 盘下创建名为 share 的文件夹。

②右击 share 文件夹，选择“共享”→“特定用户”命令。

③在下拉列表中将 Guset 添加到共享用户列表，并赋予其读取 / 写入权限，如图 2.25 所示。

④单击“共享”按钮，在弹出的“网络发现和文件共享”窗口中选择“是”→“启用所用公用网络的网络发现和文件共享”，点击“完成”按钮。共享结果如图 2.26 所示。

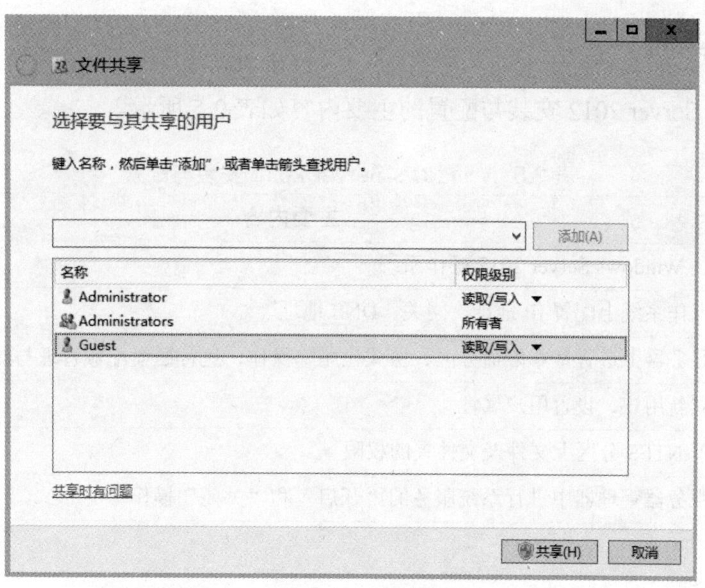

图 2.25　赋予 Guest 读取 / 写入权限

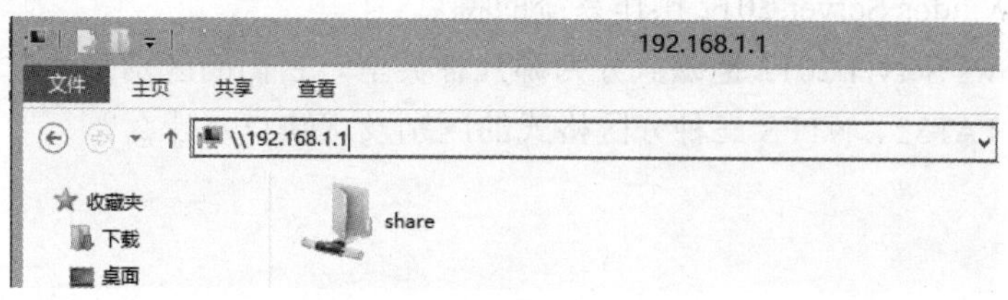

图 2.26　文件夹共享结果

⑤单击 share 文件夹，右击选择“属性”命令，然后选择“安全选项”，点击“高级”，在权限条目中选择“Guset”用户，点击“编辑”，在弹出的对话框中按图 2.27 进行设置。完成 share 文件夹只允许读取、写入、读取和执行、列出文件夹的内容而拒绝其他权限的设置。

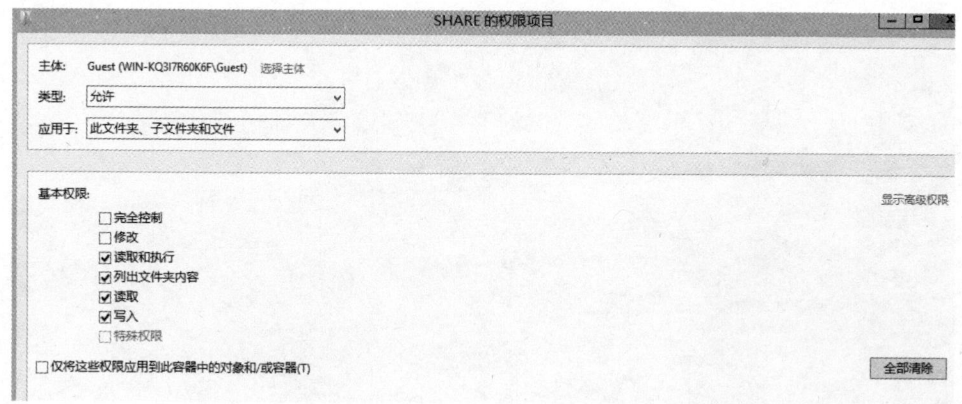

图 2.27　share 文件夹 NTFS 权限设置

【拓展实训】

Windows Server 2012 安装与配置的主要内容如表 2.5 所示。

表 2.5　Windows Server 2012 安装与配置

项目	主要内容
1	安装 Windows Server 2012 操作系统
2	在操作系统上配置 IP 地址、网关、DNS 地址
3	在服务器上进行基本磁盘分区、格式化删除操作，进行磁盘配额管理与磁盘挂接操作
4	建立新用户、设置用户属性
5	设置 NTFS 分区上文件及文件夹的权限
6	在服务器管理器中进行系统服务的“开启”和“关闭”操作

【同步训练】

1．简述 Windos Server 2012 操作系统的特点。

2．Windows Server 2012 把磁盘分为哪几种类型？它们的区别是什么？

3．FAT、FAT32、NTFS 三种分区格式的区别及优缺点是什么？

项目 3
DHCP 服务器配置与管理

任务 3.1　DHCP 服务器配置

【学习目标】

知识目标：了解什么是 DHCP，理解 DHCP 工作原理、IP 租用和续租原理，熟悉 DHCP 使用场景，理解 DHCP 中继代理工作原理。

技能目标：能够根据具体场景，制定 IP 分配地址方案，安装 DHCP 服务，创建作用域，配置客户机，查看、更新、释放 IP 地址，配置作用域选项，备份和还原 DHCP，配置 DHCP 中继代理。

【任务描述】

某公司目前拥有 50 台员工使用的工作计算机，拥有 1 台用于集中存储公司文件的服务器，1 台空闲服务器，1 台可以设置 TCP/IP 协议的高速打印机。公司老总希望让 50 台计算机都能够共享使用这台打印机，并且能够访问两台服务器存储的文件。网络管理员经分析后，设计出了以下方案：将公司 IP 子网设计为 192.168.1.0/24，网关设计为 192.168.1.254，DHCP 服务器 IP 为 192.168.1.1，DNS 为 192.168.1.1，将 192.168.1.1 ～ 192.168.1.30 共 30 个地址作为服务器 IP 和打印机 IP 保留，管理员将自己计算机的 IP 地址固定为 192.168.1.253，以便于设置服务器上防火墙管理 IP 的访问权限。由于计算机较多，为了避免设置固定 IP 容易引起的 IP 冲突、管理工作量较大，管理员最后决定采用建设 DHCP 服务器解决 IP 地址分配问题。DHCP 服务器部署拓扑图如图 3.1 所示。

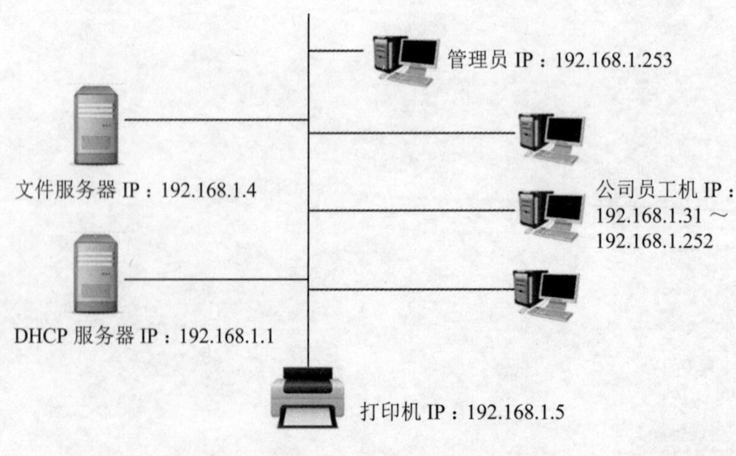

图 3.1　DHCP 服务器部署拓扑图

【相关知识】

1. DHCP 使用场景与优势

DHCP（Dynamic Host Configuration Protocol，动态主机配置协议）是一个局域网的网络协议，使用 UDP 协议工作，主要是用来简化网络 IP 地址分配工作，实现自动分配 IP 地址，作为网络管理员对所有计算机作集中管理的一种手段。

由于处于网络的设备终端需要设置 IP 地址才能实现网络通信，而一般情况下，我们设置 IP 地址的方法有两种。一种是手动设置 IP 地址，这种方式需要给网络中每台终端分配 IP 地址及相应的选项（如子网掩码、网关、DNS 等），该方式一般用于机房管理或者机器较少的局域网，因为每台终端都设计了对应的 IP 地址，所以这样做的好处是能够在出现故障时快速找出故障机，但是这样做也存在工作量大，人工设置 IP 地址容易出现失误而造成 IP 地址冲突等问题。另外一种是自动设置 IP 地址，它是利用具有 DHCP 功能的服务器，使客户端能够从 DHCP 服务器动态获取 IP 地址，该方式一般用于公司办公网络或者对 IP 地址与终端对应要求不高的环境，能减少管理员维护量和避免 IP 地址冲突，相比手动设置固定 IP 地址，DHCP 具有以下优势：

（1）IP 地址及其他网络参数由 DHCP 服务器统一设置，管理和修改方便，无需客户端挨个设置；

（2）统一分配避免人为设置错误，地址池统一分配可以避免手工设置错误造成的 IP 地址冲突；

（3）DHCP 分配的地址具有租期，客户端关机后可以释放 IP，避免 IP 浪费；

（4）客户端在物理子网间移动时，客户端可以自动获取新的子网对应的 DHCP 服务器分配的 IP 地址，快速适应网络变化。

2. DHCP 工作过程

DHCP 服务允许管理员在一台服务器上集中管理 IP 地址的分配，其工作过程如图 3.2 所示。

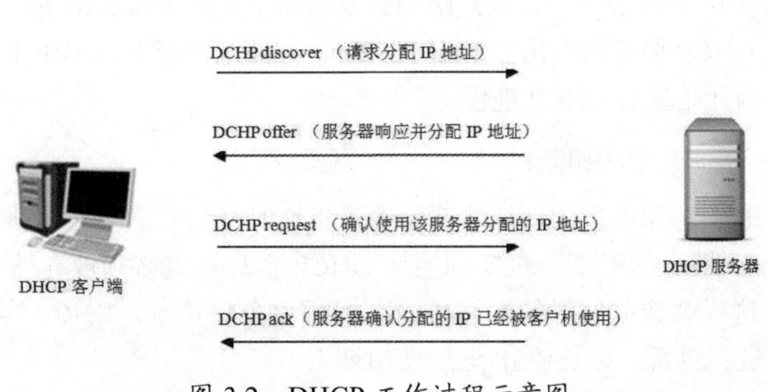

图 3.2　DHCP 工作过程示意图

（1）DHCP 发现（DHCP discover）。首先客户端寻找 DHCP Server，当 DHCP 客户端没有手动设置 IP 地址，又需要登录网络时，它会向网络发出一个 DHCP discover

报文，目的是寻找能够分配 IP 地址的 DHCP 服务器，该报文携带了客户端的 MAC 地址信息及识别该报文的 XID 编号，报文的来源地址为 0.0.0.0，而目的地址则为 255.255.255.255，然后再附上 DHCP discover 的信息，向网络进行广播。

在默认情况下，客户端设置的 DHCP discover 的等待时间预设为 1 秒，也就是当客户端将一个 DHCP discover 包送出去之后，在 1 秒之内没有得到回应的话，就会进行第二次 DHCP discover 广播。若在一直得不到回应的情况下，客户端一共会有 4 次 DHCP discover 广播，除了第一次会等待 1 秒以外，其余三次的等待时间分别是 9、13、16 秒。如果都没有得到 DHCP 服务器的回应，客户端则会显示错误信息，宣告 DHCP discover 的失败，然后自动设置一个 169.254.x.x 的地址，该地址是保留地址，代表 DHCP 获取失败，虽然有这个地址，但是客户端还是无法上网的。

（2）DHCP 提供（DHCP offer）。本地物理子网中的 DHCP 服务器收到客户端发出的 DHCP discover 广播后，会从那些没有分配租用出去的地址范围内优先选择靠前的 IP 地址，连同服务器上配置的 TCP/IP 设定，发送给客户端一个 DHCP offer 报文。DHCP 服务器回应的 DHCP offer 封包则会根据客户端发送的 DHCP discover 报文携带的 MAC 信息和 XID 传递给要求租约的客户端，同时该 DHCP offer 报文包含了服务端的 IP 地址租约期限的信息。

（3）DHCP 请求（DHCP request）。如果客户端收到网络上多台 DHCP 服务器的回应，只会挑选最先抵达的那个 DHCP offer 报文，接收后会向网络发出一个 DHCP request 广播封包，告诉所有 DHCP 服务器它将指定接受哪一台服务器提供的 IP 地址，如果 DHCP 客户端在一定时间后没收到 DHCP offer 报文，那么客户端将重新发送 DHCP discover 报文。

（4）DHCP 应答（DHCP ack）。当 DHCP 服务器接收到客户端的 DHCP request 之后，会向客户端发出一个 DHCP ack 报文以回应，客户端收到 DHCP ack 报文后，还会向网络发送一个 ARP 报文进行探测，目的地址为 DHCP 服务器指定分配的 IP 地址，如果探测该 IP 未被使用，则客户端就会使用该 IP 地址并完成配置，结束了一个完整的 DHCP 工作过程。

如果发现该 IP 已经被占用，客户端则会发出一个 DHCP decline 报文给 DHCP 服务器，拒绝接受 DHCP 服务器发出的 DHCP offer，并要求重新发送 DHCP discover 报文，服务器和客户端开始重启 DHCP 进程。

3. DHCP 租约及租约更新机制

每个 DHCP 服务器配置的地址池都包含了租约时间信息，客户端获得 IP 地址的同时也获得了该 IP 地址的租期，租期到期后 DHCP 客户端就必须放弃该 IP 地址使用权并重新申请，这样会造成暂时的网络中断。为了避免该情况，DHCP 客户端必须在租期到期前重新进行更新，延长该 IP 地址使用期限。

（1）DHCP 客户端持续在线时进行 IP 租约更新

当 DHCP 客户端使用的 IP 地址租约时间达到 50% 时，DHCP 客户端将以单播方式直接向为其提供 IP 地址的 DHCP 服务器发送 DHCP request 报文，用来请求 DHCP 服务器对其有效租期的更新，当 DHCP 服务器收到该报文后，如果确认客户端可以继续使用该 IP 地址，则服务器回应 DHCP ack 报文，客户端就根据 DHCP ack 消息中所提供的新的租期以及其他已经更新的 TCP/IP 参数更新自己的配置，IP 租用更新完成；如果没收到该服务器的回应或者服务器回应 DHCP nak 报文，客户端将无法获得新租约，但 DHCP 客户端继续使用现有的 IP 地址，因为当前租约还有 50%。

如果在当前租约已使用 50% 时未能成功更新，则客户端将在当前租约已使用 87.5% 时重新进入绑定模式（Rebinding），这时其将以广播方式发送 DHCP request 消息，继续请求 DHCP 服务器对其租期进行更新，如果仍未收到服务器回应，则客户端可以继续使用现有的 IP 地址。

如果直到当前租约到期仍未能得到 DHCP 服务器回应报文及成功更新 IP 租约，则将以广播方式发送 DHCP discover 消息，重新开始四个阶段的 IP 租用过程。

（2）DHCP 客户端重新启动时进行 IP 租约更新

如果未在 DHCP 的 MICORSOFT 选项中配置“关机释放 DHCP 租约”，DHCP 客户端重新启动时会进行 IP 租约更新。

【任务实施】

1. 任务说明

根据本节任务分析中的描述，本次任务将配置一台 DHCP 服务器为公司计算机动态分配 IP 地址及其 TCP/IP 参数，减少管理开销，本次任务将配置 DHCP 服务器的计算机名为“DHCP server”，IP 地址为 192.168.1.1，子网掩码为 255.255.255.0，默认网关为 192.168.1.254，DHCP 服务器为 192.168.1.1，DNS 为 192.168.1.1，可动态分配的 IP 地址范围为 192.168.1.31 ～ 192.168.1.253，将 IP 地址为 192.168.1.253 和网络管理员计算机的 MAC 地址进行绑定，让管理员的计算机得到固定的 IP 地址。

要配置 DHCP 服务器，则需要使用具有 DHCP 服务端功能的操作系统，如 Windows Server 2003 、Window Server 2008、Windows Server 2012 等。本次任务将选用 Windows Server 2012 来实现 DHCP 服务的安装和部署，分为六个子任务：

① DHCP 服务器的安装。

② 创建和激活作用域。

③ 配置 DHCP 保留。

④ DHCP 服务器选项配置。

⑤ DHCP 客户端配置与测试。

⑥ DHCP 数据库的备份和还原。

2. 实施过程

（1）DHCP 服务器的安装

①设置 Windows Server 2012 服务器的 IP 地址，如图 3.3 所示。

网络连接详细信息

网络连接详细信息(D):

属性	值
连接特定的 DNS 后缀	
描述	Intel(R) 82574L 千兆网络连接
物理地址	00-0C-29-AB-30-F9
已启用 DHCP	否
IPv4 地址	192.168.1.1
IPv4 子网掩码	255.255.255.0
IPv4 默认网关	192.168.1.254
IPv4 DNS 服务器	192.168.1.1
IPv4 WINS 服务器	
已启用 NetBIOS over Tcpip	是
连接-本地 IPv6 地址	fe80::b5ad:1838:5329:4241%12
IPv6 默认网关	
IPv6 DNS 服务器	

图 3.3 服务器 IP 地址设置

②打开位于开始“按钮”右部的“服务器管理器”图标，如图 3.4 所示。

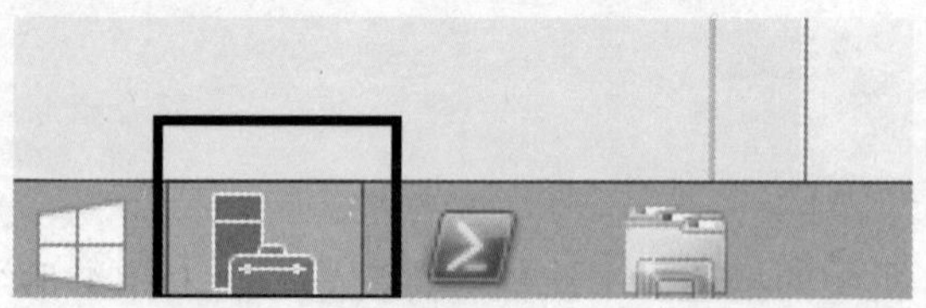

图 3.4 “服务器管理器”图标

③单击“仪表板”选项，选择“添加角色和功能”，如图 3.5 所示。

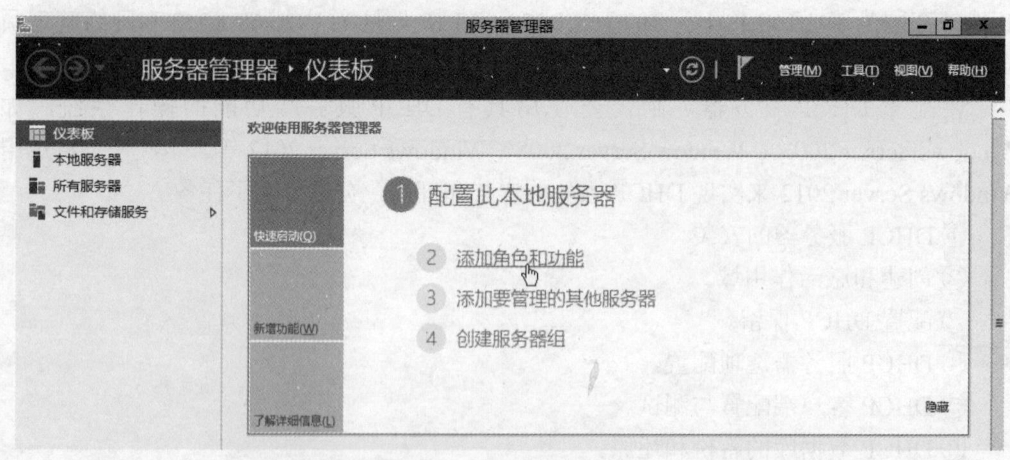

图 3.5 添加服务器角色

在显示的“开始之前”窗口中单击“下一步”按钮，如图 3.6 所示。

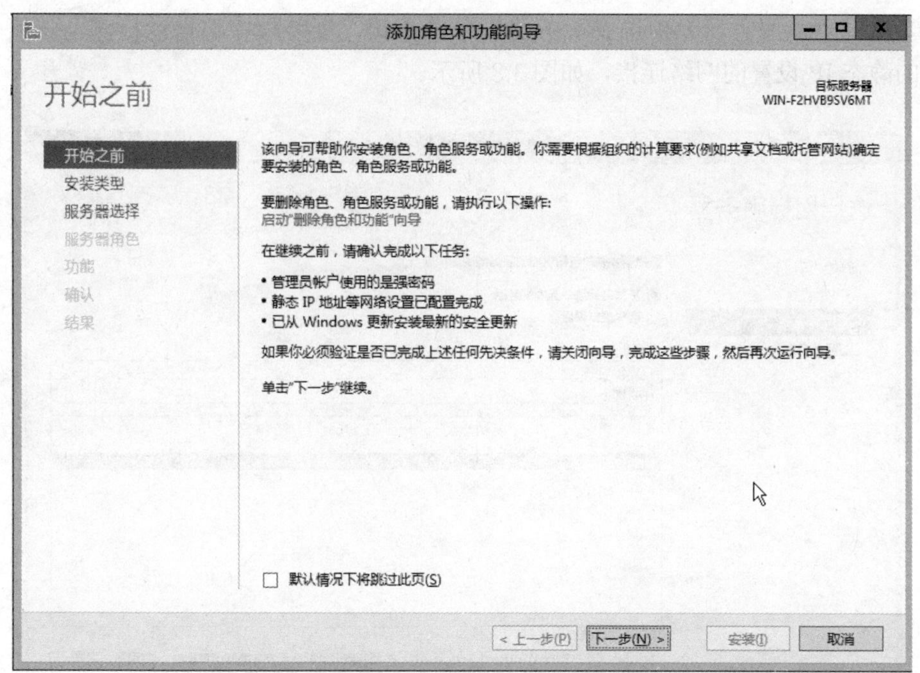

图 3.6 “开始之前”窗口

④在“选择安装类型”窗口中选择第一个选项“基于角色或基于功能的安装”，单击“下一步”，如图 3.7 所示。

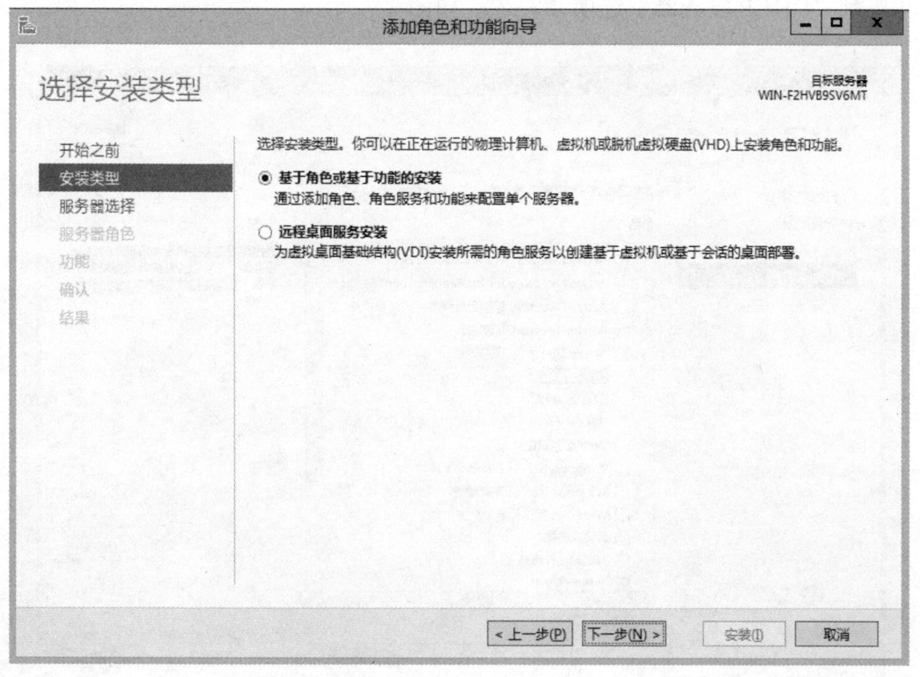

图 3.7 选择安装类型

⑤选择“从服务器池中选择服务器”单选按钮，安装程序将自动检测与该服务器采用的静态 IP 设置的网络连接，如图 3.8 所示。

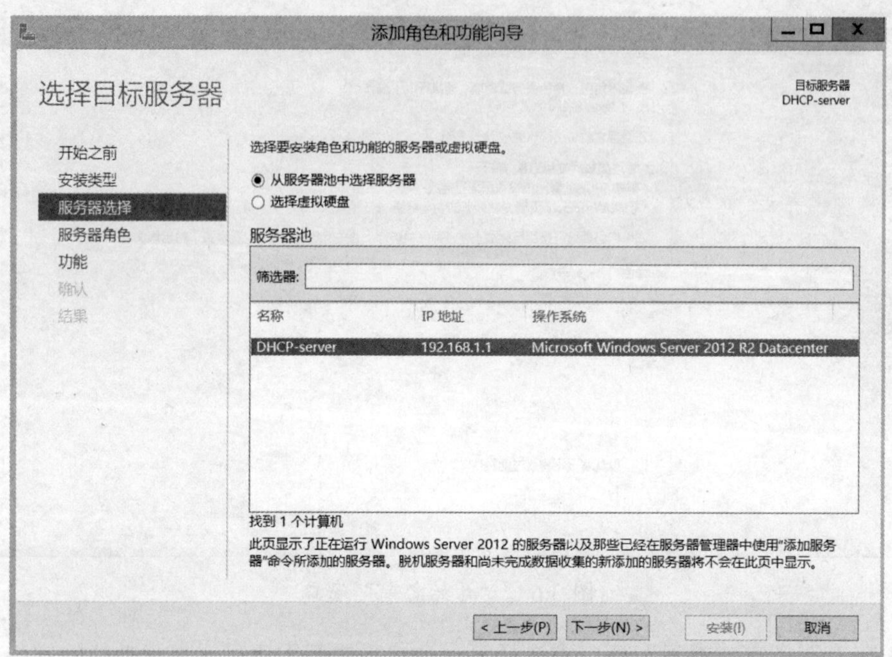

图 3.8　选择服务器

⑥找到“DHCP 服务器”选项并勾选，如图 3.9 所示。

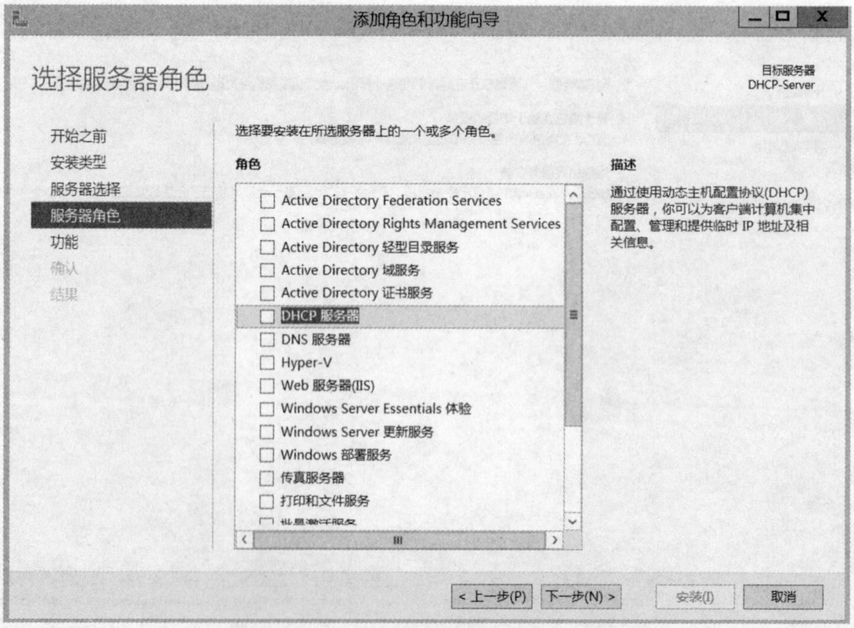

图 3.9　勾选“DHCP 服务器”复选框

⑦在弹出的窗口中单击“添加功能”，如图 3.10 所示。

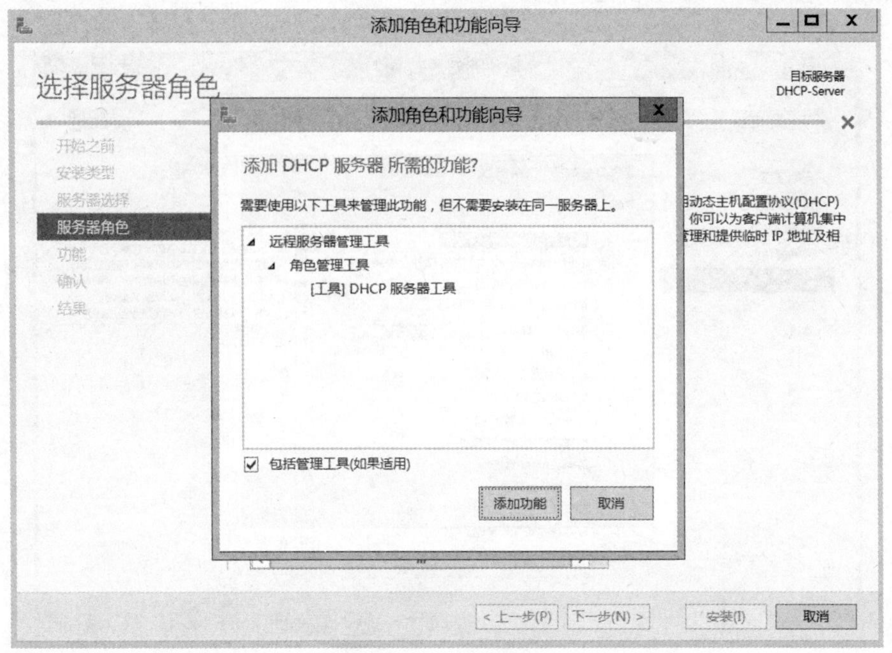

图 3.10　添加功能

⑧单击“添加功能”后,“DHCP 服务器”前的复选框被勾选,这时只需点击“下一步”即可，如图 3.11 所示。

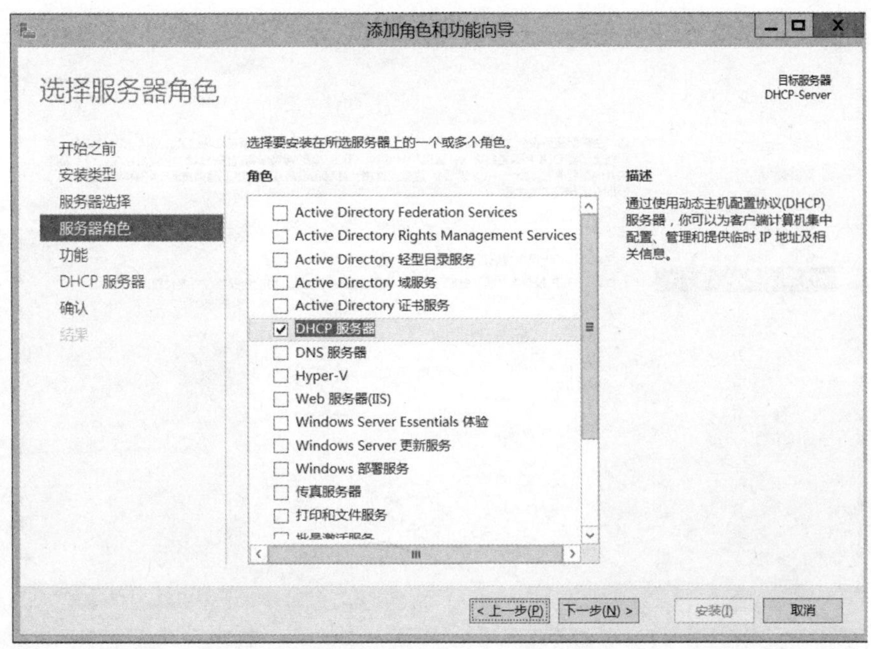

图 3.11　选择“DHCP 服务器”选项

⑨这时，会出现为该服务器角色添加功能的窗口，本次任务无需选择额外功能，直接点击“下一步”，如图 3.12 所示。

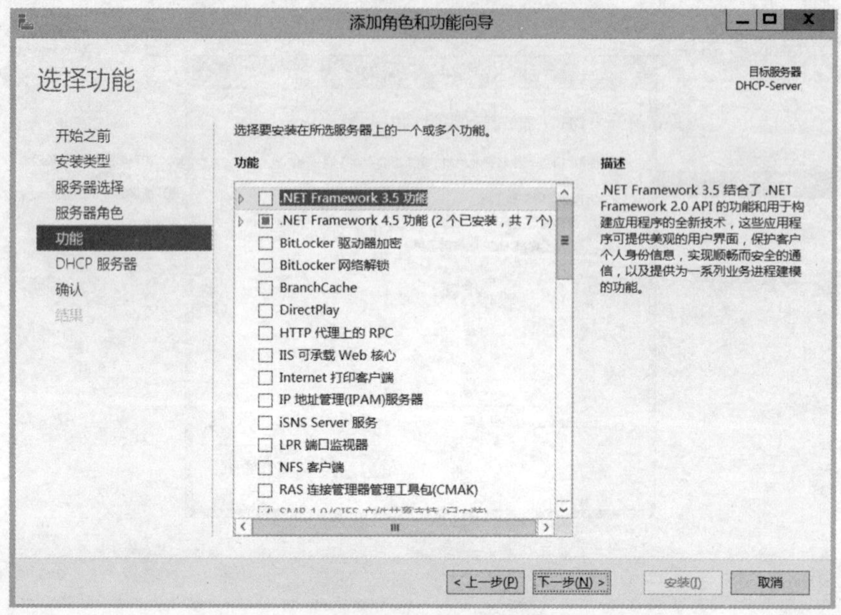

图 3.12　选择服务器功能

⑩在“DHCP 服务器”窗口中确认提示的信息都已经符合要求后，单击“下一步”，如图 3.13 所示。

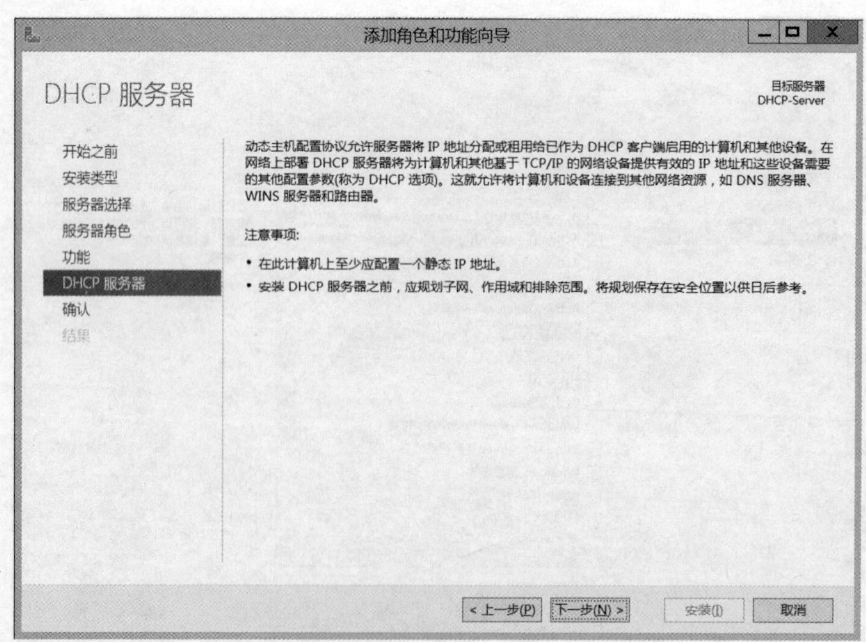

图 3.13　DHCP 服务器安装的确认信息

⑪在“确认安装所选内容”窗口中，单击右下角的“安装”，即可开始 DHCP 服务器的安装，如图 3.14 所示。

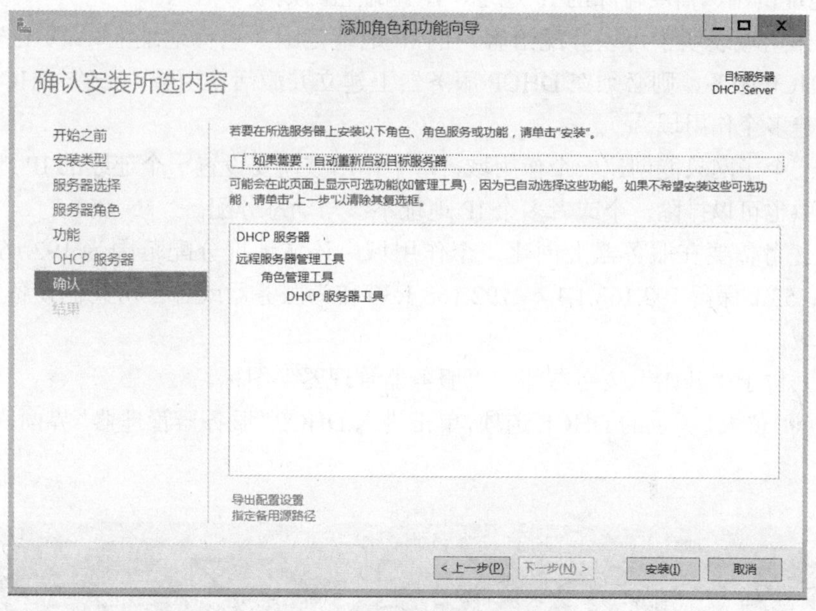

图 3.14　确认安装内容

⑫安装完毕后点击“关闭”，如图 3.15 所示。

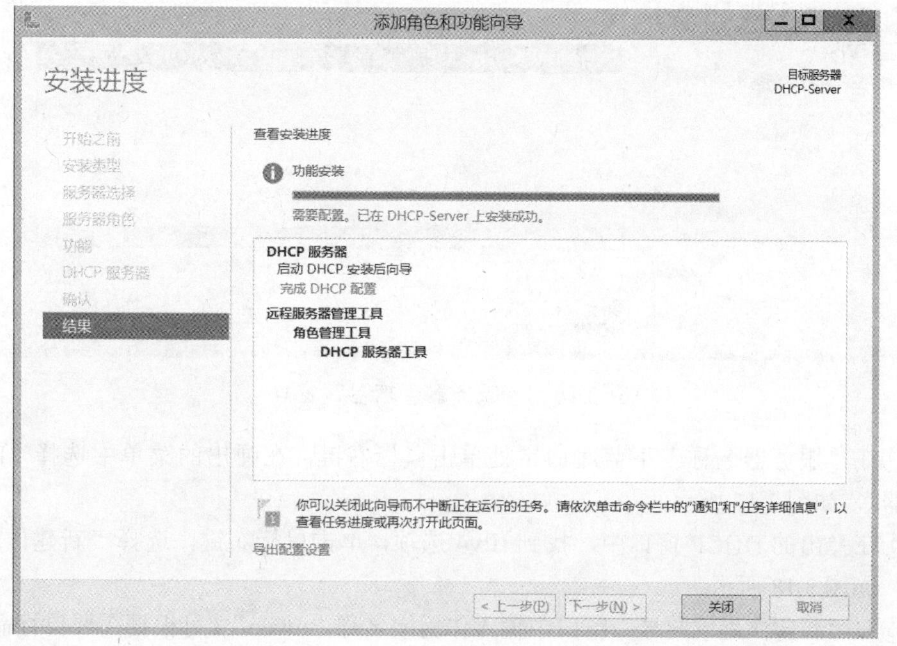

图 3.15　DHCP 服务器安装成功

（2）创建和激活作用域

作用域是 DHCP 服务器为客户端计算机分配 IP 地址的重要功能，主要用于设置分配的 IP 地址范围、需要排除的 IP 地址、IP 地址租约期限等信息。

一个作用域表明了可以分配给客户的 IP 地址范围（也称地址池）。要让客户机能够使用 DHCP 服务，则必须在 DHCP 服务器上建立并激活作用域。一个 DHCP 服务器上可以创建多个作用域。

对应一个子网只能创建一个作用域，每个作用域需要设置一个连续的 IP 地址范围，在作用域中也可以排除一个或者多个 IP 地址不参与动态分配。

本次任务需要在服务器上创建一个作用域，该域地址分配范围为 192.168.1.31 ～ 192.168.1.253。保留 192.168.1.1 ～ 192.168.1.30 作为服务器或者公司其他设备使用，然后激活该域。

①打开位于“开始”按钮右部的“服务器管理器”图标。

②找到“仪表盘”上的 DHCP 选项，单击进入 DHCP“服务器管理器”界面，如图 3.16 所示。

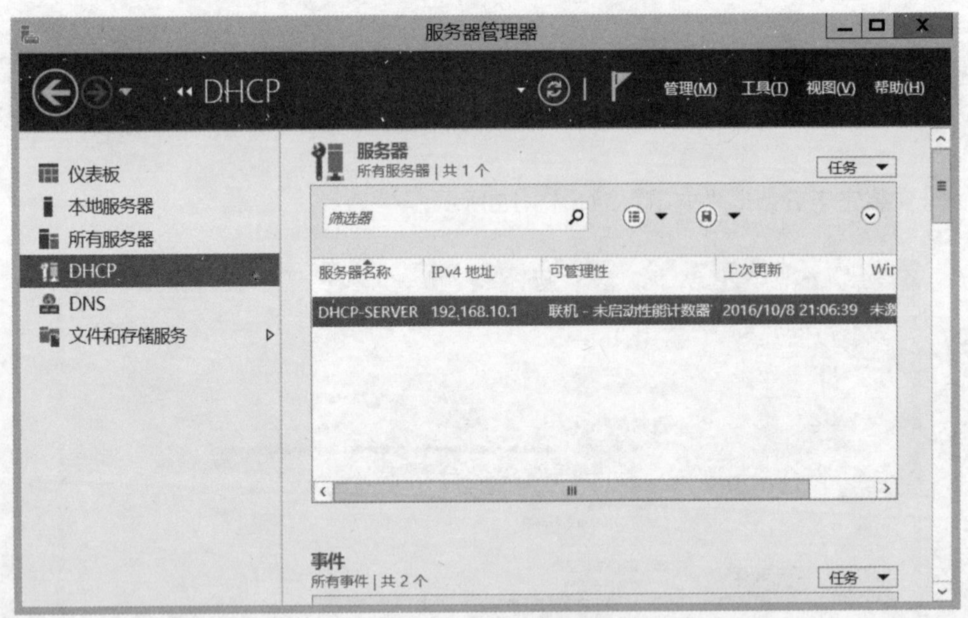

图 3.16　“服务器管理器”窗口

③在“服务器名称”下蓝底白字处单击鼠标右键，在弹出的菜单中选择“DHCP 管理器”，如图 3.17 所示。

④在弹出的 DHCP 窗口中，找到 IPv4 选项，单击鼠标右键，选择“新建作用域”选项，如图 3.18 所示。

⑤在“新建作用域向导”窗口中输入作用域名称“mycp”（可根据需要自行命名），该命名主要是为了便于管理者清晰地管理多个作用域，如图 3.19 所示，然后点击“下一步”。

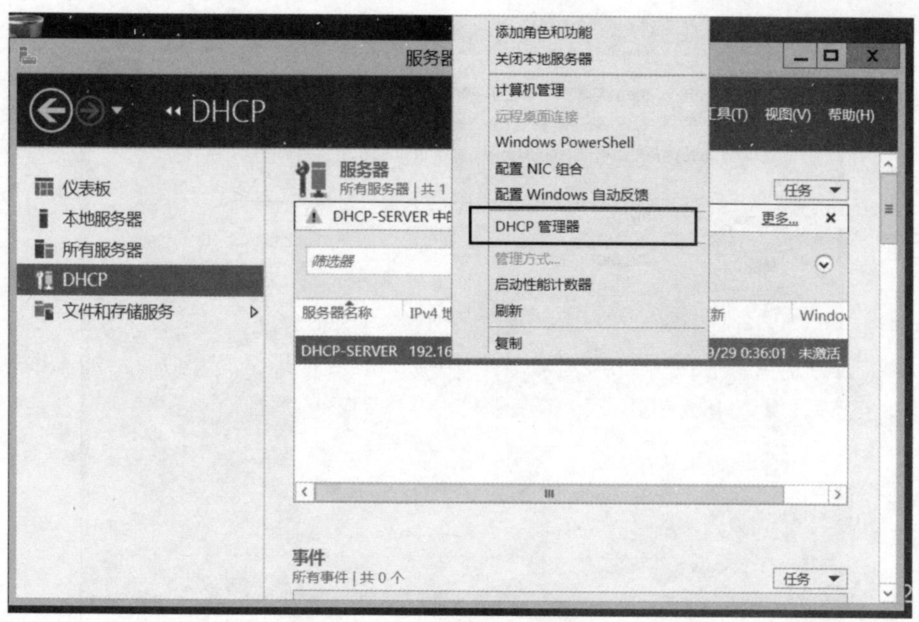

图 3.17 选择“DHCP 管理器”

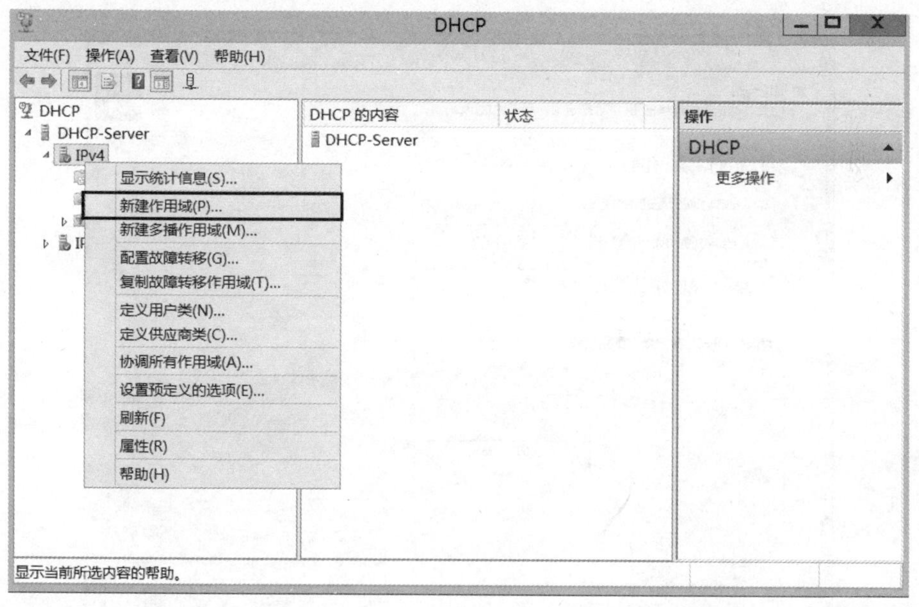

图 3.18 新建作用域

⑥在图 3.20 所示窗口中输入需分配的 IP 地址范围和子网掩码。本次任务作用域范围为 192.168.1.31 ～ 192.168.1.253，子网掩码为 24 位（即 255.255.255.0）。输入完毕后单击“下一步”。

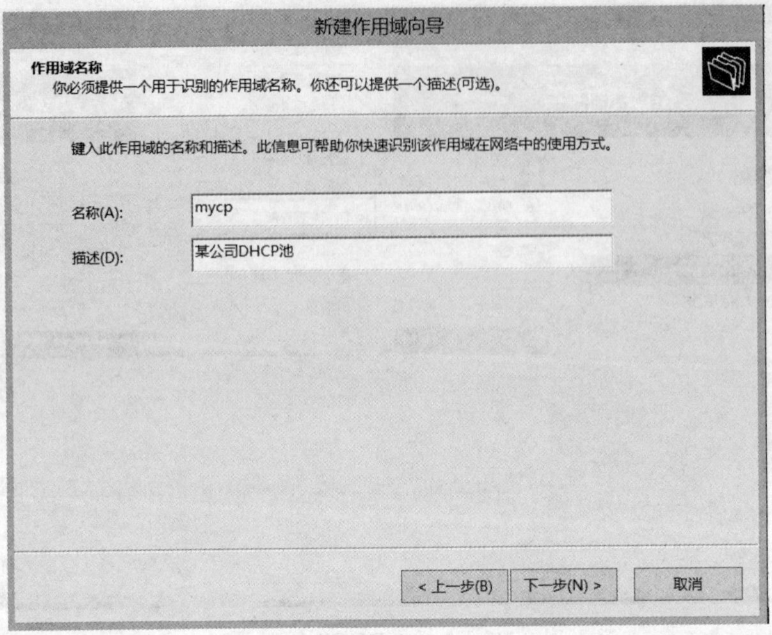

图 3.19　设置作用域名称

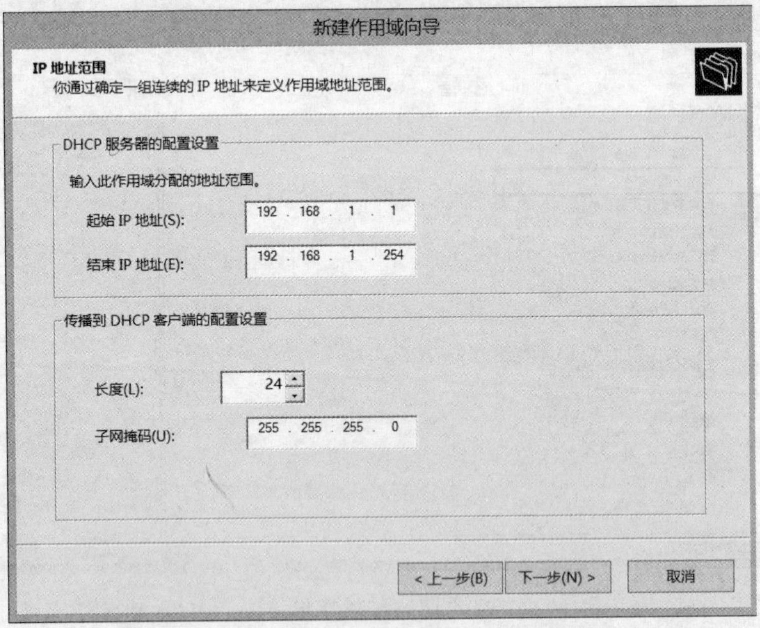

图 3.20　设置 IP 地址分配范围及子网掩码

⑦输入要排除的 IP 地址或 IP 地址范围。排除地址是指 DHCP 服务器不主动动态分配这些地址给客户端，而将这些地址给网络中的其他服务器或者设备，并可以手动设置使用，从而不造成 IP 地址冲突，也能实现一些特殊的功能需求。比如，DHCP 服务器的 IP 地址必须固定，不能动态获取；打印机 IP 地址必须固定设置，以便客户端可

以快速访问设备等。本次任务中，我们将排除 192.168.1.1 ～ 192.168.1.30 这些 IP 地址。如图 3.21 所示。

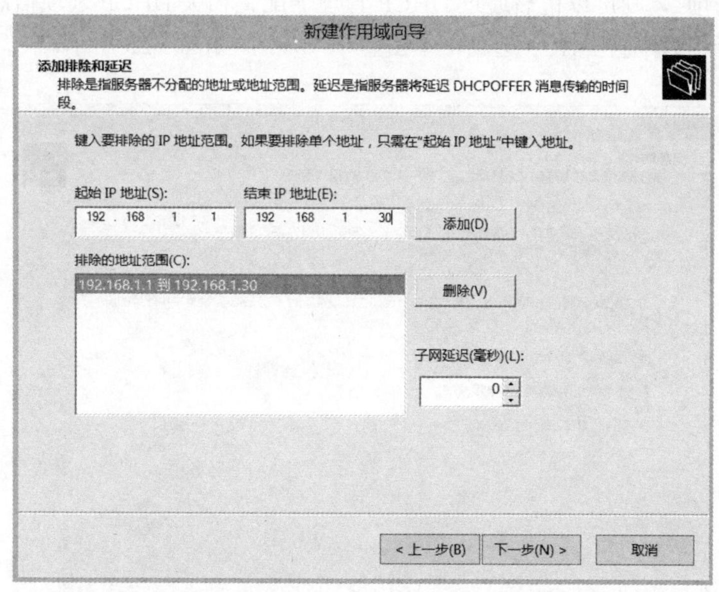

图 3.21　设置需要排除的 IP 地址或 IP 地址范围

⑧设置 IP 地址租用期限，默认为 8 天。一般在办公室环境下，IP 地址数量够用的情况下可以保持默认，如果应用环境设备多，且大多数是移动设备（如手机、笔记本）时，IP 地址容易出现不够的情况，则可以将租期设置短一些，以便及时释放 IP 资源。在本次任务中直接单击“下一步”。如图 3.22 所示。

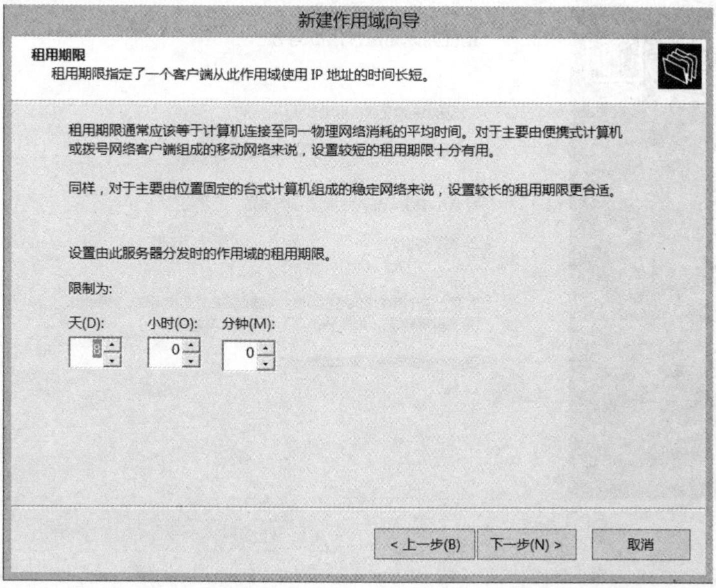

新建作用域向导

租用期限

租用期限指定了一个客户端从此作用域使用 IP 地址的时间长短。

租用期限通常应该等于计算机连接至同一物理网络消耗的平均时间。对于主要由便携式计算机或拨号网络客户端组成的移动网络来说，设置较短的租用期限十分有用。

同样，对于主要由位置固定的台式计算机组成的稳定网络来说，设置较长的租用期限更合适。

设置由此服务器分发时的作用域的租用期限。

限制为:

天(D): 8　小时(O): 0　分钟(M): 0

< 上一步(B)　下一步(N) >　取消

图 3.22　设置 IP 地址租期

⑨在出现的“配置 DHCP 选项”窗口中，如果选择“是，我想现在配置这些选项”，则会继续通过向导配置 DHCP 选项信息（如 DNS、网关等）；如果选择“否，我想稍后配置这些选项”，则可以稍后通过 DHCP 管理器配置相关 DHCP 选项信息。本次任务中，我们选择稍后配置 DHCP 选项，单击“下一步”，如图 3.23 所示。

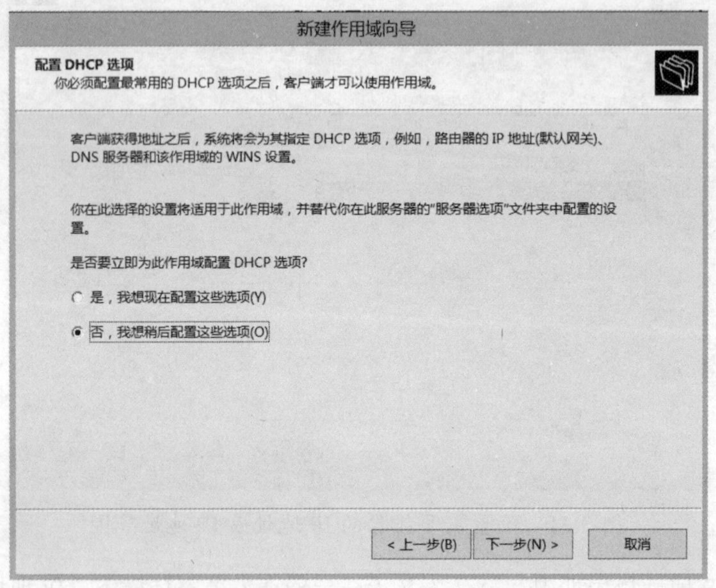

图 3.23　DHCP 选项配置

⑩点击“完成”结束新建作用域的向导，如图 3.24 所示。

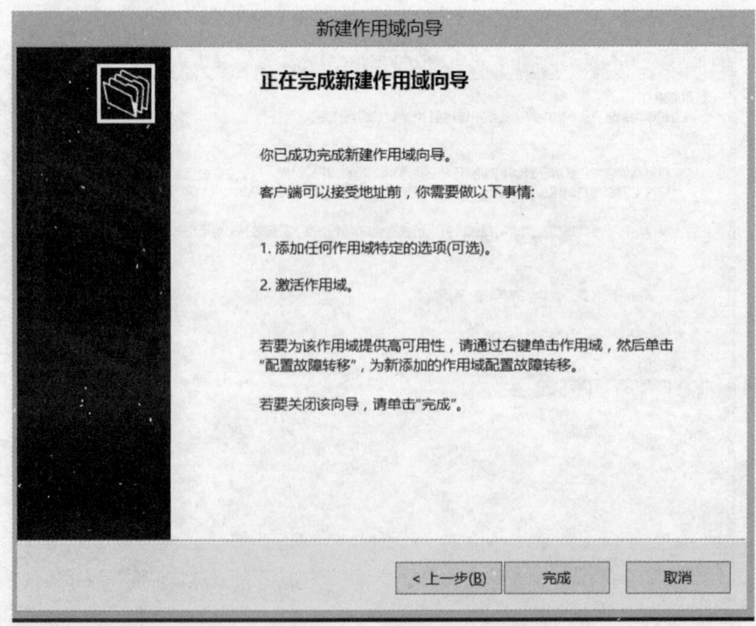

图 3.24　完成新建作用域向导

⑪如图 3.25 所示，找到新创建的“作用域 [192.168.1.0]mycp”，单击鼠标右键，选择“激活”，完成作用域的激活。每个创建好的作用域必须先激活后才能正常工作。注意：作用域未激活时，“激活”选项处显示为“激活”，如图 3.25 所示；激活后，“激活”选项处显示为“停用”，如图 3.26 所示。

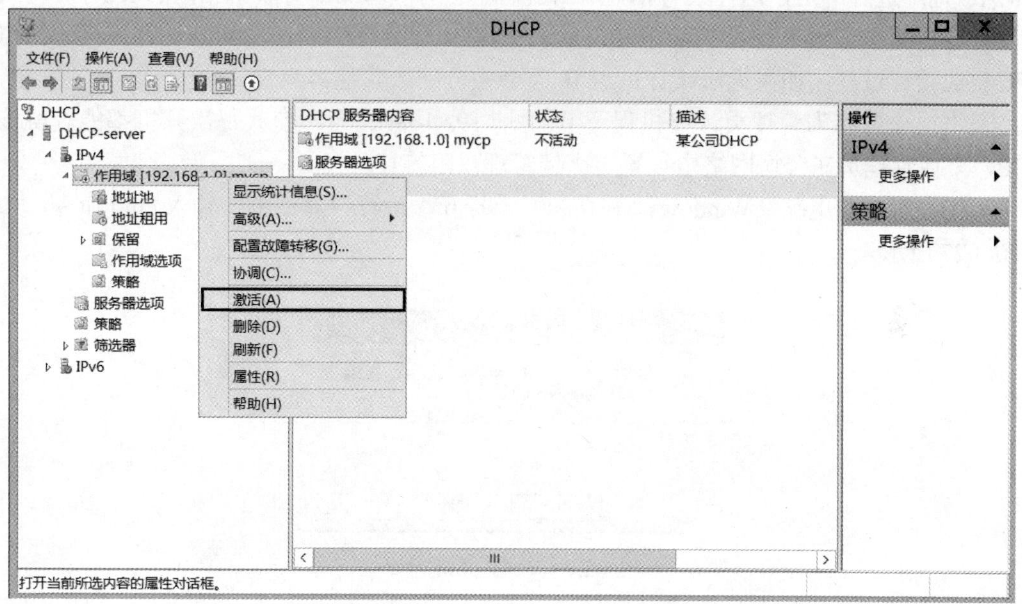

图 3.25 激活作用域（待激活状态）

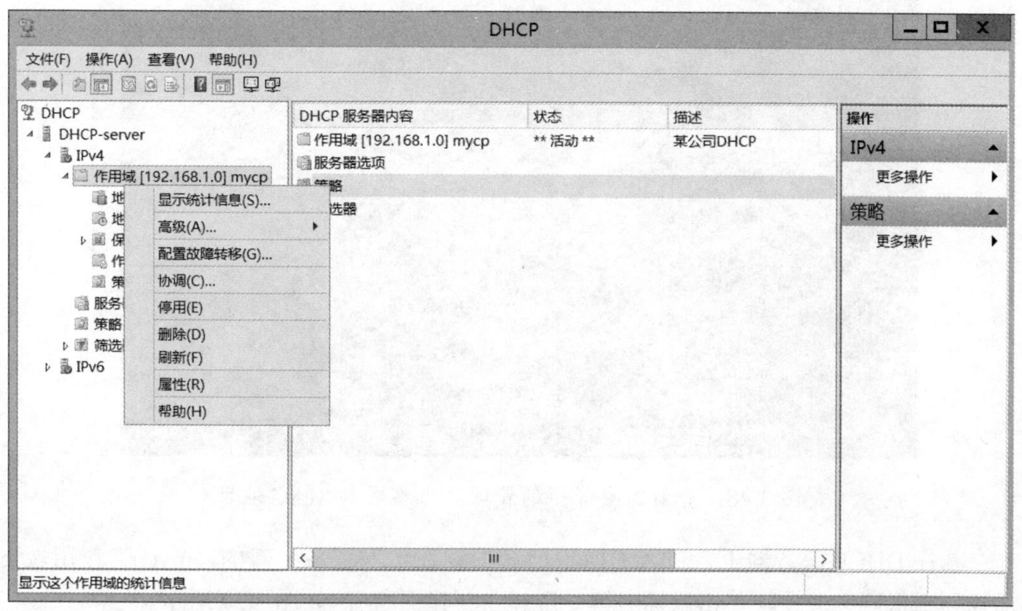

图 3.26 激活作用域（已激活状态）

（3）配置 DHCP 保留

DHCP 保留是指给一个指定的客户机分配一个永久的 IP 地址，这个 IP 地址也是属于一个作用域的。

DHCP 保留工作原理是将作用域中的某个 IP 地址与需要指定 IP 的客户端网卡 MAC 地址进行绑定，这样具有指定 MAC 地址的网卡每次都将获得相同的 IP。

客户端在 DHCP 保留功能下获得的 IP 地址一样具有租期，也同其他客户机一样需要租约续订过程，如果无法续订，该 IP 不会被分配给其他客户端。

本次任务将为管理员计算机保留 IP 地址 192.168.1.253，使其每次开机都能获得该 IP，方便管理员在公司网络中设置防火墙管理权限等。

①在管理员电脑（Windows XP 系统）上打开“运行”对话框，输入 cmd 命令，如图 3.27 所示。

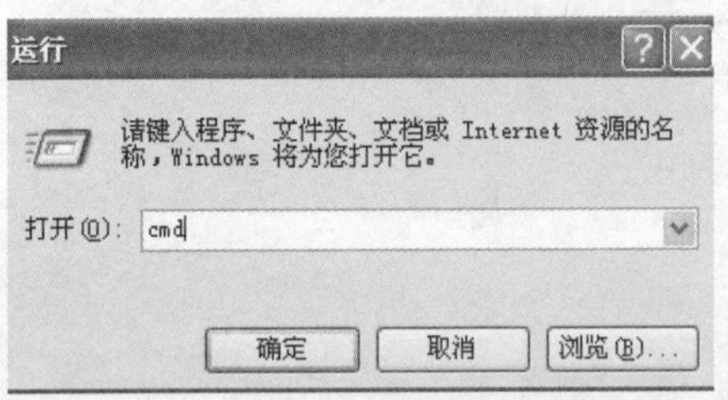

图 3.27　运行 cmd 命令

②在 cmd 窗口中输入 ipconfig /all 命令，查看 MAC 地址，如图 3.28 所示。

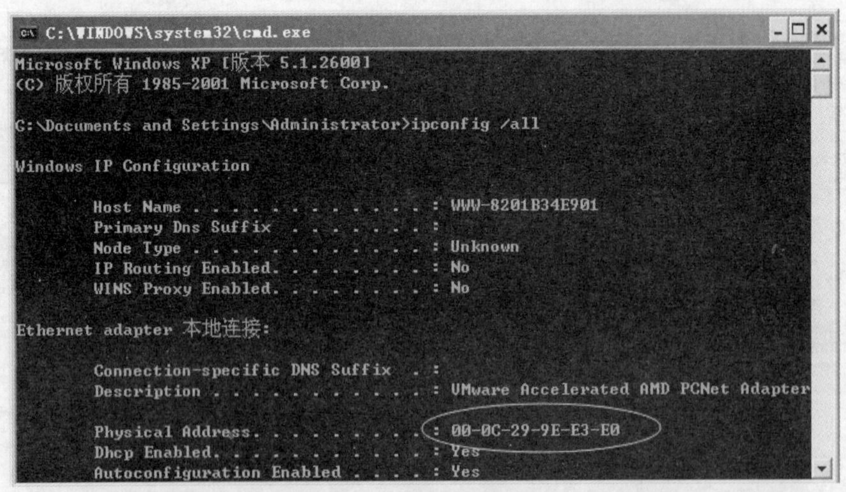

图 3.28　查看需要保留的管理员机器网卡 MAC 地址

③在 DHCP 服务器上，进入 DHCP 管理器，在本次任务所建的“mycp”作用域下面找到“保留”选项，单击鼠标右键，选择“新建保留”，如图 3.29 所示。

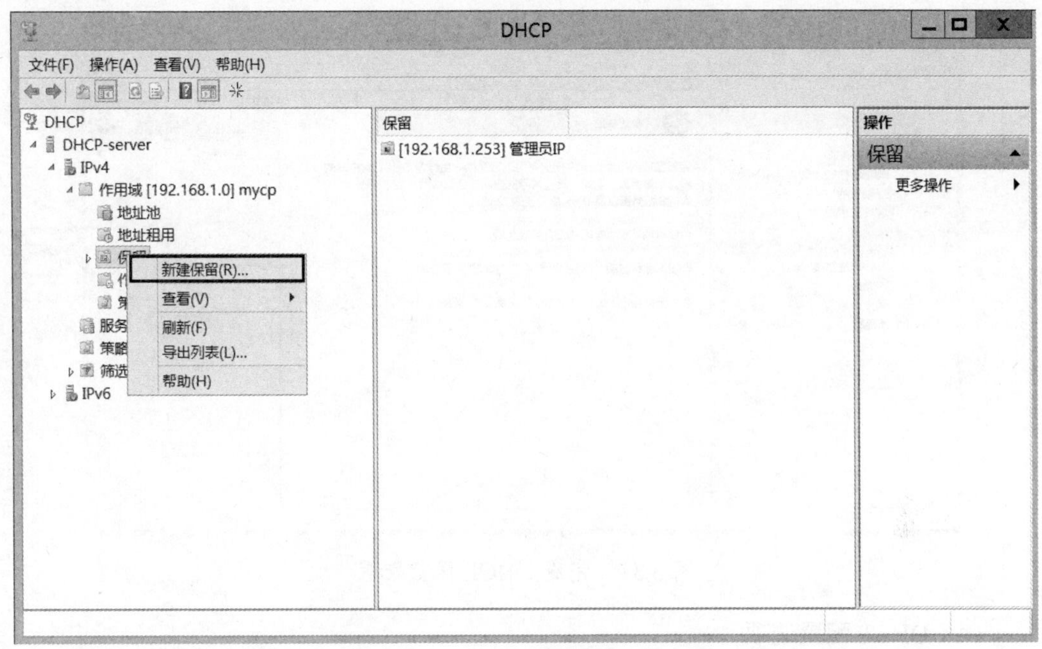

图 3.29 新建保留

④在弹出的“新建保留”对话框中输入相关信息。本次任务要求将 192.168.1.253 分配给管理员计算机，按照图 3.30 输入相关信息后，单击“添加”，添加完毕后关闭该对话框。

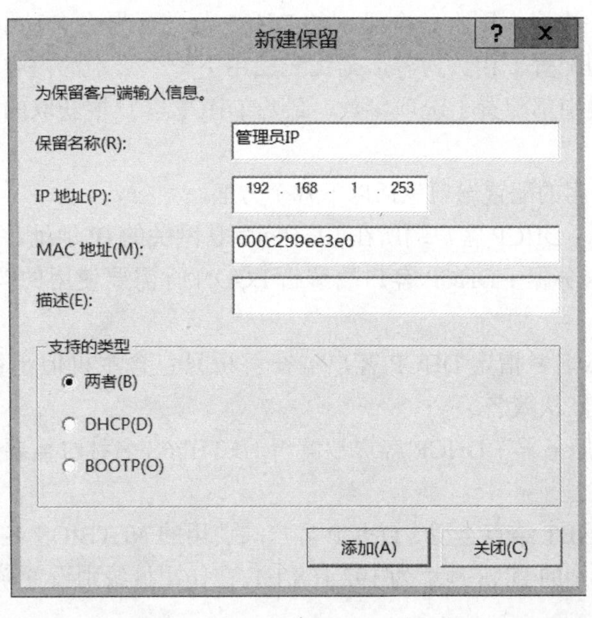

图 3.30 “新建保留”对话框

⑤完成为管理员设置保留 IP 地址的任务，如图 3.31 所示。

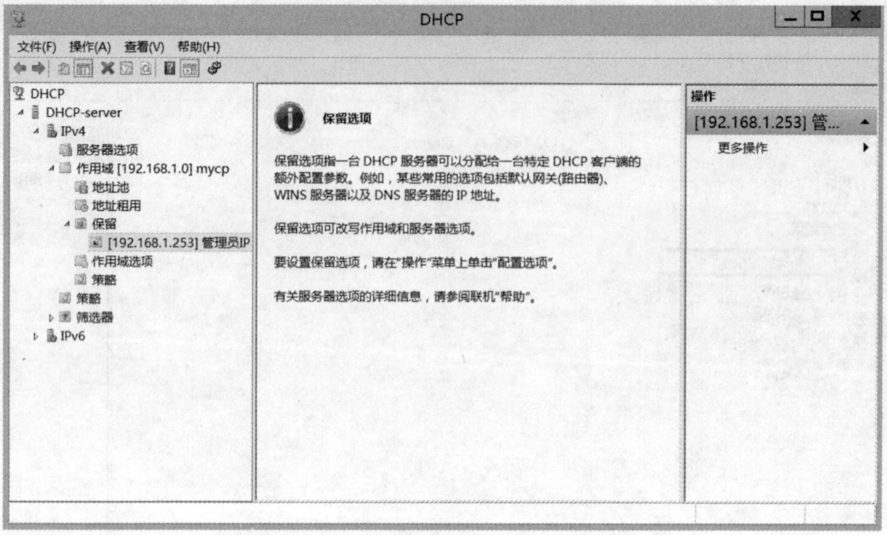

图 3.31　完成 DHCP 保留配置

（4）DHCP 配置选项

DHCP 服务器除了给 DHCP 客户机分配 IP 地址和子网掩码外，还要传递其他网络配置如网关、DNS 等参数，这需要由 DHCP 配置选项来完成。

DHCP 服务器支持四种级别的配置选项，分别是服务器级别的配置选项、作用域级别的配置选项、保留级别的配置选项和类级别的配置选项。它们有一个优先顺序，依次为服务器级别选项、作用域级别选项、类级别选项、保留级别选项，如果下一个级别没有配置相关内容，则上一个级别的 DHCP 相关配置会自动继承至下一个级别，但如果下一个级别配置了相关内容，则优先使用下一个级别的内容。例如，如果服务器级别和作用域级别都配置了选项参数，最后 DHCP 客户端获取的参数将是作用域级别的参数。

一般情况下使用的配置选项包括以下几个方面。

① 003 路由器：DHCP 客户端所在 IP 子网默认网关的 IP 地址。

② 006 DNS 服务器：DHCP 客户端解析 FQDN 时需要使用的首选和备用 DNS 服务器的 IP 地址。

③ 015 DNS 域名：指定 DHCP 客户端在解析只包含主机但不包含域名的不完整 FQDN 时应使用的默认域名。

④ 044 WINS 服务器：DHCP 客户端解析 NETBIOS 名称时需要使用的首选和备用 WINS 服务器的 IP 地址。

⑤ 046 WINS/NBT 结点类型：DHCP 客户端使用的 NETBIOS 名称解析方法。

设置服务器级别的 DNS 地址为 192.168.1.1，在作用域级别设置 003 路由器地址（即网关 192.168.1.254）。

设置 DHCP 配置选项的步骤如下。

①右击选择“作用域选项”中的“配置选项”，打开配置窗口，如图 3.32 所示。

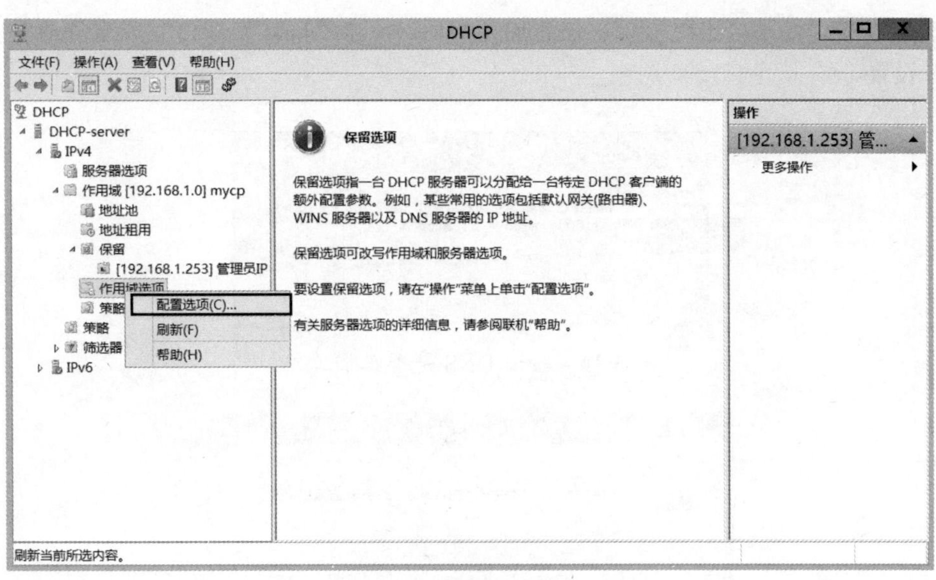

图 3.32　作用域选项的配置选项

②在弹出的“作用域选项”对话框中勾选“006 DNS 服务器”复选框，在“IP 地址”栏输入“192.168.1.1”，服务器名称可以填入自己需要的名称，如图 3.33 所示。

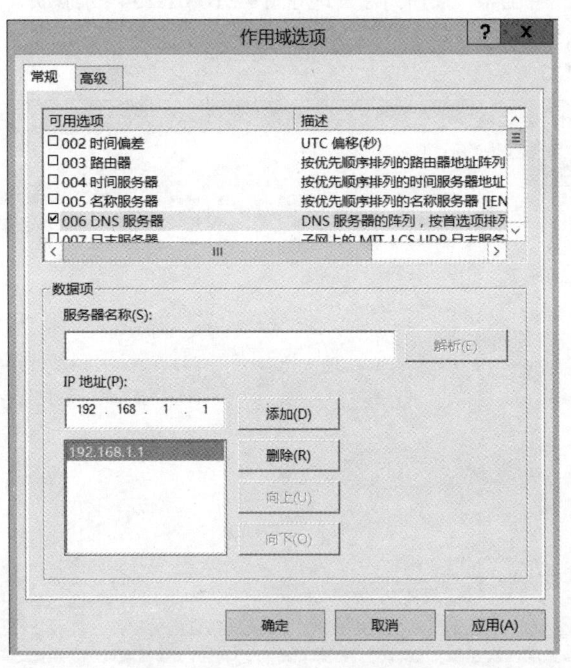

图 3.33　作用域选项配置

③点击“添加”后，系统会自动验证该 DNS 是否可以访问，如图 3.34 所示。如不能访问，会提示是否继续添加。由于我们内网 DNS 192.168.1.1 暂时还未配置，因此该 DNS 会无法访问，在弹出的确认对话框中，点击“是”，如图 3.35 所示。如配置

的 DNS 有效，则不会出现提示。在添加完毕后，点击“确认”即可完成服务器级别的 DNS 设置。

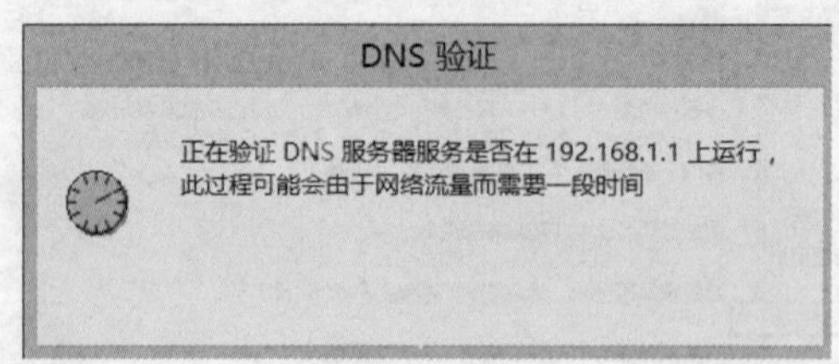

图 3.34　验证 DNS 是否正常工作

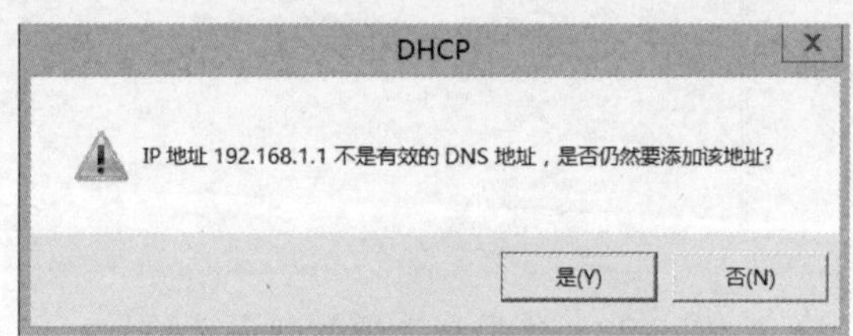

图 3.35　确认是否强制添加 DNS

④在 mycp 作用域的“作用域选项”，如图 3.36 所示，单击鼠标右键，选择“配置选项”，然后对“003 路由器”进行网关地址 192.168.1.254 的添加，添加完毕后点击“确定”按钮，如图 3.37 所示。

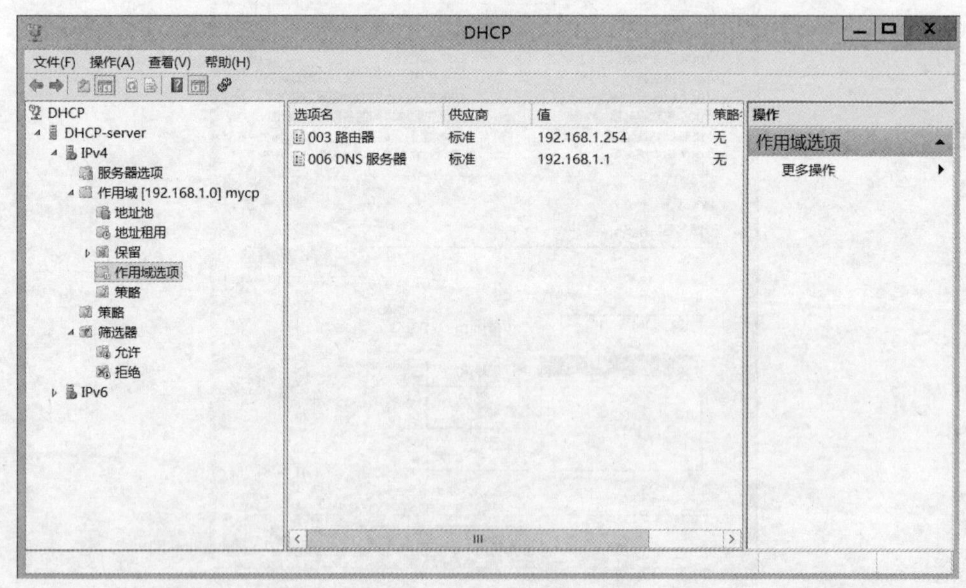

图 3.36　作用域选项

（5）DHCP 客户端配置与测试

客户端计算机要能够自动获取 IP 地址，除了 DHCP 服务器正常工作以外，还需要将客户端计算机配置成自动获取 IP 地址的方式。实际上在默认情况下客户端计算机使用的都是自动获取 IP 地址的方式，一般情况下并不需要进行配置。本次任务将以 Windows XP 系统为例对客户端计算机进行配置。

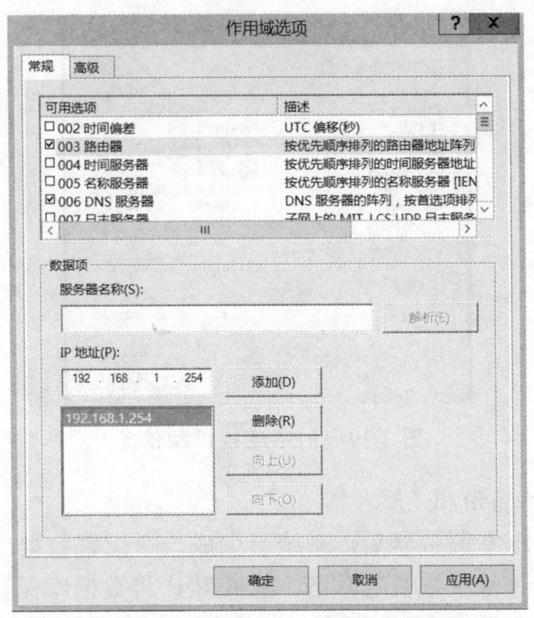

图 3.37　添加作用域的网关地址

①在桌面上右键单击“网上邻居”图标，并选择“属性”命令。

②在打开的“网络连接”对话框中右键单击“本地连接”图标并执行“属性”命令，打开“本地连接 属性”对话框。接着双击“Internet 协议（TCP/IP）”选项，选中“自动获得 IP 地址”单选按钮，最后单击“确定”按钮即可，如图 3.38 所示。

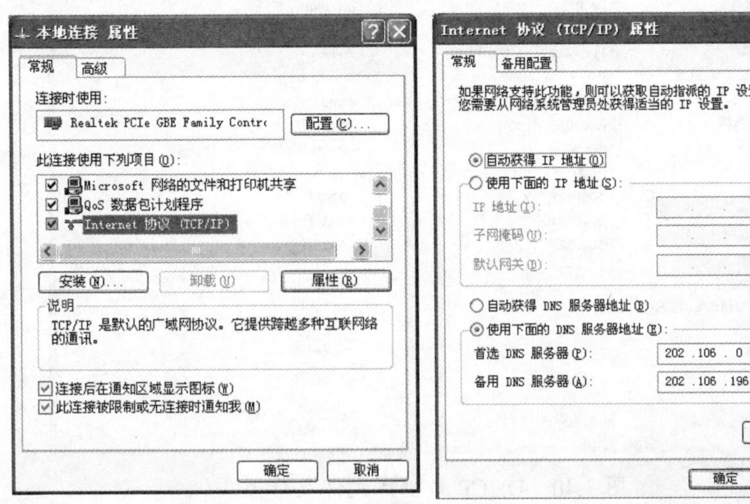

图 3.38　“Internet 协议（TCP/IP）”设置

③查看以太网连接状态。点击“详细信息”按钮，查看 IP 地址获取的信息。这台

机器获得的 IP 地址为 192.168.1.253，其 MAC 地址和前面设置的 DHCP 保留中的 MAC 地址一致，说明 DHCP 保留设置是成功的，如图 3.39 所示。

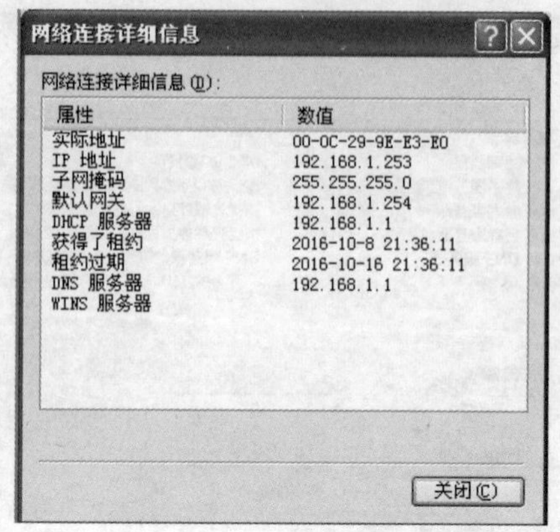

图 3.39　网络连接详细信息

（6）DHCP 数据库备份和还原

当配置完一台 DHCP 服务器后，系统会生成一个配置数据，包括 IP 地址、作用域、出租地址、保留地址和配置选项等，系统默认将数据库保存在“%Systemroot%\System32\dhcp”文件夹中，如图 3.40 所示，其中 dhcp.mdb 是数据库文件，其他为相关辅助配置文件。DHCP 服务默认每 60 分钟备份一次 DHCP 数据库文件到 backup 文件夹中，管理员可以根据需要将该数据库备份到任何地方。

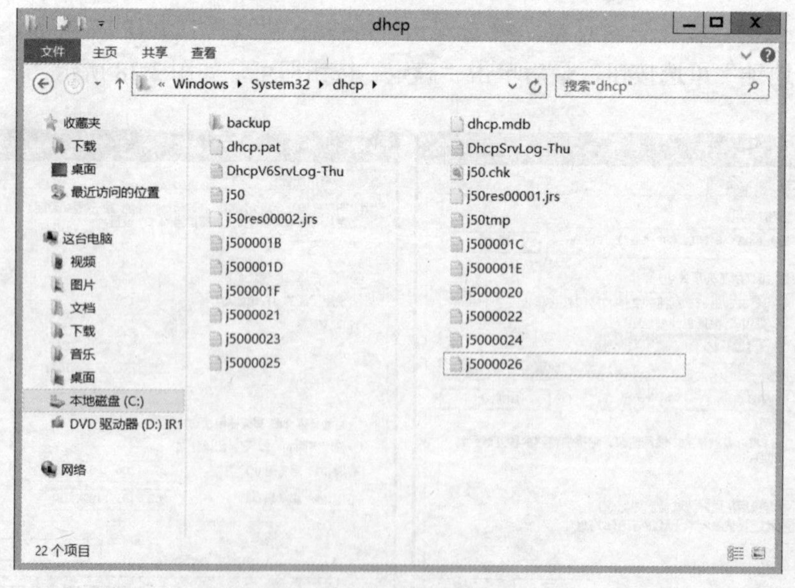

图 3.40　DHCP 数据库文件及路径

①将原 DHCP 服务器上的数据库进行备份，备份至自定义的地方，方法如图 3.41 所示。

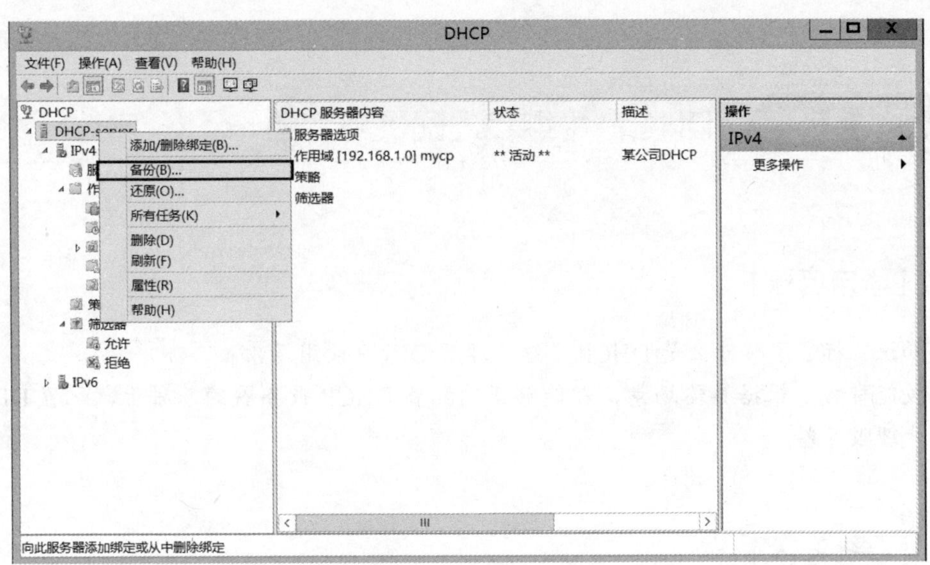

图 3.41 DHCP 数据库备份

②当旧的 DHCP 服务器发生故障时，管理员可以在一台新的 DHCP 服务器上安装 DHCP 服务将备份的 DHCP 数据库拷贝至新服务器，然后选择图 3.41 中“备份”功能下方的“还原”功能，将 DHCP 数据库还原就可以快速恢复 DHCP 服务。

【拓展实训】

DHCP 服务器配置的主要内容如表 3.1 所示。

表 3.1 DHCP 服务器配置

项目	主要内容
1	添加 DHCP 服务组件
2	添加和授权服务器
3	建立作用域及 IP 地址池的范围，如 192.168.1.1 ～ 192.168.1.254
4	正确配置“作用域选项”和“保留选项”

【同步训练】

1．DHCP 的工作原理什么？
2．DHCP 的主要功能是什么？常用于什么场景？
3．DHCP 服务器要能正常提供服务，必须经过一个什么步骤？
4．如果客户端自动获取的 IP 地址为 169.254.x.x，请问问题出在哪里？

任务 3.2 DHCP 中继代理配置与管理

【学习目标】

知识目标：了解什么是 DHCP 中继，理解 DHCP 使用场景。

技能目标：根据具体场景，在能够正确配置 DHCP 服务器的基础上，配置 DHCP 中继代理服务器。

【任务描述】

某公司原有 A 栋办公楼，后来公司业务扩展，租用了 B 栋办公楼，原来 A 栋办公楼的计算机使用 DHCP 服务器统一分配的 192.168.10.0/24 段 IP 地址，新增的 B 栋办公楼的计算机将仍然使用 DHCP 服务器统一分配的 192.168.11.0/24 段 IP 地址，为了集中管理，要求 B 栋的 IP 分配由 A 栋的 DHCP 服务器统一分配。

上面的问题简单说来就是在一个 DHCP 服务器上实现对 192.168.10.0/24 和 192.168.11.0/24 两个网络的计算机提供 IP 地址自动分配，那么这时就需要使用 DHCP 中继代理来实现。实现该环境的网络拓扑图如图 3.42 所示。

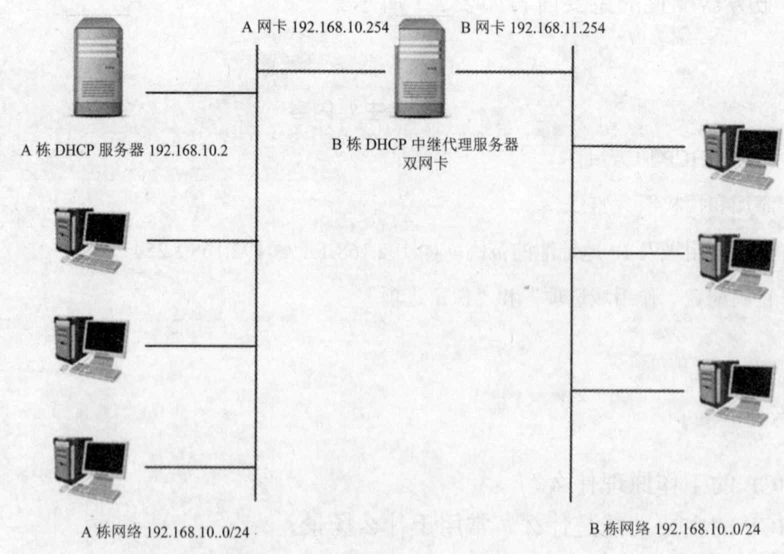

图 3.42 场景案例网络拓扑图

【相关知识】

DHCP 中继代理服务

在大型的网络中，可能会存在多个子网。DHCP 客户机通过网络广播消息获得 DHCP 服务器的响应后得到 IP 地址。但广播消息是不能跨越子网的。因此，如果 DHCP 客户机和服务器在不同的子网内，客户机还能不能向服务器申请 IP 地址呢？这就要用到 DHCP 中继代理。DHCP 中继代理实际上是一种软件技术，安装了 DHCP 中继代理的计算机称为 DHCP 中继代理服务器，它承担不同子网间的 DHCP 客户机和服务器的通信任务。

中继代理是在不同子网上的客户端和服务器之间中转 DHCP/BOOTP 消息的小程序。根据征求意见文档（RFC），DHCP/BOOTP 中继代理是 DHCP 和 BOOTP 标准和功能的一部分。

实施 DHCP 中继代理，则要求中继代理服务器连通主 DHCP 服务器所在子网和需要中继服务的子网。本次任务是在 B 栋中继代理服务器设置了双网卡，一张网卡连接 A 栋网络，并设置 IP 为 192.168.10.254/24，另外一张网卡设置 IP 为 192.168.11.254/24，主 DHCP 服务器 IP 地址为 192.168.10.1/24。

【任务实施】

下面进行 DHCP 中继代理的设置。

（1）DHCP 服务器配置

①在 DHCP 上创建两个作用域：A 栋办公楼和 B 栋办公楼。A 栋办公楼对应 IP 范围为 192.168.10.0/24，B 栋办公楼对应 IP 范围为 192.168.11.0/24，如图 3.43 所示。

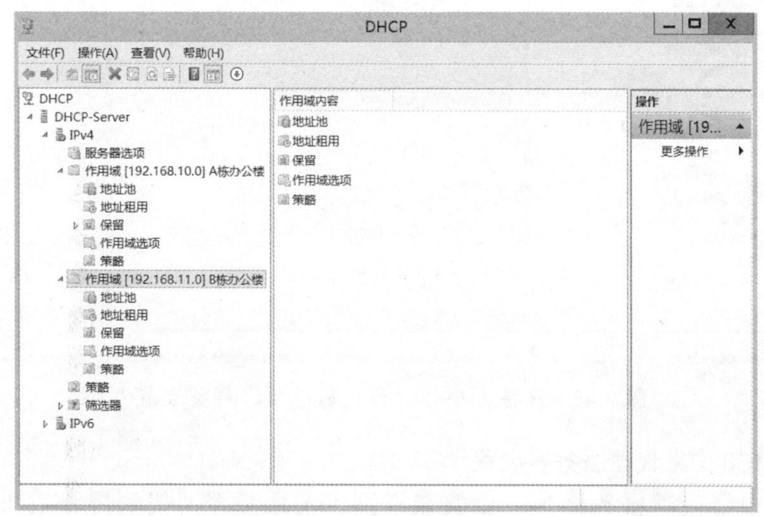

图 3.43　在 DHCP 服务器上创建两个作用域

②分别选择 A 栋和 B 栋办公楼作用域的“作用域选项”，配置“003 路由器”和“006 DNS 服务器”，如图 3.44 和图 3.45 所示。

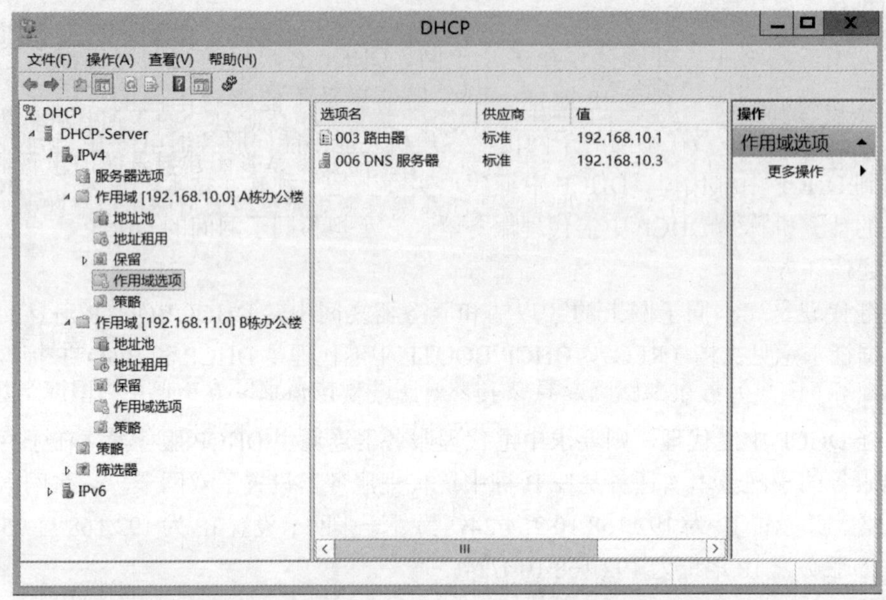

图 3.44 A 栋办公楼“作用域选项”相关配置

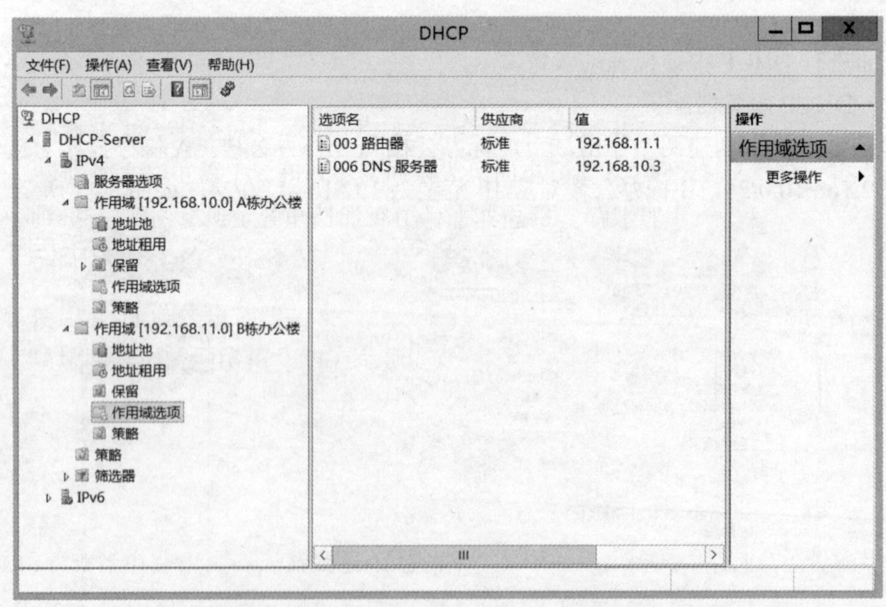

图 3.45 B 栋办公楼“作用域选项”相关配置

项目3

（2）DHCP 中继代理服务器设置

DHCP 中继代理服务器是一台安装双网卡的服务器，找到屏幕右下角的小电脑图标，单击鼠标右键打开“网络和共享中心”，单击“更改适配器设置”，根据网卡插入的对应子网区域重命名两张网卡名称，并将A栋办公楼网卡IP地址设置为192.168.10.254，子网掩码255.255.255.0，将B栋办公楼网卡IP地址设置为192.168.11.254，子网掩码255.255.255.0，两个网卡设置都不需要设置网关，否则会造成系统无法找到路由，如图3.46所示。

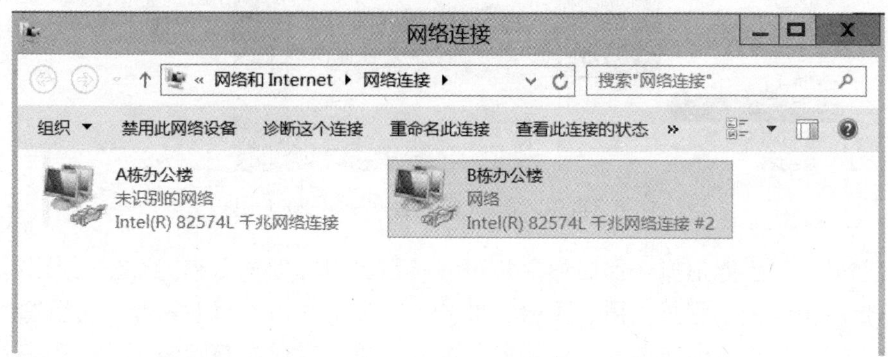

图3.46 设置服务器网卡名称及IP地址

①在DHCP中继代理服务器上安装远程访问服务。打开“添加角色和功能向导”窗口，按照提示点击“下一步”，然后在“角色”列表中勾选“远程访问”复选框，如图3.47所示。

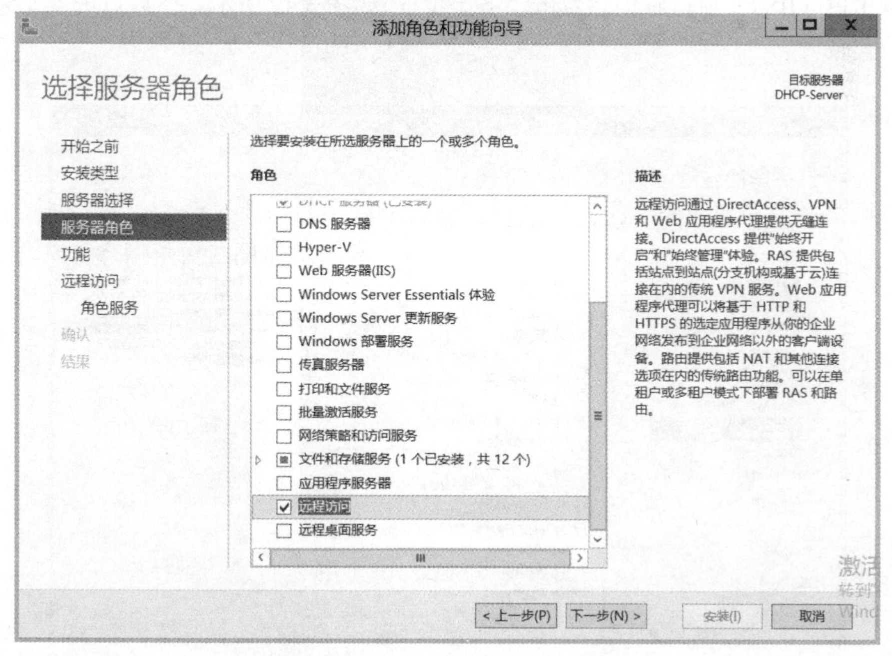

图3.47 安装“远程访问”角色

②在“功能”和“远程访问”窗口中直接单击“下一步”，然后进入“选择角色服务”窗口，勾选“DirectAccess和VPN（RAS）”和“路由”复选框，如图3.48所示。

项目3

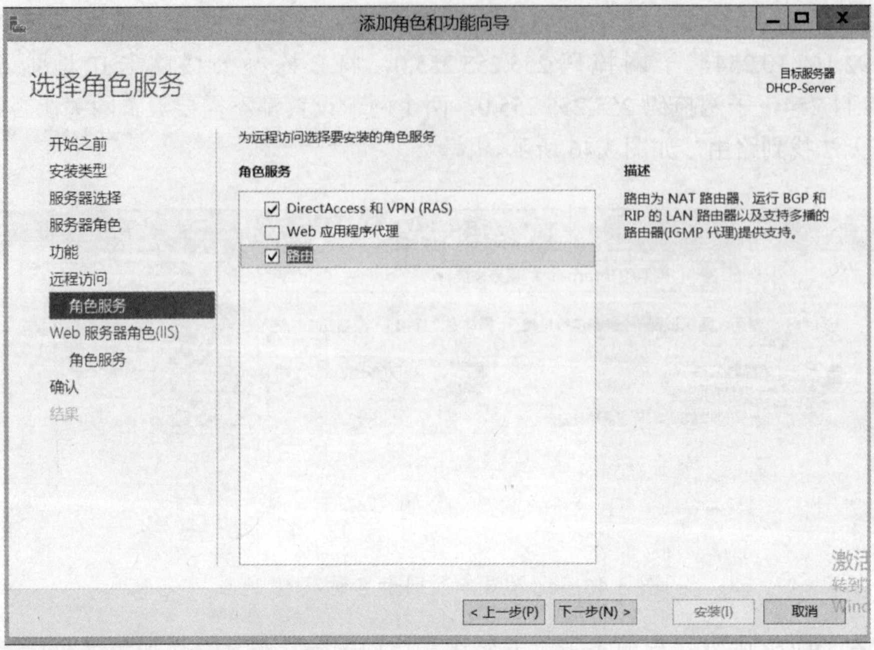

图 3.48 “选择角色服务”窗口

③在“选择角色服务”窗口中单击“下一步”后，继续单击“下一步”，出现“Web 服务器角色（IIS）”窗口时仍然点击“下一步”，如图 3.49 所示。然后点击“安装”按钮开始安装。

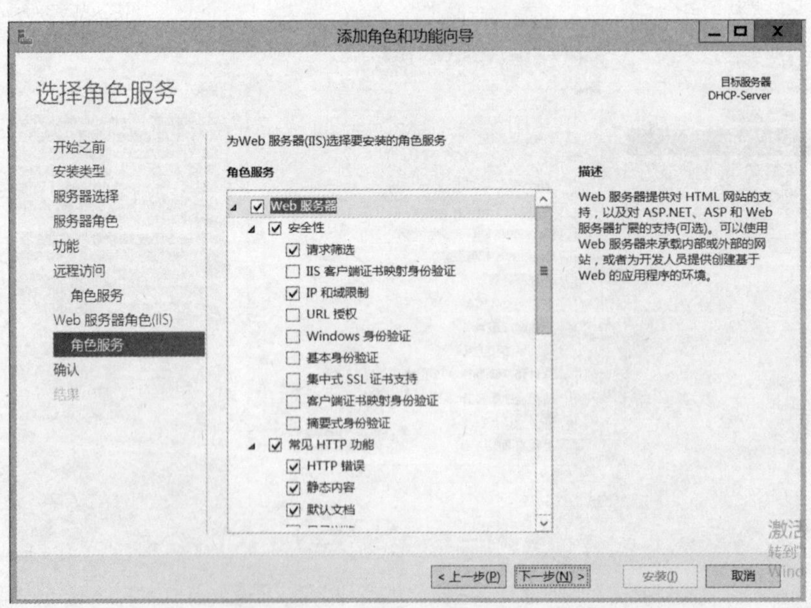

图 3.49 Web 服务器角色安装

④安装进度条读完后，点击“关闭”按钮，安装成功如图 3.50 所示。

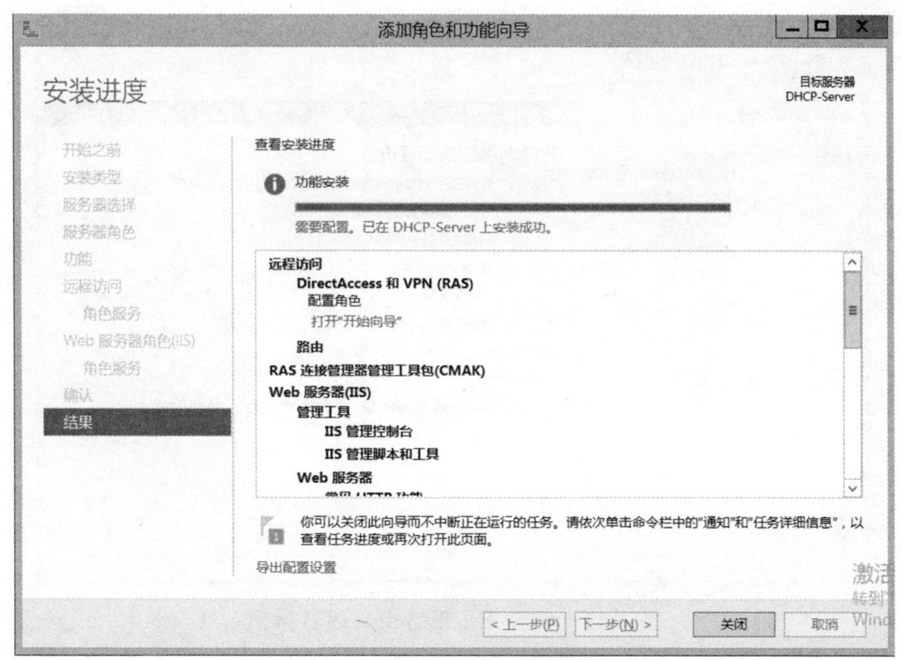

图 3.50　远程访问服务安装成功

⑤打开“服务器管理器”，单击“工具”菜单，选择“路由和远程访问”，如图 3.51 所示。

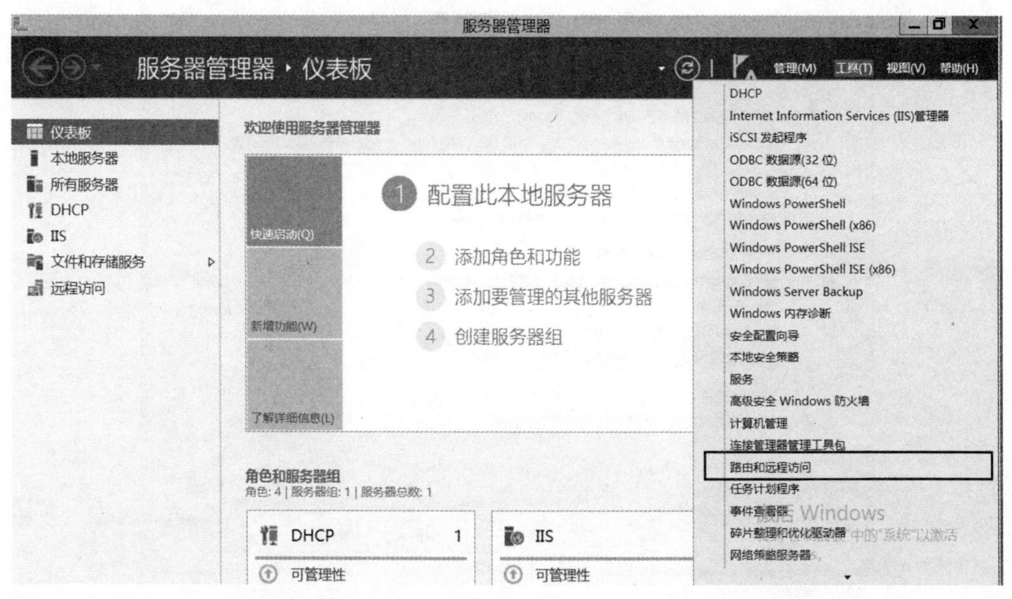

图 3.51　打开路由和远程访问

⑥在弹出的“路由和远程访问”窗口右击“服务器”，选择“配置并启用路由和远程访问”，如图 3.52 所示。

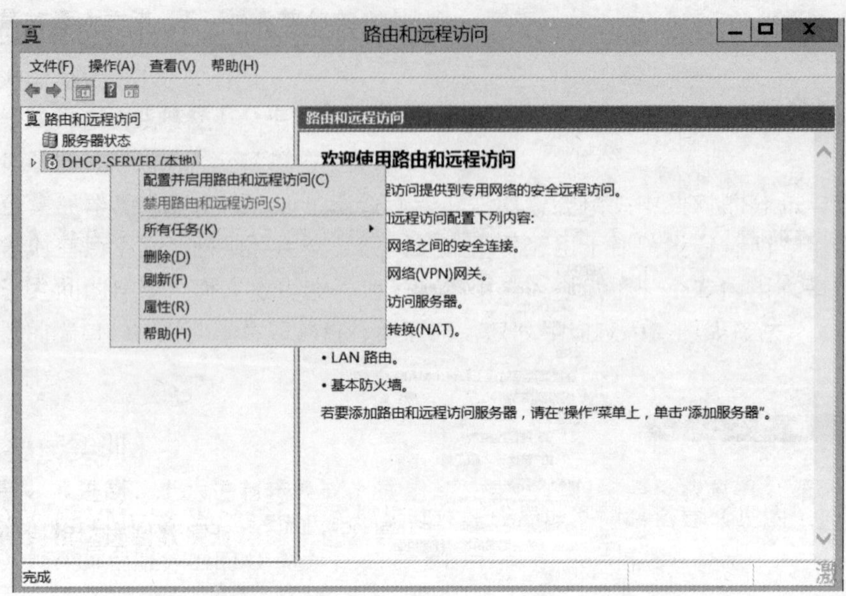

图 3.52　配置并启用路由和远程访问

⑦在出现的“路由和远程访问服务器安装向导”窗口中单击“下一步”，直到出现“配置”列表，选择“自定义配置”，单击“下一步”，如图 3.53 所示。

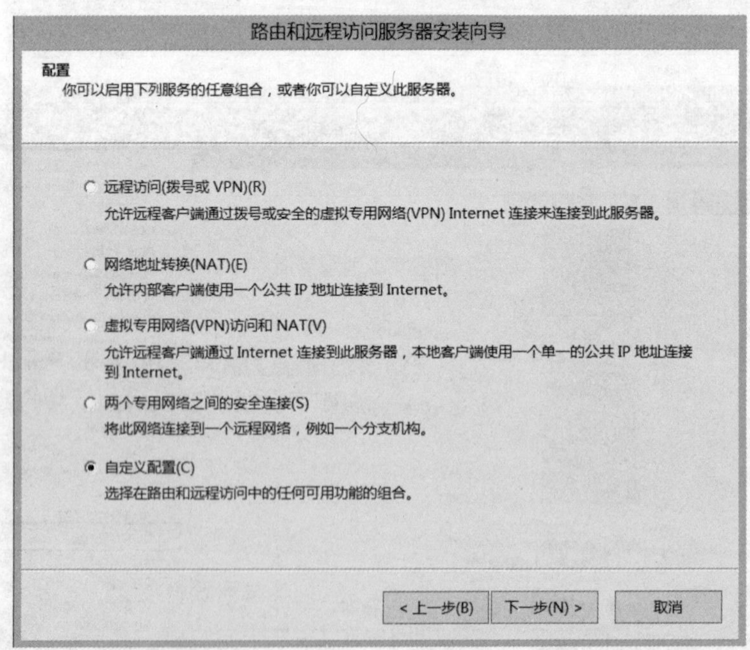

图 3.53　自定义配置

⑧如图 3.54 所示，选择“LAN 路由”，单击“下一步”。

⑨如图 3.55 所示，单击“完成”即可完成相关安装。如果出现图 3.56 所示的提示，一般情况下系统会在单击“确定”后自动开启相应端口。

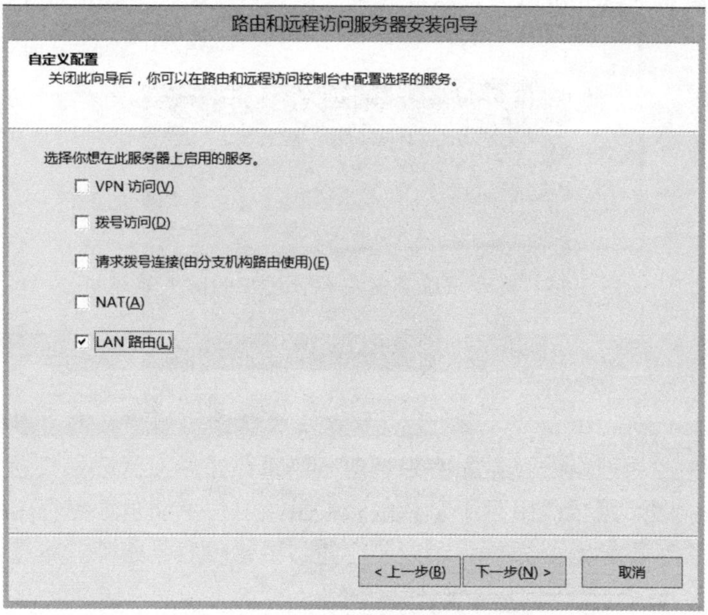

路由和远程访问服务器安装向导

自定义配置

关闭此向导后，你可以在路由和远程访问控制台中配置选择的服务。

选择你想在此服务器上启用的服务。

- [ ] VPN 访问(V)
- [ ] 拨号访问(D)
- [ ] 请求拨号连接(由分支机构路由使用)(E)
- [ ] NAT(A)
- [x] LAN 路由(L)

< 上一步(B)　下一步(N) >　取消

图 3.54　LAN 路由

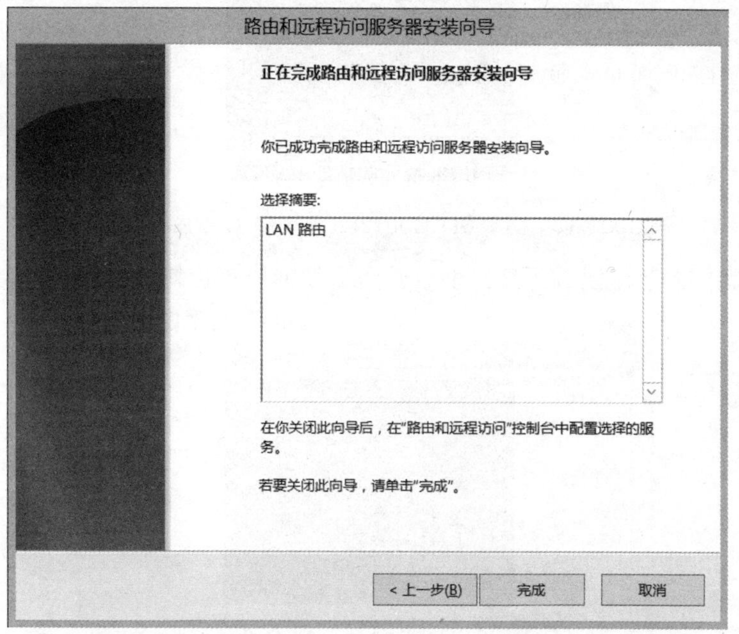

图 3.55　完成路由和远程访问服务的安装

⑩打开“路由和远程访问”窗口，展开 IPv4 选项，右键单击“常规”，选择“新增路由协议”，如图 3.57 所示。

⑪在图 3.58 所示对话框中选择“DHCP Relay Agent”(DHCP 中继代理程序)，单击“确定”开启。

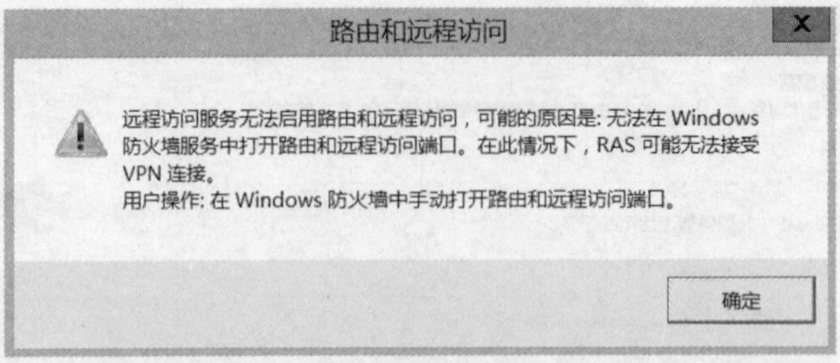

路由和远程访问

远程访问服务无法启用路由和远程访问，可能的原因是: 无法在 Windows 防火墙服务中打开路由和远程访问端口。在此情况下，RAS 可能无法接受 VPN 连接。
用户操作: 在 Windows 防火墙中手动打开路由和远程访问端口。

确定

图 3.56 提示该服务需要开放对应的防火墙端口

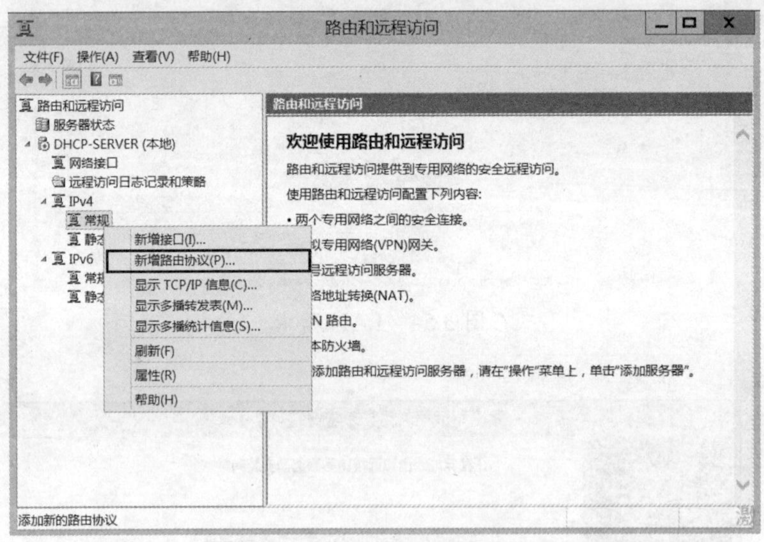

图 3.57 新增路由协议

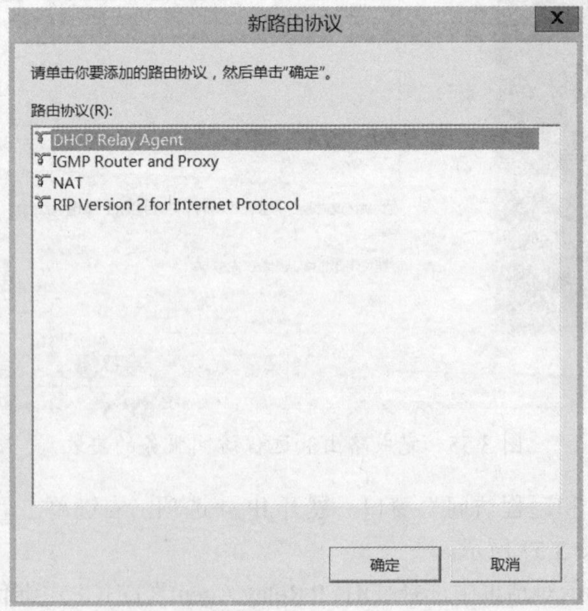

图 3.58 添加 DHCP 中继代理程序

⑫在 IPv4 选项下面找到刚添加的“DHCP 中继代理”，单击鼠标右键，选择“新增接口”，如图 3.59 所示。

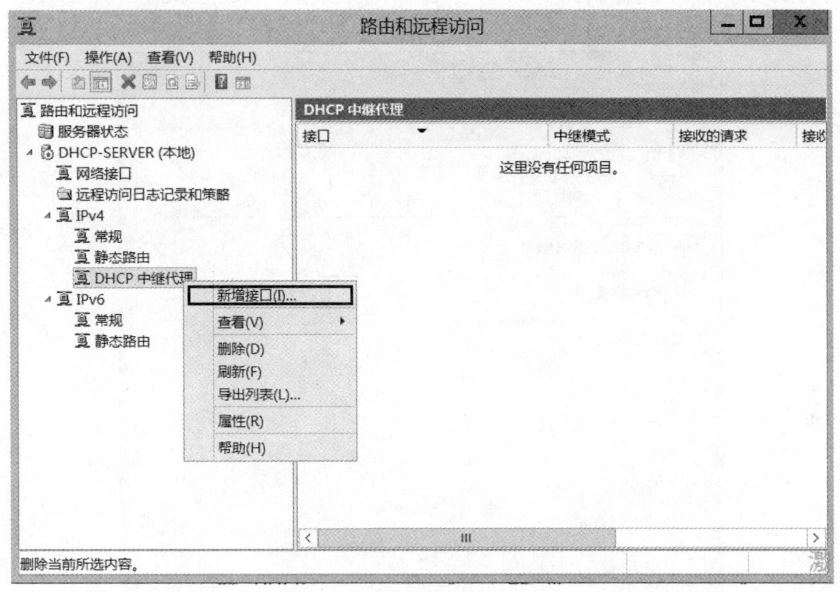

图 3.59　新增中继代理的接口

⑬选择与需要分配 IP 地址的 B 栋办公楼连接的网卡接口，因为 B 栋办公楼客户机要通过此端口获得 IP 地址，如图 3.60 所示。

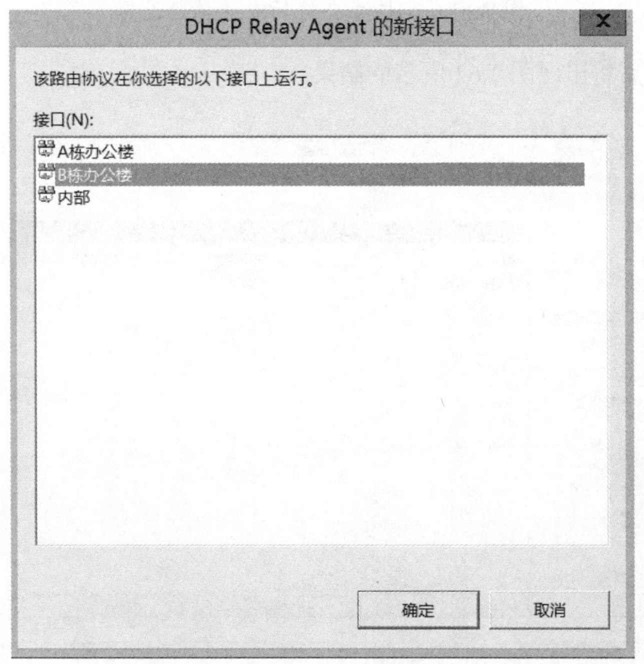

图 3.60　选择 DHCP 路由协议运行的接口

⑭在“DHCP 中继属性”对话框中，默认值一般不用修改，“跃点计数阈值”表示 DHCP 中继代理转发的数据包经过多少个路由器后不再转发，“启动阈值”表示 DHCP 收到广播包后多少秒才进行转发。A 栋办公楼的中继属性设置如图 3.61 所示。

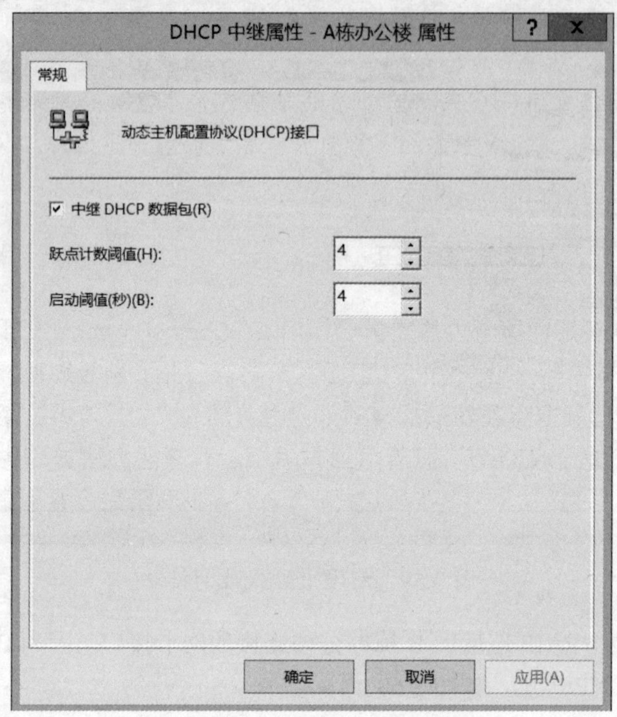

图 3.61　A 栋办公楼的中继属性设置

⑮设置完毕后将出现图 3.62 所示的结果。

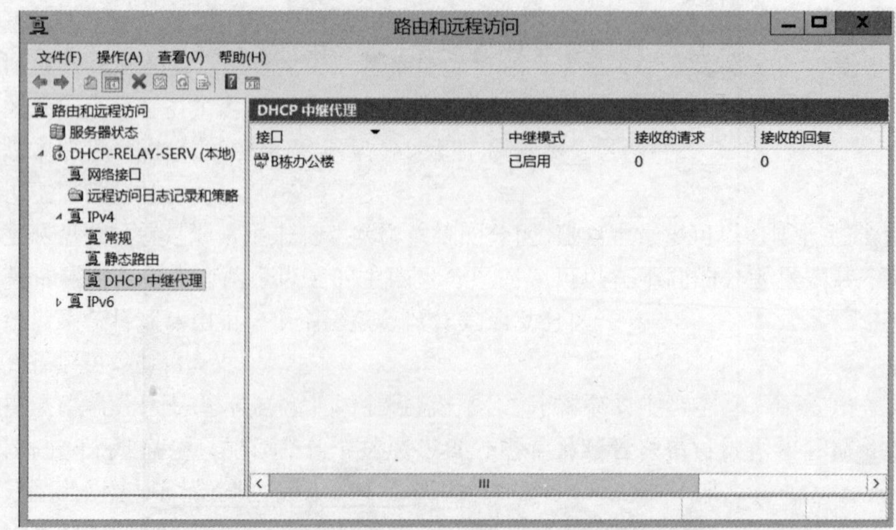

图 3.62　DHCP 中继代理拥有了两个接口

⑯选中图 3.62 左边的“DHCP 中继代理”选项，单击鼠标右键，选择“属性”命令，输入 A 栋办公楼的主 DHCP 服务器 IP 地址 192.168.10.2，单击“添加”，再单击“确定”，结果如图 3.63 所示。

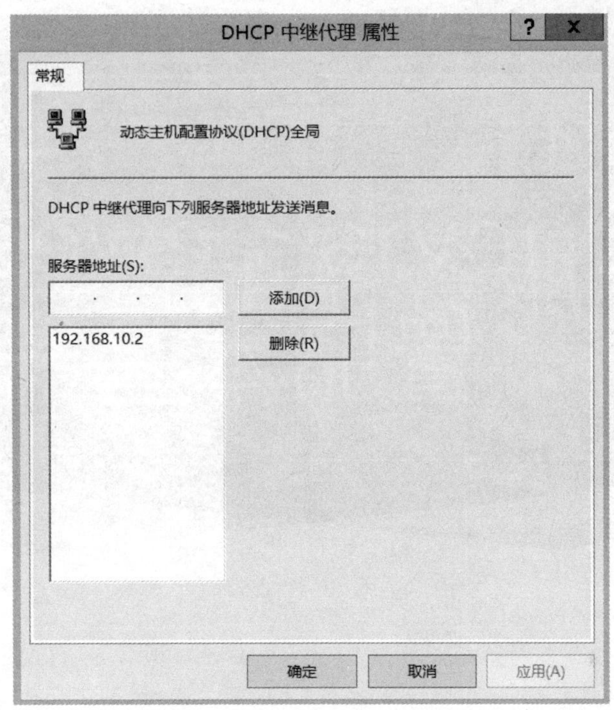

图 3.63　配置 DHCP 服务器地址

⑰设置 B 栋办公楼网络中的客户端自动获取 IP 地址并查看结果。

【拓展实训】

DHCP 中继代理服务器配置的主要内容如表 3.2 所示。

表 3.2　DHCP 中继代理服务器配置

项目	主要内容
1	添加 DHCP 中继代理服务相关组件
2	选择正确的中继代理服务器的相关接口

【同步训练】

1. DHCP 中继代理服务器的使用场景是什么？
2. DHCP 中继代理服务器怎么选择相关接口？

项目 4
DNS 服务器配置与管理

任务 4.1 DNS 服务器配置

【学习目标】

知识目标：了解域名结构和 DNS 的组成，理解 DNS 服务的作用和工作原理。

技能目标：能根据任务需求配置 DNS 服务，能对 DNS 服务进行测试和排错。

【任务描述】

一学校内部建有大量网站和各种服务，为了方便访问和管理，需要搭建一台内部 DNS 服务器。该服务器不仅要能解析学校内部的各种业务系统域名，还要能完成内部对外网的解析请求（即当内网服务器不能解析外网域名时，将解析转发至公网 DNS 解析，本任务的公网 DNS 的 IP 为 218.201.4.3）。DNS 服务器安装 Windows 2012 操作系统，IP 设置为 192.168.1.1，和多台计算机互联实现域名解析服务。网络结构如图 4.1 所示。

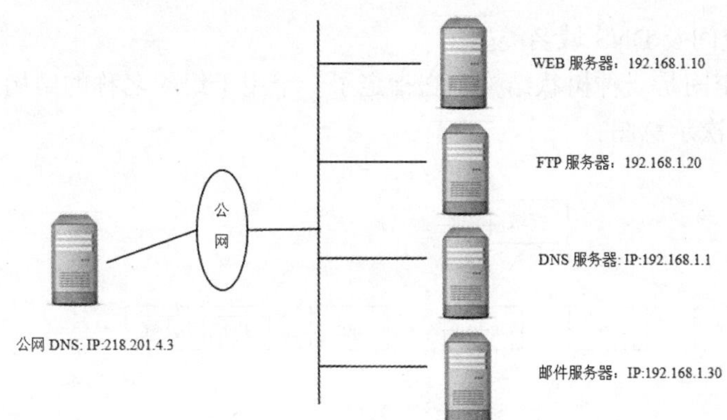

图 4.1 DNS 服务器部署拓扑图

等待解析的域名与对应的 IP 如表 4.1 所示。

表 4.1 域名和 IP 的对应关系

域名	IP
www.cqvie.net	192.168.1.10
dns.cqvie.net	192.168.1.1
ftp.cqvie.net	192.168.1.20
mail.cqvie.net	192.168.1.30
pop3.cqvie.net	192.168.1.30
smtp.cqvie.net	192.168.1.30

【相关知识】

1. DNS 基本概念

因特网用 IP 地址来标识网络中的每台主机，每个入网主机都必须有一个 IP 地址。由于 IP 地址是用数字表示的，没有规律、不易记忆，因此因特网采用了一套有助于记忆的符号名"域名地址"来表示入网的主机，因此诞生了域名（Domain Name），它是由一串用点分隔的名字组成的 Internet 上某一台计算机或计算机组的名称，用于在数据传输时标识计算机的电子方位（有时也指地理位置），目前域名已经成为互联网的品牌、网上商标保护必备的产品之一。

DNS（Domain Name System，域名系统），是因特网上作为域名和 IP 地址相互映射的一个分布式数据库，能够使用户更方便地访问互联网，而不用去记住能够被机器直接读取的 IP 数串。通过主机名最终得到该主机名对应的 IP 地址的过程叫做域名解析（或主机名解析）。DNS 协议运行在 UDP 协议之上，使用端口号 53。

2. DNS 域名的类型与解析

（1）域名空间及 DNS 域名类型

DNS 域名空间是一种树状结构，它指定了一个用于组织名称的结构化层次式空间。图 4.2 是域名层次示意图。

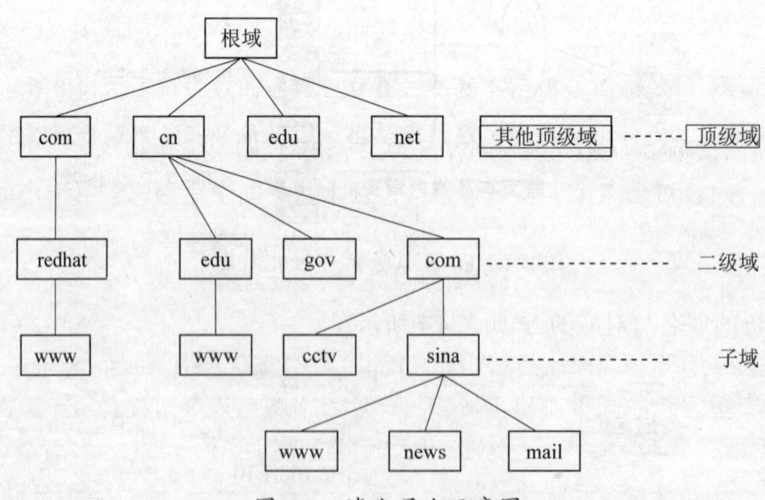

图 4.2 域名层次示意图

域表示的是一个范围。域内可以容纳许多主机，并非每一台接入因特网的主机都必须具有一个域名地址，但是每一台主机都必须属于某个域，通过该域的域名服务器可以查询和访问到这一台主机。

一个完整的域名由两个或两个以上部分组成，各部分之间用英文的句号"."来分隔，例如下列域名：yahoo.com、yahoo.ca.us、yahoo.co.uk。其中第一个域名由两部分组成，第二个域名和第三个域名由三部分组成。

在一个完整的域名中，最后一个“.”的右边部分称为顶级域名或一级域名（TLD），在上面的域名例子中，com、us 和 uk 是顶级域名。最后一个“.”的左边部分称为二级域名（SLD），例如，域名 yahoo.com 中 yahoo 是二级域名，域名 yahoo.ca.us 中 ca 是二级域名，而域名 yahoo.co.uk 中 co 是二级域名。二级域名的左边部分称为三级域名，三级域名的左边部分称为四级域名，以此类推。例如，域名 yahoo.ca.us 和 yahoo.co.uk 中 yahoo 是三级域名。

①顶级域名（TLD）

顶级域名由 ICANN 定义，它们是两个英文字母或三个英文字母的缩写。顶级域名分为下面三种：

A. 通用顶级域名（GTLD，General Top Level Domain）

下列通用顶级域名向所有用户开放：

com：适用于商业公司。

org：适用于非赢利机构。

Net：适用于网络服务机构。

mil：适用于美国军事机构。

gov：适用于政府单位。

edu：适用于教育学生单位。

B. 国际顶级域名（ITLD，International Top Level Domain）

Int：适用于国际化机构。

C. 国家代码顶级域名（CCTLD，Country Code Top Level Domain）

目前有 240 多个代码顶级域名，它们由两个英文字母缩写来表示。例如 cn 代表中国、us 代表美国、uk 代表英国、hk 代表中国香港、sg 代表新加坡。

②二级域名（SLD）

在一个完整的域名中，最后一个“.”的左边部分称为二级域名，命名规则由相对应的顶级域名管理机构制定，并由这个管理机构来管理。例如，mail.yahoo.com 中 yahoo 就为该域名的二级域名，该二级域名 yahoo 列在 .com 顶级域名数据库中。

③三级域名（TLD）

在一个完整的域名中，二级域名的左边部分称为三级域名，由相对应的二级域名所有人来管理，由于各个顶级域名的政策不一样，这个管理者可以是专门的域名管理机构，也可以是公司或个人。三级域名一般不常用。

（2）DNS 查询模式及解析过程

DNS 服务的目的是允许用户使用域名方便的访问资源，当用户使用域名的方式发起访问某台位于因特网的主机时，就需要安装了 DNS 服务的服务器进行域名和 IP 地址的转换，由于 DNS 域名空间是一种树状结构，因此有可能一个域名就要经过因特网上多台 DNS 服务器协同完成解析。域名查询过程主要分为本地解析、直接解析、递归查询和迭代查询。

①本地解析

本地解析的过程如图 4.3 所示。客户机平时得到的 DNS 查询记录都保留在 DNS 缓存中，客户机操作系统上都运行着一个 DNS 客户端程序。当其他程序提出 DNS 查询请求时，这个查询请求要传送至 DNS 客户端程序。DNS 客户端程序首先使用本地缓存信息进行解析，如果可以解析所要查询的名称，则 DNS 客户端程序就直接应答该查询，而不需要向 DNS 服务器查询，该 DNS 查询处理过程也就结束了。

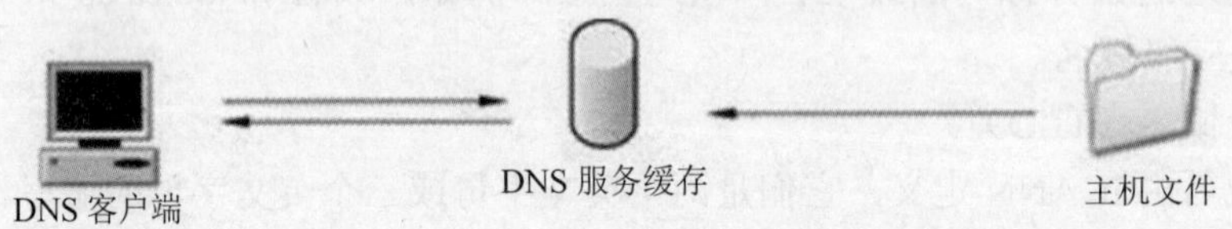

图 4.3　DNS 的本地解析

②直接解析

如果 DNS 客户端程序不能从本地 DNS 缓存回答客户机的 DNS 查询，它就向客户机所设定的局部 DNS 服务器发一个查询请求，要求局部 DNS 服务器进行解析。如图 4.4 所示，局部 DNS 服务器得到这个查询请求，首先查看一下所要求查询的域名是不是自己能回答的，如果能回答，则直接给予回答，如果不能回答，再查看自己的 DNS 缓存，如果可以从缓存中解析，则也是直接给予回应。

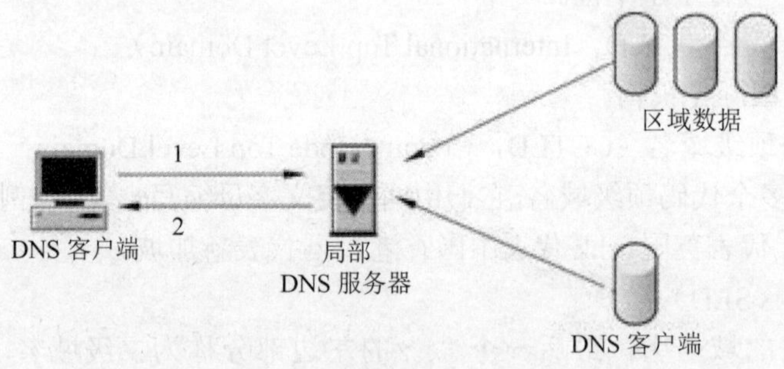

图 4.4　DNS 的直接解析

③递归查询

当局部 DNS 服务器自己不能回答客户机的 DNS 查询时，它就需要向其他 DNS 服务器进行查询。此时有两种方式，图 4.5 所示的是递归方式。局部 DNS 服务器自己负责向其他 DNS 服务器进行查询，一般是先向该域名的根域服务器查询，再由根域服务器一级级向下查询。最后得到的查询结果返回给局部 DNS 服务器，再由局部 DNS 服务器返回给客户端。

④迭代查询

当局部 DNS 服务器自己不能回答客户机的 DNS 查询时，也可以通过迭代查询的方式进行解析，如图 4.6 所示。局部 DNS 服务器不是自己向其他 DNS 服务器进行查询，而是把能解析该域名的其他 DNS 服务器的 IP 地址返回给客户端 DNS 程序，客户端 DNS 程序再继续向这些 DNS 服务器进行查询，直到得到查询结果为止。

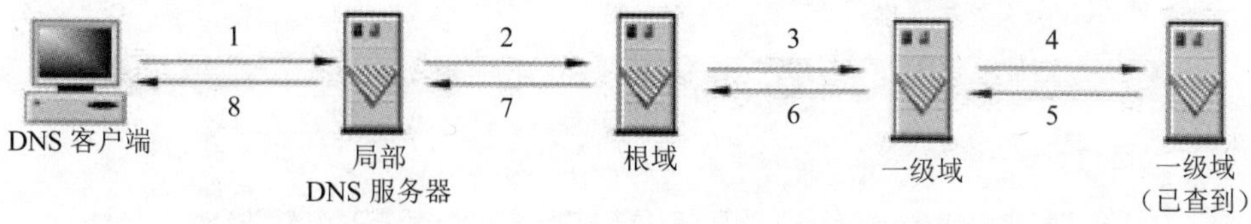

图 4.5　DNS 的递归查询

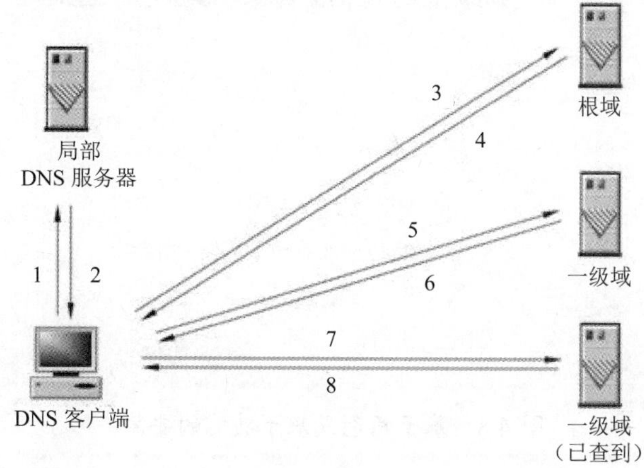

图 4.6　DNS 的迭代查询

【任务实施】

本次任务根据前面的任务进行分析，安装 DNS 服务器，并对 IP 地址与域名进行对应配置。下面我们将分为五个子任务来完成 DNS 服务器的安装和配置过程。

（1）DNS 服务器的安装

①打开“服务器管理器”，选择“添加角色和功能”，如图 4.7 所示。

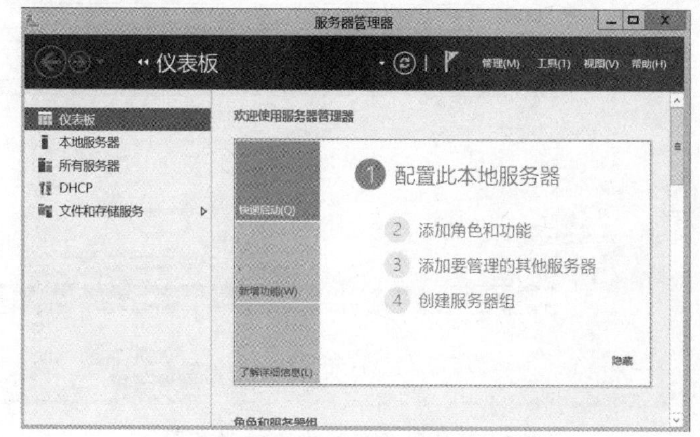

图 4.7　添加服务器角色

②在“开始之前”窗口中，单击“下一步”按钮，然后在出现的“选择安装类型”窗口中选择“基于角色或基于功能的安装”，单击“下一步”，如图 4.8 所示。

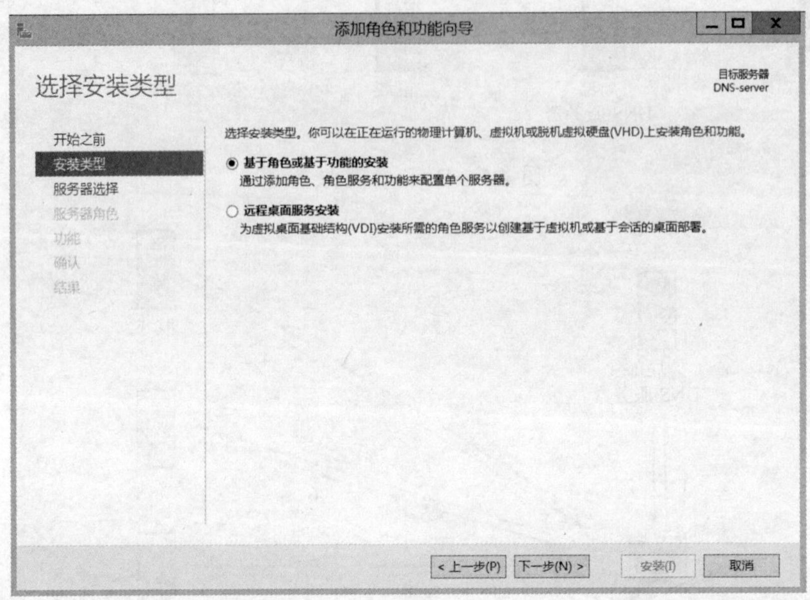

图 4.8　基于角色或基于功能的安装

③选择“从服务器池中选择服务器”单选按钮，安装程序将自动检测与该服务器采用的静态 IP 设置的网络连接，如图 4.9 所示。

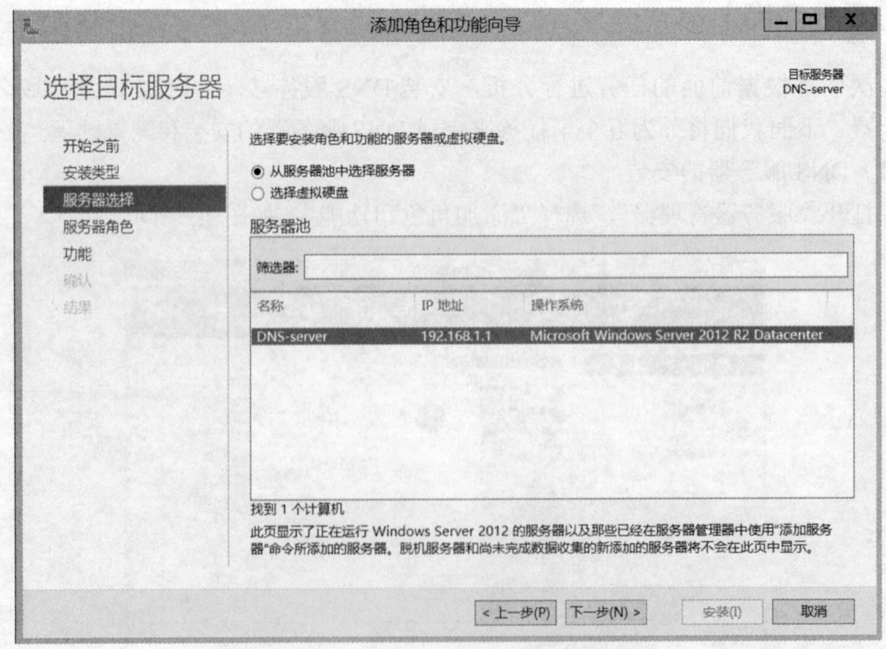

图 4.9　从服务器池中选择服务器

④如图 4.10 所示，勾选“DNS 服务器”，弹出对话框后，单击“添加功能”，然后再单击“下一步”按钮。

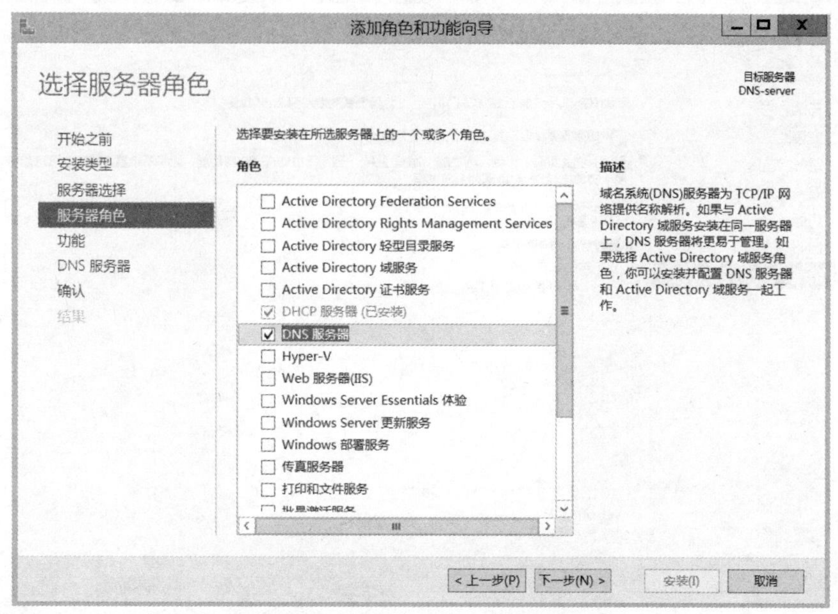

图 4.10　选择安装 DNS 服务器

⑤在“选择功能”窗口中直接单击“下一步”，如图 4.11 所示。

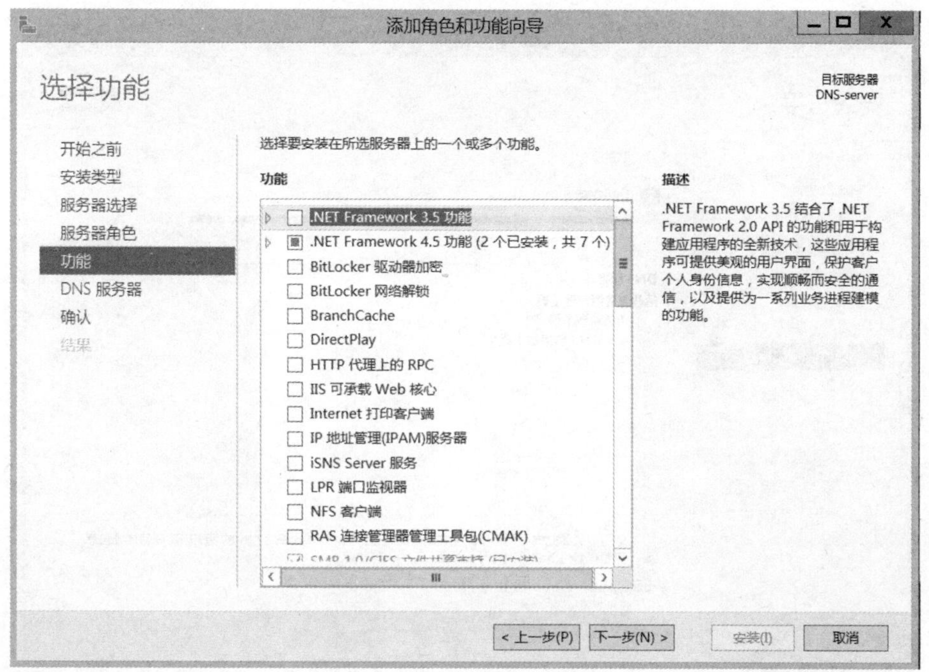

图 4.11　选择服务器功能

⑥确认安装内容后，单击“安装”，等待 DNS 服务器安装完成，如图 4.12 所示。

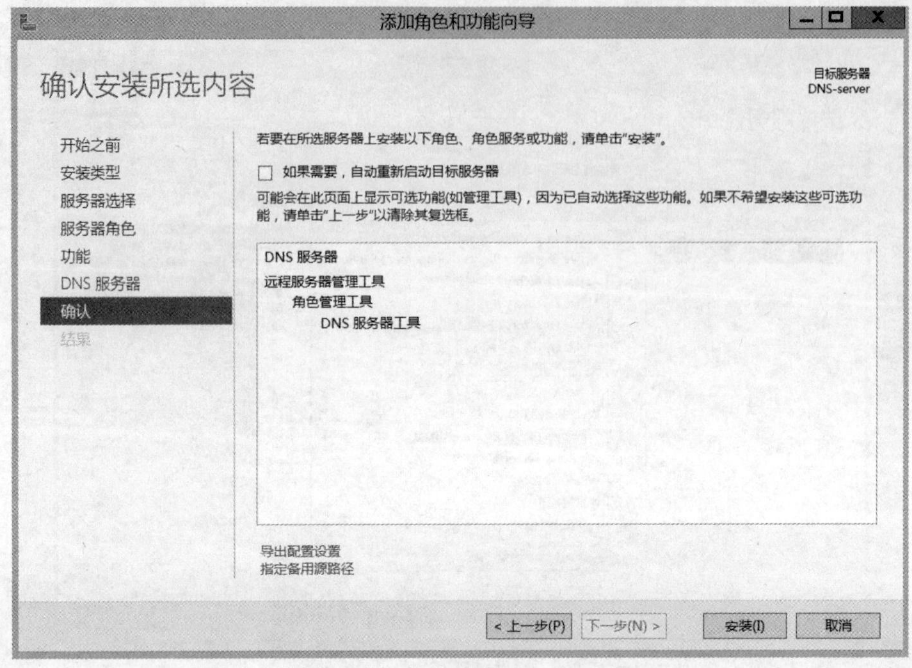

图 4.12　确认安装内容

⑦进度条读完则表示 DNS 服务器角色安装完成，单击“关闭”，如图 4.13 所示。

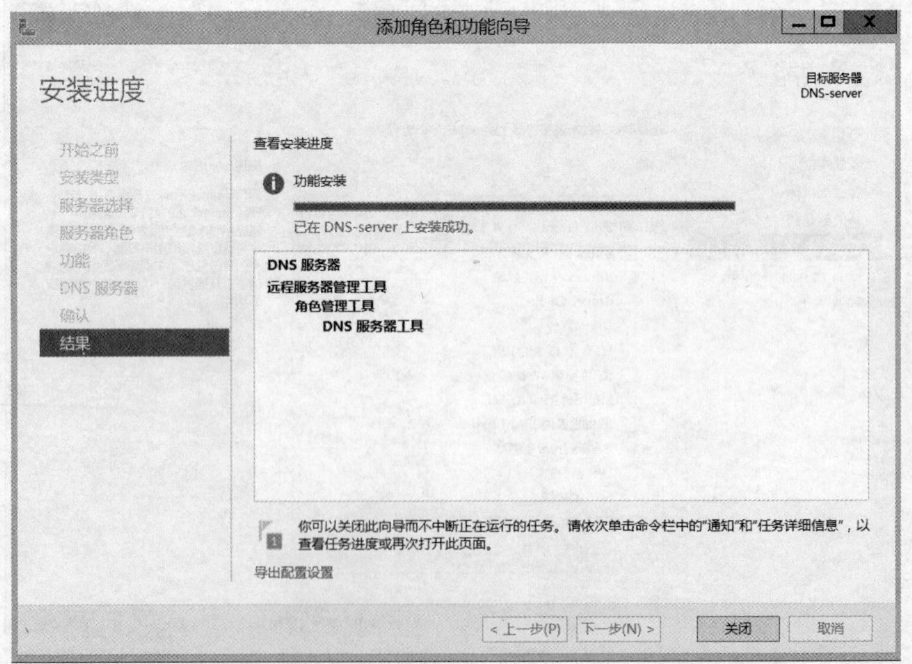

图 4.13　DNS 角色安装成功提示

（2）配置 DNS 区域

①打开服务器管理器，单击“工具”，选择“DNS”，打开 DNS 管理器，如图 4.14 所示。

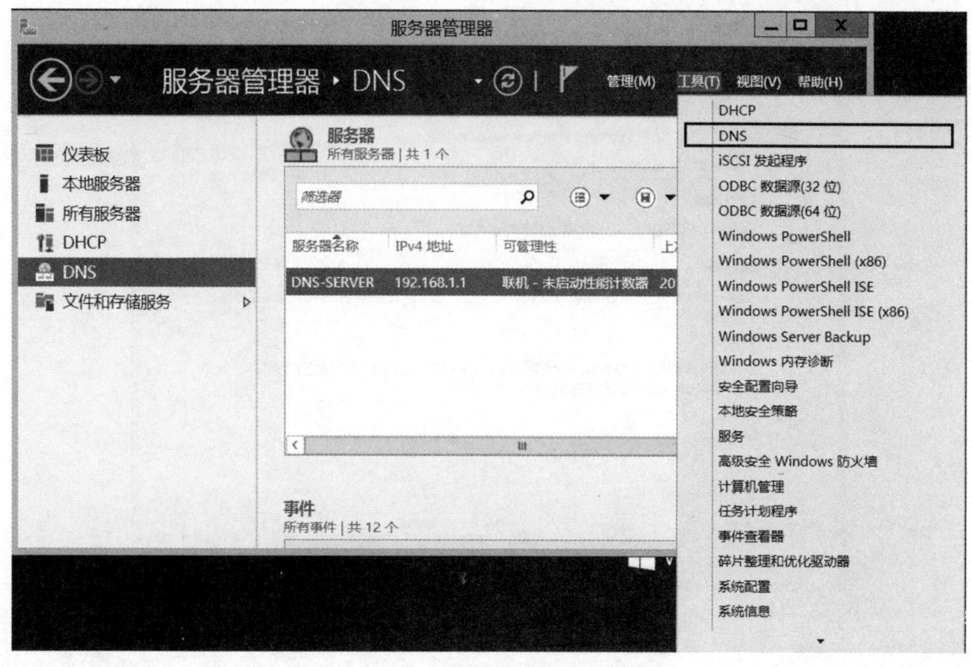

图 4.14 打开 DNS 管理器

②在 DNS 管理器中，鼠标右键单击“正向查找区域”，选择“新建区域”，如图 4.15 所示。

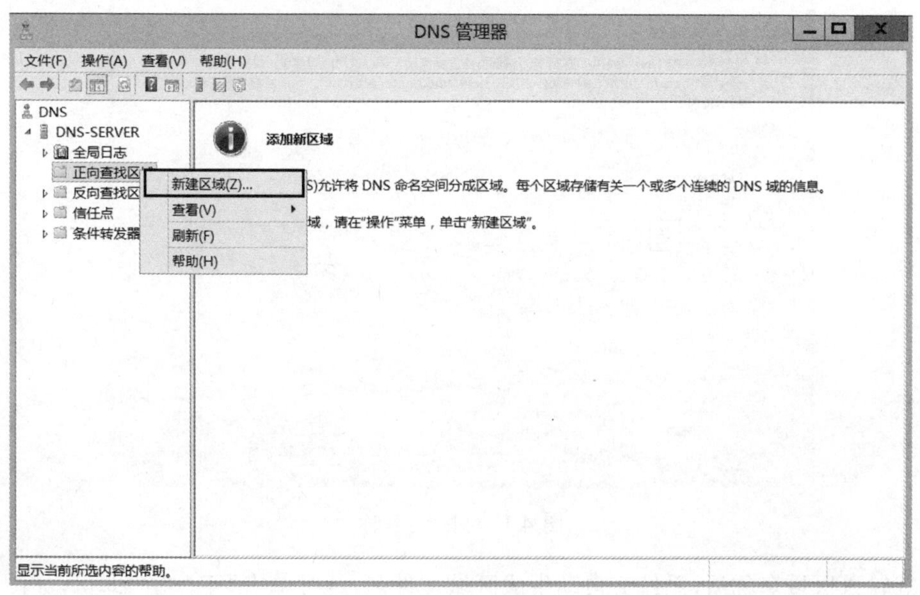

图 4.15 新建区域

③在出现的“还原使用新建区域向导”对话框中，单击“下一步”，然后会出现如图 4.16 所示的“区域类型”选择对话框，选择“主要区域”，单击“下一步”。

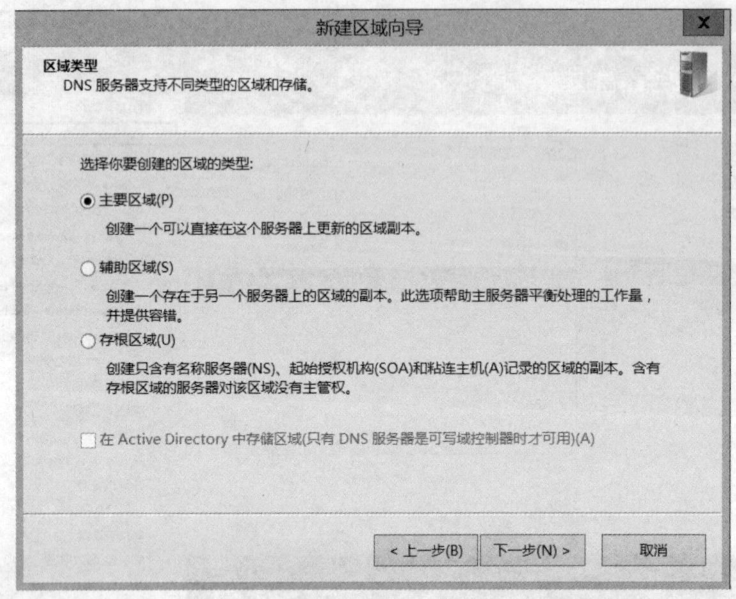

图 4.16　区域选择

④在“区域名称”中输入学校域名“cqvie.net”，单击“下一步”，如图 4.17 所示。

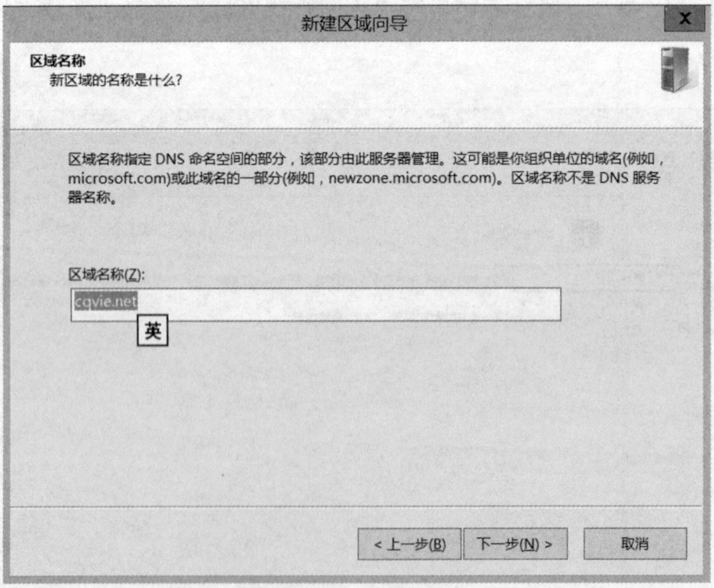

新建区域向导
区域名称
新区域的名称是什么?
区域名称指定 DNS 命名空间的部分，该部分由此服务器管理。这可能是你组织单位的域名(例如，microsoft.com)或此域名的一部分(例如，newzone.microsoft.com)。区域名称不是 DNS 服务器名称。
区域名称(Z):
cqvie.net
英
< 上一步(B)　下一步(N) >　取消

图 4.17　区域名称

⑤输入区域名称后，系统会自动生成区域文件名，这时单击“下一步”即可，如图 4.18 所示。

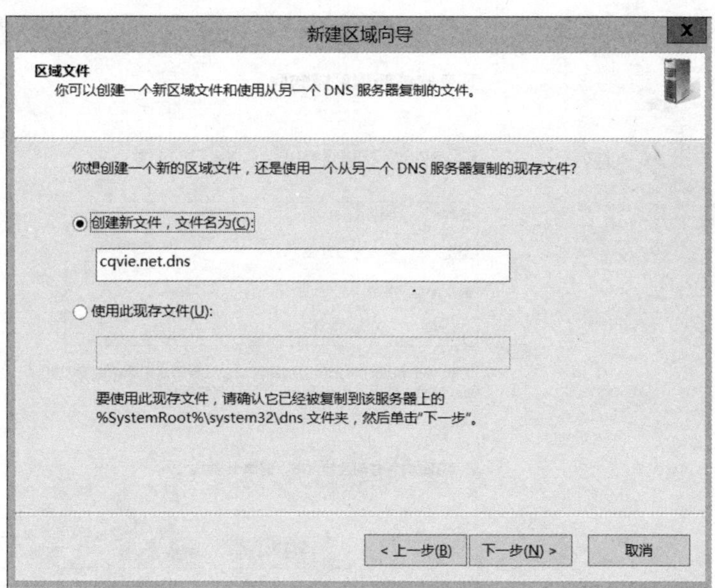

图 4.18　区域文件

⑥在本次任务中选择“不允许动态更新”，单击“下一步”，如图 4.19 所示。

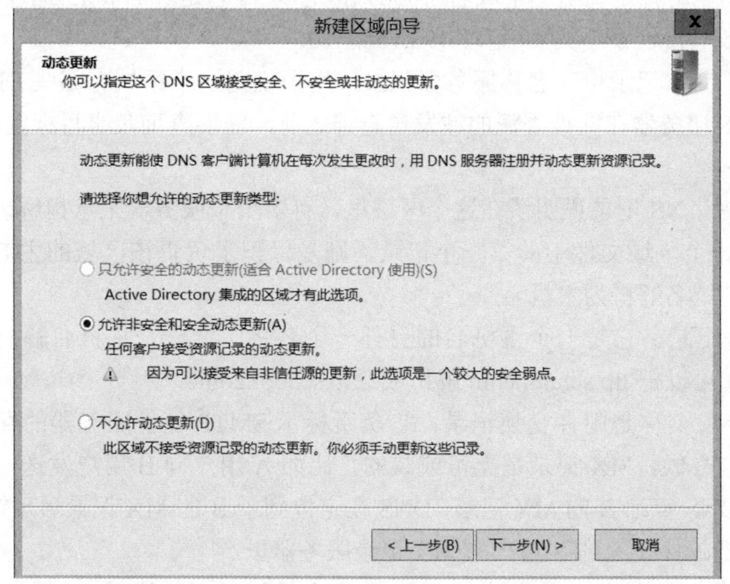

图 4.19　动态更新

⑦单击“完成”，完成新建区域 cqvie.net，如图 4.20 所示。

（3）创建资源记录

资源记录是 DNS 数据库中的一种标准结构单元，包含了用来处理 DNS 查询的信息。下面介绍常见的资源记录类型。

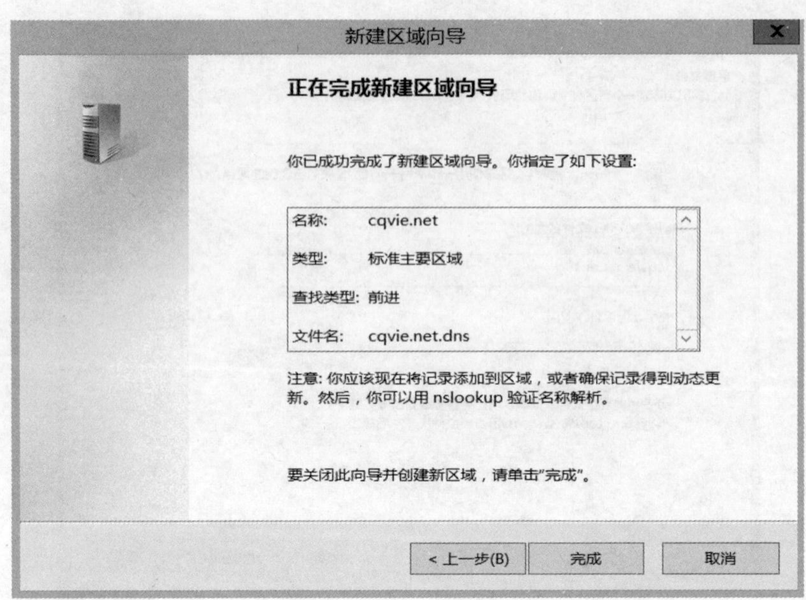

图 4.20　DNS 区域创建完毕

主机记录(A 或者 AAAA 记录):A 记录也称为主机记录,是使用最广泛的 DNS 记录,A 记录的基本作用就是说明一个域名对应的 IP 是多少,它是域名和 IP 地址的对应关系。例如：www.cqvie.net 解析为 IP 地址 192.168.1.10。

NS 记录：NS 记录也叫名称服务器记录，用于说明这个区域有哪些 DNS 服务器负责解析，DNS 服务器在向被委派的域发送查询之前，需要查询负责目标区域的 DNS 服务器 NS 记录。

SOA 记录：NS 记录说明了在这个区域里，有多少个服务器来承担解析的任务，而 SOA 记录是每个区域文件中的第一个记录，则是标识了负责该区域的主 DNS 服务器。其主要负责把域名解析为主机名。

CNAME 记录：它是一个主机名的另外一个名字，把一个主机名解析成另外一个主机名。例如可以把 ftp.school.com 解析成 xftp.school.com。

MX 记录：全称是邮件交换记录，它负责标示 SMTP 邮件服务器的存在，在使用邮件服务器的时候，MX 记录是无可或缺的，比如 A 用户向 B 用户发送一封邮件，那么他需要向 DNS 查询 B 的 MX 记录，DNS 在定位到了 B 的 MX 记录后反馈给 A 用户，然后 A 用户把邮件投递到 B 用户的 MX 记录服务器里。

根据本次任务要求，我们应该创建四条主机记录（A 记录），把 web 服务器域名 www.cqvie.net 解析为 192.168.1.10，将 ftp 服务器域名 ftp.school.cqvie.net 解析为 192.168.1.20，将 DNS 服务器域名 dns.cqvie.com 解析为 192.168.1.1，将 mail.cqvie.net、pop3.cqvie.net、smtp.cqvie.net 都解析为 192.168.1.30，并建立邮件的 MX 记录，这样才能保证邮件的正常收发。

①右键单击选择“新建主机 (A 或 AAAA)”，如图 4.21 所示。

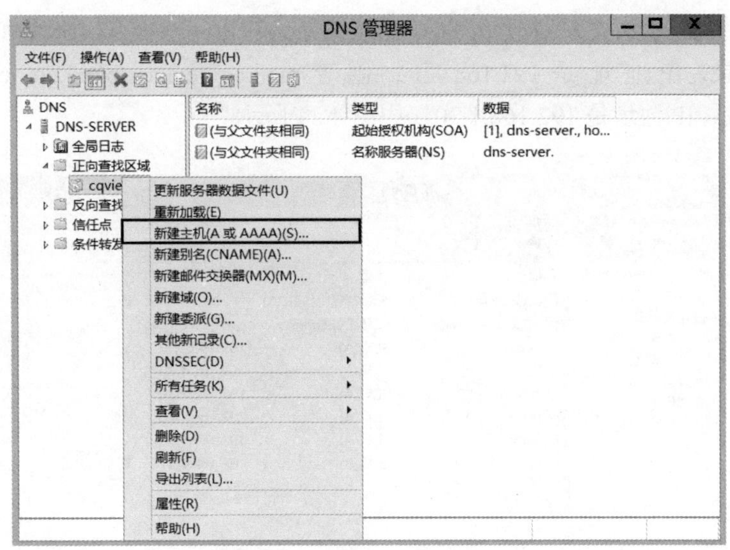

图 4.21 创建 www 主机记录

②在名称中输入 www，IP 地址是 web 服务器的地址 192.168.1.10。单击对话框下方的“添加主机”按钮，如图 4.22 所示。创建成功后（如图 4.23 所示）单击“确定”即可，然后继续创建下一个主机记录。

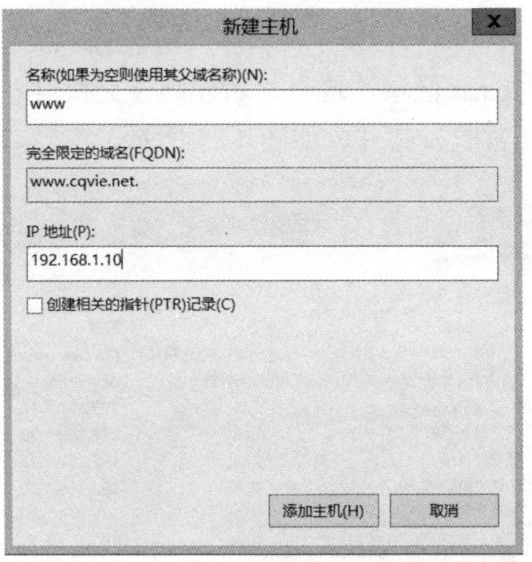

图 4.22 添加 www 主机记录

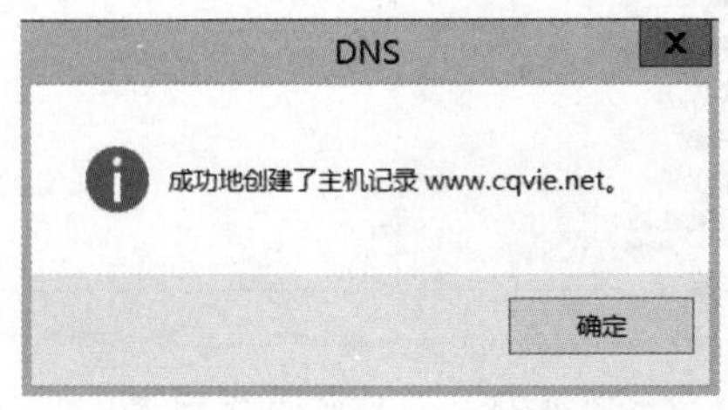

图 4.23 创建 www 主机记录成功

③重复上面的步骤，创建 ftp.cqvie.net 记录，IP 地址是 192.168.1.20；创建 dns.cqvie.net 记录，IP 地址是 192.168.1.1；创建 mail.cqvie.net、pop3.cqvie.net 和 smtp.cqvie.net 记录，IP 地址是 192.168.1.30，如图 4.24 所示。

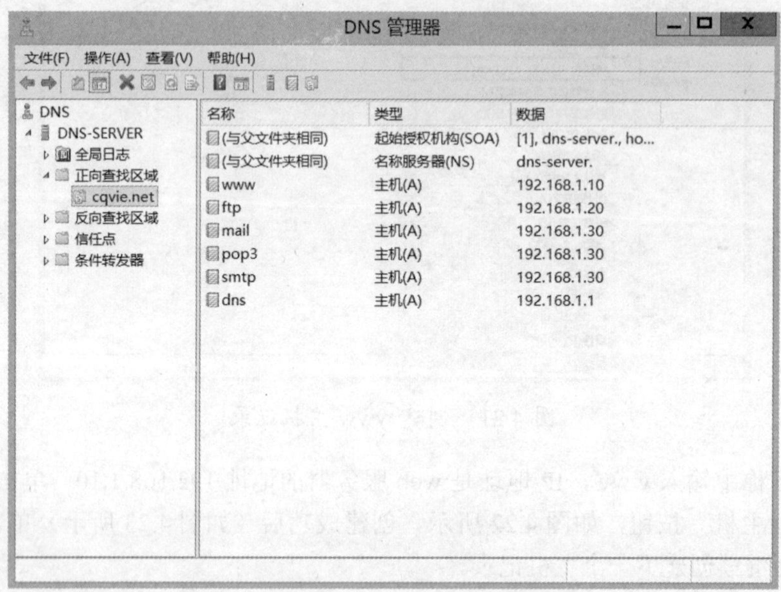

图 4.24　创建多个主机记录

④鼠标右键单击 cqvie.net 区域，选择“新建邮件交换器”，建立邮件交换服务，这样才能够使邮件服务器正常收发邮件，如图 4.25 所示。

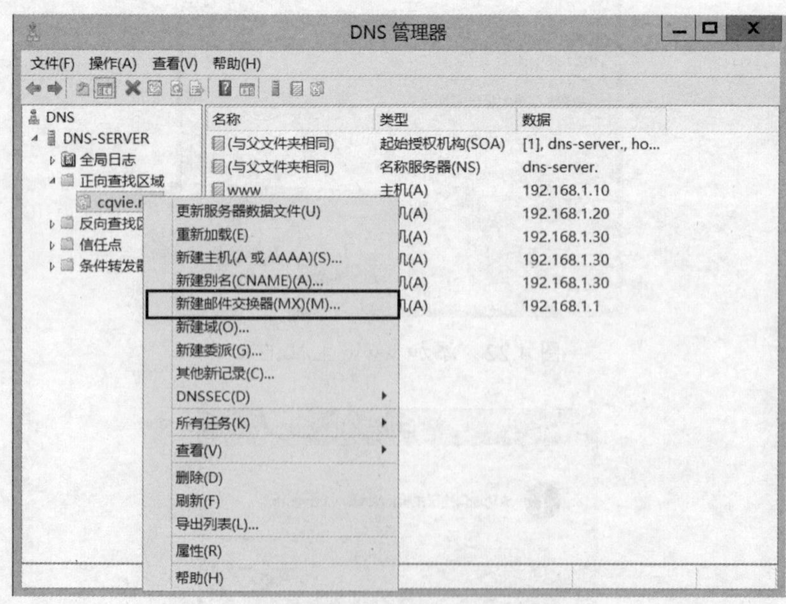

图 4.25　新建邮件交换器

⑤在图 4.26 中，单击“浏览”按钮，找到区域中的邮件服务器 mail.cqvie.net，优先级默认 10 即可，如果要创建多台邮件服务器，则根据需要设置优先级，数字越小，优先级越高。

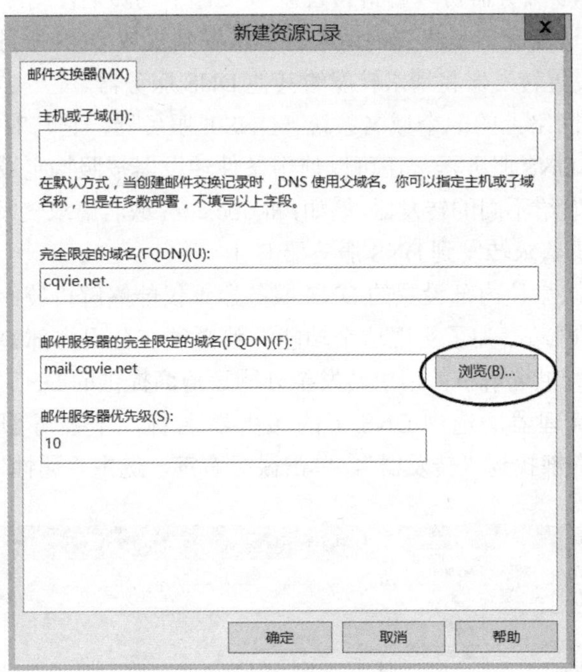

图 4.26　创建 MX 记录

⑥资源记录创建完毕如图 4.27 所示。

名称	类型	数据
(与父文件夹相同)	起始授权机构(SOA)	[1], dns-server., ho...
(与父文件夹相同)	名称服务器(NS)	dns-server.
www	主机(A)	192.168.1.10
ftp	主机(A)	192.168.1.20
mail	主机(A)	192.168.1.30
pop3	主机(A)	192.168.1.30
smtp	主机(A)	192.168.1.30
dns	主机(A)	192.168.1.1
(与父文件夹相同)	邮件交换器(MX)	[10] mail.cqvie.net

图 4.27　cqvie.net 查找区域下的所有资源记录

（4）设置转发器

DNS 客户端向 DNS 服务器发出查询请求后，若该服务器中没有所需记录，则该 DNS 服务器会向位于根提示的 DNS 服务器或者转发器查询。

根据提示：DNS 服务器可以解析自己区域文件中的域名，对于本服务器上没有的域名查询请求，默认情况下是将查询请求直接转发到根域 DNS 服务器。另外，也可以在 DNS 服务器上设置转发器将请求转发给其他 DNS 服务器。

转发器：它是网络上的一个域名系统（DNS）服务器，它将对外部 FQDN 的查询转发到网络外部的 DNS 服务器，还可以使用条件转发器按照特定域名转发查询。它可以将不同的域名转发给不同的转发器，例如：将 abc.com 域名请求转发给 DNS 服务器 A，将 efg.com 域名解析请求转发到 DNS 服务器 B 上。

本次任务中要求学校内部设置的 DNS 服务器不仅能够解析校内的服务器，还要能够解析校外的各种网站，为了实现这个功能，就必须在公司内部 DNS 上设置转发器，将学校内部不能进行域名解析的请求转发至外网运营商提供的 DNS 218.201.4.3。

①打开 DNS 管理器，选中 DNS 下的服务器名称，本任务服务器名称为 DNS-SERVER，在窗口右部找到“转发器”，单击鼠标右键，选中“属性”，如图 4.28 所示。

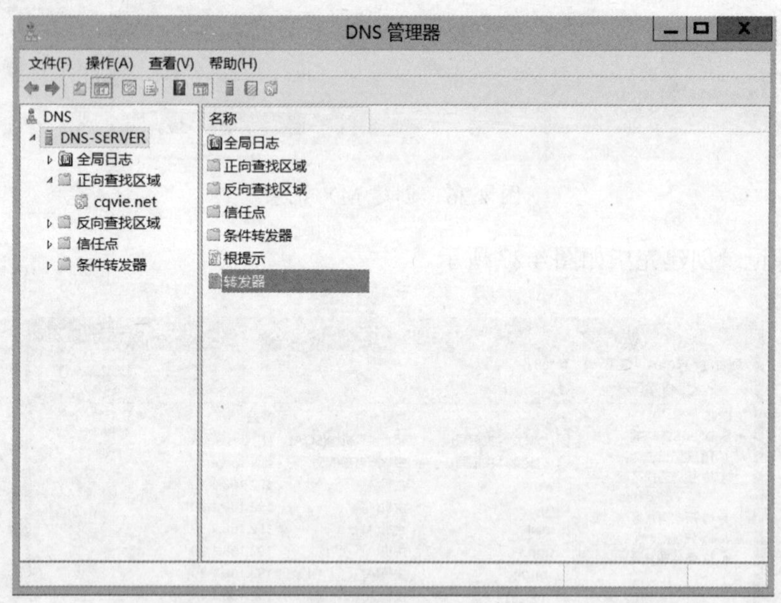

图 4.28　DNS 转发器设置

②在打开的对话框里单击“编辑”，如图 4.29 所示。

③在转发器服务器的 IP 地址中输入运营商的 DNS IP 地址 218.201.4.3。然后单击“确定”，则转发器设置成功，如图 4.30 所示。

（5）客户端配置

DNS 服务器配置完成后，还需要对使用该 DNS 的客户机进行配置，这样才能完成域名解析。这里我们将以 XP 系统为例，讲解 DNS 客户机的配置方法。

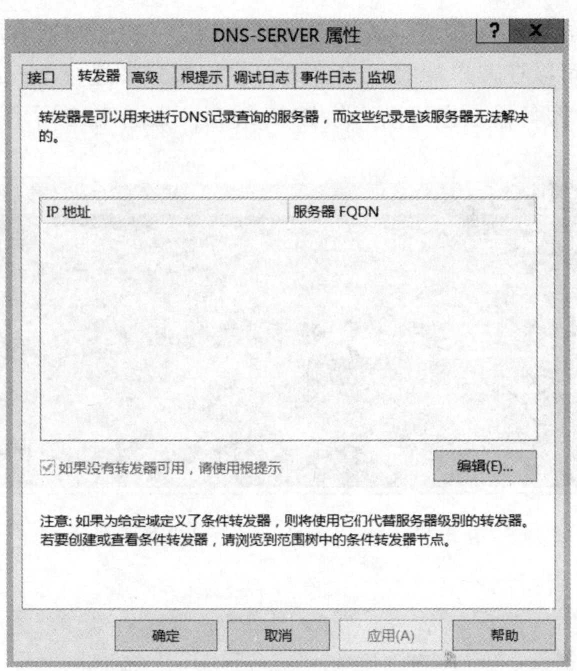

图 4.29　设置转发器 IP 地址

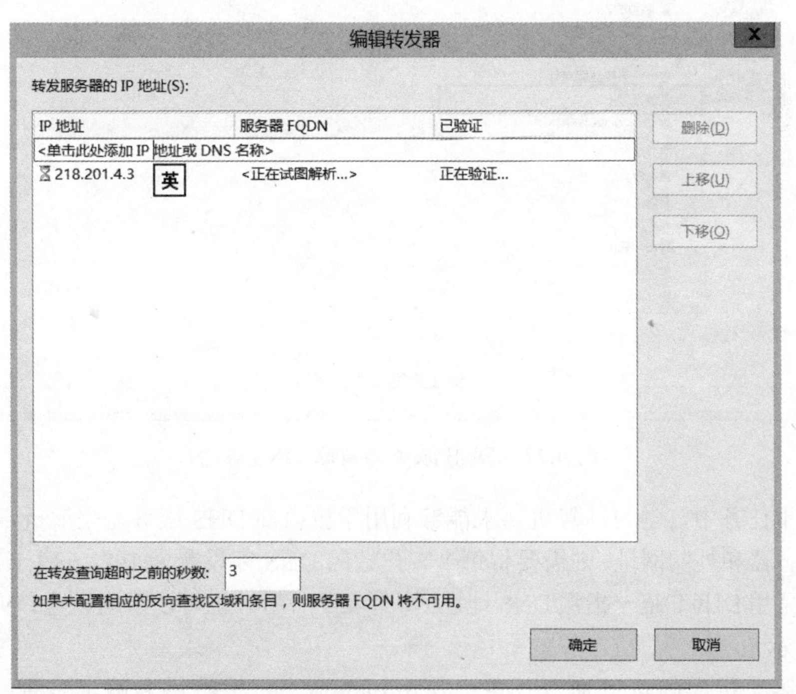

图 4.30　添加转发器 IP 地址

客户机 DNS 可以手动设置，也可以通过 DHCP 服务器统一指派。在正确设置了 DNS 后，如果仍然无法通过 DNS 解析到正确的 IP 地址，则有可能是 DNS 故障、DNS

客户端故障造成的，也有可能是客户端本地 DNS 缓存不正确或者服务器 DNS 缓存不正确造成的，我们可以在客户端的 cmd 命令行窗口模式下运行 ipconfig /flushdns，如图 4.31 所示，在 DNS 服务器上也可以清除 DNS 缓存，如图 4.32 所示。

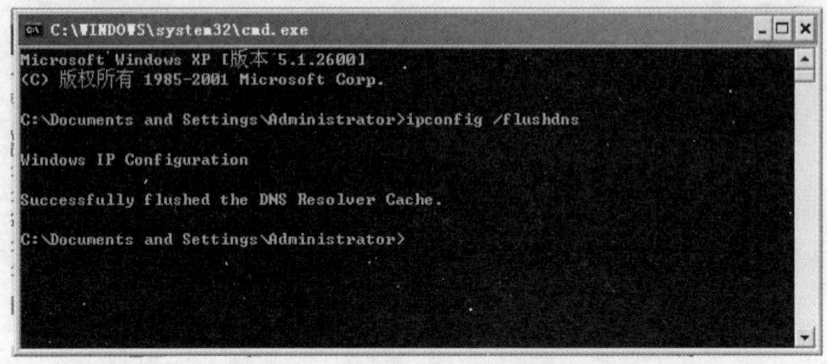

图 4.31　客户端机器清除 DNS 缓存

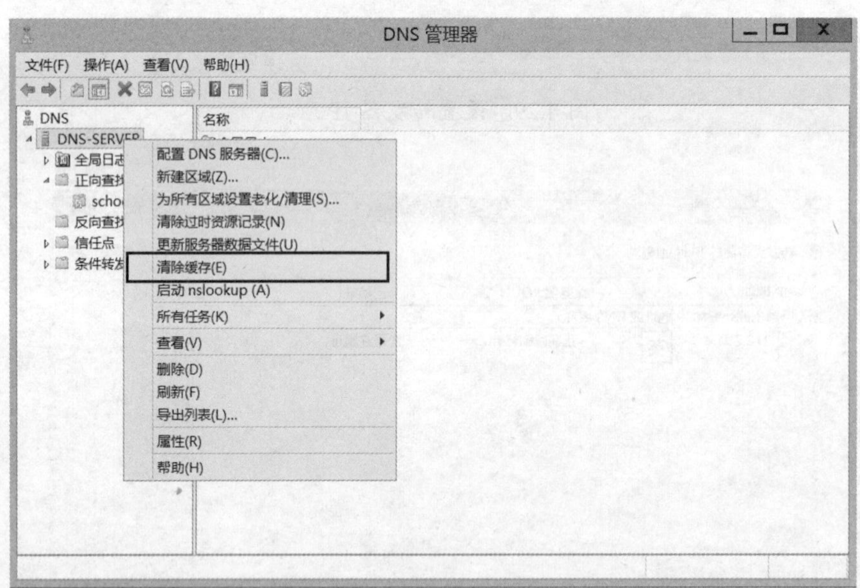

图 4.32　DNS 服务器清除 DNS 缓存

①在本任务中，学习计算机要求能够利用学校内部 DNS 服务器来解析学校域名访问内部服务器和外网网址，则需要将每个客户端的 DNS 都设置为 192.168.1.1 方可实现。我们可以采用 DHCP 统一指派 DNS 地址（如图 4.33 所示），也可以手动设置 DNS 地址（如图 4.34 所示）。

②在客户机上的 cmd 命令行窗口使用 ping 命令，检测域名解析是否正确。ping www.cqvie.net 解析的对应 IP 为 192.168.1.10，ping ftp.cqvie.net 解析的对应 IP 为 192.168.1.20，ping mail.cqvie.net 解析的对应 IP 为 192.168.1.30，如图 4.35 所示。其他域名检测方法依此类推。

图 4.33　DHCP 自动获取 IP 地址和 DNS 地址

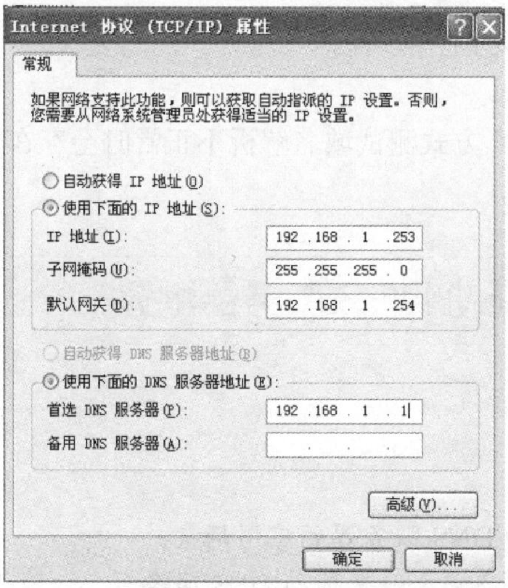

图 4.34　手动设置 IP 地址和 DNS 地址

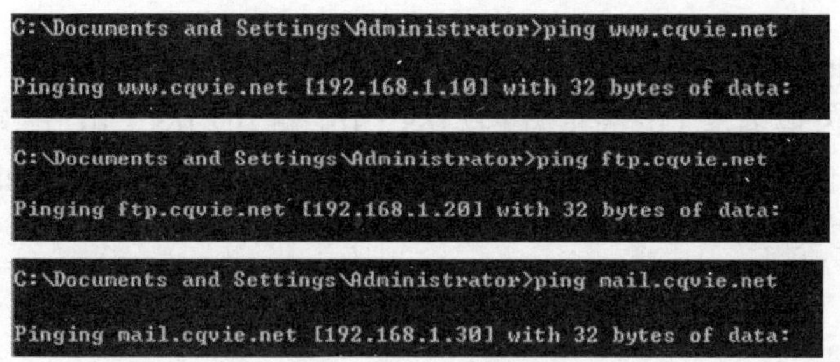

图 4.35　客户端检测 DNS 解析成功

【拓展实训】

DNS 服务器配置的主要内容如表 4.2 所示。

表 4.2　DNS 服务器配置

项目	主要内容
1	安装 DNS 组件
2	建立域名到 IP 的正向解析
3	在服务器 TCP/IP 设置中，定义首选 DNS 为本机 IP，利用 ping 命令在服务器上测试 DNS 解析
4	在客户机 TCP/IP 设置中，定义网关和首选 DNS 为服务器 IP，利用 ping 命令在客户端测试 DNS 解析

【同步训练】

1．简述 DNS 服务器的工作过程。

2．什么是域名解析？

3．利用“ping 域名”方式测试域名解析不正常时会存在哪些故障，并对每种故障现象进行分析。

任务 4.2　辅助 DNS 服务器配置

【学习目标】

知识目标：了解辅助 DNS 服务器的应用场景。

技能目标：能根据任务需求配置辅助 DNS 服务器。

【任务描述】

某学校新建了两个校区，原校区具有自建 DNS 服务器 192.168.1.1，两个新校区也将分别部署 DNS 服务器（IP 分布为 192.168.1.101 和 192.168.1.102），要求只需在老校区的 DNS 服务器上添加 DNS 解析记录，其他两台 DNS 自动从主 DNS 服务器复制相关解析记录，完成同步。

【相关知识】

DNS 服务器支持将一个区域文件复制到多个 DNS 服务器上，这叫做区域传送。通过区域传送功能，实现将主 DNS 服务器上的区域文件信息复制到其他 DNS 服务器上。利用 DNS 的这个功能，我们可以建立多个 DNS 辅助服务器。

建立多个 DNS 辅助服务器，我们即可以扩展 DNS 的性能，也可以实现服务器的高可用性，当主 DNS 服务器崩溃时可以用辅助服务器应急。

【任务实施】

1. 主 DNS 服务器设置

（1）打开 DNS 管理器，鼠标右键单击“cqvie.net 区域”，选择“属性”，如图 4.36 所示。

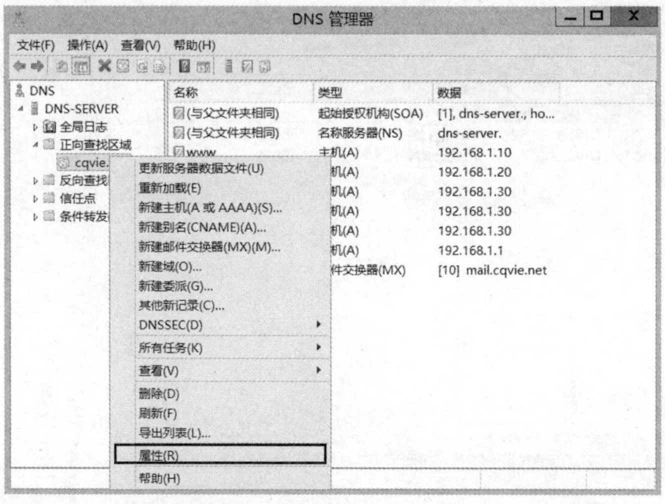

图 4.36　配置区域传送属性

（2）选择“区域传送”选项卡。选项卡里面有三种授权传送方式，选择“到所有服务器”意味着该区域文件可以复制到网络中的所有 DNS 服务器，选择“只有在‘名称服务器’选项卡中列出的服务器”意味着该区域文件可以复制名称服务器对话框中列出的 DNS 服务器，选择“只允许到下列服务器”意味着该区域文件允许复制到指定的 DNS 服务器。本次任务选择“只允许到下列服务器”，如图 4.37 所示，单击“编辑”按钮。

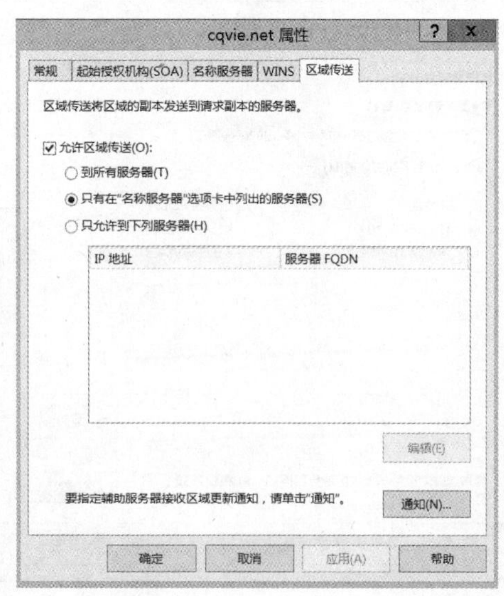

图 4.37　配置区域传送属性

（3）在图 4.38 所示对话框的“辅助服务器的 IP 地址”中输入两台辅助 DNS 的 IP 地址 192.168.1.101 和 192.168.1.102，点击“确定”。

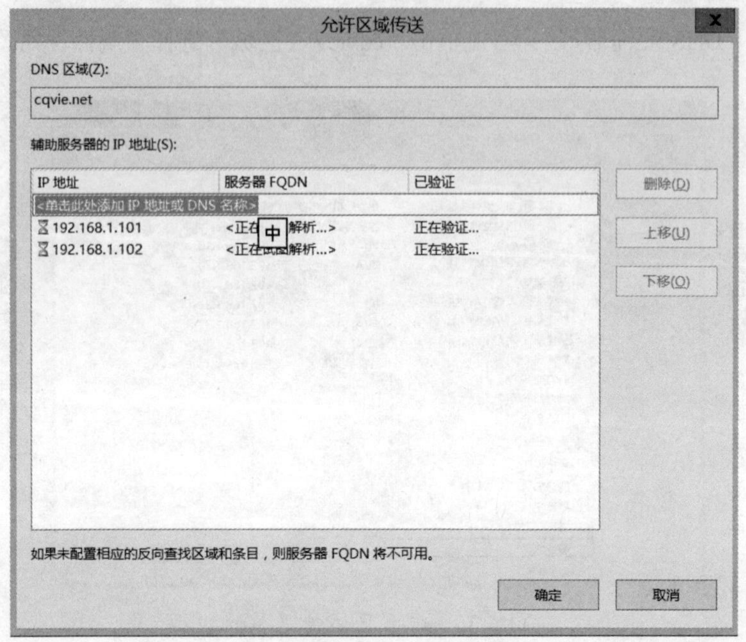

图 4.38　输入辅助 DNS 的 IP 地址

（4）当主 DNS 服务器域内记录有变动时，可以设置自动通知辅助 DNS，如图 4.39 所示。辅助 DNS 接到通知后，会发起区域传送请求。

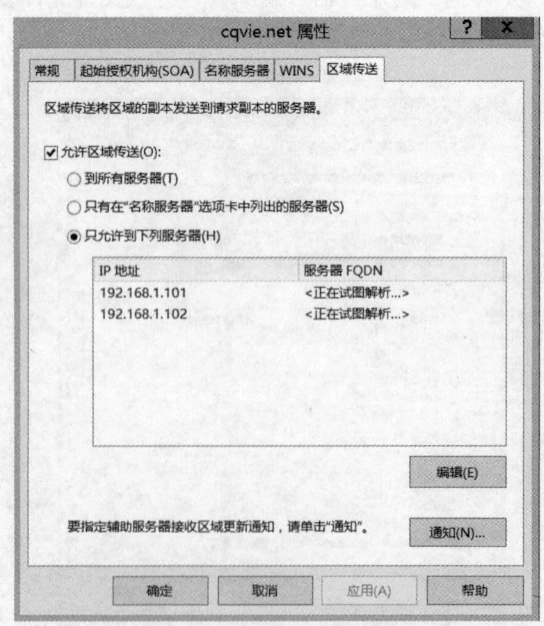

图 4.39　设置自动通知（1）

（5）勾选“自动通知”，选择“下列服务器”，输入辅助 DNS 服务器的 IP 地址，如图 4.40 所示。

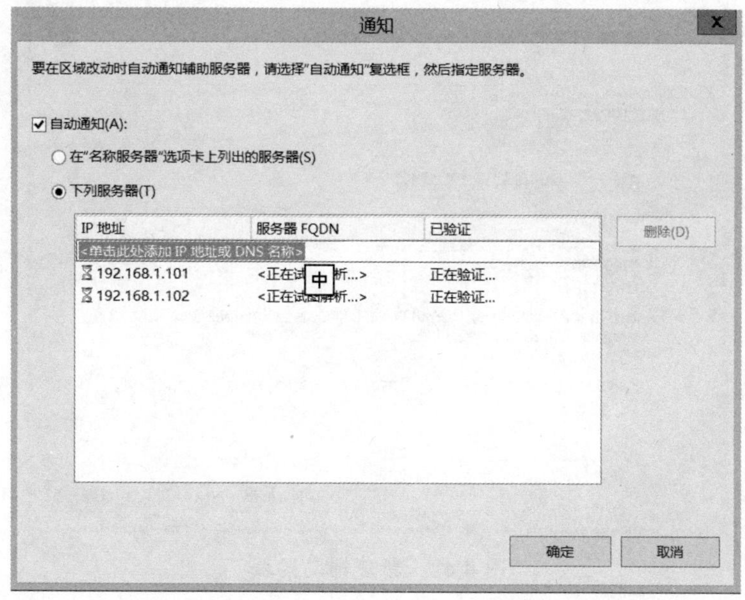

图 4.40　设置自动通知（2）

2. 在辅助 DNS 服务器上创建辅助区域 cqvie.net

（1）打开 DNS 管理器，鼠标右键单击“正向查找区域”，选择“新建区域”，如图 4.41 所示。

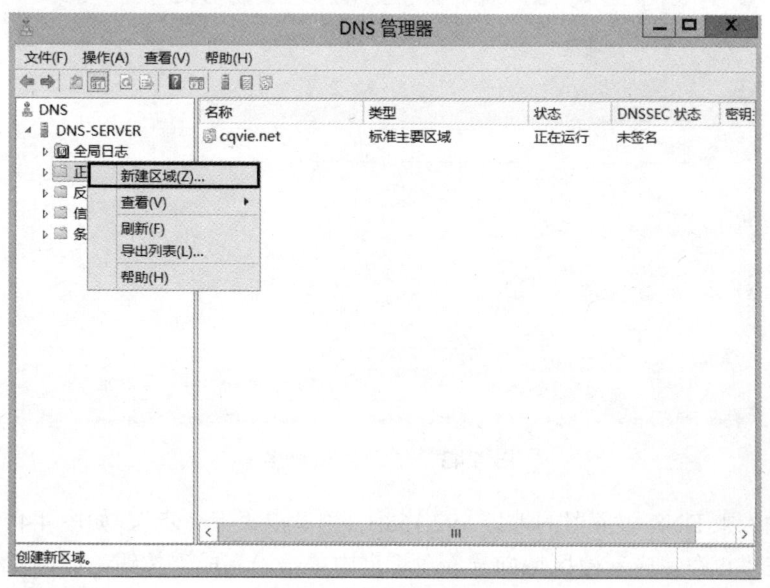

图 4.41　新建区域

（2）在出现的“区域类型”对话框中选择“辅助区域”，如图 4.42 所示。

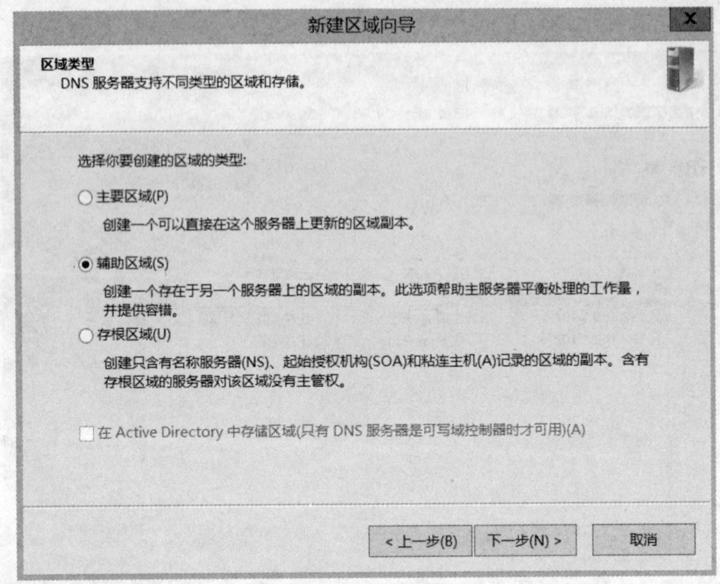

图 4.42　新建辅助区域

（3）输入辅助区域的区域名，如图 4.43 所示。

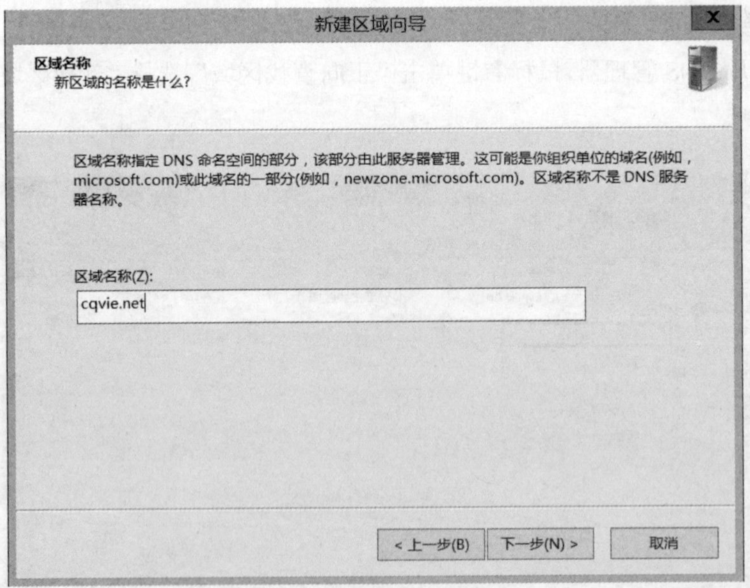

图 4.43　辅助区域命名

（4）输入主 DNS 服务器的地址 192.168.1.1，单击“下一步”，如图 4.44 所示。

（5）在“正在完成新建区域向导”对话框中单击“完成”按钮，如图 4.45 所示。

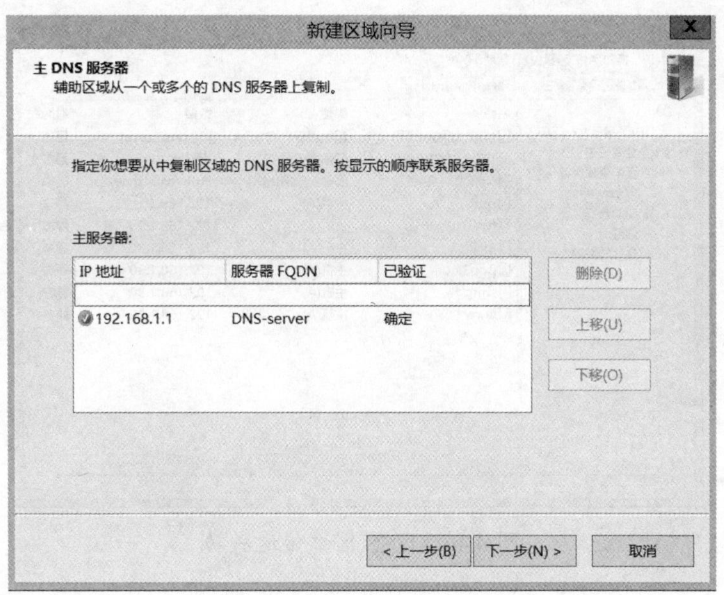

图 4.44　输入主 DNS IP

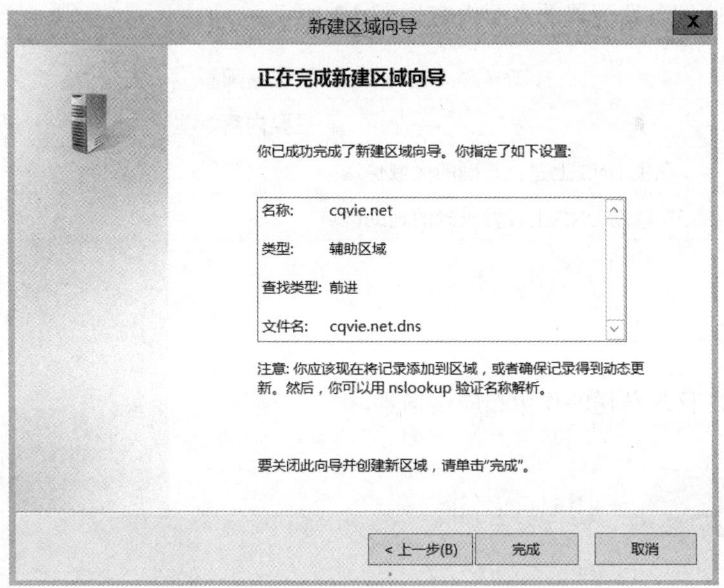

图 4.45　辅助区域创建成功提示

（6）DNS 区域传送成功，如图 4.46 所示。如果传送不成功，请调整主 DNS 服务器的防火墙设置，开放 TCP 53 和 UDP 53 端口，或者暂时关闭防火墙以验证是否成功传送。

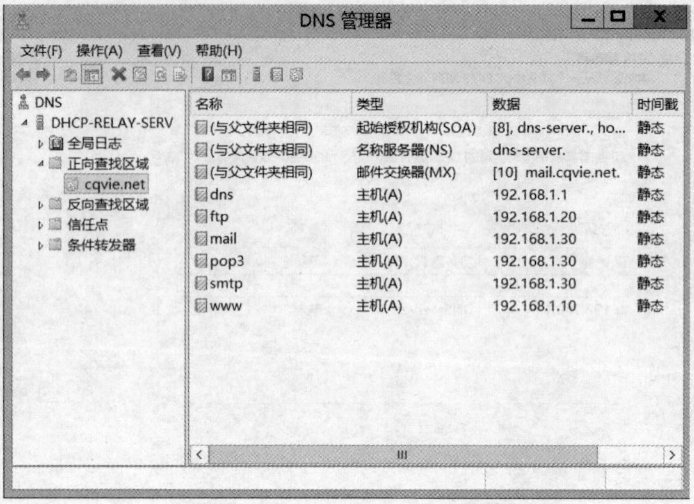

图 4.46 DNS 区域传送成功

【拓展实训】

辅助 DNS 服务器配置的主要内容如表 4.3 所示。

表 4.3 辅助 DNS 服务器配置

项目	主要内容
1	在主 DNS 上建立正确的区域传送
2	在辅助 DNS 上设置正确的辅助区域

【同步训练】

简述 DNS 区域传送的作用和应用场景。

任务 4.3 DNS 委派

【学习目标】

知识目标：了解 DNS 委派的应用场景。
技能目标：能根据任务需求配置 DNS 委派。

【任务描述】

某学校有三个校区，其老校区（A 校区）自建 DNS 服务器为 192.168.1.1，管理主域名 cqvie.net，新校区 B 部署 1 台 DNS 服务器（IP 分布为 192.168.1.101）负责维护子域 b.cqvie.net，新校区 C 部署 1 台 DNS 服务器（IP 分布为 192.168.1.102）负责维护子域 c.cqvie.net。

现在学校所有用户都将 DNS 设置为 A 区的 192.168.1.1，要求能够解析 b.cqvie.net 和 c.cqvie.net 区域中的记录。

【相关知识】

DNS 委派，即将相关区域解析权限下放给某一台 DNS 服务器，在委派服务器上只存储一条委派方与被委派方的记录。

当在一个域中存在多个区域时，为了简化 DNS 的管理任务，可以采用 DNS 委派一组权威名称服务器来管理每个区域，每个区域由各个域管理员来自行管理，采用这样的分布式结构，当域名称空间不断扩展时，可以有效地节约维护时间和给予各个区域最大的自主管理权。

区域复制和 DNS 委派是有区别的，区域复制是存储某一区域的所有记录再复制到另外一个区域，DNS 委派则是分配子域的一部分。

【任务实施】

（1）在 B 区 DNS 服务器上建好区域 b.cqvie.net。

1）参考任务 4.1 配置 DNS 区域的步骤，在 B 区 DNS 服务器上建好区域 b.cqvie.net，如图 4.47 和图 4.48 所示。

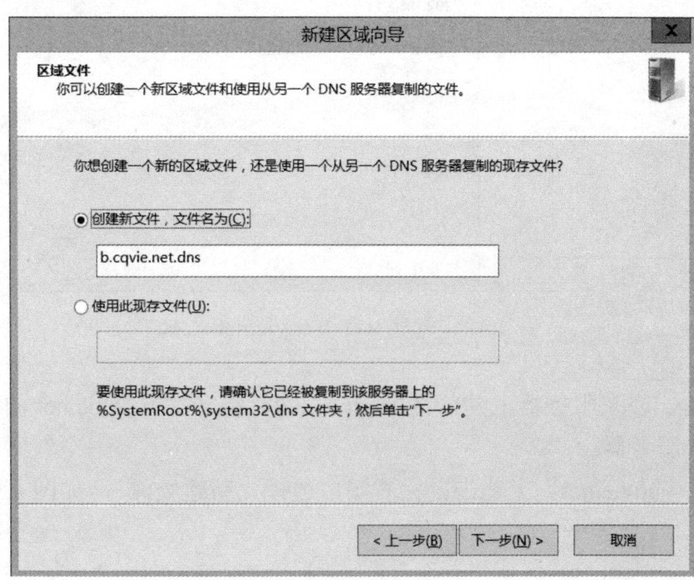

图 4.47 新建 b.cqvie.net 向导

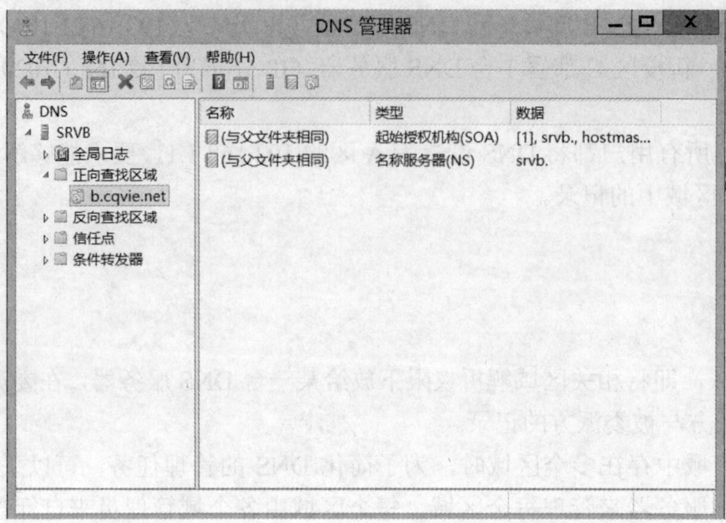

图 4.48　建成正向查找区域 b.cqvie.net

2）在 b.cqvie.net 区域上创建一个 web.b.cqvie.net 的 AAA 记录，对应 IP 为 192.168.1.11，如图 4.49 所示。

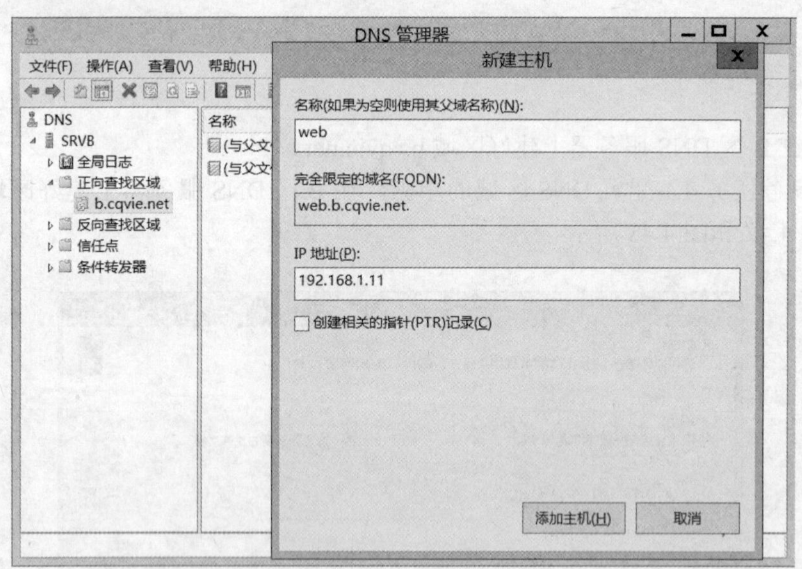

图 4.49　新建 web.b.cqvie.net 主机

（2）在 A 区 DNS 服务器上建好区域 cqvie.net，将区域 b.cqvie.net 的解析请求委派给 B 区的 DNS 服务器。

1）在主域“cqvie.net”上单击鼠标右键，选择“新建委派”，如图 4.50 所示。

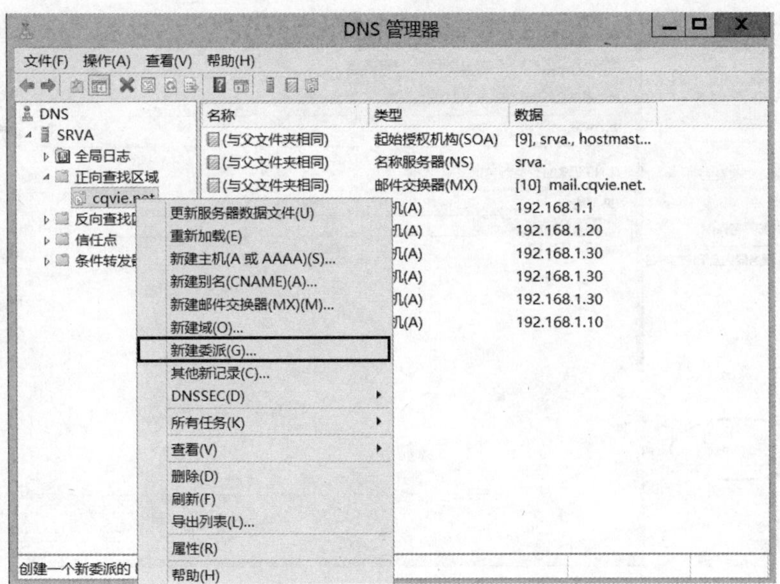

图 4.50　选择“新建委派”

2）根据委派向导，在图 4.51 所示对话框中输入要委派的子域名“b”，单击“下一步”。

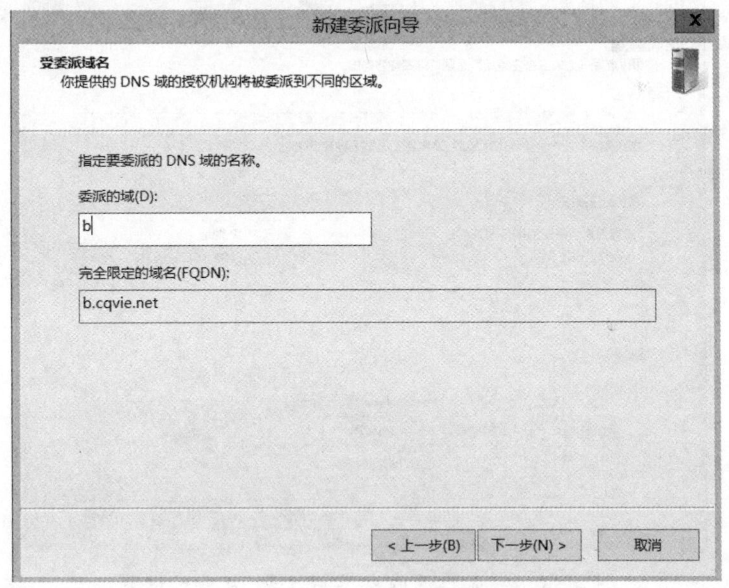

图 4.51　指定要委派的子 DNS 域的名称

3）在图 4.52 所示对话框中单击“添加”按钮，在“服务器完全限定的域名”中输入服务器 B 完全合格的域名 b.cqvie.net 和 IP 地址 192.168.1.101（该域名和 IP 地址要能够正确解析）。

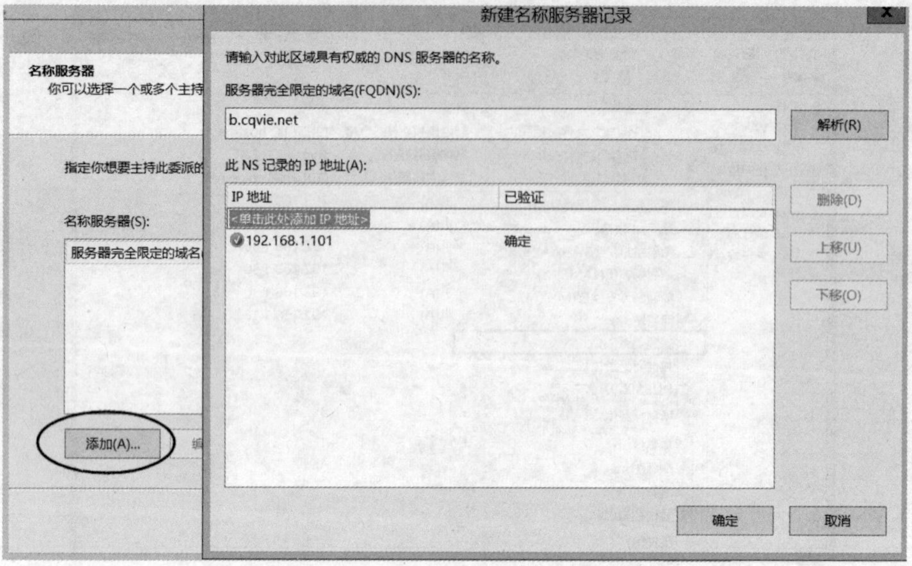

图 4.52　设置委派服务器域名和 IP 地址

4）在图 4.53 所示对话框中单击“下一步”完成设置。

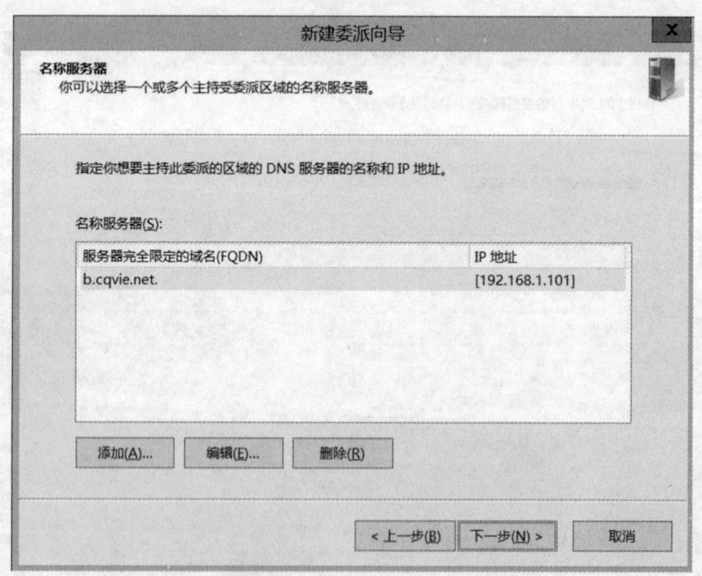

图 4.53　完成委派服务器域名和 IP 地址设置

（3）在 A 校区 DNS 将区域 c.cqvie.net 的解析请求委派给 C 区的 DNS 服务器，步骤同（2）。

（4）在客户端机器上设置好 A 校区的 DNS 服务器 IP 地址 192.168.1.1，并使用 cmd 命令进行 ping web.b.cqvie.net 检测。

1）按图 4.54 设置好 DNS 服务器 IP。

2）如图 4.55 所示，ping web.b.cqvie.net 的 IP 地址为 192.168.1.11，说明委派解析成功。

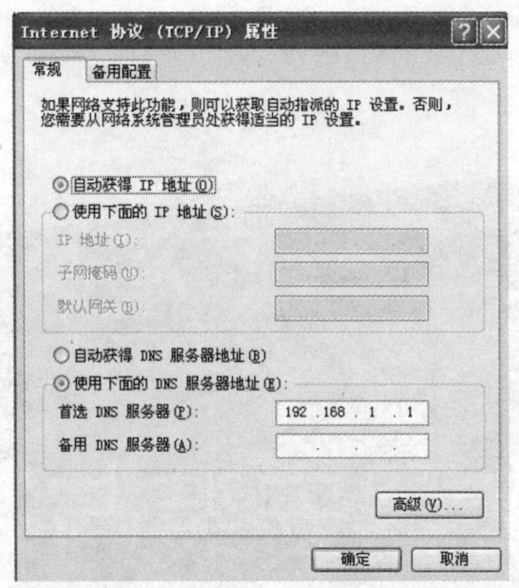

图 4.54　客户机的 DNS 设置

```
C:\Documents and Settings\Administrator>ping web.b.cqvie.net

Pinging web.b.cqvie.net [192.168.1.11] with 32 bytes of data:
```

图 4.55　解析成功

【拓展实训】

DNS 服务器委派配置的主要内容如表 4.4 所示。

表 4.4　DNS 服务器委派配置

项目	主要内容
1	在主域 DNS 上建立正确的委派设置
2	在被委派的 DNS 服务器上设置子域

【同步训练】

简述 DNS 委派的作用。

项目 5
FTP 服务器安装与基本配置

【学习目标】

知识目标：了解 FTP 服务器的作用、工作方式、数据传输模式，了解架构 FTP 服务器的常见工具软件和 Wing FTP Server 软件的特点；掌握用户对目录和文件访问权限各选项的含义。

技能目标：能正确安装 Wing FTP Server 软件，能正确为 FTP 服务器配置 IP 地址、域名，能添加用户和用户组，能正确设置用户访问权限、用户磁盘配额，能正确使用 Web 方式进行访问等。

【任务描述】

FTP 是专门用来传输文件的协议，支持 FTP 协议的服务器就是 FTP 服务器。FTP 服务器是在互联网上提供存储空间的计算机，并依照 FTP 协议提供服务，用户通过浏览器可以远程访问 FTP 服务器。

某公司因没有文件服务器，员工资料均存储在本地电脑上，无法实现重要资料的备份、资料的共享使用及数据的安全，因此，网管人员计划在单位内网中架构一个 FTP 服务器，为网络中的用户提供文件上传和下载。

本次任务中，通过在 Windows Server 2012 中配置 FTP 服务器，FTP 服务器将实现以下功能：创建域，用户（包括匿名用户）创建和权限设置，IP 访问规则设置，目录权限及虚拟目录设置，磁盘配额设置，用户组添加与设置等。网络结构图如图 5.1 所示。

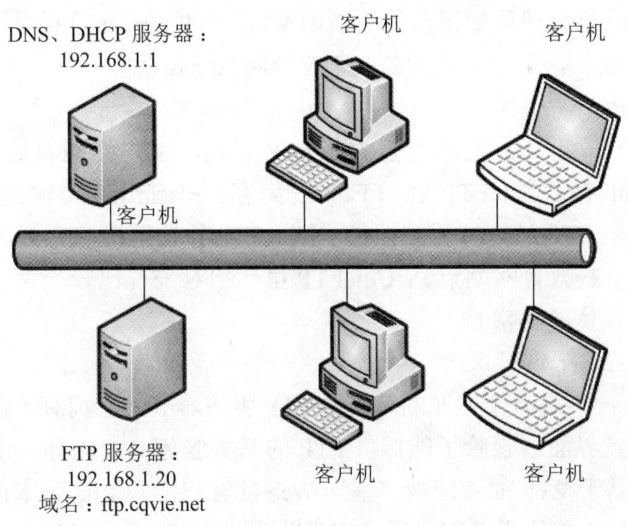

图 5.1　网络结构图

【相关知识】

FTP 是 File Transfer Protocol（文件传输协议）的英文简称，而中文简称为“文传协议”，用于 Internet 上的控制文件的双向传输。同时，它也是一个应用程序（Application）。基于不同的操作系统有不同的 FTP 应用程序，而所有这些应用程序都遵守同一种协议以传输文件。在 FTP 的使用当中，用户经常遇到两个概念：“下载”（Download）和“上传”（Upload）。“下载”文件就是从远程主机拷贝文件至自己的计算机上；“上传”文件就是将文件从自己的计算机中拷贝至远程主机上。用 Internet 语言来说，用户可通过客户机程序向（从）远程主机上传（下载）文件。

1. FTP 的数据传输模式

主动传输模式：主动模式要求客户端和服务器端同时打开并且监听一个端口以建立连接。在这种情况下，客户端由于安装了防火墙会产生一些问题。

被动传输模式：只要求服务器端产生一个监听相应端口的进程，这样就可以绕过客户端安装了防火墙的问题。

2. FTP 服务器架构软件

（1）MS FTP

MS FTP 是微软捆绑在 Windows Server 2012 操作系统中的 IIS6.0 组件中的一个子组件。MS FTP 中一个 IP 地址对应一个 FTP 目录。可以设置匿名用户登录，它将用户管理和 Windows 的用户管理整合在一起，使其变得更加安全。但是，IIS6.0 的 FTP 服务器并没被广泛应用，主要原因之一是 IIS6.0 管理控制台中并没有显式的 FTP 用户管理界面，这导致网络管理员更愿意使用诸如 Wing FTP Server 这样具有强大图形管理界面的 FTP 服务器软件，第二个原因是其不支持断点续传功能。

（2）CuteFTP

CuteFTP 是一款小巧，但功能强大的 FTP 工具，用户界面友好，传输速度稳定，LeapFTP 与 FlashFXP、CuteFTP 堪称 FTP 三剑客。FlashFXP 传输速度比较快，但有时对于一些教育网 FTP 站点却无法连接；LeapFTP 传输速度稳定，能够连接绝大多数 FTP 站点（包括一些教育网站点）；CuteFTP 虽然相对来说比较庞大，但其自带了许多免费的 FTP 站点，资源丰富。

（3）Wing FTP Server

Wing FTP Server 是一个专业的跨平台 FTP 服务器端，它拥有不错的速度、可靠性和一个友好的配置界面。它除了能提供 FTP 的基本服务功能以外，还能提供管理员终端、任务计划、基于 Web 的管理端、基于 Web 的客户端和 Lua 脚本扩展等，它还支持虚拟文件夹、上传下载比率分配、磁盘容量分配、ODBC/MySQL 存储账户等特性，支持 Windows、Linux、Mac OS 和 Solaris。

（4）Serv-U

Serv-U-Windows 平台的 FTP 服务器软件 Serv-U 是目前众多的 FTP 服务器软件之一。通过使用 Serv-U，用户能够将任何一台 PC 设置成一个 FTP 服务器，这样，用户或其他使用者就能够使用 FTP 协议，通过在同一网络上的任何一台 PC 与 FTP 服务器连接，进行文件或目录的复制、移动、创建和删除等。这里提到的 FTP 协议是专门被用来规定计算机之间进行文件传输的标准和规则，正是因为有了像 FTP 这样的专门协议，才使得人们能够通过不同类型的计算机，使用不同类型的操作系统，对不同类型的文件进行相互传递。

3. FTP 用户授权

（1）用户授权

要连上 FTP 服务器（即登录），必须要有该 FTP 服务器授权的账号，也就是说只有在有了一个用户标识和一个口令后才能登录 FTP 服务器，享受 FTP 服务器提供的服务。

（2）FTP 地址格式

FTP 地址如下：ftp:// 用户名 : 密码 @FTP 服务器 IP 或域名 :FTP 命令端口 / 路径 / 文件

注意：

上面的参数除 FTP 服务器 IP 或域名为必要项外，其他都不是必须的。

4. 目录访问规则

目录访问规则定义用户账户可以访问的系统区域。与传统的限制到用户和组级别的方式不同，Wing FTP Server 通过全局目录访问规则的创建，将目录访问规则的使用扩展到域和服务器级别。在服务器级别指定的目录访问规则可供文件服务器中的所有用户继承。如果在域级别指定，则仅供该域内的用户继承。继承的传统应用规则为在较低级别指定的规则（如用户级别）可以覆盖在较高级别（如服务器级别）指定的冲突或重复的规则。

设置目录访问路径时，可以使用“%USER%”“%HOME%”和“%DOMAIN_HOME%”变量简化这一过程。例如，可以使用“%HOME%/ftproot/”创建目录访问规则，在用户根目录下指定“ftproot”文件夹。以这种方式指定的目录访问规则具有“可移植性”，当实际的根目录更改时，能够保持原有的子目录结构，这将减轻文件服务器管理员的维护负担。如果在路径中指定了“%USER%”变量，该变量将被替换为用户的登录 ID。变量在指定群组根目录时非常有用，可以确保用户继承符合逻辑且唯一的根目录。可以使用“%USER_FULL_NAM%”变量将“全名”值插入路径（该用户必须拥有指定“全名”才能使该功能生效）。例如，用户“Tom Smith”可以将“D:\ftproot\”用于“D:\ftproot\Tom Smith”。最后，标识用户根目录时还可使用“%DOMAIN_HOME%”宏。例如，使用“%DOMAIN_HOME%\%USER%”将用户及其根目录置于公共目录。

目录访问规则按其列出的顺序应用，如果现有的规则拒绝访问某个子目录，但该规则列于授权访问父目录的规则之下，则用户仍可以访问该子目录。目录访问列表右边的箭头用于重新排列规则应用的顺序。

（1）文件权限

读：允许用户读取（即下载）文件，该权限不允许用户列出目录内容，执行该操作需要列表权限。

写：允许用户写入（即上传）文件，该权限不允许用户修改现有的文件，执行该操作需要追加权限。

追加：允许用户向现有文件中追加数据，该权限通常用于使用户能够对部分上传的文件进行续传。

重命名：允许用户重命名现有的文件，Wing FTP Server 要重命名文件需要删除和写权限。

删除：允许用户删除文件。

执行：允许用户远程执行文件。执行访问用于远程启动程序并通常应用于特定文件。这是非常强大的权限，在将该权限授予用户时需格外谨慎。具有写和执行权限的用户实际上能够选择在系统上安装任何程序。

（2）目录权限

列表：允许用户列出目录中包含的文件。

创建：允许用户在目录中新建子目录。

重命名：允许用户在目录中重命名现有子目录。Wing FTP Server 要重命名目录需要删除和写权限。

删除：允许用户在目录中删除现有子目录。注意，如果目录包含文件，用户要删除目录还需要具有删除文件权限。

（3）子目录权限

继承：允许所有子目录继承其父目录具有的相同权限。继承权限适用于大多数情况，但是如果访问必须受限于子文件夹，例如实施强制访问控制（Mandatory Access Control）时，则取消继承并为文件夹逐一授予权限。

（4）配额权限

配额权限即目录内容的最大尺寸，设置最大尺寸，动态地将目录内容大小限制在指定的值以内。任何尝试的文件传输如果使目录内容超过这一限制值，则被拒绝。它作为传统配额功能的替代功能，传统功能依赖于追踪所有的文件传输（上传和删除）以计算目录大小，且无法在用户文件服务器活动以外考虑对目录内容的更改。

5. 支持 Web 访问

基于 Web 的管理端——随时随地管理你的服务器。

基于 Web 的客户端——随时随地分享、存取用户的文件。

6. IP 访问规则

IP 访问规则是用户验证的一种补充形式，它可以限制登录特定的 IP 地址、IP 地址群、甚至域，可以在服务器、域、群组和用户级别配置 IP 访问规则。配置方式有精确匹配，例如 192.168.1.1，限定访问的 IP 地址范围；例如 192.168.1.10-19，任何有效的 IP 地址值；例如 192.168.1.*，它类似于 192.168.1.0-255。

7. 主要特色

- 跨平台：可在 Windows、Linux、Mac OS X、Solaris 等操作系统上运行。
- 多种传输协议：支持 FTP、FTPS（带 SSL 的 FTP）、HTTP、HTTPS，以及 SFTP（基于 SSH 的 FTP）。
- FIPS 140-2：支持更加安全的 FIPS 140-2 验证加密模块（证书编号：1051）。
- 基于 Web 的管理端：何时何地管理用户的 FTP 服务器。
- 基于 Web 的客户端：何时何地上传或下载用户的文件。
- 支持多个域：相当于在一个 IP 地址上运行多台虚拟 FTP 服务器。
- 可编程的计划任务：使用 Lua 脚本来完成用户的计划任务。
- 可编程的事件管理器：事件触发时，可执行 Lua 脚本、发送电子邮件 或 执行第三方的应用程序。
- 多类型的用户验证：通过 XML 文件、ODBC 或 MySQL 数据库来存储大量的用户数据，还可以用 LDAP 或活动目录来做用户验证。
- 应用程序接口：提供了丰富的 API 供 Lua 脚本调用。
- 虚拟目录：可以映射虚拟目录到物理路径，当然，用户可以使用 Windows 下的 UNC 资源。
- 实时信息：用户可以实时地监控其 FTP 服务器，当然还可以查看单个会话的活动情况。
- 磁盘配额及比例

多文件同时上传或下载：利用 Web 客户端自带的控件，用户可以轻易地同时上传或下载多个文件。

支持 Web 外链下载：用户可以通过 Web 外链来分享文件，还可以给外链设置下载次数和过期时间。

在线文本编辑器：用户可以用在线文本编辑器轻松地查看或修改服务器上的文档。

压缩 / 解压缩文件：直接在服务器上压缩 / 解压缩文件，节省上传 / 下载时间。

【任务实施】

本任务在 Windows Server 2012 系统下进行安装，FTP 服务器软件采用 Wing FTP Server 4。FTP 服务器配置完成后，用户访问 FTP 服务器的方式有三种；第一种是通过 IP（该 FTP 服务器的 IP 地址为 192.168.1.20）地址访问，第二种是通过 DNS 服务器给 FTP 服务器配置的域名（ftp.cqvie.net）进行访问，第三种是通过 Web 方式访问。

1. Wing FTP Server 软件的安装

（1）获取 Wing FTP Server 软件。

首先从以下网站下载 Wing FTP Server：

http://www.wftpserver.com/

（2）双击 Wing FTP Server 安装源文件进行软件安装，如图 5.2 所示。

图 5.2　Wing FTP Server 安装向导

（3）在选择目标路径窗口中单击“浏览”按钮，选择 Wing FTP Server 程序安装的路径，单击“下一步”按钮，如图 5.3 所示。

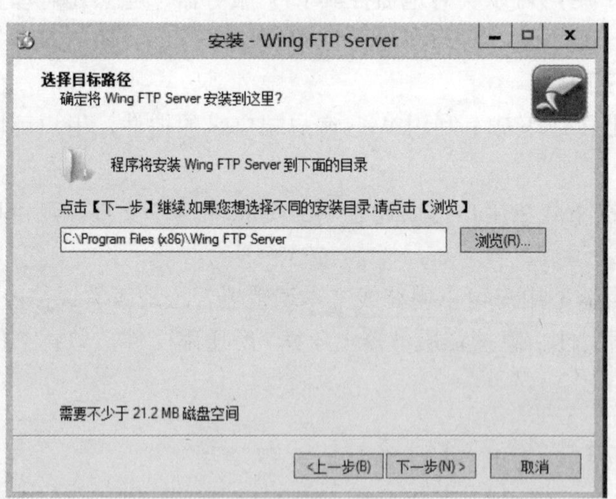

图 5.3　Wing FTP Server 安装路径选择

（4）根据提示输入远程管理端口，软件默认 WEB 管理端口是 5466，如果有冲突请修改，单击“下一步”按钮继续，如图 5.4 所示。

（5）根据提示输入计算机组名，一般取默认值即可，单击“下一步”按钮继续，单击“完成”完成程序安装。

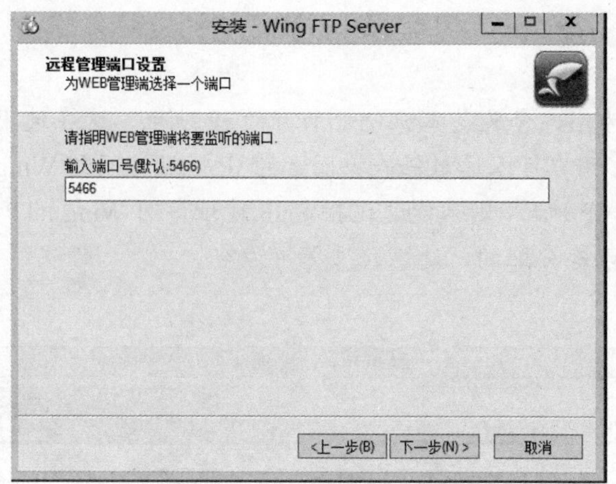

图 5.4　指明 WEB 管理端口

2. 创建域

（1）启动 Wing FTP Server。依次选择“开始”→“所有程序”→“Wing FTP Server”，进入 Wing FTP Server 服务器配置界面，如图 5.5 所示。

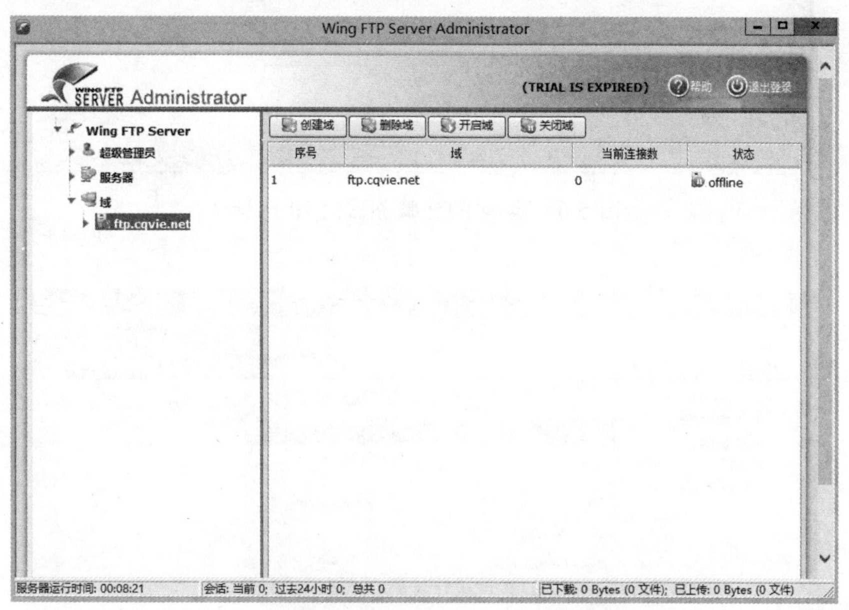

图 5.5　Wing FTP Server 服务器配置界面

（2）设置 FTP 服务器的域名和 IP 地址等信息。选择图 5.5 左边窗口的“域”→“创建域”，启动 IP 地址和域名设置，如图 5.6 所示。Wing FTP Server 要求输入 FTP 主机 IP 地址，在“域名”文本输入框中输入“192.168.1.20”，单击“下一步”按钮。

弹出域名设置框，在“域名”文本输入框中输入“ftp.cqvie.net”，单击“下一步”按钮，如图 5.7 所示。

注意：

IP 地址可为空，含义是本机包含所有的 IP 地址，这在使用两块甚至三块网卡时很有用，用户可以通过任一块网卡的 IP 地址访问到 Wing FTP Server 服务器，如指定了 IP 地址，则只能通过指定 IP 地址访问 Wing FTP Server 服务器，如果 IP 地址是动态分配的，建议此项保持为空。

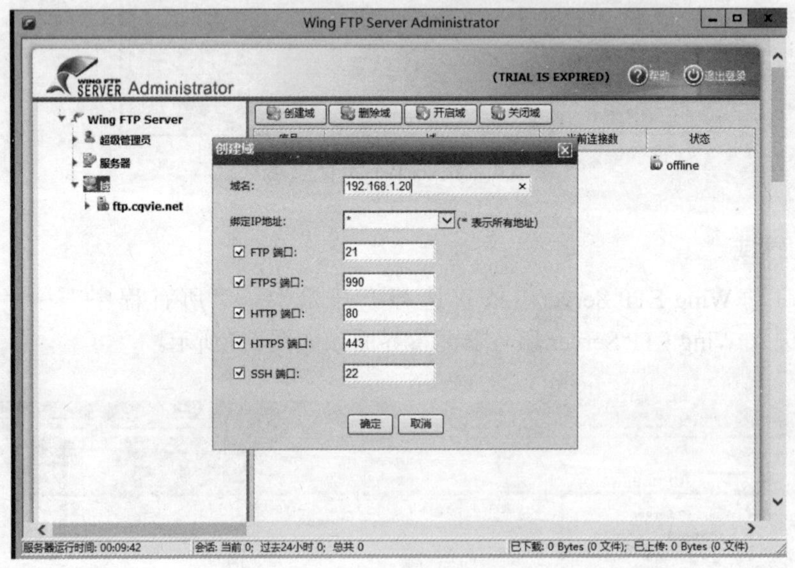

图 5.6 添加 FTP 服务器的 IP 地址

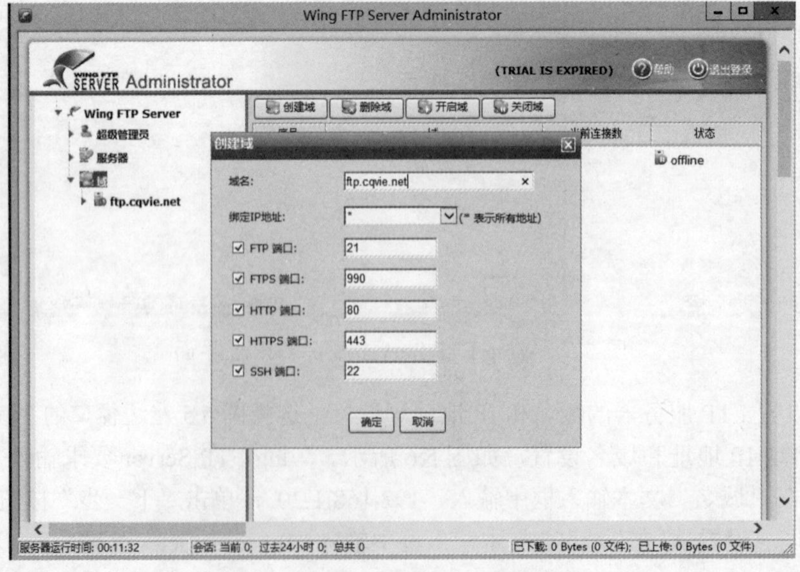

图 5.7 添加 FTP 服务器的域名

（3）输入域的端口号，默认端口号为 21，其他端口如果没有冲突一般不需要更改，如图 5.8 所示。

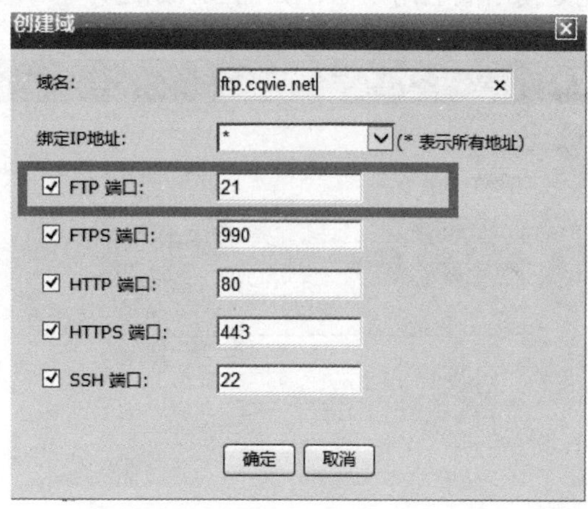

图 5.8　新建域的端口

（4）点击“下一步”完成域“ftp.cqvie.net”的创建，选择图 5.5 窗口左边的“域”目录，即可展示新建域的相关信息，如图 5.9 所示。

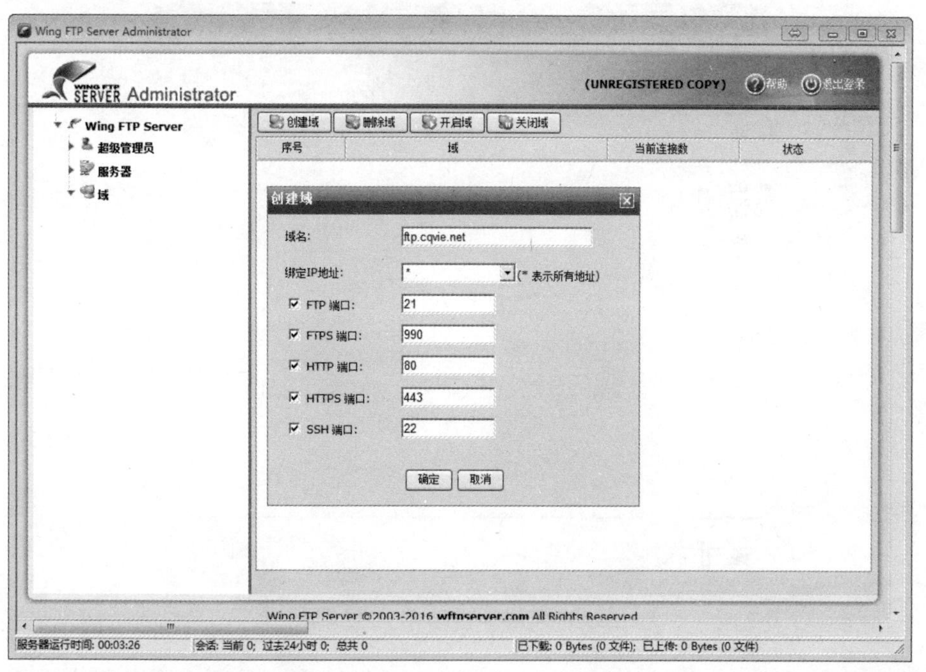

图 5.9　域“ftp.cqvie.net”的信息

3．创建匿名用户

（1）在图 5.9 中，依次选择“域”→“ftp.cqvie.net”→“用户”，再右键选择“用户”→“新建用户”进行域用户创建。

（2）在弹出的窗口中输入用户名。一般来说，匿名访问是以 anonymous 为用户名登录的，无需密码，此处使用匿名用户名，如图 5.10 所示。

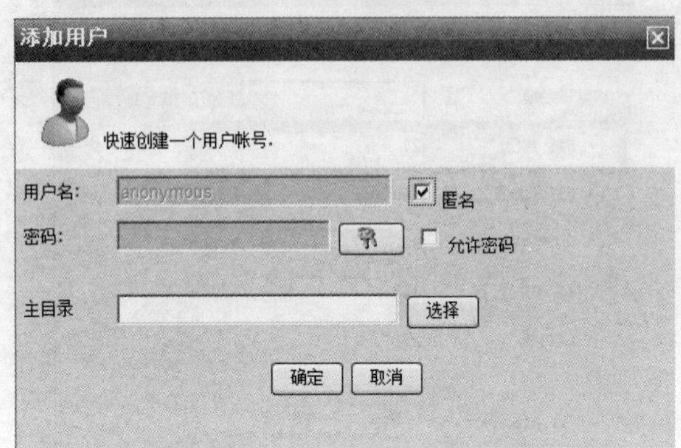

图 5.10　设置匿名用户名

（3）点击“下一步”，为 anonymous 账户指定上传或下载的主目录，例如，C:\ftp\anonymous，如图 5.11 所示。

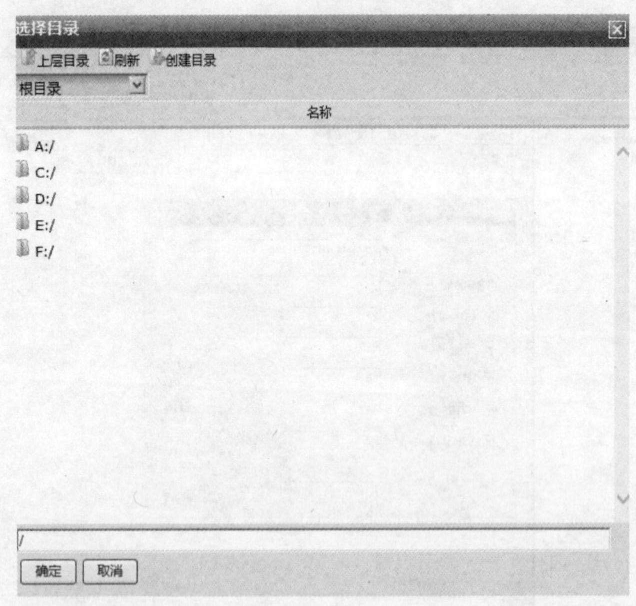

图 5.11　添加匿名用户主目录

（4）点击“下一步”按钮，Wing FTP Server 继续询问是否将匿名用户锁定在主目录中，锁定后，匿名登录的用户将只能认为你所指定的目录（例如 D:\ftp\）是根目录，也就是说他只能访问这个目录下的文件和文件夹，这个目录之外就不能访问，如图 5.12 所示。

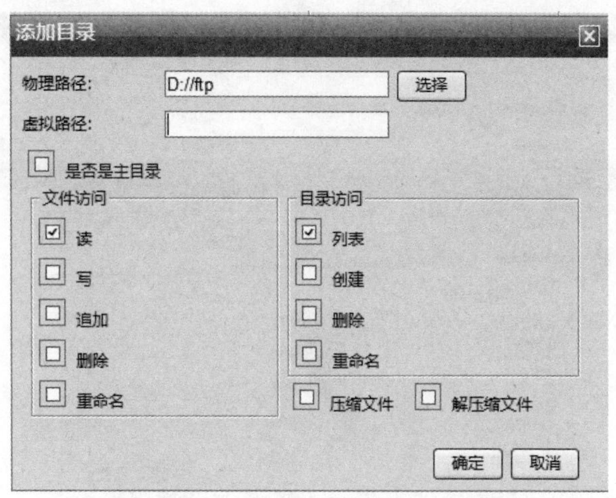

图 5.12　匿名用户主目录锁定询问

（5）点击“确定”，完成匿名用户的添加，如图 5.13 所示。

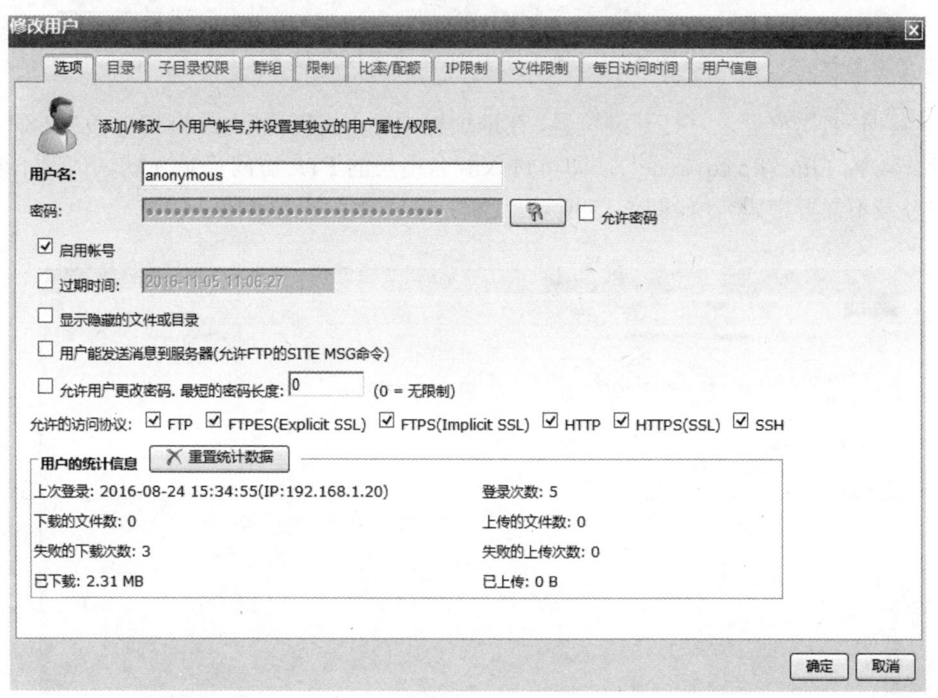

图 5.13　匿名用户账户信息

（6）设置匿名用户的访问权限，选择图 5.13 中的“目录”进行权限设置，为了安全起见，匿名用户的权限一般只给予文件“只读”、目录“列表”、子目录“继承权限”，如图 5.14 所示。

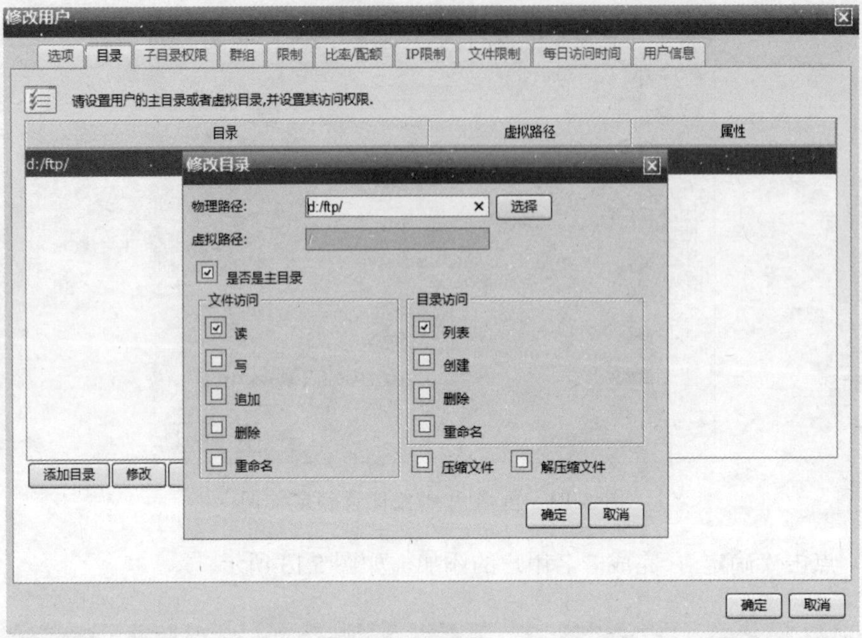

图 5.14　匿名用户目录访问权限设置

（7）匿名用户登录。打开浏览器，在地址栏中输入 FTP 服务器的 IP（192.168.1.20）地址或域名（ftp://ftp.cqvie.net），即可进入匿名用户的 FTP 访问目录（默认情况下匿名用户登录不需要密码），如图 5.15 所示。

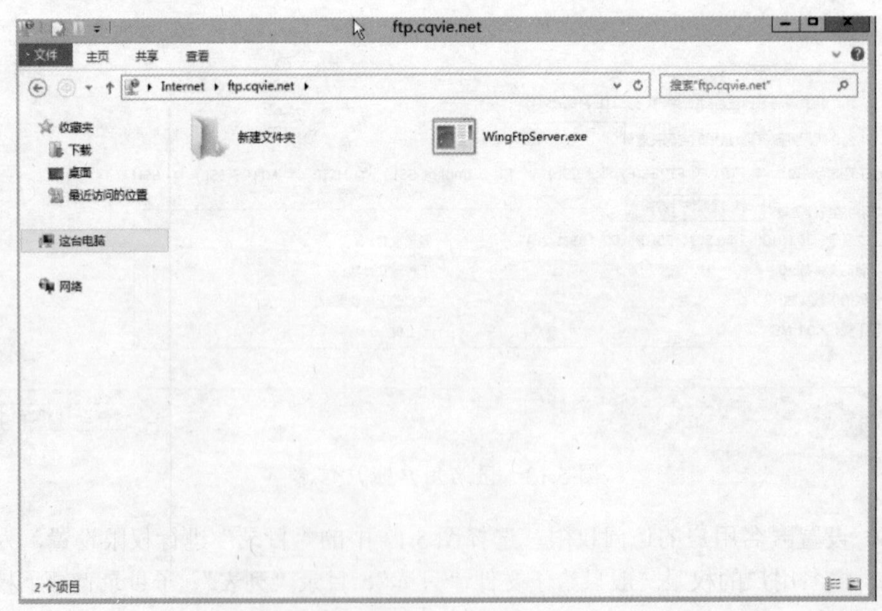

图 5.15　匿名用户登录后的界面

（8）从 FTP 服务器中删除文件。进入匿名用户所在的目录，选中要删除的文件，右键选择“删除”，系统将询问是否删除，如图 5.16 所示。

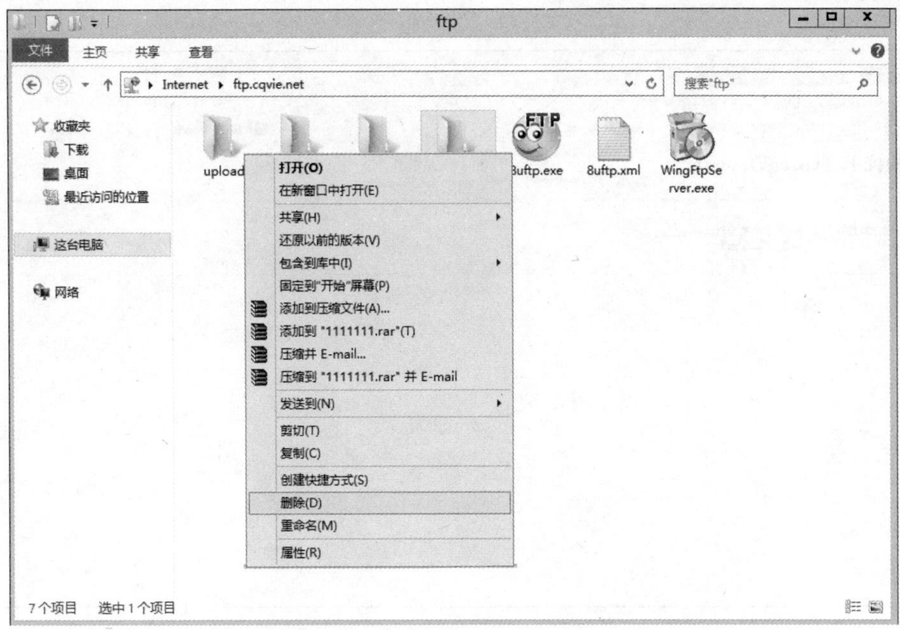

图 5.16 文件删除询问

（9）选择“是”。因在图 5.14 目录访问权限设置中未给予匿名用户删除权限，因此删除文件时弹出错误提示，如图 5.17 所示。

图 5.17 删除报错提示

（10）从 FTP 服务器下载文件。选中要被下载的文件，鼠标右键选择“复制”，如图 5.18 所示。

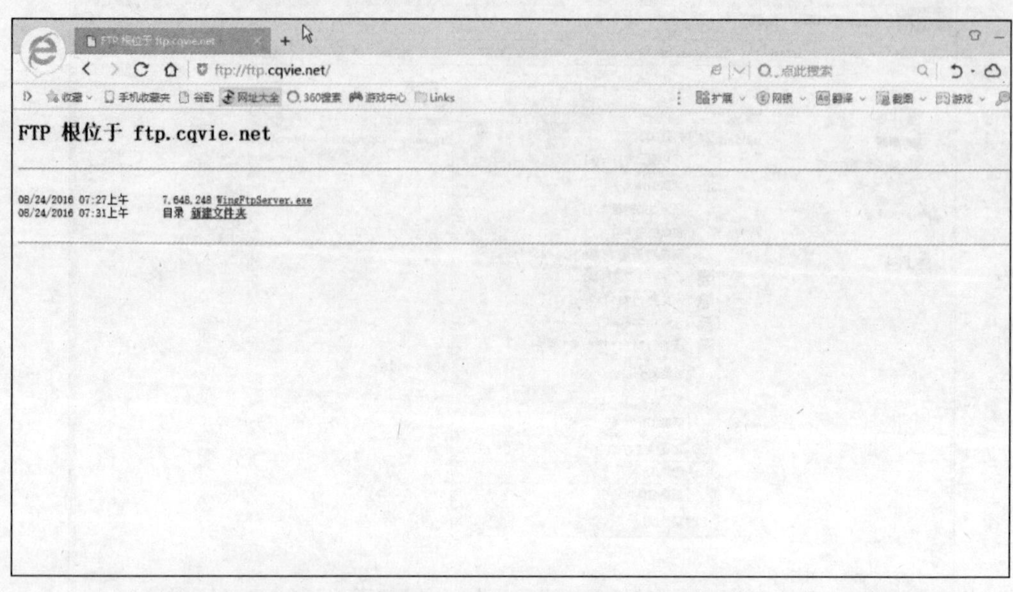

图 5.18　下载文件选择

（11）选择下载文件存储位置，然后右键单击选择“粘贴”即可，如图 5.19 所示。

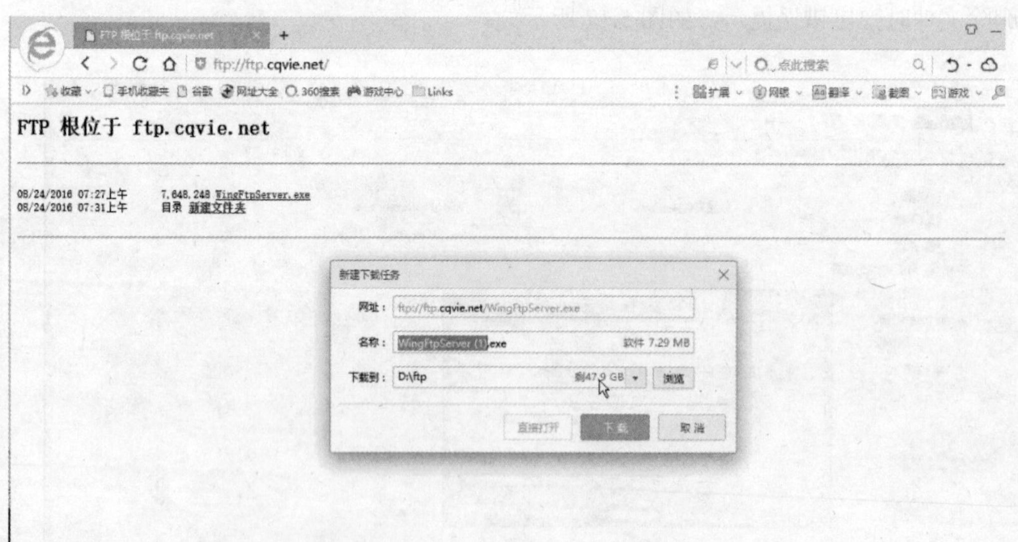

图 5.19　下载文件到本地计算机

（12）创建文件或目录。在图 5.15 窗口空白处，右键依次选择“新建”→“新建文件夹”，如图 5.20 所示。

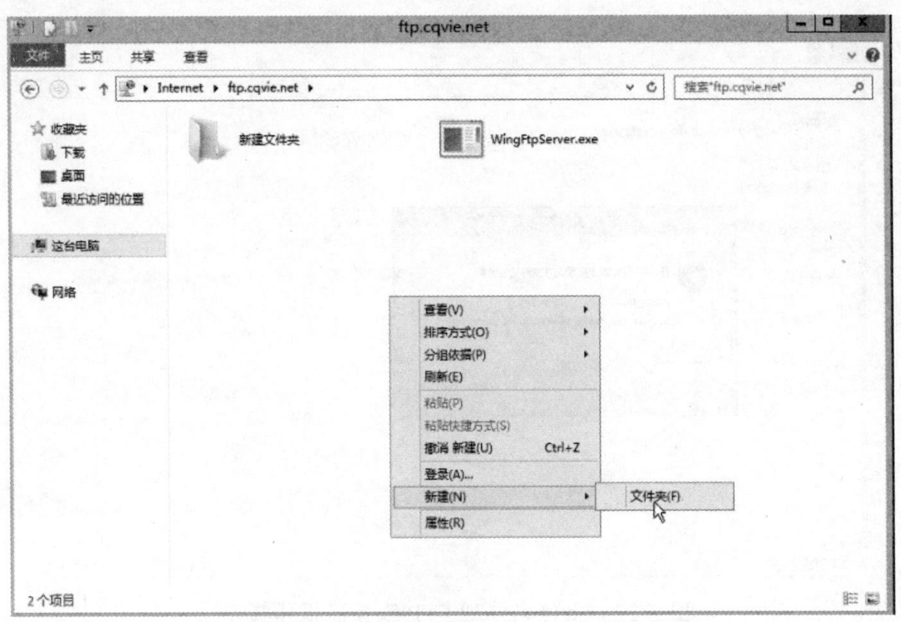

图 5.20　新建文件夹

（13）因没有给予匿名用户写入的权限，因此系统将拒绝用户新建文件，如图 5.21 所示。

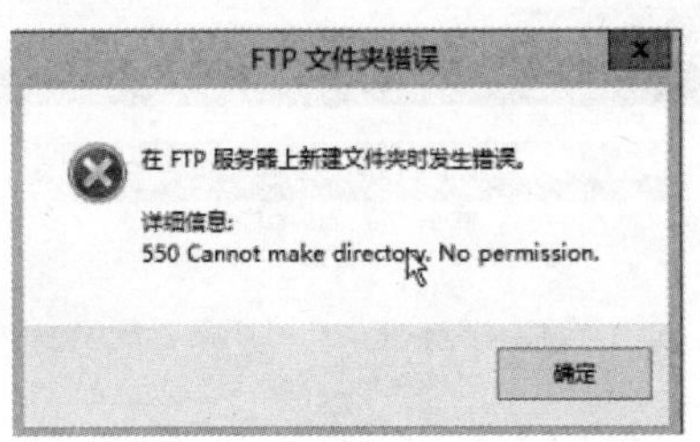

图 5.21　新建目录报错

（14）将本地计算机的文件上传到 FTP 服务器。选中本地计算机将被上传的文件，然后进入 FTP 服务器的匿名用户页面目录，右键选择“粘贴”。因匿名用户 D:/ftp/ 目录没有写入权限，因此从本地上传文件到此目录时将出现错误提示，如图 5.22 所示。

（15）匿名用户 IP 访问限制设置。访问规则为：除了 192.168.1.xxx 可以访问之外，其余 IP 都被拒绝访问，其中 xxx 表示 1 ～ 254 之间的任意数。在图 5.14 中选择“IP 限制”，将进入 IP 访问设置，如图 5.23 所示。

（16）在图 5.23 中输入相应的 IP 规则，如图 5.24 所示。“xxx”表示精确匹配，“xxx-xxx”表示范围（仅为 IP 号码），“*”表示任意匹配，“?”表示匹配单个字符（仅为 IP 名称）。

图 5.22　上传文件到 FTP 服务器报错提示

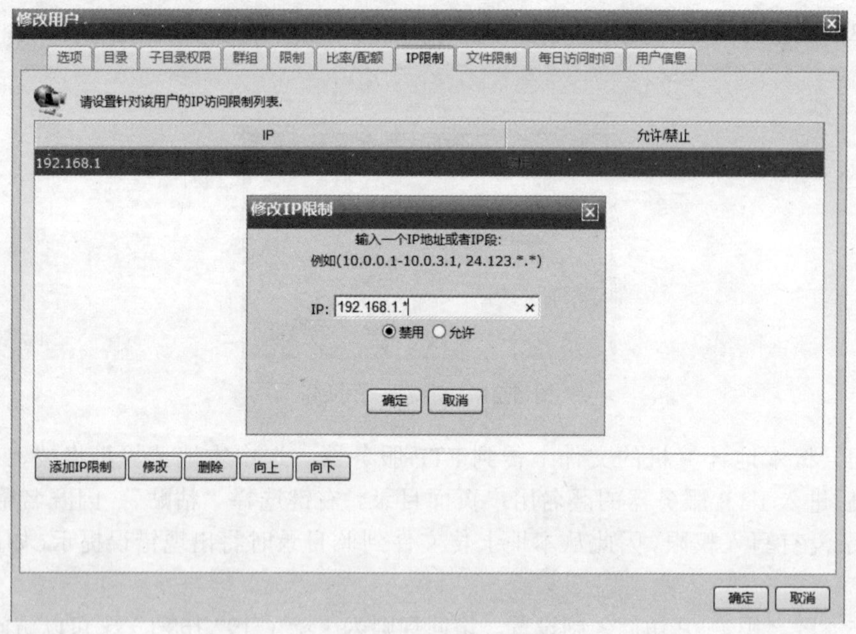

图 5.23　IP 访问限制设置

4．创建域用户

在 FTP 服务器中创建用户 w1，密码为 123456；w1 用户的主目录为“C:\ftp\w1”，用户 w1 对主目录具有完全控制权限，w1 用户的磁盘配额为 20MB，具体配置步骤如下。

（1）在图 5.9 中依次选择“域”→“ftp.cqvie.net”→“用户”，右键选择“新建用户”进行用户创建，弹出“添加用户”对话框，输入用户名为“w1”，如图 5.25 所示。

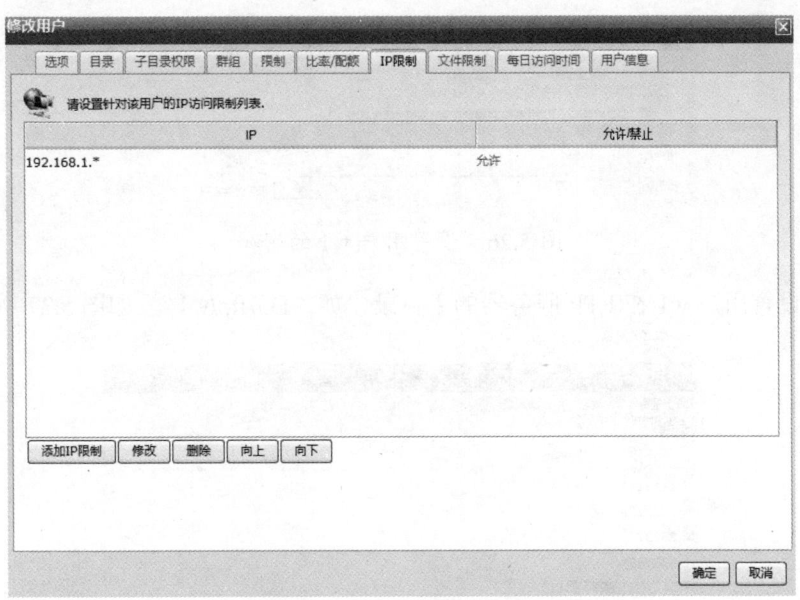

图 5.24　添加 IP 访问规则

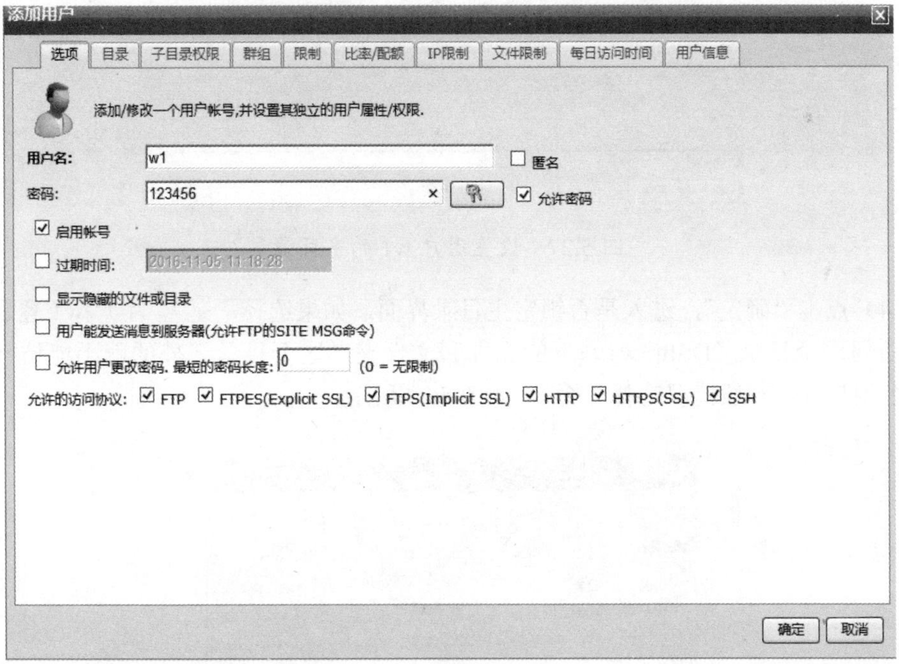

图 5.25　添加新用户 w1

（2）点击“确定”，进入用户密码设置，在此需要设置相应的密码，如“123456”，如图 5.26 所示。

图 5.26　设置用户 w1 的密码

（3）设置用户 w1 在 FTP 服务器的主目录，如“D://ftp/w1”，如图 5.27 所示。

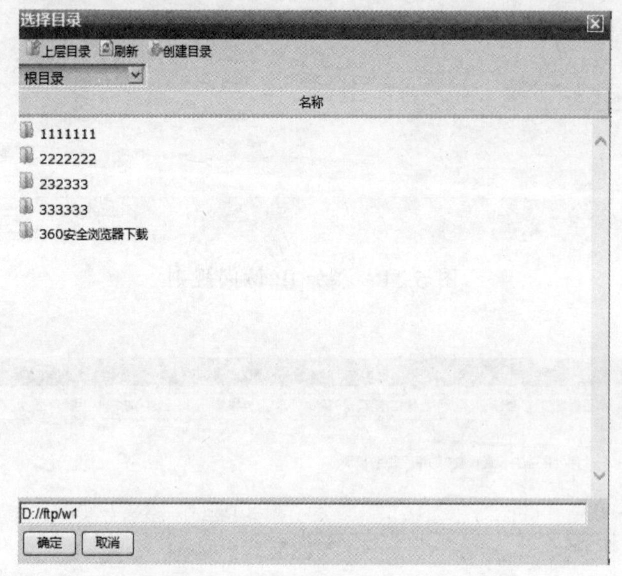

图 5.27　设置用户 w1 的主目录

（4）点击“确定”，进入是否锁定主目录界面，如果选择“是”，用户 w1 登录后其只能访问这个目录（D:\ftp\w1）下的文件和文件夹，这个目录之外的就不能访问，除了匿名用户外，一般情况选择“否”，如图 5.28 所示。

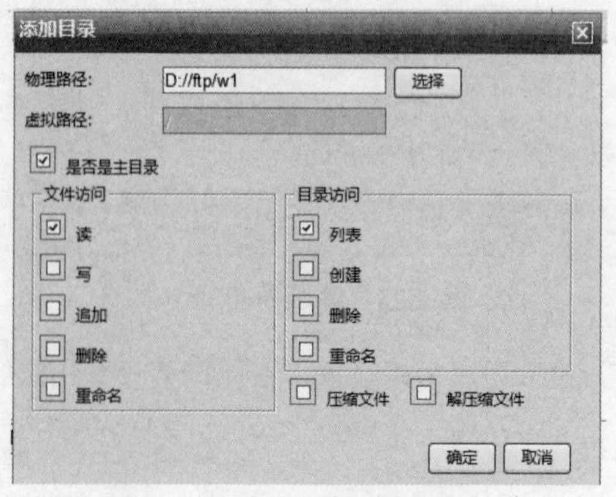

图 5.28　用户主目录是否锁定界面

（5）点击“确定”按钮，完成用户 w1 的添加，如图 5.29 所示。

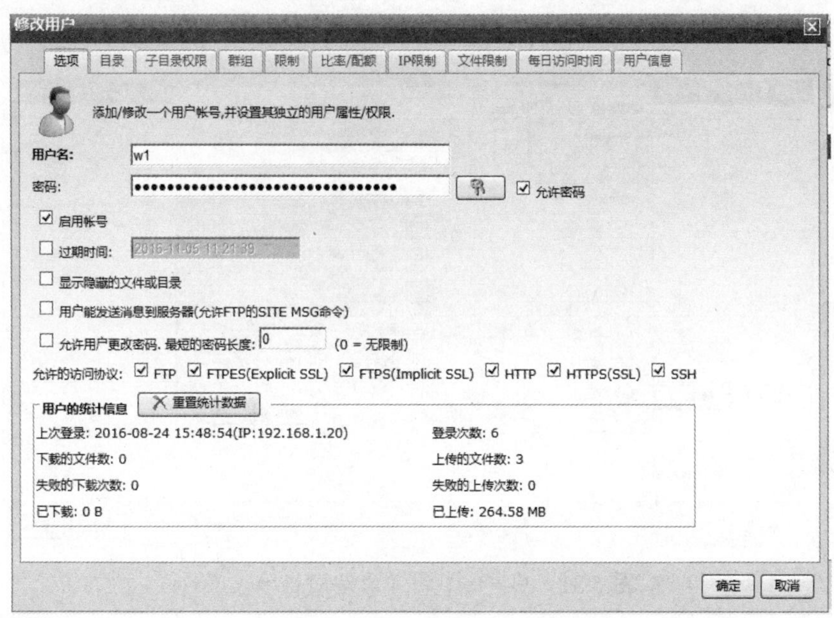

图 5.29　用户 w1 的信息

（6）设置 w1 用户的访问权限。在图 5.27 中选择“目录”，如图 5.30 所示。

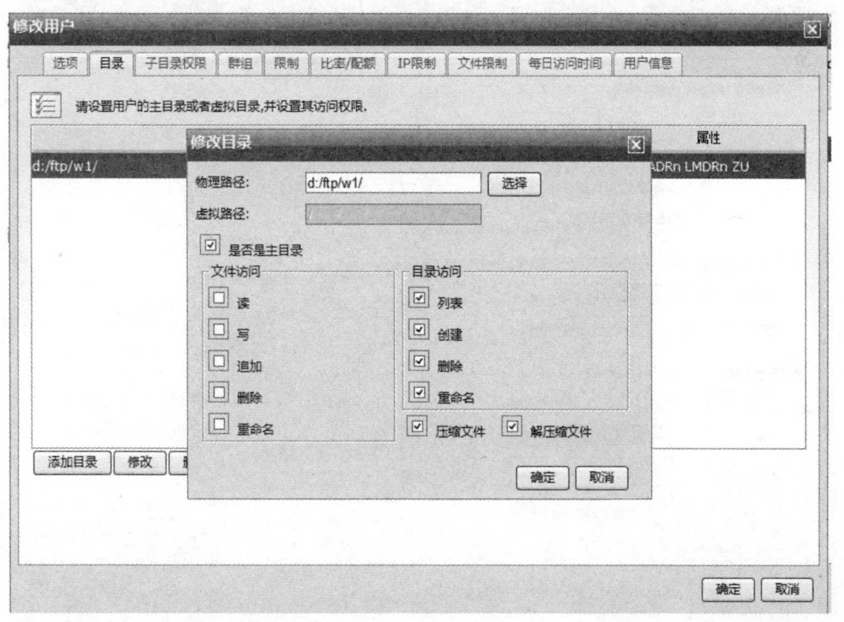

图 5.30　用户 w1 目录访问图

（7）w1 对用户具有完全控制权限，因此 5.30 中的每个选项都应该选中，如图 5.31 所示。

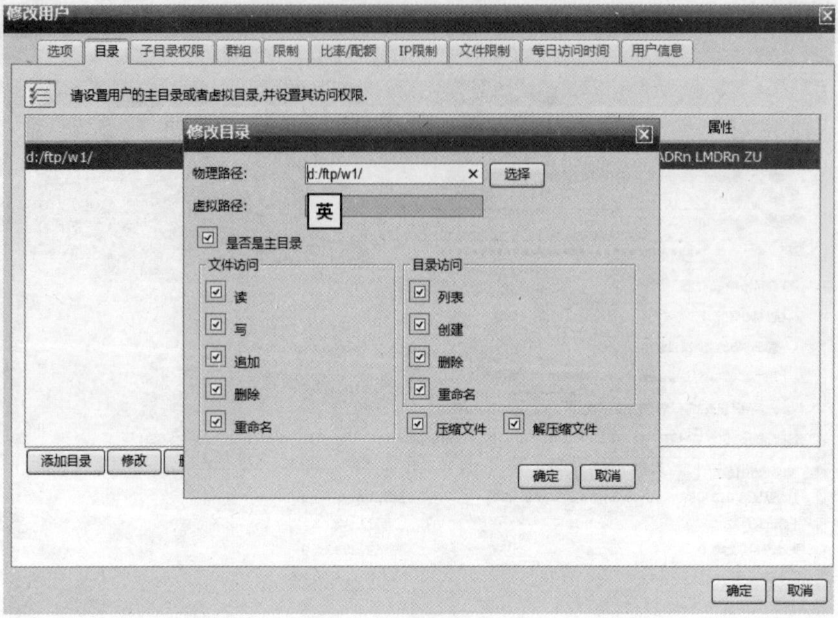

图 5.31　用户 w1 的目录访问权限设置

（8）设置磁盘配额。在图 5.31 中选择“比率 / 配额”，弹出磁盘配额设置图，如图 5.32 所示。

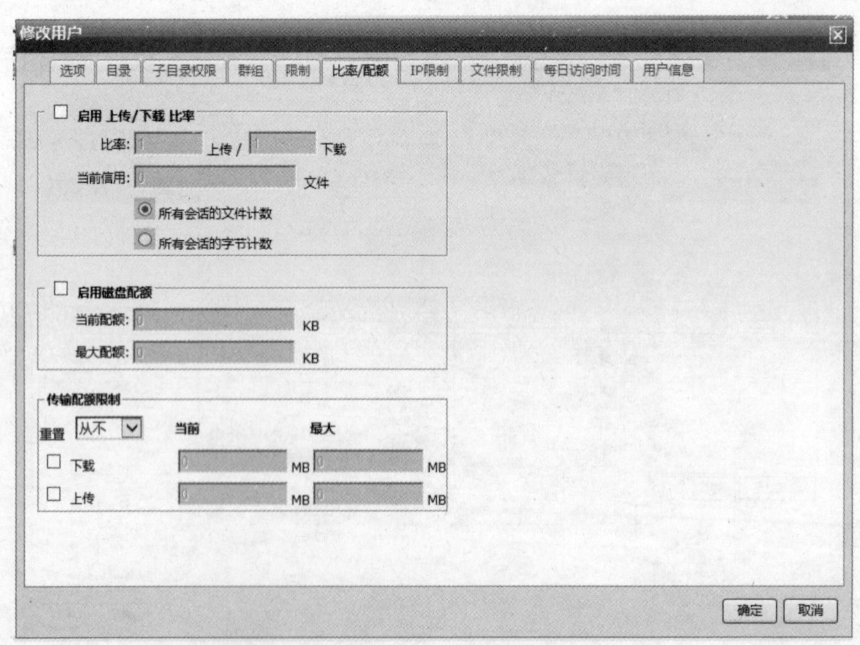

图 5.32　用户配额设置图

（9）选择“启用磁盘配额”复选框，然后在“最大配额”输入文本框中输入“20000”，完成配额设置，如图 5.33 所示。

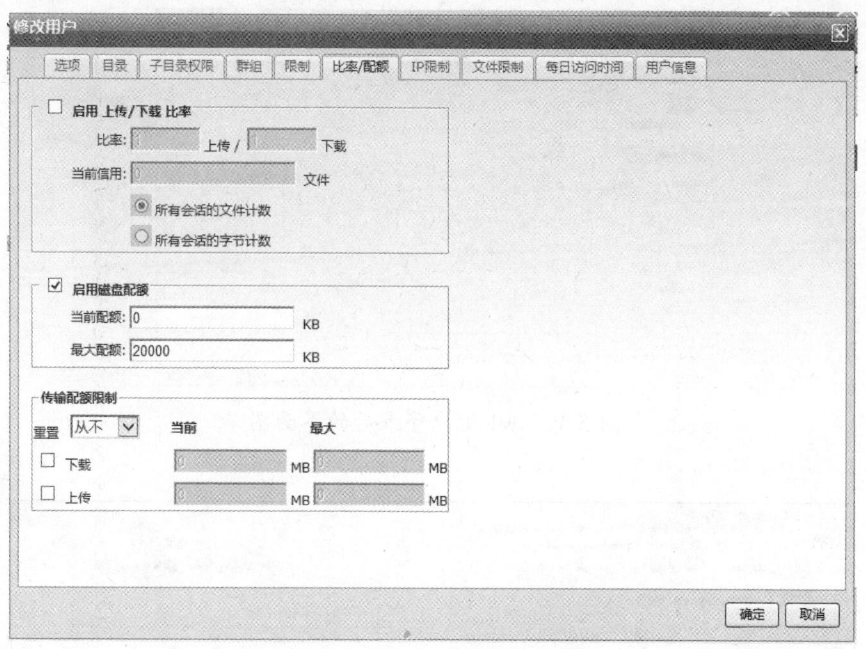

图 5.33　用户 w1 配额设置

（10）验证用户 w1 的设置。

① w1 用户登录验证。在浏览器地址栏中输入“ftp://ftp.cqvie.net”回车，在页面空白处依次选择“右键”→“登录”,在弹出的登录界面中输入用户名和密码,点击“登录”即可登录，如图 5.34 和图 5.35 所示。

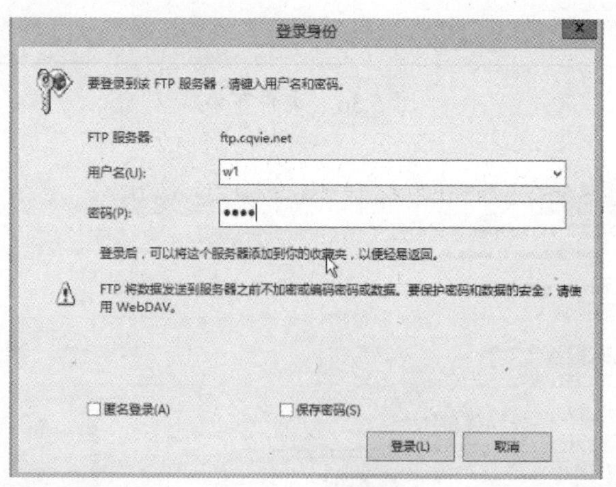

图 5.34　登录身份

②从 FTP 服务器下载文件或文件夹到本地计算机。选中要被下载的文件或文件夹，右键选择“复制”，如图 5.36 所示。

③保存下载文件。在文件存储位置右键选择“粘贴”，即完成文件下载，如图 5.37 所示。

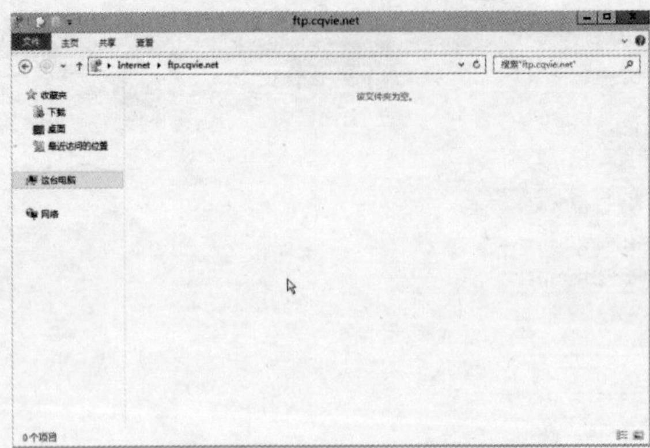

图 5.35　w1 用户登录后的界面图

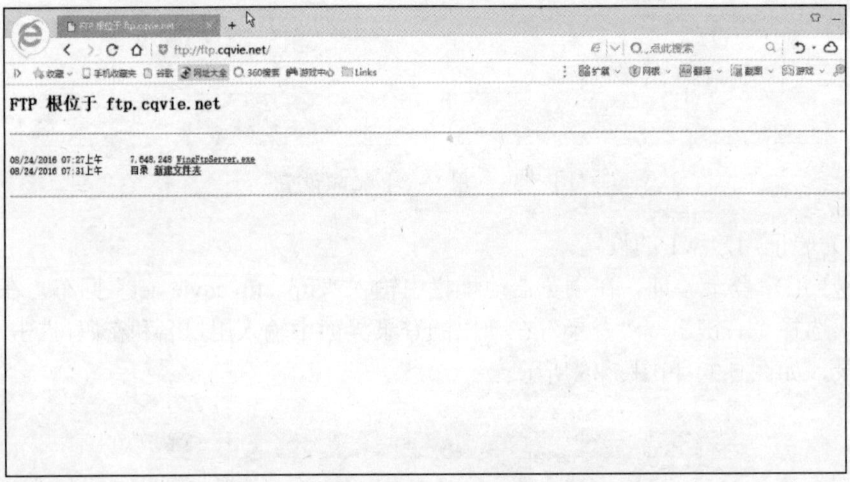

图 5.36　文件下载

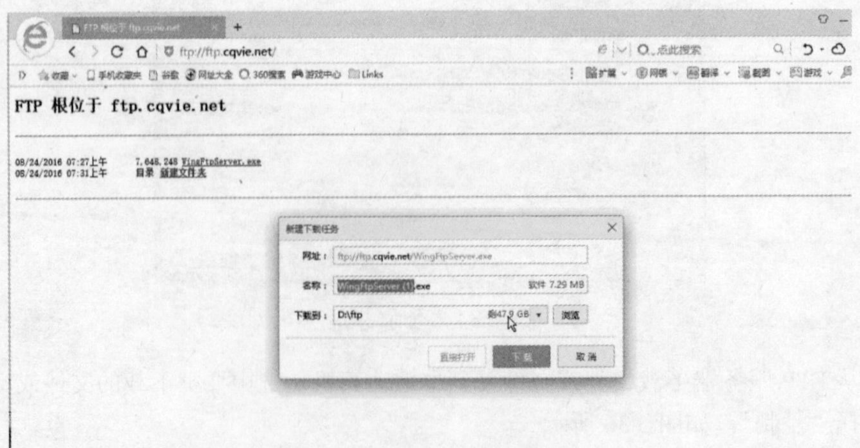

图 5.37　保存下载文件

④从 FTP 服务器删除文件或文件夹。选中要被删除的文件或文件夹，右键选择“删除”，如图 5.38 所示。

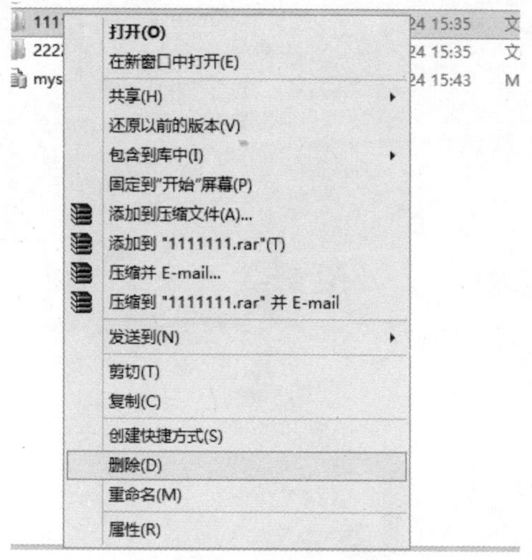

图 5.38 删除文件

⑤选择“删除”后，系统询问是否删除文件。

⑥点击“确认”即完成文件的删除。

⑦在 FTP 服务器上创建文件夹。在 w1 用户目录下，鼠标右键选择“新建”→“文件夹”，如图 5.39 所示。

图 5.39 新建文件夹

⑧完成文件夹的创建，并给新建文件夹重命名，如图 5.40 所示。

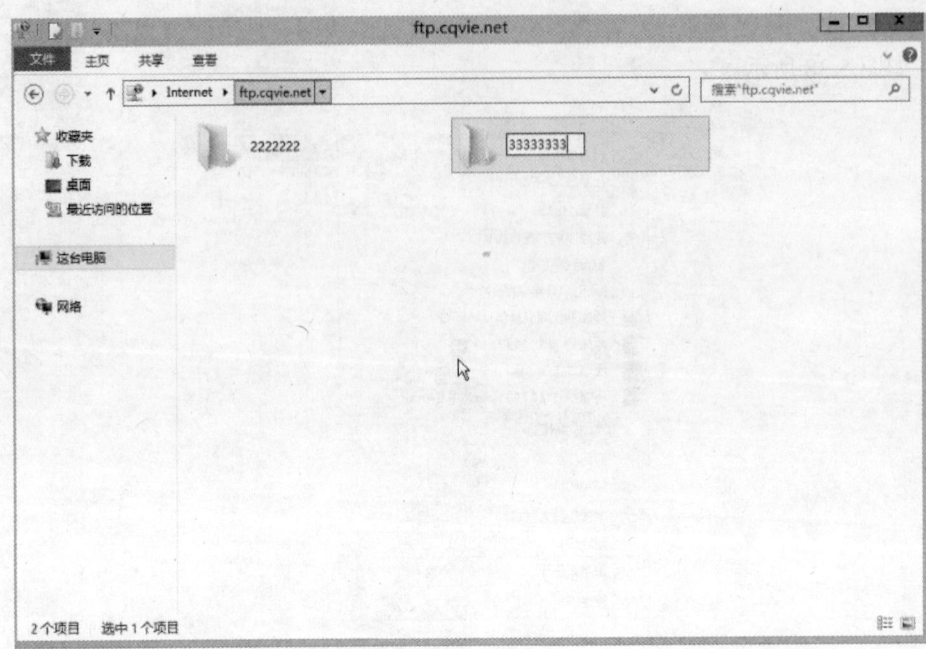

图 5.40　文件夹重命名

⑨从本地计算机上传文件到 w1 用户的 FTP 服务器目录下。选择要被上传的文件，右键选择“登录”，如图 5.41 所示。

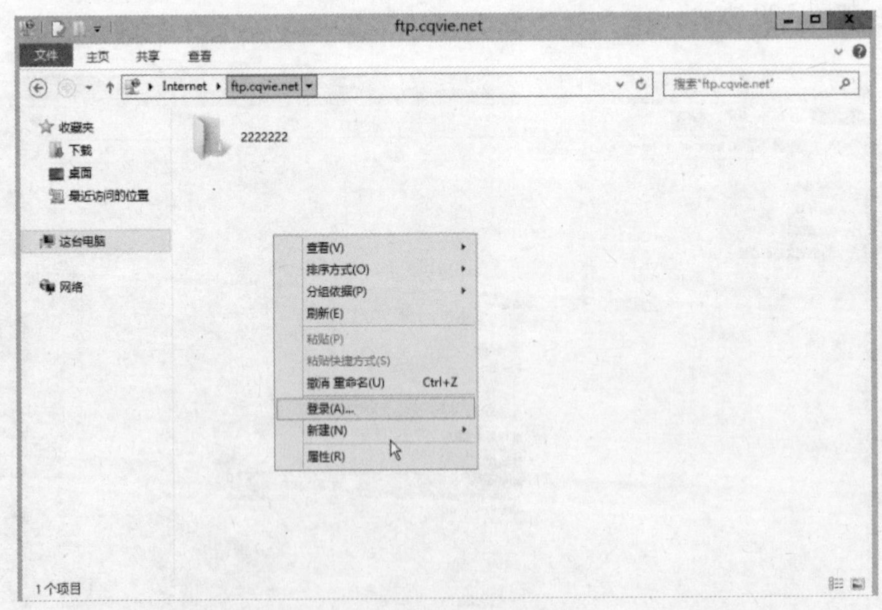

图 5.41　上传文件选择

⑩在 w1 用户 ftp 服务器的目录下，右键选择“粘贴”，即完成文件的上传，如图 5.42 所示。

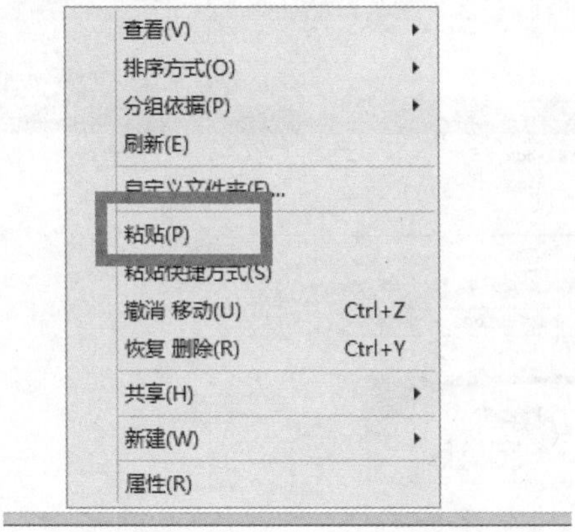

查看(V)
排序方式(O)
分组依据(P)
刷新(E)
自定义文件夹(F)...
粘贴(P)
粘贴快捷方式(S)
撤消 移动(U) Ctrl+Z
恢复 删除(R) Ctrl+Y
共享(H)
新建(W)
属性(R)

图 5.42 本地文件上传到 FTP

5. Web 方式进行访问

Wing FTP Server 还提供一个基于 Web 的管理端和客户端，何时何地都能管理用户的服务器。它还支持可编程的事件，计划任务，Lua 脚本扩展，虚拟文件夹，上传、下载比率分配，磁盘容量分配，ODBC/MySQL 存储账户，多国语言等特性。

具体步骤如下：

（1）在浏览器上输入 192.168.1.20:8081 或 ftp.cqvie.net:8081，如图 5.43 所示。

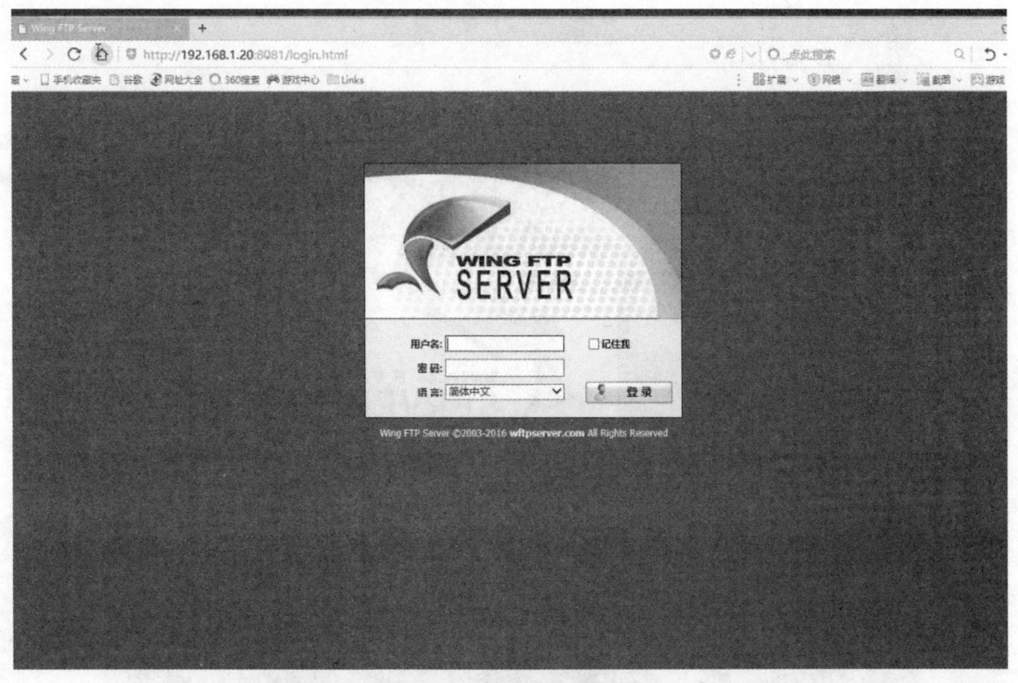

图 5.43 Web 登录窗口

（2）同时也可以在管理端设计 Web 登录 Logo 图标，如图 5.44 所示。

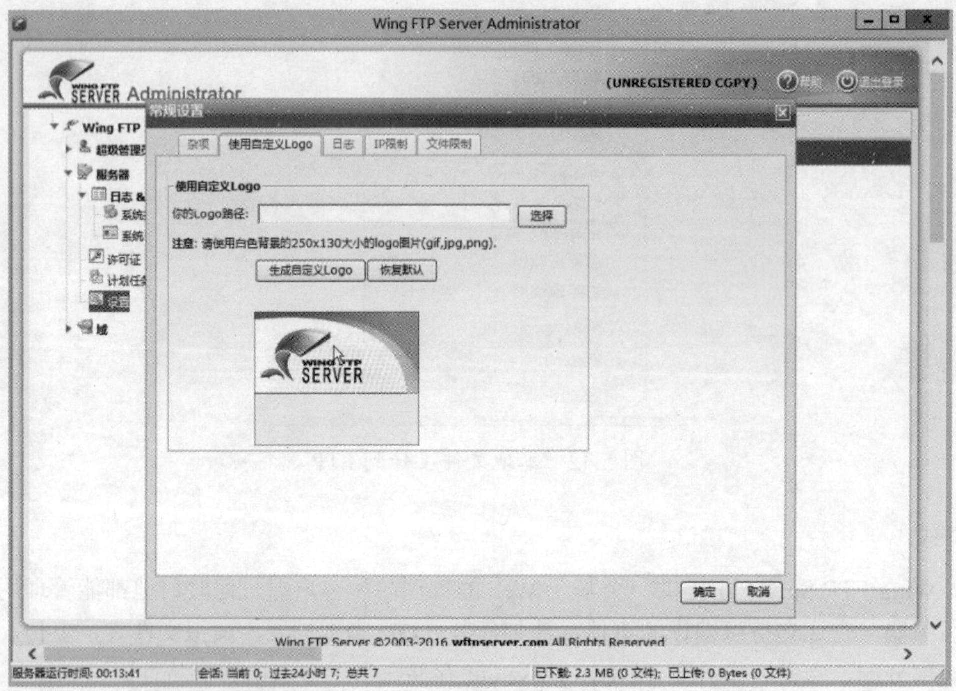

图 5.44　设置 Logo 图标

（3）输入用户 w1 和密码“123456”，如图 5.45 所示。

图 5.45　用户登录

（4）点击“登录”，w1 用户登录成功，如图 5.46 所示。

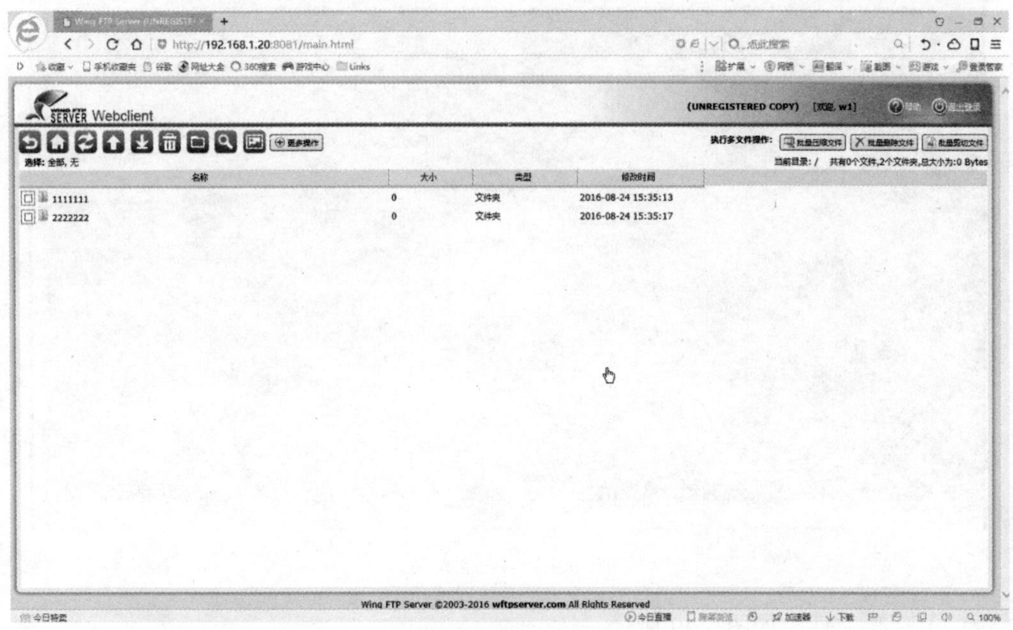

图 5.46　w1 用户界面

（5）右键单击创建文件夹，如图 5.47 所示。

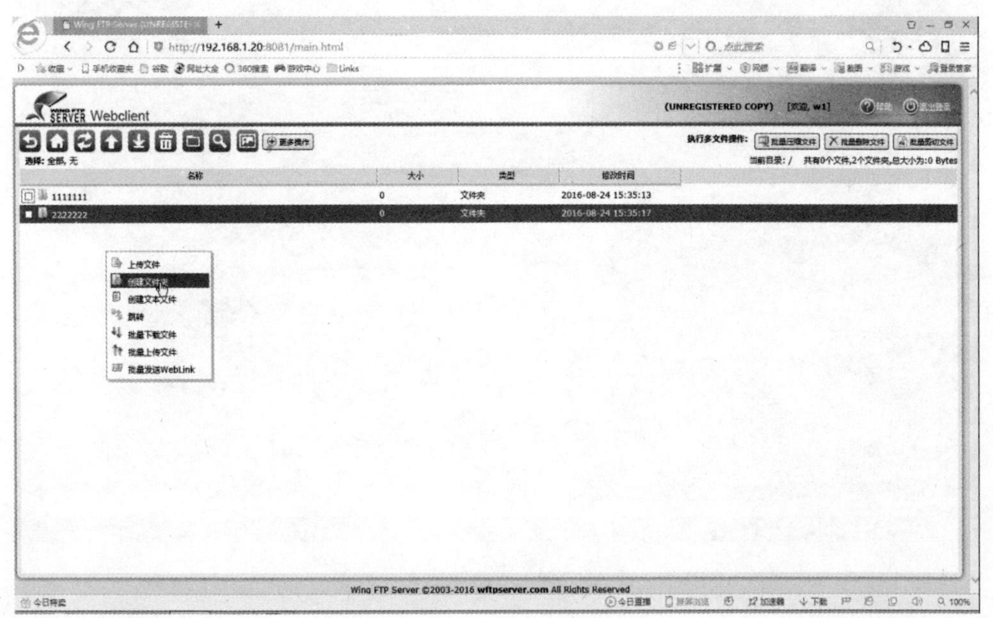

图 5.47　创建文件夹

（6）操作成功，如图 5.48 所示。

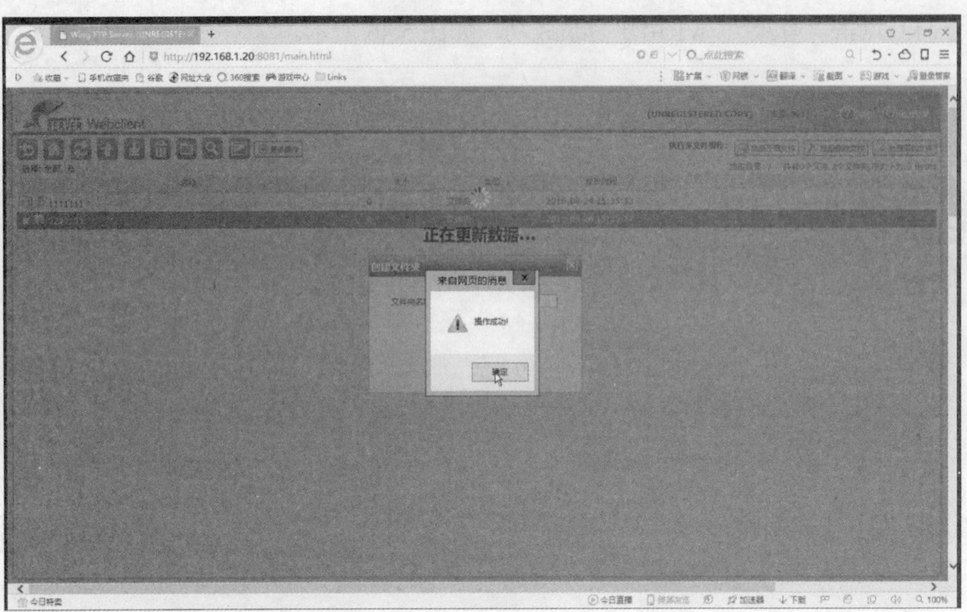

图 5.48　操作成功

（7）上传文件，如图 5.49 所示。

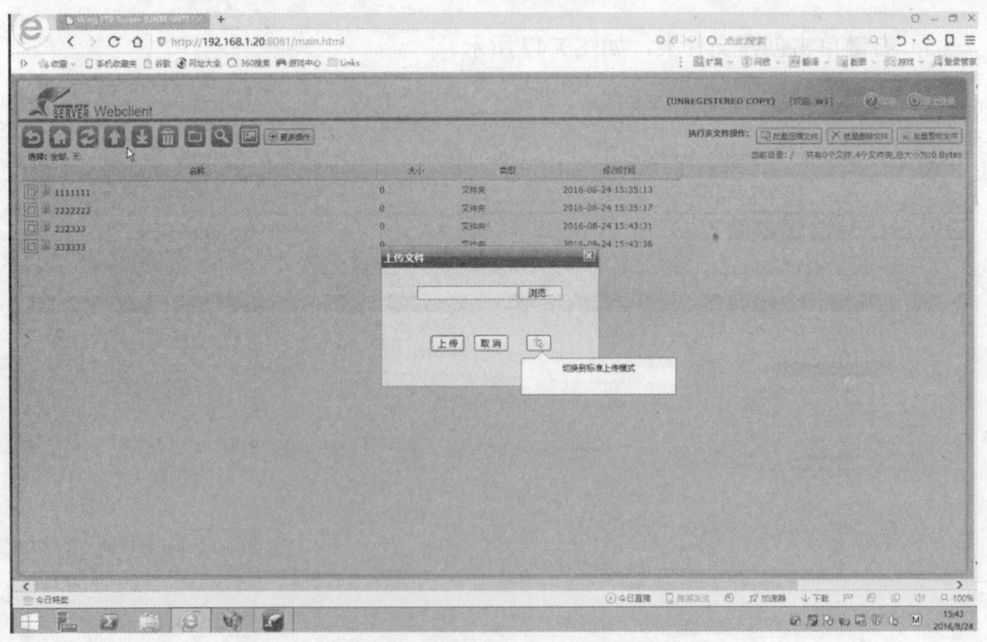

图 5.49　文件上传

（8）点击“上传”，上传成功，如图 5.50 所示。

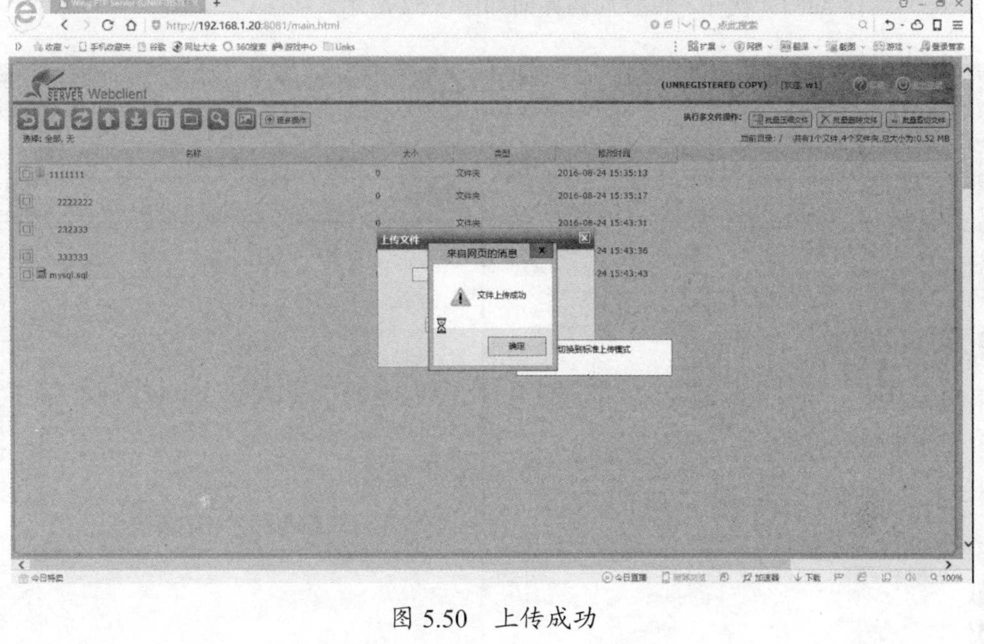

图 5.50　上传成功

6. 使用 8uFTP 方式进行访问

8uFTP 分为 8uFTP 客户端工具和 8uFTP 智能扩展服务端工具，涵盖其他 FTP 工具所有的功能。不占内存，体积小，多线程；支持在线解压缩。界面友好，操作简单，可以管理多个 FTP 站点，使用拖拉即可完成文件或文件夹的上传、下载。智能升级检查，免费升级。建议同时安装 8uFTP 客户端和 8uFTP 智能扩展服务端工具。

（1）下载 8uFTP 软件，如图 5.51 所示。

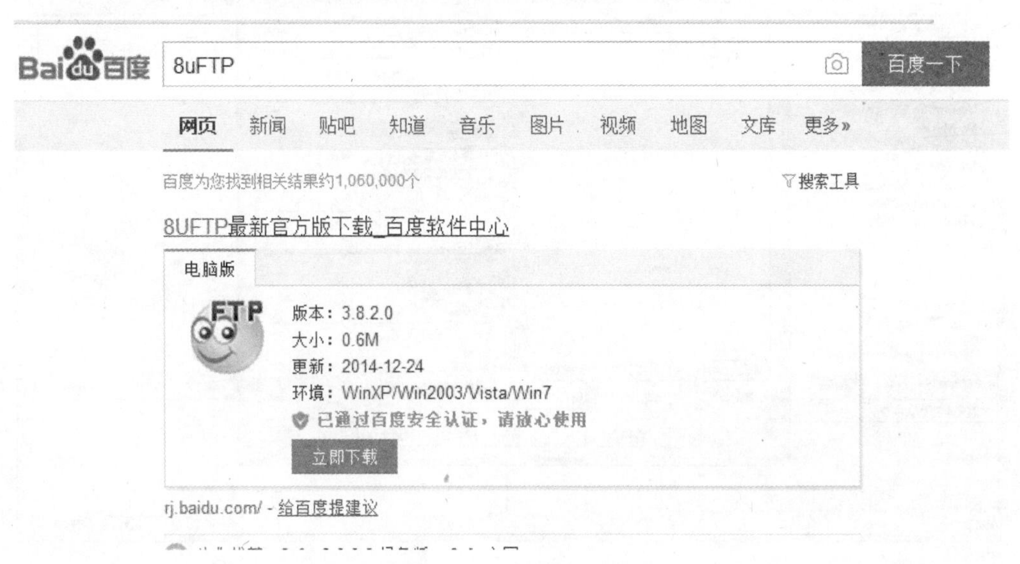

图 5.51　下载 8uFTP 软件

（2）运行 8uFTP 软件，设置后的界面如图 5.52 所示。

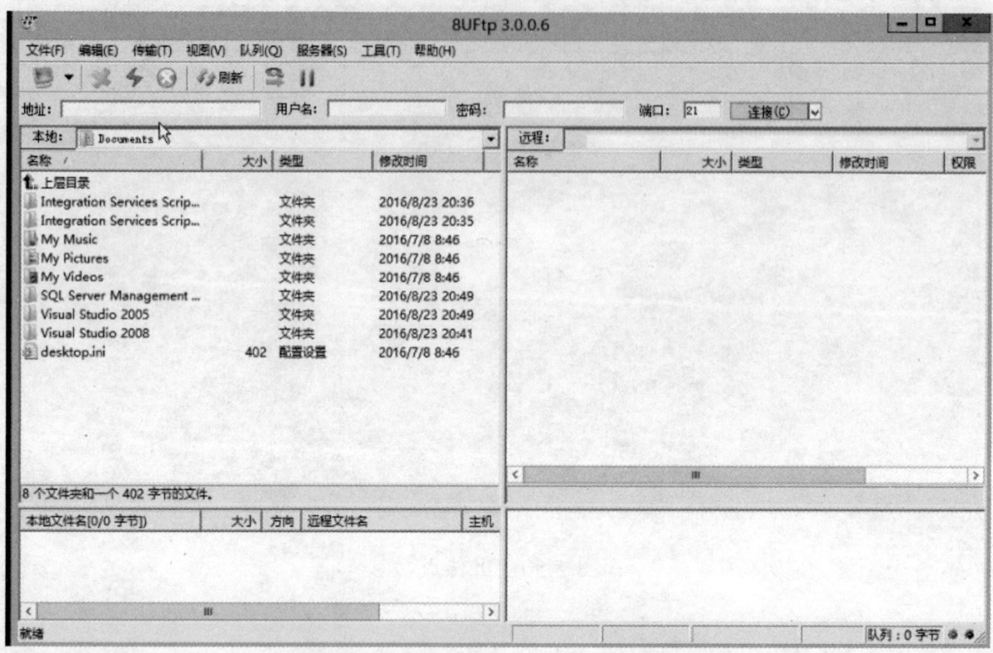

图 5.52 用户目录权限设置后的界面

（3）新建 FTP 站点，如图 5.53 所示。

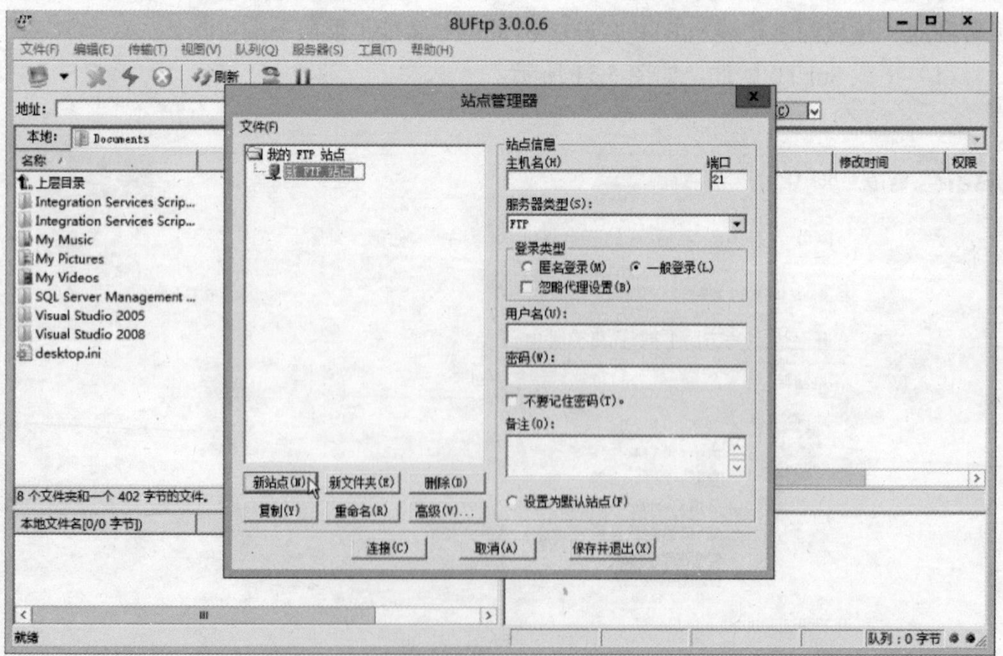

图 5.53 新建 FTP 站点

（4）输入用户和密码，如图 5.54 所示。

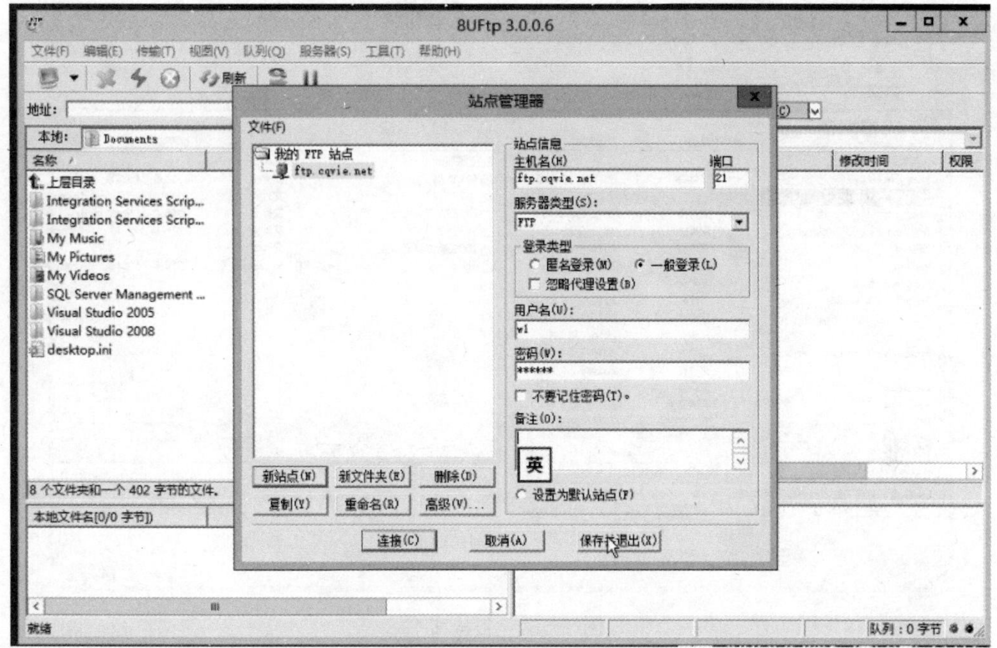

图 5.54　输入用户和密码

（5）点击“连接”，如图 5.55 所示。

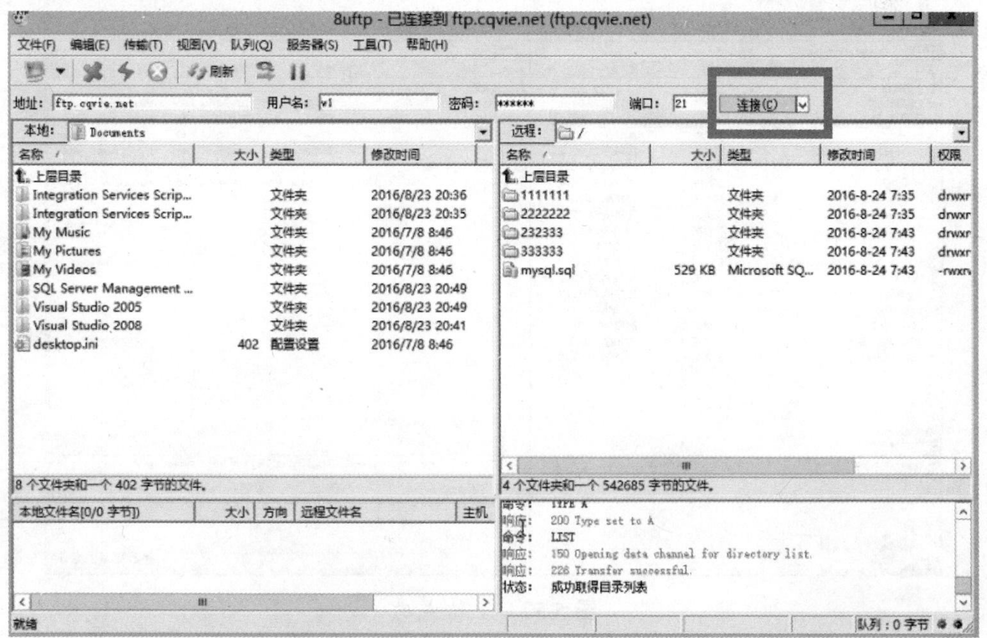

图 5.55　从本地上传文件到 FTP 服务器

（6）上传文件，如图 5.56 所示。

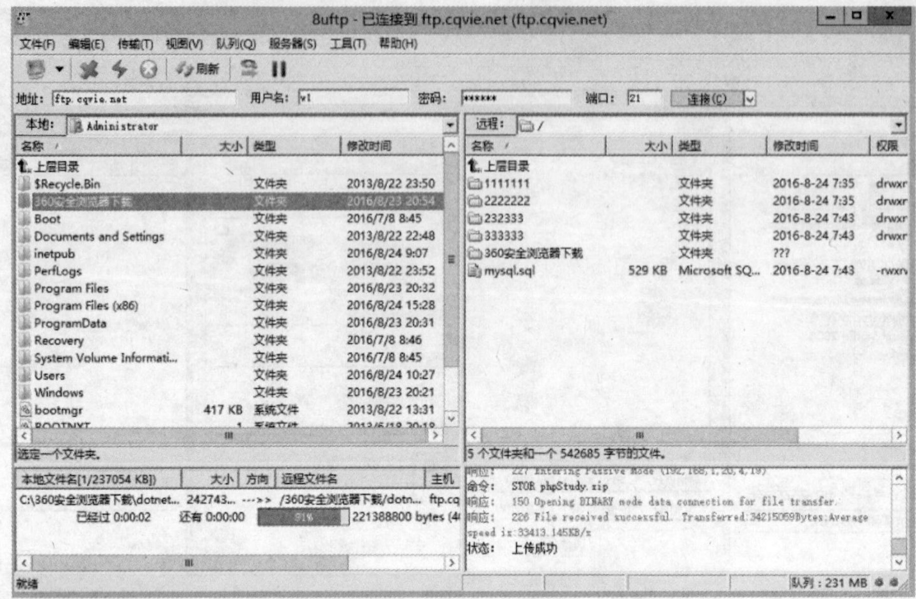

图 5.56　上传文件

（7）上传成功，如图 5.57 所示。

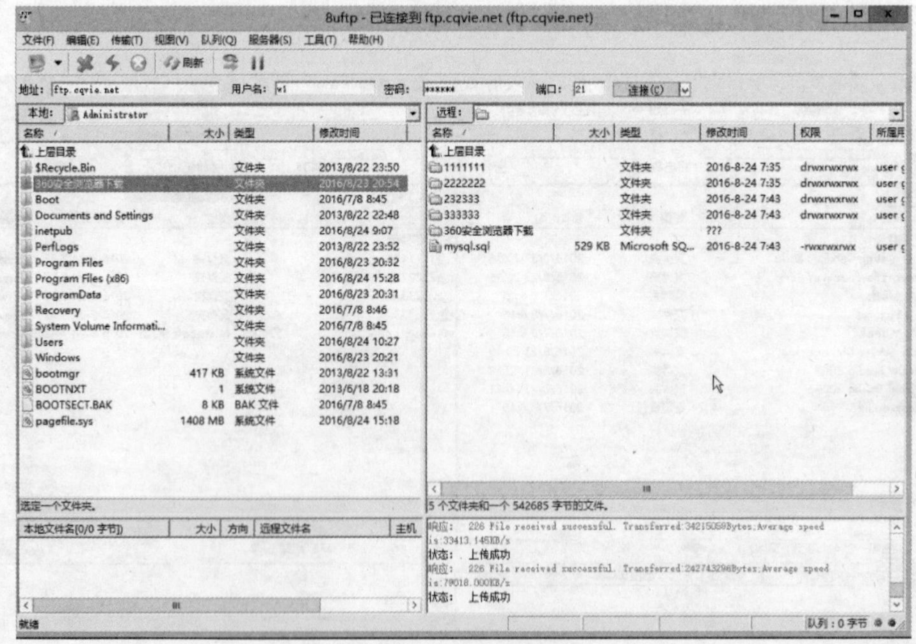

图 5.57　上传成功

（8）再次使用 w2 用户进行登录，如图 5.58 所示。

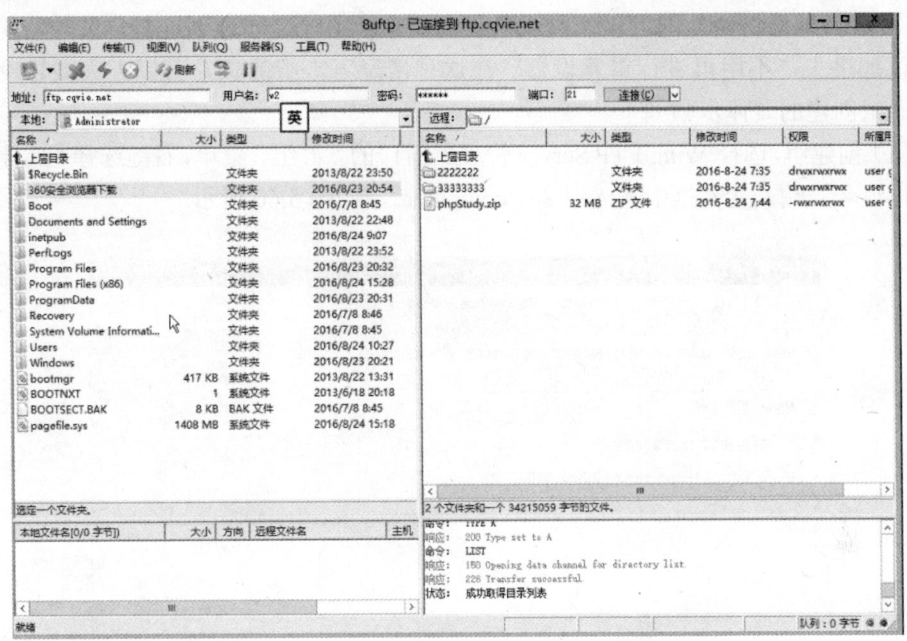

图 5.58　w2 用户界面

（9）w2 用户上传文件，如图 5.59 所示。

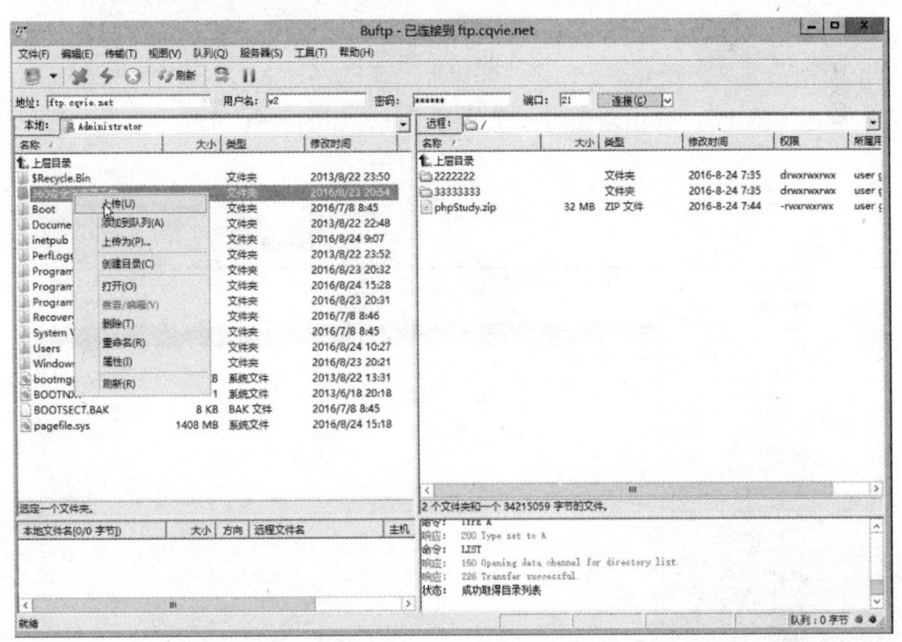

图 5.59　w2 用户上传文件

7. 创建组

利用组可以预先建立好一个或多个确定的属性（读、写等）和控制权限（授予或禁止某些 IP 地址访问）的目录，以后当我们建立新用户需要用到这些目录时，就可以直接添加进去，不用再进行重复设置。在这种情况下，组的建立可以大大减轻设置工作量。组创建的具体步骤如下。

（1）创建组，选择 Wing FTP Server 管理器窗口的“群组”菜单，右键选择“新建组”，在“群组名”输入文本框中输入组名“computer”，如图 5.60 所示。

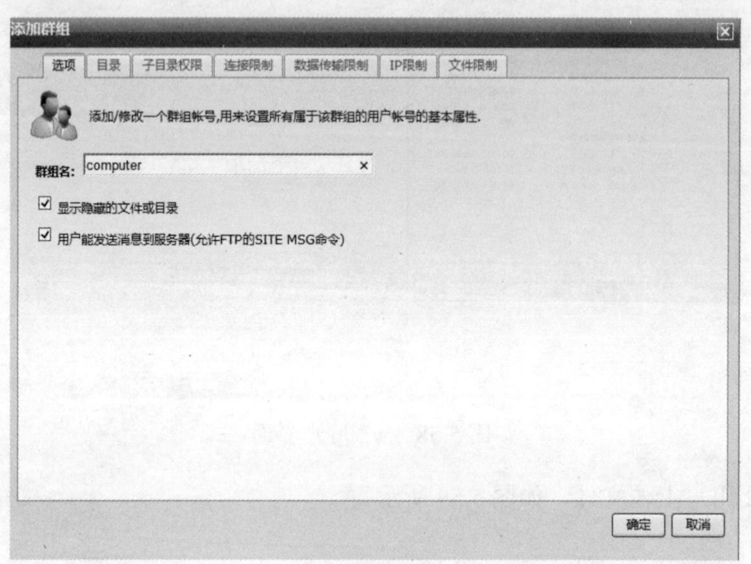

图 5.60　添加组名

（2）点击“确定”，弹出新建组信息的对话框，如图 5.61 所示。

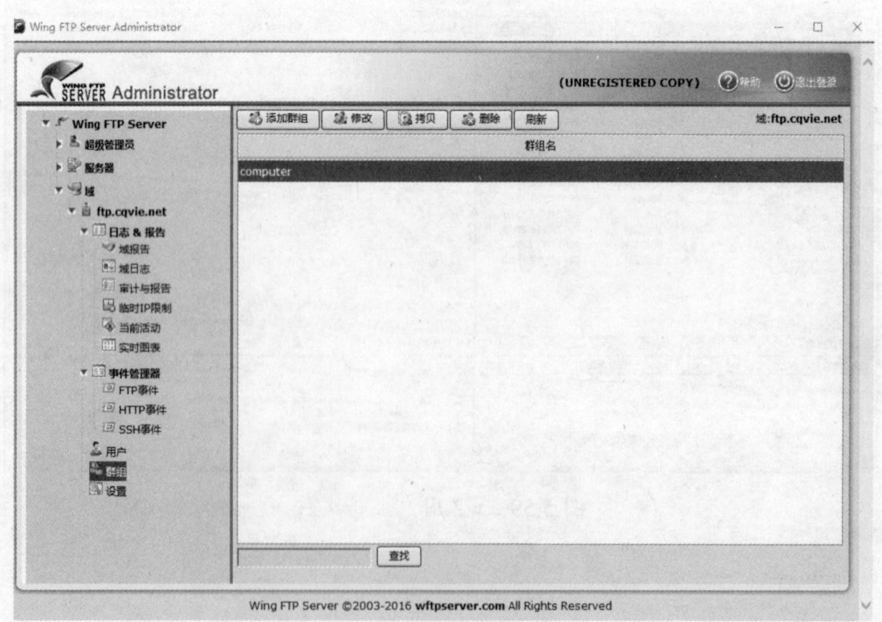

图 5.61　computer 组信息

（3）添加组用户访问的目录。选择组“computer”→“目录”→“添加目录”→“选择”，选择要添加的目录即可，如图 5.62 所示。

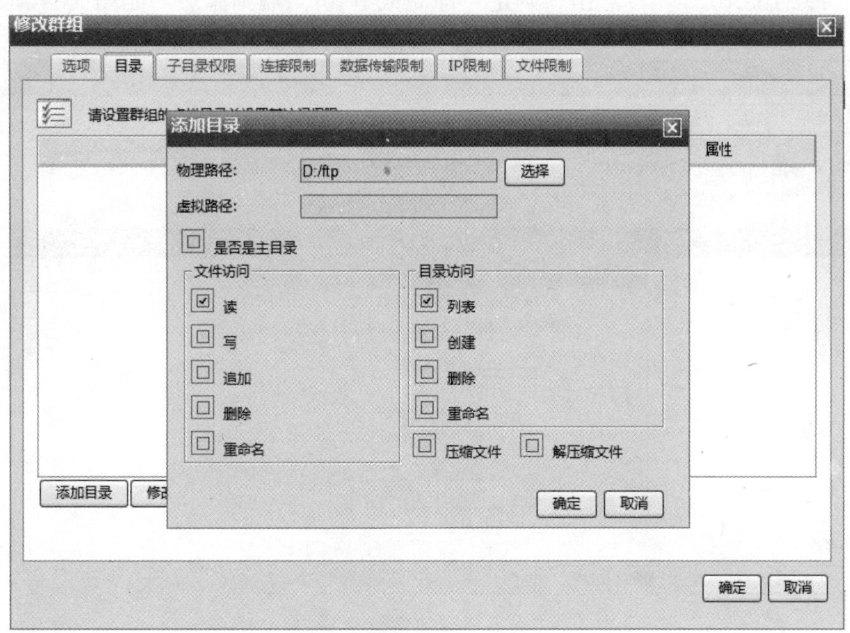

图 5.62　添加 computer 组目录

（4）设置组用户对目录的读、写权限。在图 5.63 中勾选“读”“写”“创建”复选框即可，如图 5.63 所示。

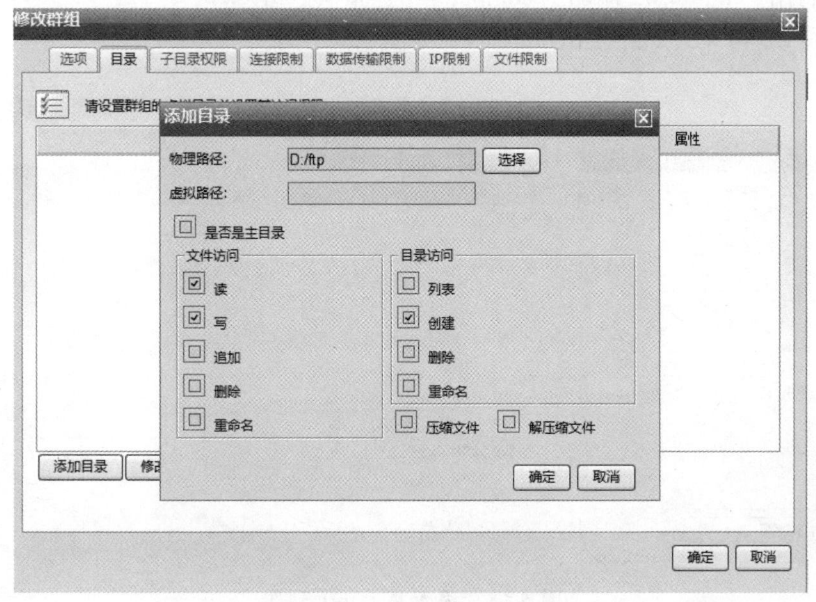

图 5.63　组用户目录访问权限设置

（5）IP 访问设置。拒绝 192.168.10.1 ～ 192.168.10.255 的用户访问组目录（如 D:\ftp\computer 目录），在图 5.63 中依次选择“IP 限制”→“修改 IP 限制”，在文本框中输入“192.168.10.*”，再点击“确定”即完成 IP 访问规则添加，如图 5.64 所示。

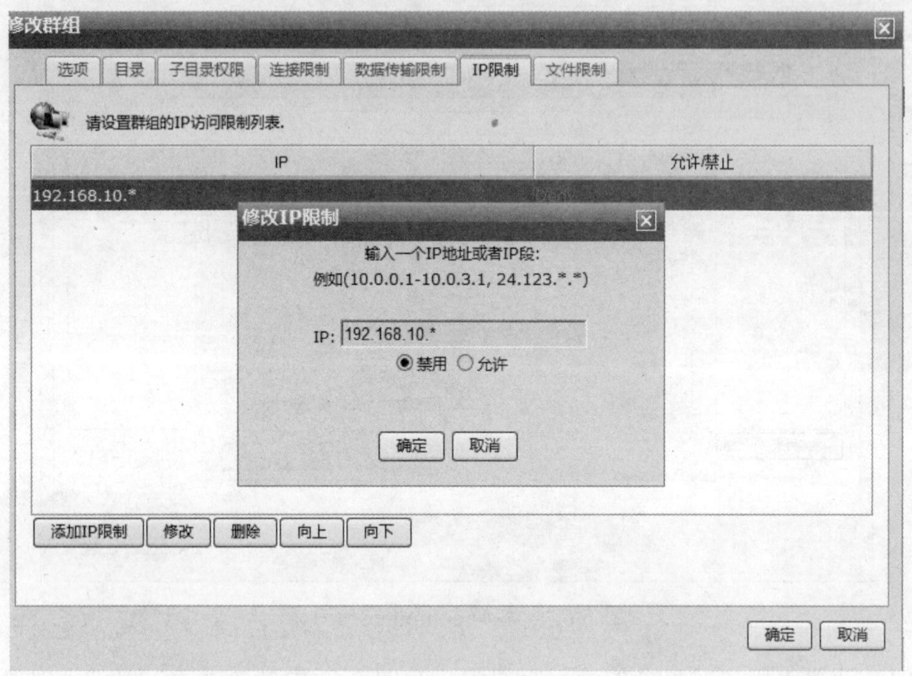

图 5.64　IP 访问规则添加

（6）将用户 w1 和 w2 添加到 computer 组。依次点击“w1”→“账号”→“组”→“确定”，完成 w1 和 w2 添加到组 computer，如图 5.65 所示。

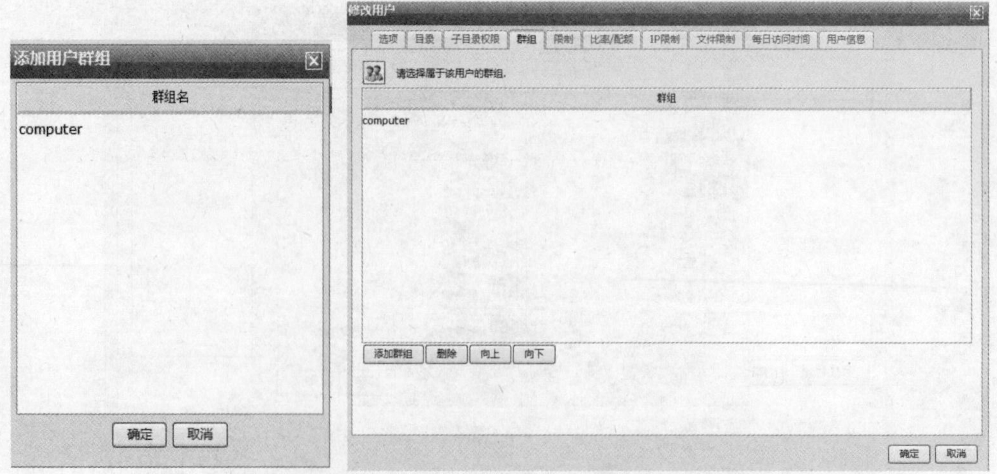

图 5.65　添加用户 w1 到组

【拓展实训】

FTP 服务器架构的主要内容如表 5.1 所示。

表 5.1 FTP 服务器架构

项目	主要内容
1	能正确安装 Wing FTP Server
2	能建立 anonymous 用户和其他用户，并分配相应的权限
3	能正确创建虚拟路径
4	能正确进行 IP 访问规则和目录访问规则的设置
5	建立用户组群

【同步训练】

1．FTP 的工作原理和传输模式是什么？
2．举出常见的架设 FTP 服务器的工具软件，并比较它们的优缺点。
3．如何限制同时连接 FTP 服务器的用户的数量？
4．如何限制用户从 FTP 服务器下载资源的速度？

项目 6
Web 服务器配置与管理

任务 6.1 .NET 下的 Web 环境配置（HTML，ASPX）

【学习目标】

知识目标：理解 Web 服务的作用和工作原理，了解 Internet Information Services，熟悉 URL 常见的格式，熟悉 HTTP 协议客户 / 服务器模式的信息交换过程，了解 MSSQL 关系型数据库管理系统。

技能目标：安装配置 Internet Information Services 服务器，安装配置 OA 办公自动化系统。

【任务描述】

IIS（Internet Information Server，互联网信息服务）是一种 Web（网页）服务组件，其中包括 Web 服务器、FTP 服务器、NNTP 服务器和 SMTP 服务器，分别用于网页浏览、文件传输、新闻服务和邮件发送等方面，它使得在网络（包括互联网和局域网）上发布信息成了一件很容易的事。

某集团公司是一家机械销售公司，总部设在重庆，在四川、云南、贵州等西部地区设立了十多家分公司。为提高效率、降低成本、进行全面的信息化管理，公司购买了一套 OA 办公自动化系统软件，准备在集团内全面实施 OA 办公自动化系统。

在本次任务中，需要搭建如图 6.1 所示的网络平台，架设 DNS 服务器、Web 服务器（IIS），安装 SQL Sever 数据库等，OA 办公自动化系统才能正常运行。

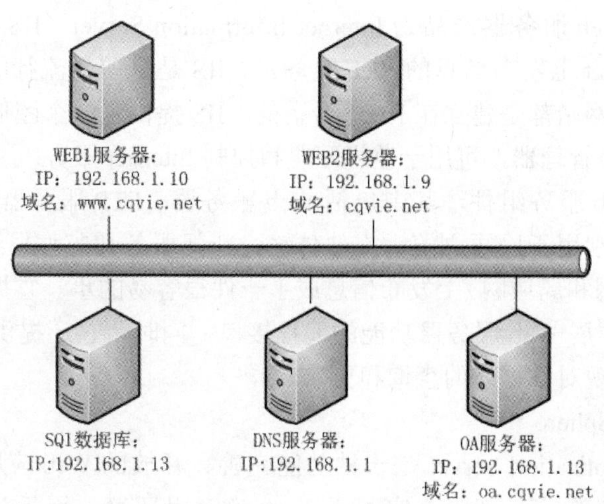

图 6.1 某公司 OA 办公自动化系统服务器端网络结构图

【相关知识】

1. Web 服务器

Web 服务器也称为 WWW（World Wide Web）服务器，主要功能是提供网上信息浏览服务。WWW 是 Internet 的多媒体信息查询工具，是 Internet 上近年才发展起来的服务，也是发展最快和目前应用最广泛的服务。正是因为有了 WWW 工具，才使得近年来 Internet 迅速发展，且用户数量飞速增长。Web 服务器结构图如图 6.2 所示。

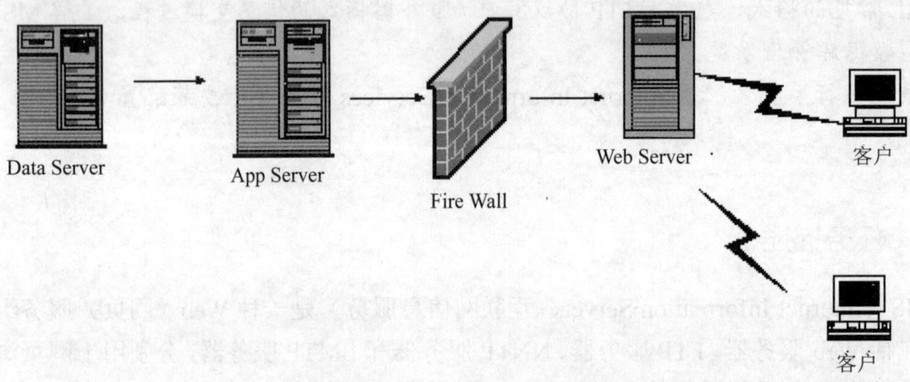

图 6.2　Web 服务器结构图

在 UNIX 和 Linux 平台下使用最广泛的免费 HTTP 服务器是 W3C、NCSA 和 Apache 服务器，而 Windows 平台 NT/2000/2003/2008/2012 使用 IIS 的 Web 服务器。在选择使用 Web 服务器应考虑的本身特性因素有：性能、安全性、日志和统计、虚拟主机、代理服务器、缓冲服务和集成应用程序等，下面介绍几种常用的 Web 服务器。

（1）Microsoft IIS

Microsoft 的 Web 服务器产品为 Internet Information Server（IIS），IIS 是允许在公共 Intranet 或 Internet 上发布信息的 Web 服务器。IIS 是目前最流行的 Web 服务器产品之一，很多著名的网站都是建立在 IIS 平台上的。IIS 提供了一个图形界面的管理工具，称为 Internet 服务器管理器，可用于监视配置和控制 Internet 服务。

IIS 是一种 Web 服务组件，其中包括 Web 服务器、FTP 服务器、NNTP 服务器和 SMTP 服务器，分别用于网页浏览、文件传输、新闻服务和邮件发送等方面，它使得在网络（包括互联网和局域网）上发布信息成了一件很容易的事。它提供 ISAPI（Intranet Server API）作为扩展 Web 服务器功能的编程接口；同时，它还提供一个 Internet 数据库连接器，可以实现对数据库的查询和更新。

（2）IBM WebSphere

WebSphere Application Server 是一种功能完善、开放的 Web 应用程序服务器，是 IBM 电子商务计划的核心部分，它基于 Java 的应用环境，用于建立、部署和管理

Internet 和 Intranet Web 应用程序。这一整套产品进行了扩展，以适应 Web 应用程序服务器的需要，范围从简单到高级直到企业级。

WebSphere 针对以 Web 为中心的开发人员，他们都是在基本 HTTP 服务器和 CGI 编程技术上成长起来的。IBM 将提供 WebSphere 系列产品，通过提供综合资源、可重复使用的组件、功能强大并易于使用的工具，以及支持 HTTP 和 IIOP 通信的可伸缩运行环境，来帮助这些用户从简单的 Web 应用程序转移到电子商务世界。

（3）BEA WebLogic

BEA WebLogic Server 是一种多功能、基于标准的 Web 应用服务器，为企业构建自己的应用提供了坚实的基础。各种应用开发、部署所有关键性的任务，无论是集成各种系统和数据库，还是提交服务、跨 Internet 协作，起始点都是 BEA WebLogic Server。由于它具有全面的功能、对开放标准的遵从性、多层架构、支持基于组件的开发，基于 Internet 的企业都选择它来开发、部署最佳的应用。

BEA WebLogic Server 在使应用服务器成为企业应用架构的基础方面继续处于领先地位。BEA WebLogic Server 为构建集成化的企业级应用提供了稳固的基础，它们以 Internet 的容量和速度，在连网的企业之间共享信息、提供服务，实现协作自动化。

（4）Apache

Apache 仍然是世界上应用最多的 Web 服务器，市场占有率达 60% 左右。它源于 NCSA httpd 服务器，当 NCSA WWW 服务器项目停止后，那些使用 NCSA WWW 服务器的人们开始交换用于此服务器的补丁，这也是 Apache 名称的由来（pache，补丁）。世界上很多著名的网站都是 Apache 的产物，它的成功之处主要在于它的源代码开放、有一支开放的开发队伍、支持跨平台的应用（可以运行在几乎所有的 UNIX、Windows、Linux 系统平台上），以及它的可移植性等方面。

（5）Tomcat

Tomcat 是一个开放源代码、运行 Servlet 和 JSP Web 应用软件的基于 Java 的 Web 应用软件容器。Tomcat Server 是根据 Servlet 和 JSP 规范进行执行的，因此可以说 Tomcat Server 也实行了 Apache Jakarta 规范且比绝大多数商业应用软件服务器要好。

Tomcat 是 Java Servlet 2.2 和 Java Server Pages 1.1 技术的标准实现，是基于 Apache 许可证下开发的自由软件。Tomcat 是完全重写的 Servlet API 2.2 和 JSP 1.1 兼容的 Servlet/JSP 容器。Tomcat 使用了 JServ 的一些代码，特别是 Apache 服务适配器。随着 Catalina Servlet 引擎的出现，Tomcat 第四版好的性能得到提升，使得它成为一个值得应用的 Servlet/JSP 容器，因此目前许多 Web 服务器都采用 Tomcat。

2. Internet Information Services

IIS 是 Internet Information Services 的缩写，是一个 World Wide Web Server，Gopher Server 和 FTP Server 全部包含在里面。IIS 意味着能发布网页，有 ASP（Active Server Pages）、Java、VBScript 产生页面，并具有一些扩展功能。IIS 支持一些有趣的东西，像有编辑环境的（FrontPage）、有全文检索功能的（Index Server）、有多媒体功能的（NetShow）。此外，IIS 是随 Windows NT Server 4.0 一起提供的文件和应用程序服务器，

是在 Windows NT Server 上建立 Internet 服务器的基本组件。它与 Windows NT Server 完全集成，允许使用 Windows NT Server 内置的安全性以及 NTFS 文件系统建立强大灵活的 Internet/Intranet 站点。

IIS 可以限定在同一时间内允许打开的网站页面数，打开一个页面占一个 IIS，打开一个站内框架页面占 2 ～ 3 个 IIS；若图片等被盗链，在其他网站打开本站图片同样占一个 IIS。假若设置参数为 50 个 IIS，则这个站允许同时有 50 个页面被打开。但要在同一时间（极短的时间）有 50 个页面被打开，需要 50 个人同时操作，这个概率还是比较低的。所以，100 个 IIS 支持 1000 个 IP（同时访问网站人数必定远低于 1000 人）以上都不是很大问题，除非网站被盗链或框架引发其他消耗。IIS 各种版本平台差异见表 6.1。

表 6.1　IIS 各种版本平台

IIS 版本	Windows 版本	备注
IIS 1.0	Windows NT 3.51 Service Pack 3	
IIS 2.0	Windows NT 4.0	
IIS 3.0	Windows NT 4.0 Service Pack 3	开始支持 ASP 的运行环境
IIS 4.0	Windows NT 4.0 Option Pack	支持 ASP 3.0
IIS 5.0	Windows 2000	在安装相关版本的 .NET Framework 的 RunTime 之后，可支持 ASP. NET 1.0/1.1/2.0 的运行环境
IIS6.0	Windows Server 2003 Windows Vista Home Premium Windows XP Professional x64	
IIS 7.0	Windows Vista Windows Server 2008 Windows 7	在系统中已经集成了 .NET 3.5，可以支持 .NET 3.5 及以下的版本
IIS 8.0	Windows Server 2012	Windows Server 2012 已经包含了 IIS8.0，可以限制特定网站的 CPU 占用

3. URL 常见的格式

现在 Internet 上最热门的服务之一就是万维网 WWW（World Wide Web）服务，Web 已经成为很多人在网上查找、浏览信息的主要手段。WWW 是一种交互式图形界面的 Internet 服务，具有强大的信息连接功能，它使得成千上万的用户通过简单的图形界面就可以访问各个大学、组织、公司等的最新信息和享受各种服务。

在 Internet 上，如何定位服务器和文件的位置呢？URL 就是用来在 Internet 上确定唯一地址的方法，URL 地址格式为如下。

实例：Http://www.cqvie.edu.cn/index.htm。

中文诠释：协议 :// 服务器 | 域名的全称 / 目录 / 文件。

大多数 Web 服务器都配置为可自动提供默认主页，一般情况下，默认主页为

Index.htm，其他可缺省的主页有 Default.htm、Default.asp、index.htm、index.html、iisstart.asv。

除了 Web 页面的最常见的 URL 格式外，还有其他常见的 URL 格式。

以匿名 FTP 方式请求文档：ftp:// 服务器域名 / 目录 / 文件。

以用户名访问 FTP 方式请求文档：ftp:// 用户名 @ 服务器域名 / 目录 / 文件。

以 Telnet 方式访问终端服务器：telnet:// 服务器域名。

新闻组的访问：news:// 新闻服务器域名 / 新闻组。

4. HTTP 客户 / 服务器模式的信息交换过程

（1）HTTP（超文本传输协议）

HTTP 是用来在 Internet 上传输超文本的传输协议。它是运行在 TCP/IP 协议族之上的 HTTP 应用协议，它可以使浏览器更加高效，使网络传输时间减少。任何服务器除了包括 HTML 文件以外，还有一个 HTTP 驻留程序，用于响应用户请求。当在览器中单击了一个超链接时，浏览器就向服务器发送 HTTP 请求，此请求被送往与超级链接 URL 相对应的 IP 地址，驻留程序接收到请求，在进行必要的操作后回送所要求的文件。

（2）HTTP 的主要特点

支持客户 / 服务器模式：

- 简单快速。客户向服务器请求服务时，只需传输请求方法和路径。常用的请求方法有 GET、HEAD、POST，每种方法规定了客户与服务器联系的不同类型。由于 HTTP 简单，使得 HTTP 服务器的程序规模小，因而通信速度很快。
- 灵活。HTTP 允许传输任意类型的数据对象。正在传输的类型由 Content-Type 加以标记。
- 无连接。无连接的含义是限制每次连接只处理一个请求。服务器处理完客户的请求，并收到客户的应答后即断开连接。采用这种方式可以节省传输时间。
- 无状态。HTTP 是无状态协议。无状态是指协议对于事务处理没有记忆能力。缺少状态意味着如果后续处理需要前面的信息，则它必须重传，这样可能导致每次连接传输的数据量增大，而在服务器不需要先前的信息时它的应答就较快。

（3）HTTP 客户 / 服务器模式的信息交换过程

HTTP 客户 / 服务器模式的信息交换可分为建立连接、发送请求、发送响应、关闭连接等四个交换过程。

①建立连接。连接的建立是通过申请套接字（Socket）实现的。客户打开一个套接字并把它约束在一个端口上，如果成功，就相当于建立了一个虚拟文件，以后就可以在该虚拟文件上写数据并通过网络向外传输。

②发送请求。当客户机打开一个连接后，它把请求消息发送到服务器的停留端口上，完成提出请求动作。

③发送响应。服务器在处理完客户的请求之后要向客户机发送响应消息。

④关闭连接。客户和服务器双方都可以通过关闭套接字结束 TCP/IP 对话。

【任务实施】

1. 安装配置 Internet Information Services 服务器

IIS 是微软出品的架设 WEB、FTP、SMTP 服务器的一套整合软件，捆绑在 Windows Server 2012 中，可以为服务器管理器添加 IIS 服务，如图 6.3 所示。

图 6.3　添加 IIS 组件

IIS 默认的 Web（主页）文件存放于系统根区域的“%system%\Inetpub\wwwroot”中，出于安全考虑，微软用户建议在 NTFS 磁盘格式下使用 IIS 的所有驱动器。

（1）快速配置好默认的 Web 站点

打开 IIS 管理器，在控制面板的管理工具中选择 Internet 信息服务并打开。

安装好后的 IIS 已经自动建立了管理和默认两个站点，其中管理 Web 站点用于站点远程管理，可以暂时停止运行，但最好不要删除，否则重建时会很麻烦。IIS 管理器如图 6.4 所示。

在浏览器中输入地址 http://localhost/，微软已经预先把详尽的帮助资料放到 IIS 里面了。

（2）配置 Web 站点

右击已存在的默认 Web 站点，选择“属性”，现在开始配置 IIS 的 Web 站点。

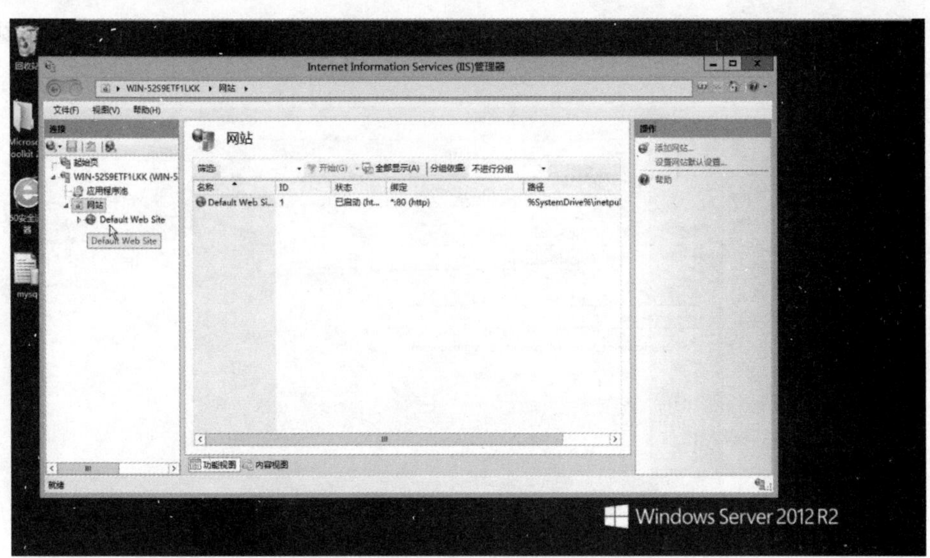

图 6.4　IIS 管理器

每个 Web 站点都具有唯一的、由三个部分组成的标识，用来接收和响应请求的分别是端口号、IP 地址和主机头名。

浏览器访问 IIS 的顺序：IP →端口→主机头→该站点主目录→该站点的默认首文档。

所以 IIS 的整个配置流程应该按照访问顺序进行设置。默认 Web 站点配置如图 6.5 所示。

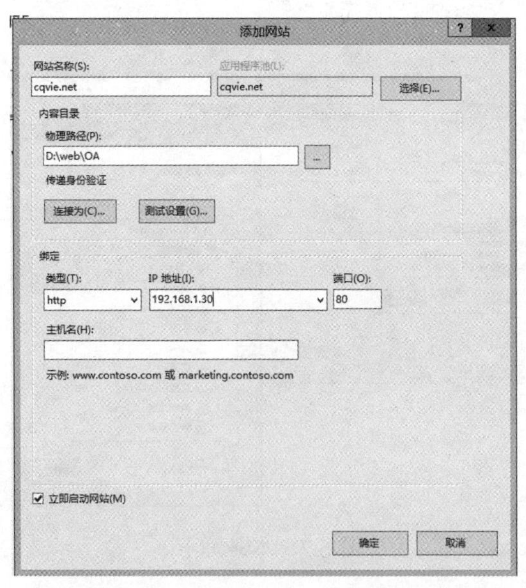

图 6.5　默认 Web 站点配置

①配置 IP 和主机头

这里可以指定 Web 站点的 IP，如没有特别需要，则选择全部未分配。如指定了多个主机头，则 IP 一定要选为全部未分配，否则访问者会无法访问。设置主机头名如图 6.6 所示。

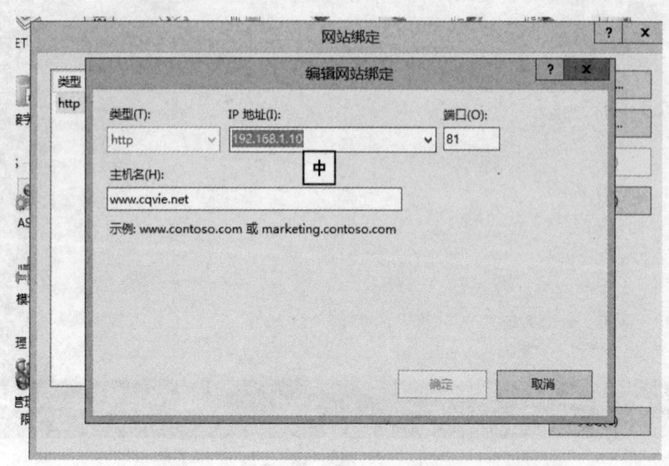

图 6.6　设置主机头名

如果 IIS 只有一个站点，则无需写入主机头标识。Web 站点的默认访问端口是 TCP 80，如果修改了站点端口，则访问者需要输入“http://127.0.0.1: 端口”才能够进行正常访问。

②指定站点主目录，如图 6.7 所示。

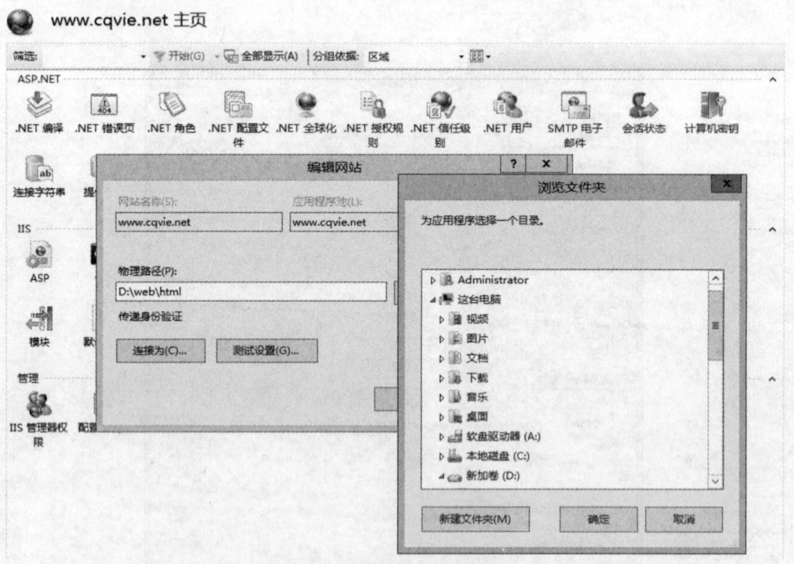

图 6.7　本地路径

主目录用来存放站点文件的位置，默认是“%system%\Inetpub\wwwroot”。也可以选择其他目录作为存放站点文件的位置，点击浏览后选择好路经就可以了。还可以赋予访问者一些权限，例如浏览目录等。基于安全考虑，微软建议在 NTFS 磁盘格式下使用 IIS。

③设定默认文档，如图 6.8 所示。

每个网站都会有默认文档，默认文档就是访问者访问站点时首先要访问的文件，例如 index.htm、index.asp、default.asp 等。这里需要指定默认的文档名称和顺序。

注意：

这里的默认文档是按照从上到下的顺序读取的。

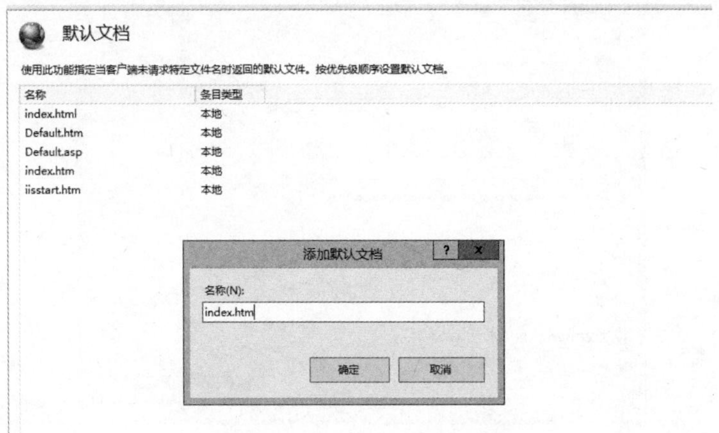

图 6.8　添加默认文档

④设定访问权限。如图 6.9 所示。

一般赋予访问者匿名访问的权限，其实 IIS 默认已经在系统中建立了 IUSR_ 机器名这种匿名用户了。

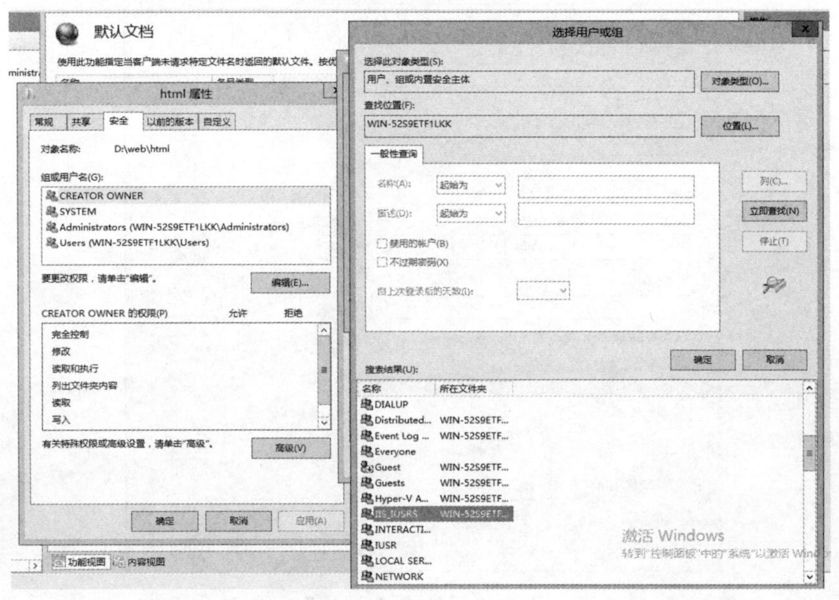

图 6.9　设定访问权限

（3）按照向导建立新站点，如图 6.10 所示。

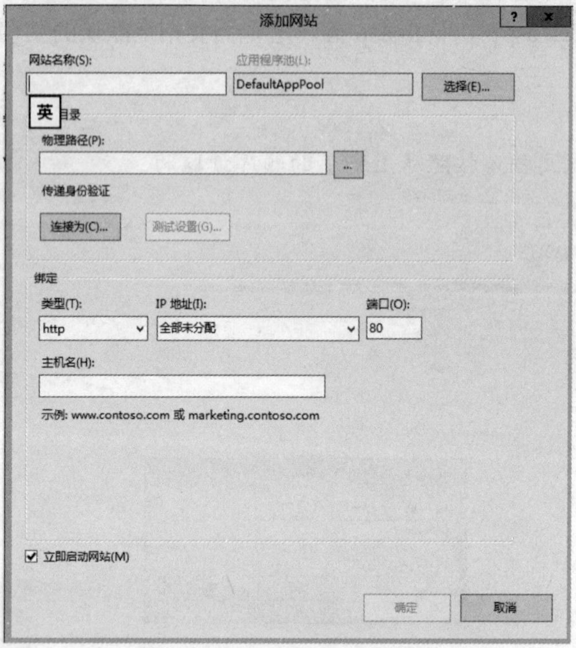

图 6.10　新建站点

如果想建立新的站点，可以按照 IIS 的向导进行设置，如图 6.11 所示。

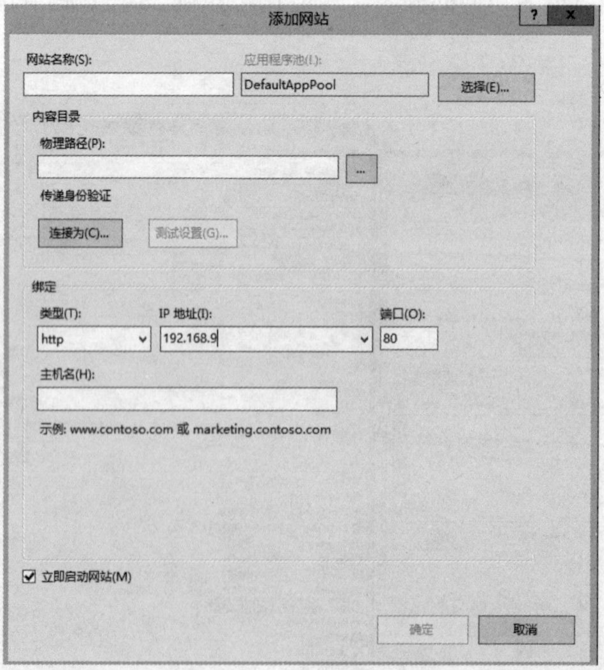

图 6.11　新建站点向导

在“IP 地址”下拉列表中可以选择 Web 服务器 IP，缺省情况下应该选择“全部未分配”(通过这个下拉列表可以查看是否有公网 IP)。TCP 默认端口是 80,如修改了端口，则需要用“http://ip: 端口”这种格式进行浏览。

站点主机头为该站点指定一个域名，如 http://www.cqvie.net，可以在一个相同的 IP 下指定多个主机头，默认为“无”，如图 6.12 所示。

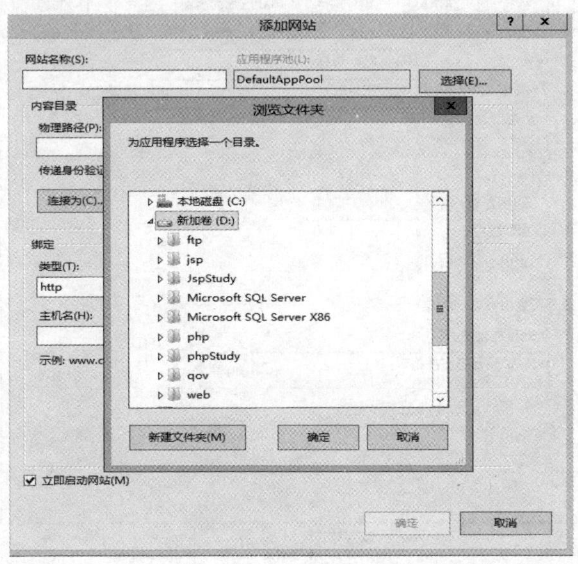

图 6.12　选择本地路径

可以选择 Web 站点主目录，如图 6.13 所示，该目录用于存放主页文件，选中“允许匿名访问此站点”则其他任何人都可以通过网络访问该 Web 站点。

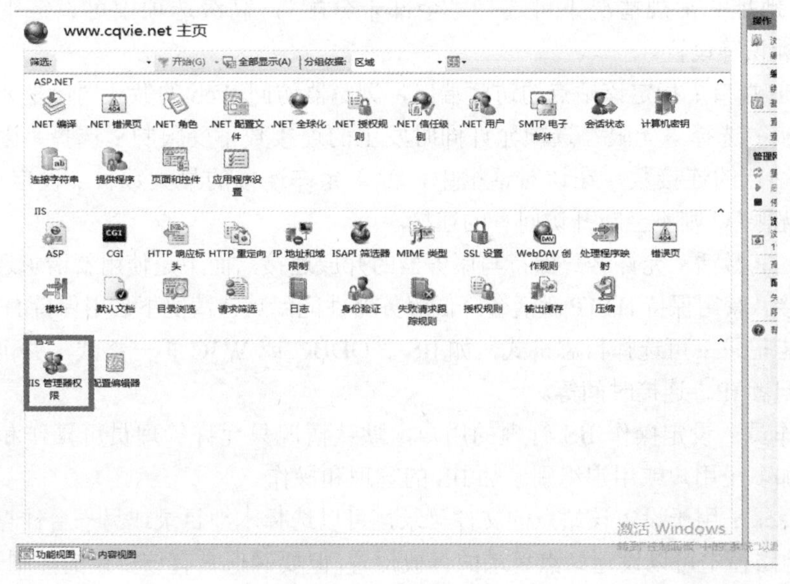

图 6.13　设置权限

Web 站点的访问权限设置可以设定允许或禁止读取、运行脚本等权限。

（4）Web 站点的常规设置

选中刚建立的站点，右击后选择“属性”，出现站点设置界面，如图 6.14 所示。

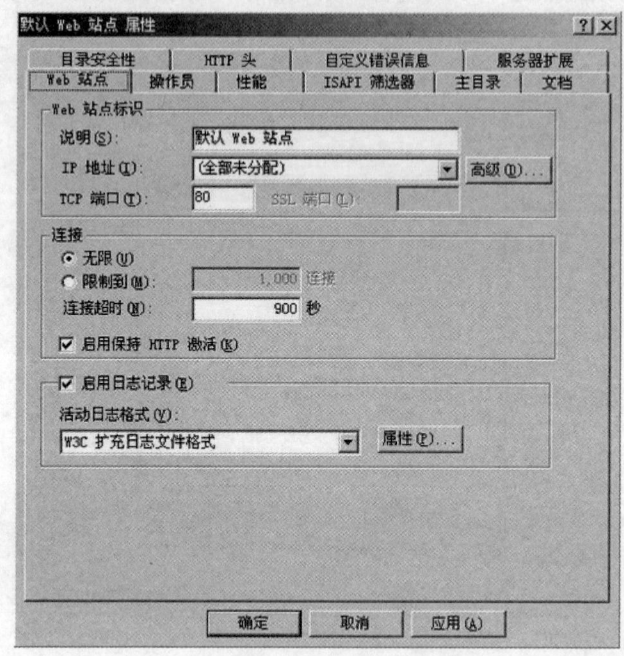

图 6.14　常规设置

常规设置选项如下。

①说明：站点的说明，出现在 IIS 管理界面的站点名称中。

② IP 地址：常规情况下可选择“全部未分配”，高级选项中可设定主机头高级 Web 站点标识等设置。

③ TCP 端口：指定该站点的访问端口，浏览器访问 Web 的默认端口是 80。

④连接：选择“无限”选项允许同时发生的连接数不受限制；选择“限制”同时连接到该站点的连接数，在该对话框中，键入允许连接的最大数目；设定连接超时，如选择“无限”，则不会断开访问者的连接。

⑤ HTTP 激活：允许客户保持与服务器的开放连接，而不是使用新请求逐个重新打开客户连接。禁用保持 HTTP 激活会降低服务器性能，默认情况下启用保持 HTTP 激活。

⑥日志记录：可选择日志格式，如 IIS 、ODBC 或 W3C 扩充格式，并可定义记录选项如访问者 IP、连接时间等。

⑦操作员：设定操作 IIS 管理的用户，默认情况只允许管理员可操作和管理 IIS，也可以添加多个用户或用户组别参加 IIS 的管理和操作。

⑧主目录：用于设定该站点的文件目录，可以选择本地目录或另一台计算机的共享位置。本地路径中可以设定站点目录的存放位置，但要确保具有该目录的控制管理权限。主目录如图 6.15 所示。

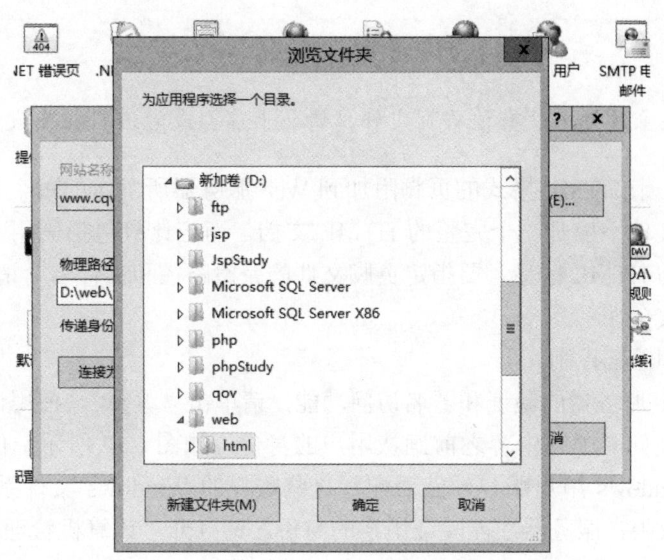

图 6.15　主目录

访问设置中可指定哪些资源可访问，哪些资源不可访问，要注意目录浏览和日志访问。选择日志访问，IIS 会记录该站点的访问记录，你可以选择记录哪些资料，如访问者 IP、时间等。

应用程序设置中可配置访问者能否执行程序和执行哪些程序。

⑨主文档：设定该站点的首页文件名，访问者会按照默认文档的顺序访问该站点。如图 6.16 所示。

默认文档

使用此功能指定当客户端未请求特定文件名时返回的默认文件。按优先级顺序设置默认文档。

名称	条目类型
index.html	本地
Default.htm	本地
Default.asp	本地
index.htm	本地
iisstart.htm	本地

图 6.16　默认文档

要在浏览器请求指定文档名的任何时候提供一默认文档，勾选该复选框。默认文档可以是目录的主页或包含站点文档目录列表的索引页。

要添加一个新的默认文档，请单击“添加”。可以使用该特性指定多个默认文档。按出现在列表中的名称顺序提供默认文档，服务器将返回所找到的第一个文档。

要更改搜索顺序，请选择一个文档并单击“箭头”按钮。

要从列表中删除默认文档，请单击“删除”。

> **注意：**
>
> 如果在主目录中没有该首页文件，请马上建立或者进行相关设置。

要自动将一个 HTML 格式的页脚附加到 Web 服务器所发送的每个文档中，请选择该选项。页脚文件不应是一个完整的 HTML 文档，而应该只包括需用于格式化页脚内容外观和功能的 HTML 标签。要指定页脚文件的完整路径和文件名，请单击“浏览”。

（5）目录安全性

匿名访问和验证控制。

要配置 Web 服务器的验证和匿名访问功能，请单击“编辑”。使用该功能配置 Web 服务器在授权访问受限制内容之前确认用户的身份，如图 6.17 所示。但是，首先必须创建有效的 Windows 用户账户，然后配置这些账户的 Windows 文件系统（NTFS）目录和文件访问权限，服务器才能验证用户的身份。请打开“计算机管理”进行查看。

身份验证

分组依据：不进行分组

名称	状态	响应类型
ASP.NET 模拟	已禁用	
Forms 身份验证	已禁用	HTTP 302 登录/重定向
Windows 身份验证	已禁用	HTTP 401 质询
基本身份验证	已禁用	HTTP 401 质询
匿名身份验证	已启用	
摘要式身份验证	已禁用	HTTP 401 质询

图 6.17　验证方法

（6）用 IIS 建立多个站点

①区分主机头方式建立多个站点

新建两个 Web 站点，分别在主机头中指定两个不同的域名：www.cqive.net 和 oa.cqvie.net。

可在该站点属性的“Web 站点”→“Web 站点标识”→“IP 地址”→“高级”中随意修改该主机头标识。

使用 nslookup 命令指定用广州电信 ADSL 默认的 DNS 服务器检测出 www.cqive.net 和 oa.cqvie.net 是一样的，但浏览时显示的却是两个不同的页面。

> **注意：**
>
> 使用主机头建立多个不同域名的站点时，也需要注意主文档等的设置。

②使用端口配置建立多站点

可以使用不同的端口来设置多个站点，但访问者浏览器的默认访问端口是 80，所以必须告诉访问者站点使用的 TCP 端口是什么。

2. 安装配置 OA 办公自动化系统

（1）简明安装步骤

- 环境要求：IIS + .NET Framework 3.0（或以上）+ Microsoft SQL Server。
- 文件夹权限：程序主目录配置操作权限（fat 格式可以不用配置）。
- 打开数据库新建一个空数据库。
- 在 IIS 新建一个网站（注意不是虚拟目录），访问 http:// 您的网站 /install/default.aspx 进行安装。

（2）下载软件和搭建运行环境（准备工作）

- 软件下载：在官方网站 http://www.job18.net 下载最新的软件发布包。
- 安装环境：

  Windows Server 2012

  Internet 信息服务（IIS）管理器

  .NET Frameworks 3.0（以上）简体中文版

  Microsoft SQL Server 2008 以上版本

（3）安装软件

① SQL Server 2008 安装。将企业版安装光盘插入光驱后，出现安装提示框，选择“安装 SQL Server 2008 组件”，再选择“安装数据库服务器”开始安装，如图 6.18 所示。

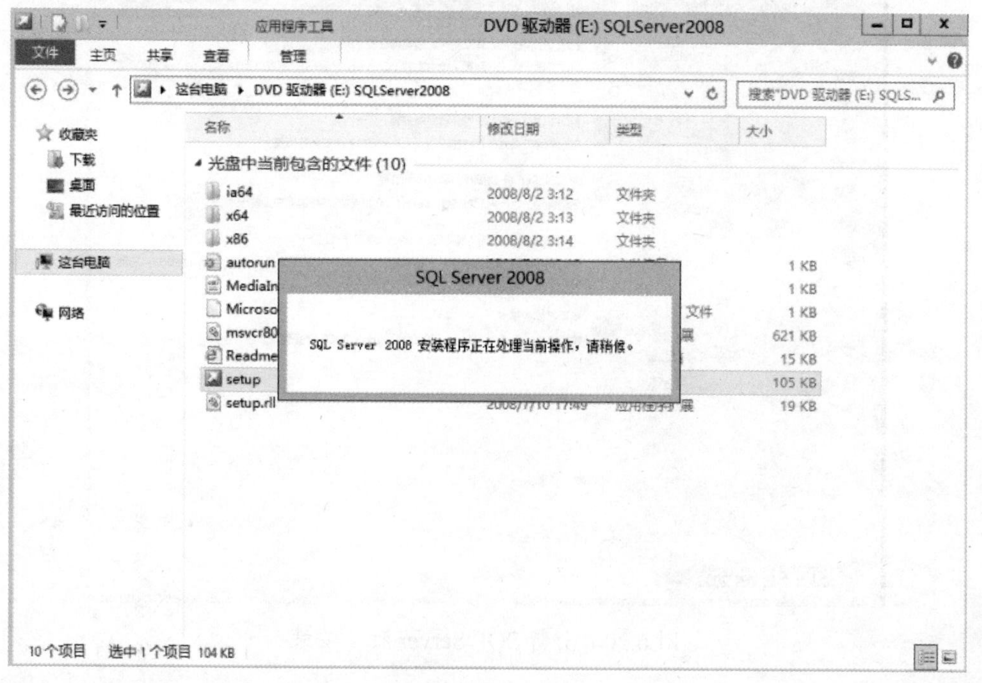

图 6.18　安装 SQL 组件

然后进入安装中心界面，如图 6.19 所示。

图 6.19　安装中心

选择“安装”，然后选择“全新 SQL Server 独立安装 ......”进行安装，如图 6.20 所示。

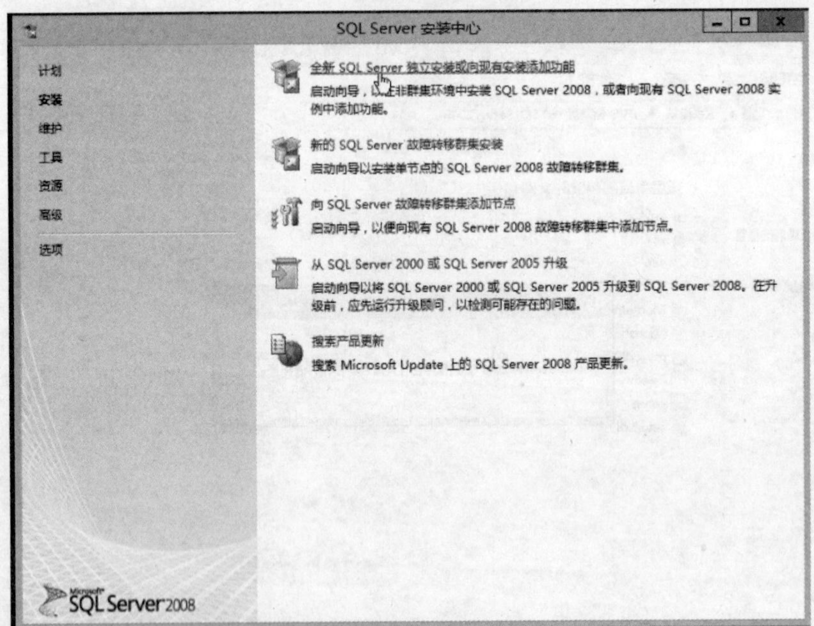

图 6.20　全新 SQL Server 独立安装

安装程序支持规则，然后点击“确定”，如图 6.21 所示。

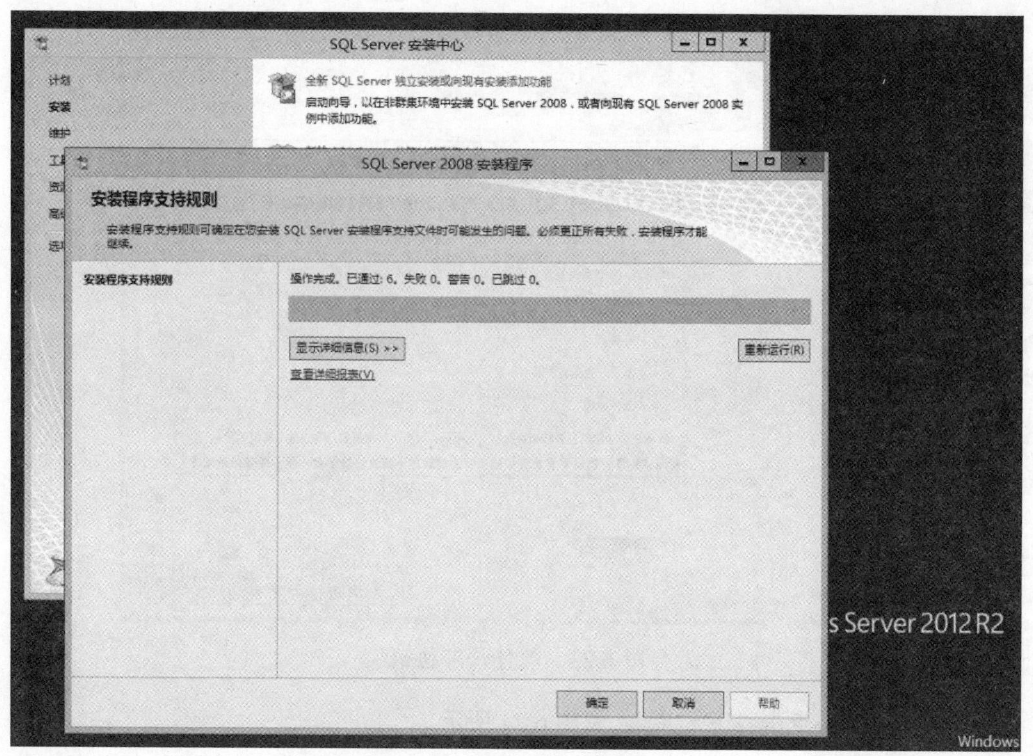

图 6.21　安装程序支持规则

输入产品密钥，然后点击“确定”，如图 6.22 所示。

图 6.22　输入产品密钥

阅读用户协议，勾选“我接受许可条款”，如图 6.23 所示。

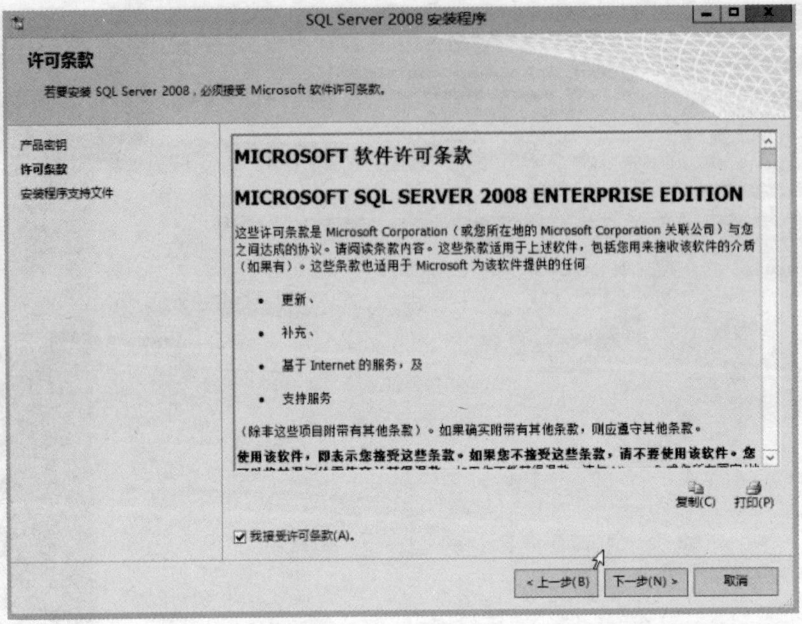

图 6.23　软件许可协议

全部通过后，点击“下一步”，如图 6.24 所示。

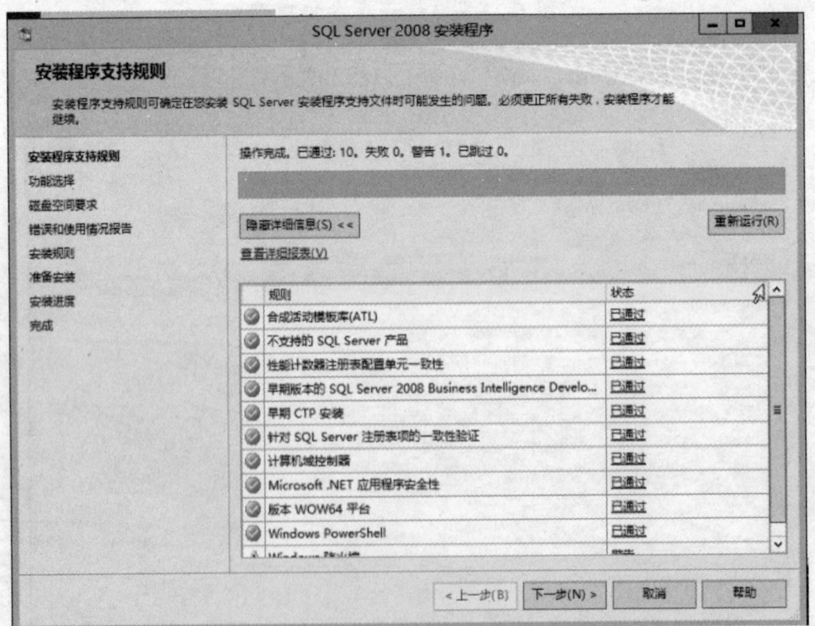

图 6.24　全部通过

选择功能，然后点击“下一步”，如图 6.25 所示。

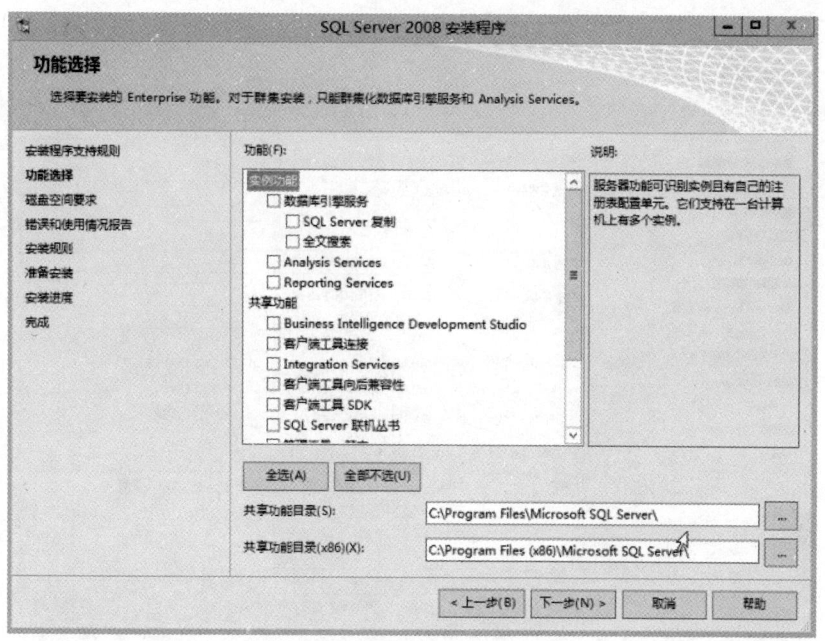

图 6.25 功能选择

选择安装盘为 D 盘，然后点击“下一步”，如图 6.26 所示。

图 6.26 选择安装盘

进行实例配置，然后点击“下一步”，如图 6.27 所示。

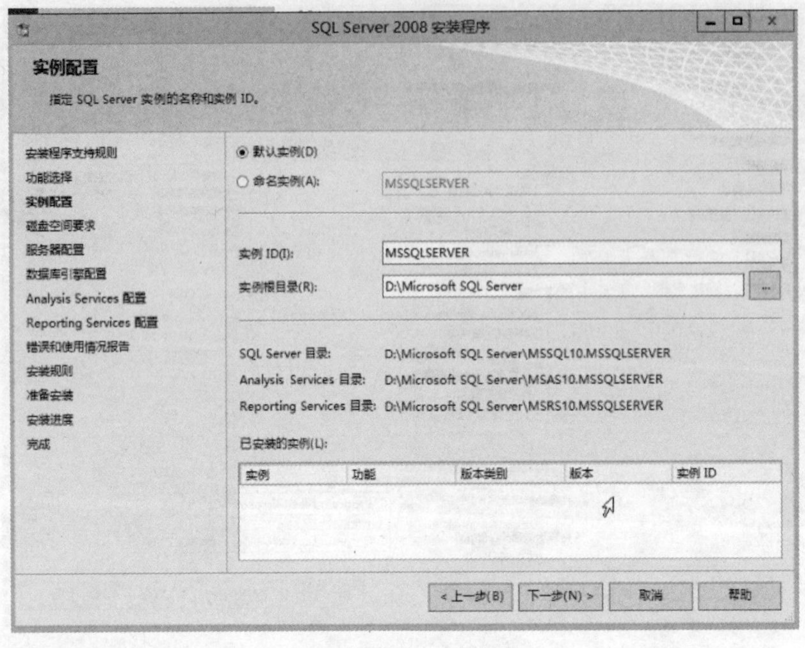

图 6.27 实全配置

进行服务器配置，选择服务账号，然后点击“下一步”，如图 6.28 所示。

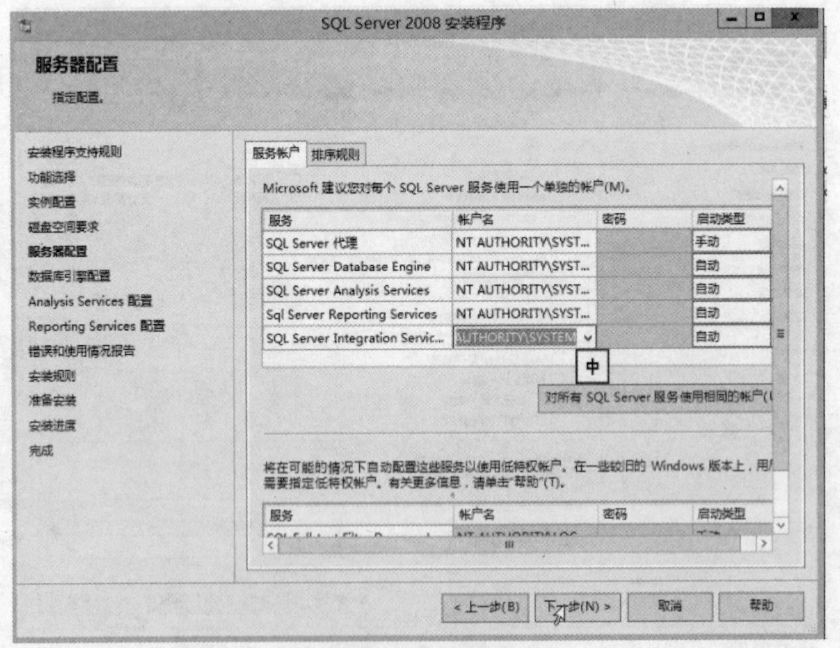

图 6.28 选择服务账号

设置数据库引擎，选择“混合模式”，然后点击“下一步”，如图 6.29 所示。

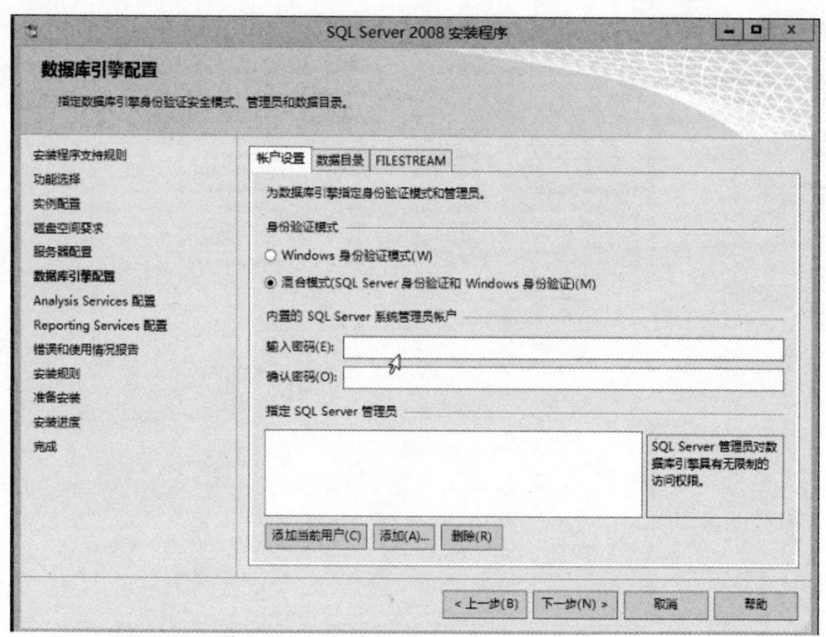

图 6.29 数据库引擎设置

至此，MS SQL Server 2008 安装完成，如图 6.30 所示。

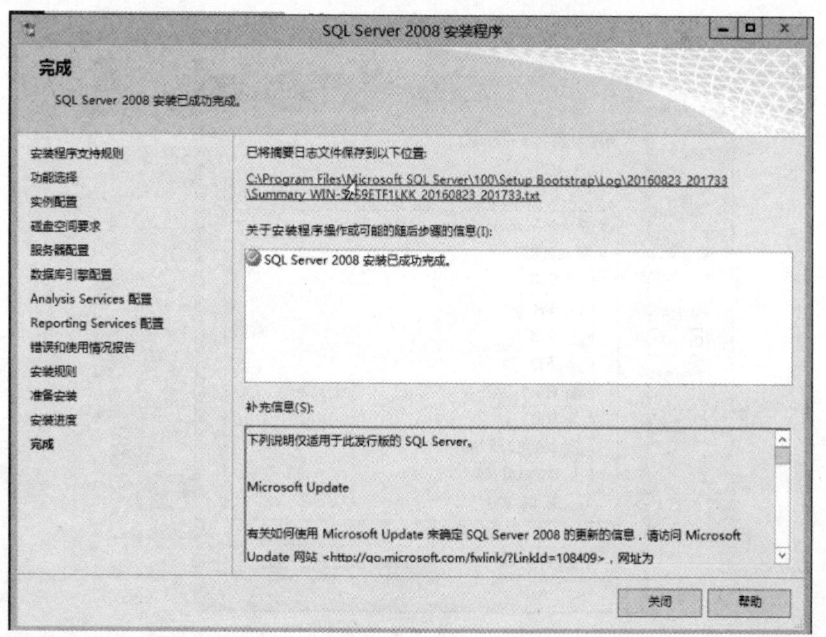

图 6.30 SQL Server 2008 安装完成

②配置 IIS，开通 .NET

打开 Internet 信息服务（IIS）管理器，点击“应用程序池”，启用 .NET，如图 6.31 所示。

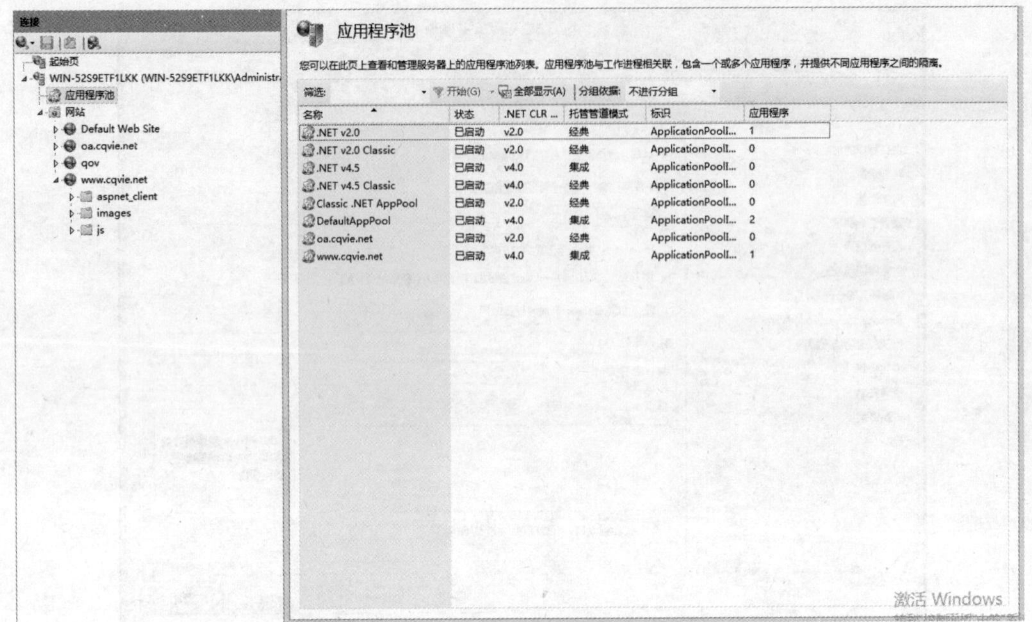

图 6.31　SQL 启用 .NET

在 IIS 默认网站点击“属性”→“主目录”设置软件安装路径及其他设置，如图 6.32 所示。

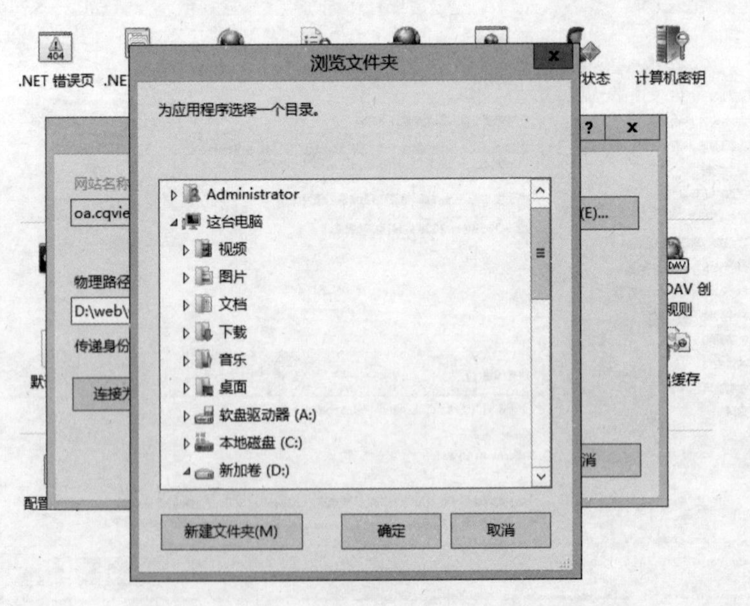

图 6.32　IIS 默认网站

在 IIS 默认网站点击“属性”→“文档”设置启动页面，如图 6.33 所示。

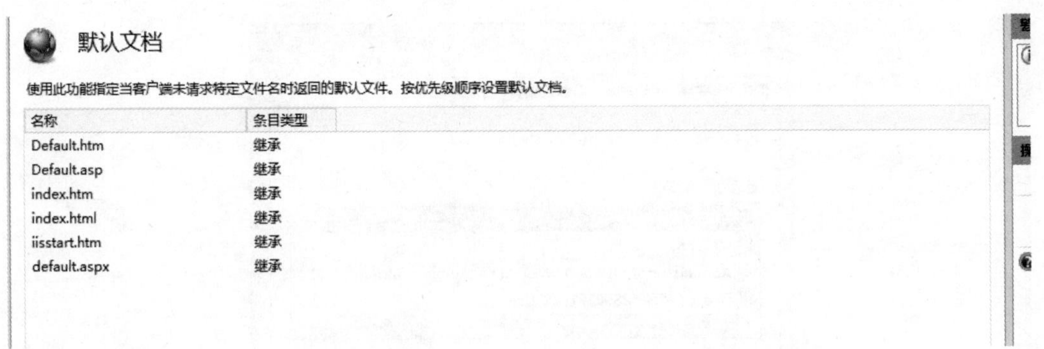

图 6.33　默认文档

在 IIS 默认网站“应用程序池”设置 ASP.NET 的版本，如图 6.34 所示。

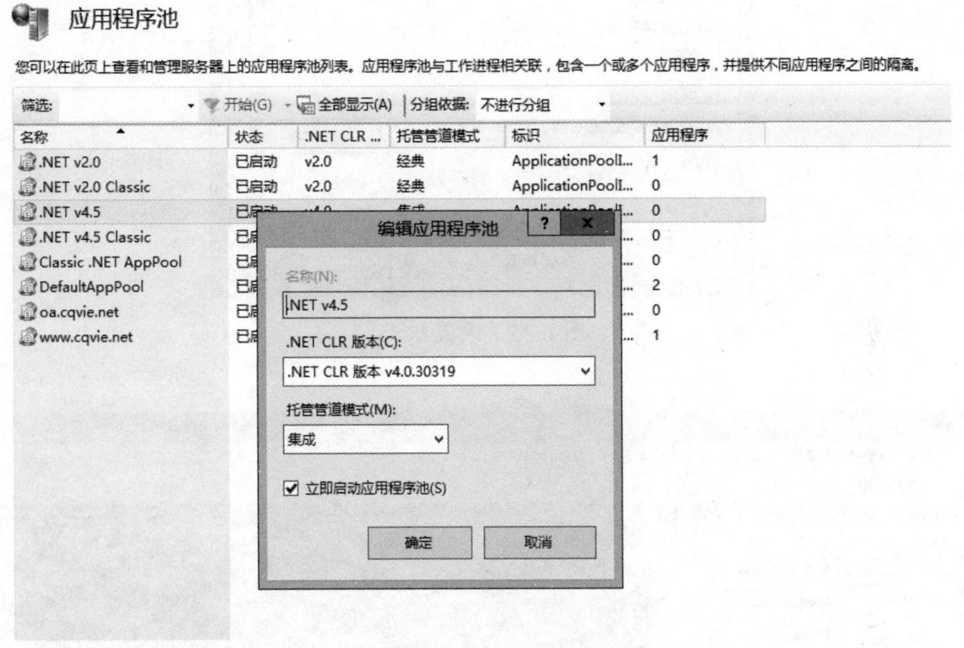

图 6.34　ASP.NET 版本信息

③设置权限

程序的主文件夹所在磁盘是 NTFS 格式，需要添加相应的权限。

右击主文件夹选择“属性”,在“安全”选项卡中添加一个 IIS_WPG 权限，选择“修改”和“读取”，如图 6.35 所示。

Microsoft SQL Server 数据库创建和完成安装工作如下。

打开 SQL Server 2008 的“企业管理器”，选择“新建数据库”，如图 6.36 所示。

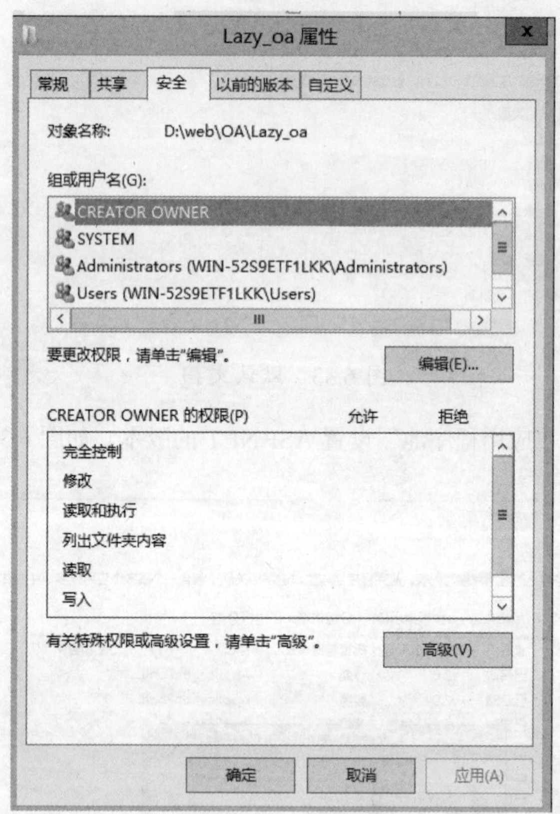

图 6.35　设置权限

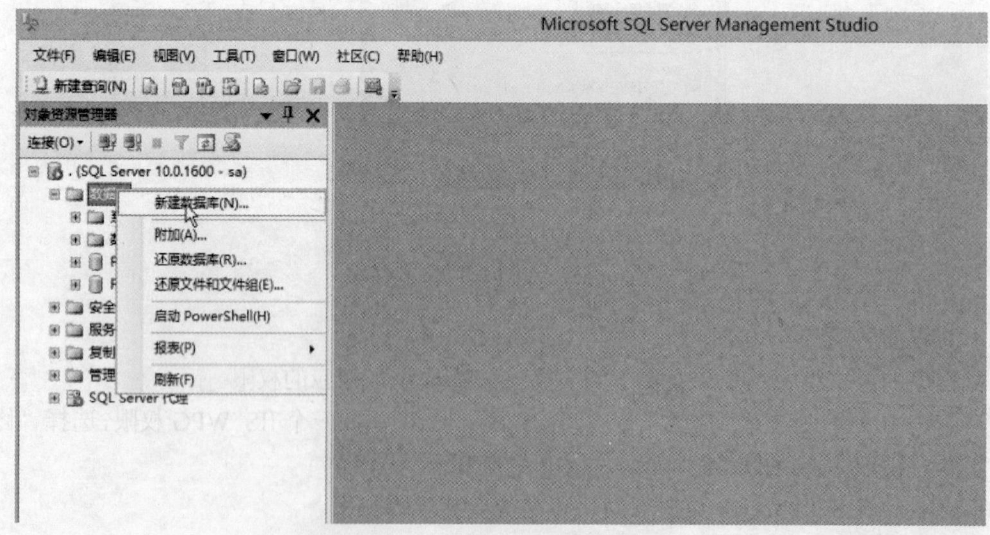

图 6.36　"新建数据库"选项

在弹出的"新建数据库"窗口中，在"数据库名称"文本框内写入数据库名（可以自命名），然后点击"确定"，如图 6.37 所示。

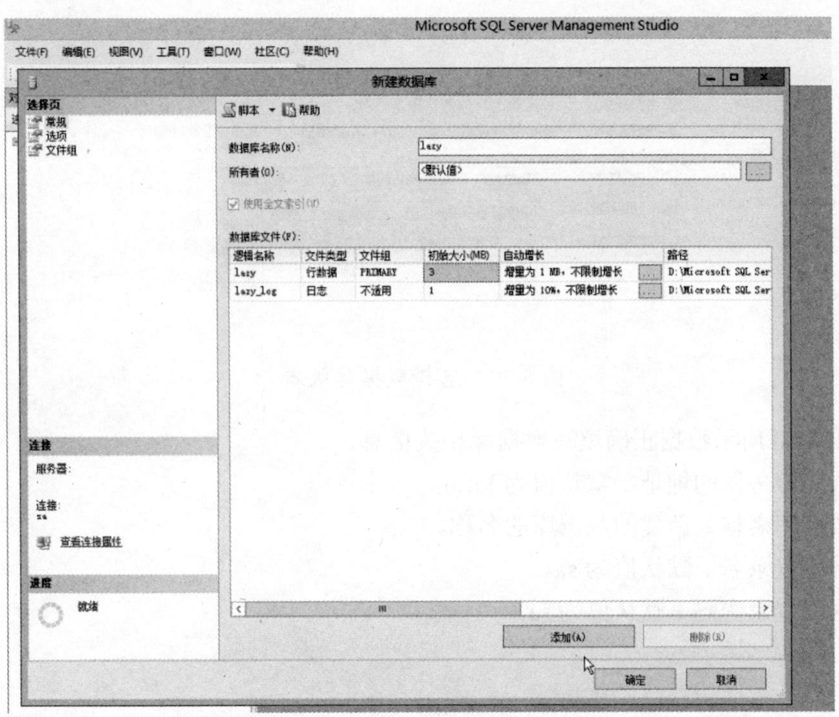

图 6.37　新建 SQL 数据库

打开浏览器，访问系统安装地址，地址为 http://oa.cqvie.net/，如图 6.38 所示。

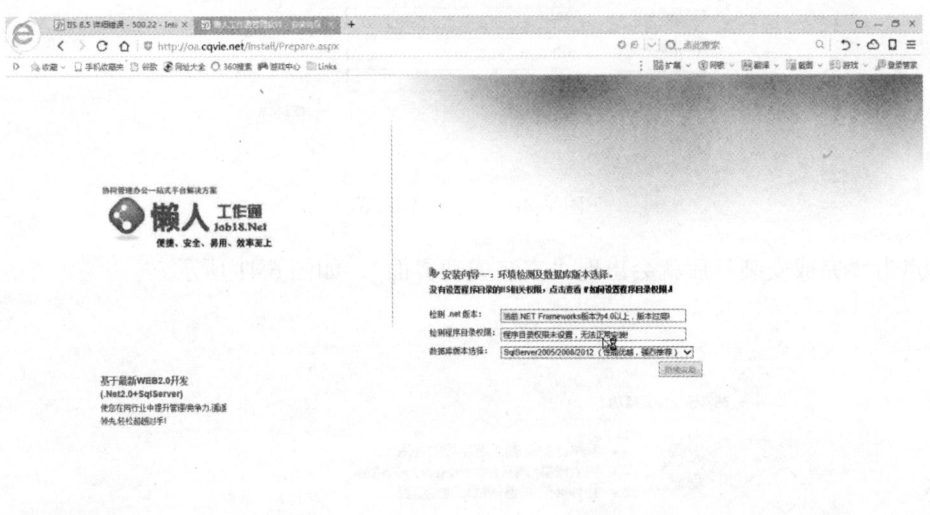

图 6.38　安装程序

选择数据库版本类型，如图 6.39 所示。

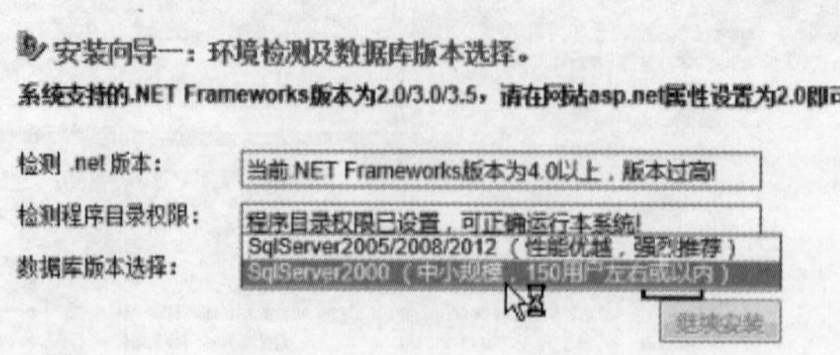

图 6.39　选择数据库版本

按图 6.40 所示数据正确填写数据库相关信息。

数据库服务器的地址：默认值为 local。

空数据库名称：新建的数据库的名称。

数据库登录名：默认值为 sa。

数据库登录密码：默认值为 sa。

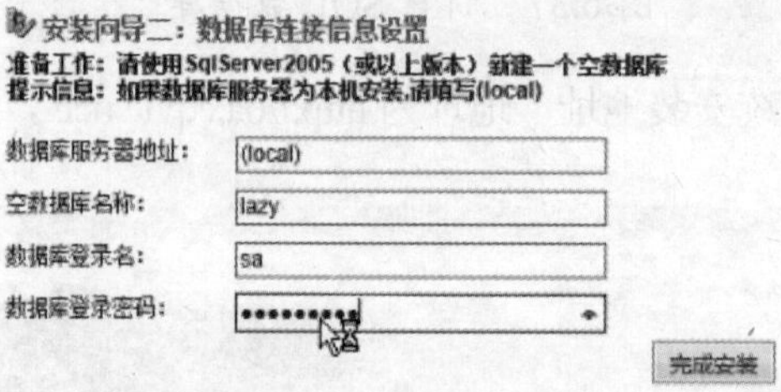

安装向导二：数据库连接信息设置
准备工作：请使用SqlServer2005（或以上版本）新建一个空数据库
提示信息：如果数据库服务器为本机安装,请填写(local)
数据库服务器地址：(local)
空数据库名称：lazy
数据库登录名：sa
数据库登录密码：••••••••••
完成安装

图 6.40　数据库配置

点击“完成安装”后就会出现“安装成功界面”，如图 6.41 所示。

恭喜您，安装成功！
- 系统已安装成功!谢谢您的使用!
- 初始账号/密码：**manager/123456**
- 10秒钟后 将自动跳转登录页面

点击登录系统

图 6.41　安装成功

最后在浏览器中输入“oa.cqvie.net”就可以看到 OA 办公自动化系统的登录界面，

如图 6.42 所示。登录成功如图 6.43 所示。

图 6.42　OA 系统登录界面

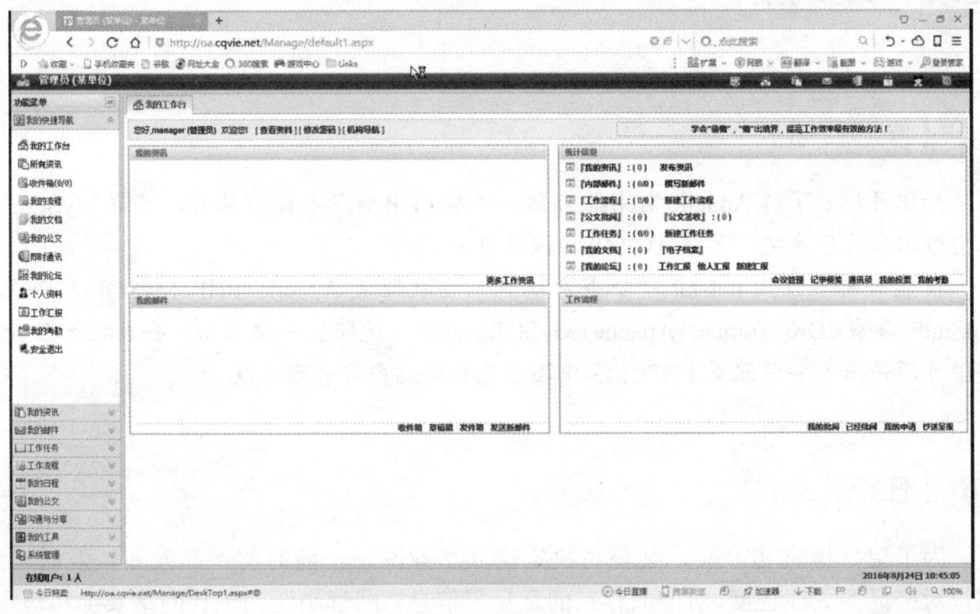

图 6.43　OA 管理系统

其他说明：

- 默认管理账号。用户名：manager。密码：123456。
- 具体使用请查看《管理员使用手册》、《用户使用手册》及《FAQ 手册》。
- 有任何问题可随时到官方支持论坛提出。

【拓展实训】

.NET 下的 Web 服务器架构的主要内容如表 6.2 所示。

表 6.2 .NET 下的 Web 服务器的架构

项目	主要内容
1	安装配置 IIS+ASP.NET
2	配置 IIS 多个站点
3	配置 SQL 数据库和基于 ASP.NET 的 OA

【同步训练】

1. 简述 Web 服务器的工作过程。
2. 深入使用 nslookup 命令。
3. 使用 Web 模式管理 SQL。

任务 6.2 PHP、JSP 下的 Web 环境配置

【学习目标】

知识目标：了解 Apache Web 服务器，了解 PHP 计算机编程语言，了解 MySQL 关系型数据库管理系统，了解 TCP/IP 协议端口。

技能目标：使用 netstat 命令查看端口；安装配置 Apache+PHP+MySQL 服务器；JspStudy 集成 JDK+Tomcat+Apache+MySQL，JSP 环境配置一键启动；安装配置 Discuz PHP 开源论坛；安装配置 PHPCMS 中国领先的网站内容管理系统。

【任务描述】

为了更好地宣传产品，某公司决定建立企业网站，随时将产品发布，及时了解用户对产品的关注程度、对产品存在的意见等信息。网管小汪为了让网站安全和稳定，选择基于 Apache+PHP+MySQL 环境的 PHPCMS 网站管理系统来架构企业网站。同时为增进客户和企业的交流，小汪选择基于 Apache+PHP+MySQL 环境的 Discuz 开源论坛。

在本次任务中，需要搭建如图 6.44 所示的网络平台，架设 DNS 服务器、Discuz 服务器、CMS 网站管理服务器、Apache 服务器等，系统才能正常运行。

【相关知识】

1. Apache Web 服务器

Apache HTTP Server 是世界使用排名第一的 Web 服务器软件，它可以运行在几乎所有广泛使用 Apache Server 配置界面的计算机平台上。Apache 源于 NCSA httpd 服务器，经过多次修改，成为世界上最流行的 Web 服务器软件之一。Apache 取自"a patchy server"的读音，意思是充满补丁的服务器，因为它是自由软件，所以不断有人来为它开发新的功能、新的特性，修改原来的缺陷。Apache 的特点是简单、速度快、性能稳定，并可作为代理服务器来使用。

某教育机构开源论坛和内容管理系统如图 6.44 所示。

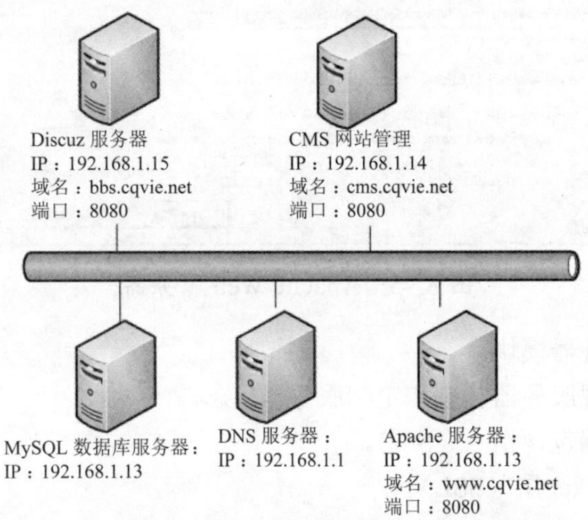

图 6.44 某教育机构开源论坛和内容管理系统

本来 Apache 只用于小型或试验 Internet 网络，后来逐步扩充到各种 UNIX 系统中，尤其对 Linux 的支持相当完美。Apache 有多种产品，可以支持 SSL 技术，支持多个虚拟主机。Apache 是以进程为基础的结构，进程要比线程消耗更多的系统开支，不太适用于多处理器环境。因此，在一个 Apache Web 站点扩容时，通常是增加服务器或扩充群集结点而不是增加处理器。到目前为止，Apache 仍然是世界上应用最多的 Web 服务器，市场占有率达 60% 左右。世界上很多著名的网站如 amazon、Yahoo、W3C、Financial Times 等都是 Apache 的产物，它的成功之处主要在于其源代码开放、有一支开放的开发队伍、支持跨平台的应用（可以运行在几乎所有的 UNIX、Windows、Linux 系统平台上），以及它的可移植性等方面。

Apache 的诞生极富有戏剧性。当 NCSA WWW 服务器项目停顿后，那些使用 NCSA WWW 服务器的人们开始交换他们用于该服务器的补丁程序，他们也很快认识到成立管理这些补丁程序的论坛是必要的。图 6.45 为 Apache Web 软件。

Apache Web 服务器软件拥有以下特性：

- 支持最新的 HTTP1.1 通信协议。

- 拥有简单而强有力的基于文件的配置过程。
- 支持通用网关接口。
- 支持基于 IP 和基于域名的虚拟主机。
- 支持多种方式的 HTTP 认证。
- 集成 Perl 处理模块。

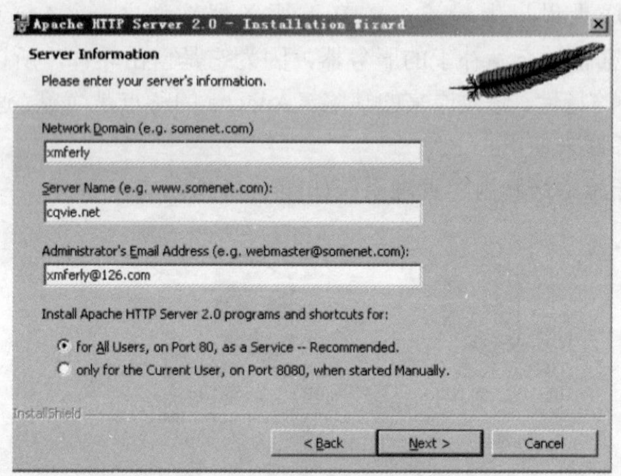

图 6.45　Apache Web 服务器

- 集成代理服务器模块。
- 支持实时监视服务器状态和定制服务器日志。
- 支持服务器端包含指令（SSI）。
- 支持安全 Socket 层（SSL）。
- 提供用户会话过程的跟踪。
- 支持 FastCGI。
- 通过第三方模块可以支持 Java Servlets。

2. PHP 计算机编程语言

PHP 是超级文本预处理语言英文 Hypertext Preprocessor 的缩写。PHP 是一种 HTML 内嵌式的语言，是一种在服务器端执行的嵌入 HTML 文档的脚本语言，风格类似于 C 语言，被广泛运用。

PHP 独特的语法混合了 C、Java、Perl 以及 PHP 自创的语法。安装 PHP 可以比 CGI 或者 Perl 更快速地执行动态网页。PHP 是将程序嵌入到 HTML 文档中去执行，执行效率比完全生成 HTML 标记的 CGI 要高许多；PHP 还可以执行编译后代码，编译可以加密和优化代码运行，使代码运行更快。PHP 具有非常强大的功能，能实现 CGI 所有的功能，而且支持几乎所有流行的数据库以及操作系统。最重要的是，PHP 可以用 C、C++ 进行程序的扩展！

PHP 的特性：

- 开放的源代码，所有的 PHP 源代码都可以得到。

- 免费，和其他技术相比，PHP 是免费的。
- 快捷性，程序开发快、运行快、技术本身上手快。因为 PHP 可以被嵌入于 HTML 语言，编辑简单，实用性强，更适合初学者。
- 跨平台性，PHP 是运行在服务器端的脚本，可以运行在 UNIX、Linux、Windows 下。
- 效率高，PHP 消耗相当少的系统资源。
- 图像处理，可用 PHP 动态创建图像。
- 面向对象，在 PHP4、PHP5 中，面向对象方面都有了很大的改进，现在 PHP 完全可以用来开发大型商业程序。
- 专业专注，PHP 以支持脚本语言为主，同为类 C 语言。

3. MySQL 关系型数据库管理系统

MySQL 是一个小型关系型数据库管理系统，开发者为瑞典 MySQL AB 公司，于 2008 年 1 月 16 日被 Sun 公司收购。而 2009 年，Sun 又被 Oracle 收购。MySQL 是一种关联数据库管理系统，关联数据库将数据保存在不同的表中，而不是将所有数据存放在一个大仓库内，这样就提高了速度并增加了灵活性。MySQL 的"结构化查询语言"SQL 是用于访问数据库的最常用的标准化语言。MySQL 软件采用了 GPL（GNU 通用公共许可证），由于其体积小、速度快、总体拥有成本低，尤其是开放源码这一特点，许多中小型网站为了降低网站总体拥有成本而选择了 MySQL 作为网站数据库。

与其他的大型数据库如 Oracle、DB2、SQL Server 等相比，MySQL 也有它的不足之处，如规模小、功能有限（MySQL Cluster 的功能和效率都相对比较差）等，但是这丝毫没有减少它受欢迎的程度。对于一般的个人使用者和中小型企业来说，MySQL 提供的功能已经绰绰有余，而且由于 MySQL 是开放源码软件，因此可以大大降低总体拥有成本。

目前 Internet 上流行的网站构架方式是 LAMP（Linux+Apache+MySQL+PHP/Perl/Python）和 LNMP（Linux+Nginx+MySQL+PHP/Perl/Python），即使用 Linux 作为操作系统，Apache 和 Nginx 作为 Web 服务器，MySQL 作为数据库，PHP/Perl/Python 作为服务器端脚本解释器。由于这四个软件都是免费或开放源码软件（FLOSS），因此使用这种方式不用花一分钱（除开人工成本）就可以建立起一个稳定、免费的网站系统。

系统特性：

- 使用 C 和 C++ 编写，并使用了多种编译器进行测试，保证源代码的可移植性。
- 支 持 AIX、FreeBSD、HP-UX、Linux、Mac OS、Novell NetWare、OpenBSD、OS/2 Warp、Solaris、Windows 等多种操作系统。
- 为多种编程语言提供了 API。这些编程语言包括 C、C++、Python、Java、Perl、PHP、Eiffel、Ruby 和 Tcl 等。
- 支持多线程，充分利用 CPU 资源。
- 优化的 SQL 查询算法能有效地提高查询速度。
- 既能够作为一个单独的应用程序应用在客户端服务器网络环境中，也能够作为一个库而嵌入到其他软件中提供多语言支持，常见的编码如中文的 GB 2312、

Big5，日文的 Shift_JIS 等都可以用作数据表名和数据列名。

- 提供 TCP/IP、ODBC 和 JDBC 等多种数据库连接途径。
- 提供用于管理、检查、优化数据库操作的管理工具。
- 可以处理拥有上千万条记录的大型数据库。

4．TCP/IP 协议端口

如果把 IP 地址比作一间房子，端口就是出入这间房子的门。真正的房子只有几个门，但是一个 IP 地址的端口可以有 65536（即 2^{16}）个之多！端口是通过端口号来标记的，端口号只有整数，范围是从 0 ～ 65535（2^{16}-1）。

在 Internet 上，各主机间通过 TCP/IP 协议发送和接收数据包，各个数据包根据其目的主机的 IP 地址来进行互联网络中的路由选择。可见，把数据包顺利的传送到目的主机是没有问题的。问题出在哪里呢？我们知道大多数操作系统都支持多程序（进程）同时运行，那么目的主机应该把接收到的数据包传送给众多同时运行的进程中的哪一个呢？显然这个问题有待解决，端口机制便由此被引入进来。

本地操作系统会给那些有需求的进程分配协议端口（protocol port），每个协议端口由一个正整数标识，如 80、139、445，等等。当目的主机接收到数据包后，将根据报文首部的目的端口号把数据发送到相应端口而与此端口相对应的那个进程将会领取数据并等待下一组数据的到来。

我们知道，一台拥有 IP 地址的主机可以提供许多服务，比如 Web 服务、FTP 服务、SMTP 服务等，这些服务完全可以通过 1 个 IP 地址来实现。那么，主机是怎样区分不同网络服务的呢？显然不能只靠 IP 地址，因为 IP 地址与网络服务是一对多的关系，实际上是通过“IP 地址＋端口号”来区分不同的服务的。

需要注意的是，端口并不是一一对应的。比如你的电脑作为客户机访问一台 WWW 服务器时，WWW 服务器使用 80 端口与你的电脑通信，但你的电脑则可能使用 3457 这样的端口。

端口按端口号可分为三大类：

公认端口（Well Known Ports），0 ～ 1023，它们紧密绑定（binding）于一些服务。通常这些端口的通信明确表明了某种服务的协议，例如 80 端口实际上总是 HTTP 通信。

注册端口（Registered Ports），1024 ～ 49151，它们松散地绑定于一些服务，也就是说有许多服务绑定于这些端口，这些端口同样用于许多其他目的。例如许多系统处理动态端口就从 1024 左右开始。

动态和 / 或私有端口（Dynamic and/or Private Ports），49152 ～ 65535。理论上，不应为服务分配这些端口。实际上，机器通常从 1024 起分配动态端口。但也有例外，Sun 的 RPC 端口从 32768 开始。

一种常见的技术是把一个端口重定向到另一个地址。例如默认的 HTTP 端口是 80，不少人将它重定向到另一个端口，如 8080。实现重定向是为了隐藏公认的默认端口，降低破坏率。因此，如果有人要对一个公认的默认端口进行攻击则必须先进行端口扫描。大多数端口重定向与原端口有相似之处，例如多数 HTTP 端口由 80 变化而来：81、

88、8000、8080、8888。同样，POP 的端口原来在 110，也常被重定向到 1100。也有不少情况是选取统计上有特别意义的数，如 1234、23456、34567 等。许多人有其他原因而选择奇怪的数，如 42、69、666、31337 等。近年来，越来越多的远程控制木马（Remote Access Trojans，RATs）采用相同的默认端口，如 NetBus 的默认端口是 12345。BlakeR. Swopes 指出使用重定向端口还有一个原因，在 UNIX 系统上，如果想侦听 1024 以下的端口需要有 root 权限。如果没有 root 权限而又想开 Web 服务，就需要将其安装在较高的端口。此外，一些 ISP 的防火墙将阻挡低端口的通信，这样即使拥有整个机器还是得重定向端口。

5. JSP 计算机编程语言

JSP 全名为 Java Server Pages，中文名叫 Java 服务器页面，其根本是一个简化的 Servlet 设计，它是由 Sun Microsystems 公司倡导并和许多公司一起建立的一种动态网页技术标准。JSP 技术有点类似于 ASP 技术，它是在传统的网页 HTML（标准通用标记语言的子集）文件（*.htm、*.html）中插入 Java 程序段（Scriptlet）和 JSP 标记（Tag），从而形成 JSP 文件，后缀名为 *.jsp。用 JSP 开发的 Web 应用是跨平台的，既能在 Linux 运行，也能在其他操作系统上运行。它实现了 HTML 语法中的 Java 扩展（以 <%,%> 形式）。JSP 与 Servlet 一样，是在服务器端执行的，通常返回给客户端的就是一个 HTML 文本，因此客户端只要有浏览器就能浏览。

JSP 技术使用 Java 编程语言编写类 XML 的 Tags 和 Scriptlets 来封装产生动态网页的处理逻辑。网页还能通过 Tags 和 Scriptlets 访问存在于服务器端的资源的应用逻辑。JSP 将网页逻辑与网页设计的显示分离，支持可重用的基于组件的设计，使基于 Web 的应用程序的开发变得迅速和容易。JSP 是一种动态页面技术，它的主要目的是将表示逻辑从 Servlet 中分离出来。

Java Servlet 是 JSP 的技术基础，而且大型的 Web 应用程序的开发需要 Java Servlet 和 JSP 配合才能完成。JSP 具备了 Java 技术的简单易用，完全面向对象，具有平台无关性且安全可靠，主要面向因特网的所有特点。

6. Tomcat 服务器

Tomcat 是 Apache 软件基金会（Apache Software Foundation）Jakarta 项目中的一个核心项目，由 Apache、Sun 和其他一些公司及个人共同开发而成。由于有了 Sun 的参与和支持，最新的 Servlet 和 JSP 规范总是能在 Tomcat 中得到体现，Tomcat 5 支持最新的 Servlet 2.4 和 JSP 2.0 规范。因为 Tomcat 技术先进、性能稳定，而且免费，因而深受 Java 爱好者的喜爱并得到了部分软件开发商的认可，成为目前比较流行的 Web 应用服务器。

Tomcat 服务器是一个免费开放源代码的 Web 应用服务器，属于轻量级应用服务器，在中小型系统和并发访问用户不是很多的场合下被普遍使用，是开发和调试 JSP 程序的首选。对于一个初学者来说，可以这样认为，当在一台机器上配置好 Apache 服务器后，可利用它响应 HTML 页面的访问请求。实际上 Tomcat 部分是 Apache 服务器的扩展，但它是独立运行的，所以 Tomcat 运行时，它实际上是作为一个与 Apache 独立的进程运行的。

当配置正确时，Apache 为 HTML 页面服务，而 Tomcat 实际上运行 JSP 页面和 Servlet。另外，Tomcat 和 IIS 等 Web 服务器一样，具有处理 HTML 页面的功能。另外，它还是一个 Servlet 和 JSP 容器，独立的 Servlet 容器是 Tomcat 的默认模式。不过，Tomcat 处理静态 HTML 的能力不如 Apache 服务器。目前 Tomcat 最新版本为 9.0。

7. JDK

JDK（Sun Microsystems 针对 Java 开发的产品）是 Java 语言的软件开发工具包，主要用于移动设备、嵌入式设备上的 Java 应用程序。JDK 是整个 Java 开发的核心，它包含了 Java 的运行环境、Java 工具和 Java 基础的类库。

【任务实施】

1. 使用 netstat 命令查看端口

netstat -an 并不是一个工具，但它是查看开放端口最方便的方法，在 cmd 中输入这个命令就可以了，示例如下：

```
C:\>netstat -an
Active Connections
Proto Local Address Foreign Address State
TCP 0.0.0.0:135 0.0.0.0:0 LISTENING
TCP 0.0.0.0:445 0.0.0.0:0 LISTENING
TCP 0.0.0.0:1025 0.0.0.0:0 LISTENING
TCP 0.0.0.0:1026 0.0.0.0:0 LISTENING
UDP 0.0.0.0:135 *:*
UDP 0.0.0.0:445 *:*
UDP 0.0.0.0:1027 *:*
UDP 127.0.0.1:1029 *:*
UDP 127.0.0.1:1030 *:*
```

这是在没上网的时候机器所开的端口，两个 135 和 445 是固定端口，其余几个都是动态端口，如图 6.46 所示。

2. 安装 Apache+PHP+MySQL 服务器

先准备好软件：

apache_2.0.55-win32-x86-no_ssl.msi

php-5.0.5-Win32.zip

mysql-4.1.14-win32.zip。

（1）安装 Apache，配置一个普通的网站服务器。

运行下载好的“apache_2.0.55-win32-x86-no_ssl.msi”，出现如图 6.47 所示 Apache HTTP Server 2.0.55 的安装向导界面，点击“Next”继续。

```
C:\WINDOWS\system32\cmd.exe
  UDP    0.0.0.0:1045           *:*
  UDP    0.0.0.0:1493           *:*
  UDP    0.0.0.0:1496           *:*
  UDP    0.0.0.0:1501           *:*
  UDP    0.0.0.0:1507           *:*
  UDP    0.0.0.0:4500           *:*
  UDP    127.0.0.1:53           *:*
  UDP    127.0.0.1:123          *:*
  UDP    127.0.0.1:1034         *:*
  UDP    192.168.1.9:53         *:*
  UDP    192.168.1.9:123        *:*
  UDP    192.168.1.10:53        *:*
  UDP    192.168.1.10:123       *:*
  UDP    192.168.1.11:53        *:*
  UDP    192.168.1.11:123       *:*
  UDP    192.168.1.13:53        *:*
  UDP    192.168.1.13:123       *:*
  UDP    192.168.1.30:53        *:*
  UDP    192.168.1.30:123       *:*
  UDP    192.168.1.200:53       *:*
  UDP    192.168.1.200:123      *:*
  UDP    192.168.1.200:137      *:*
  UDP    192.168.1.200:138      *:*

C:\Documents and Settings\Administrator>
```

图 6.46 netstat 命令

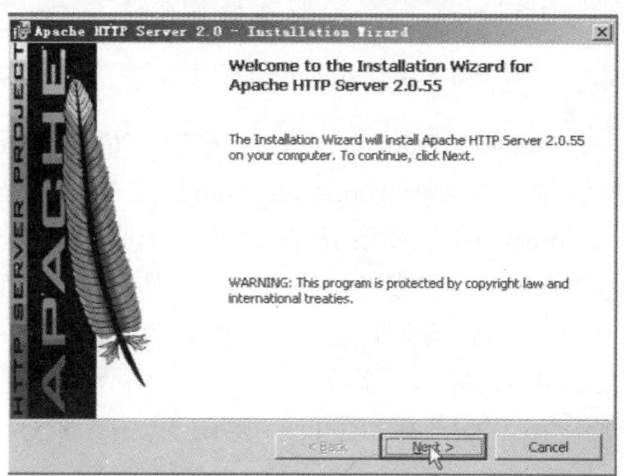

图 6.47 Apache 安装向导

确认同意软件安装使用许可条例，即选择“I accept the terms in the license agreement”单选框，点击“Next”继续，如图 6.48 所示。

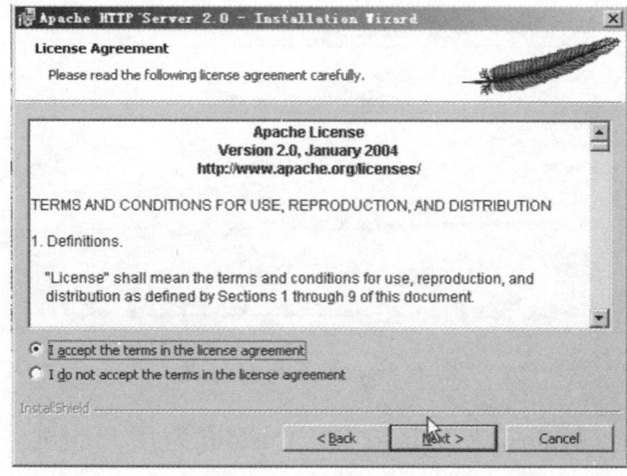

图 6.48 接受许可协议

图 6.49 所示为将 Apache 安装到 Windows 上的使用须知，请阅读完毕后点击“Next”继续。

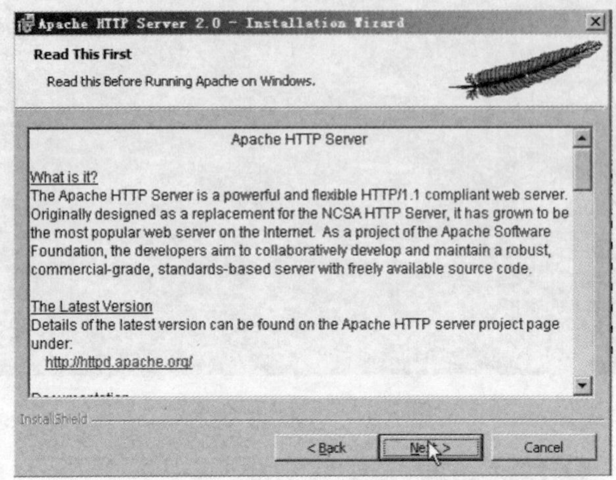

图 6.49　Apache 相关信息

设置系统信息，在 Network Domain 下填入域名（如 goodwaiter.com），在 Server Name 下填入服务器名称（如 www.goodwaiter.com，也就是主机名加上域名），在 Administrator’s Email Address 下填入系统管理员的电子邮件地址（如 yinpeng@xinhuanet.com），上述三条信息仅供参考，其中电子邮件地址会在系统故障时提供给访问者，三条信息均可任意填写，无效的也行。下面有两个选择：一个是为系统所有用户安装，使用默认的 80 端口，并作为系统服务自动启动；另一个是仅为当前用户安装，使用端口 8080，手动启动，一般选择如图 6.50 所示。点击“Next”继续。

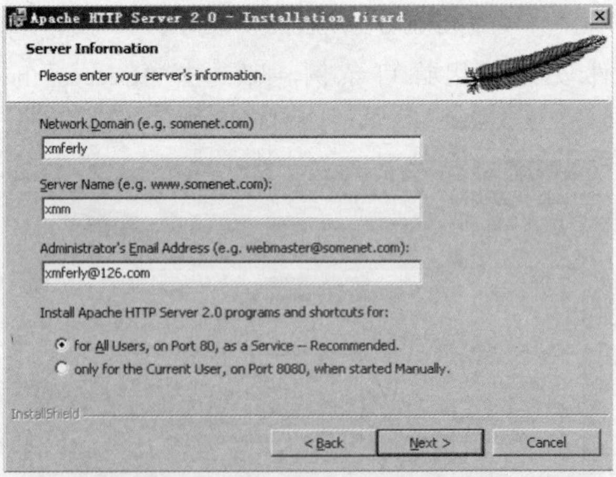

图 6.50　配置用户信息

选择安装类型，Typical 为默认安装，Custom 为用户自定义安装，这里选择 Custom，点击“Next”继续，如图 6.51 所示。

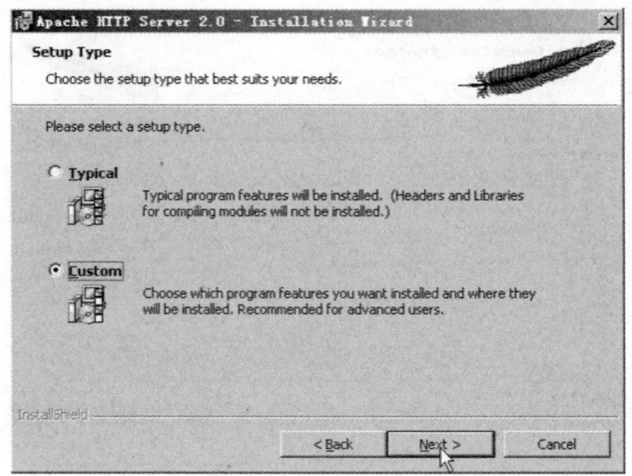

图 6.51　选择自定义

然后出现所选安装类型的设置界面，如图 6.52 所示，单击“Apache HTTP Server 2.0.55”，选择“This feature，and all subfeatures，will be installed on local hard drive.”，即“此部分，及下属子部分内容，全部安装在本地硬盘上”。单击“Change”，手动指定安装目录。

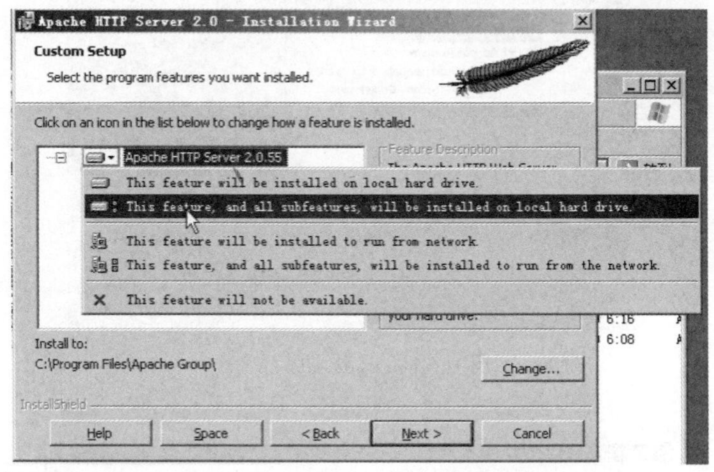

图 6.52　选择“全部安装到硬盘”

这里选择安装在“D:\Apache Group\”，一般建议不要安装在操作系统损坏所在盘，以免操作系统后还原操作把 Apache 配置文件清除。单击“OK”继续。

返回上一个界面，单击“Next”继续，如图 6.53 和图 6.54 所示。

如果要再检查一遍，可以点击“Back”一步步返回检查。确认安装选项无误，单击“Install”开始按前面设定的安装选项安装，如图 6.55 所示。

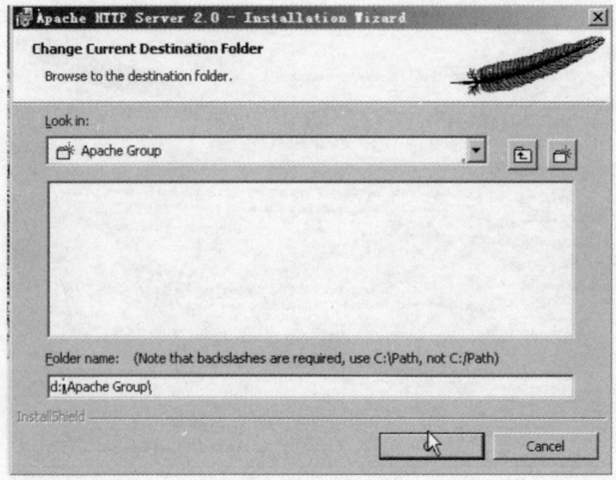

图 6.53　选择安装目录

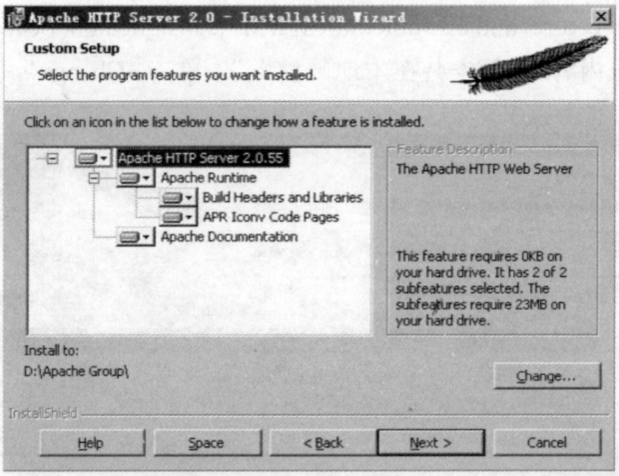

图 6.54　选择安装组件

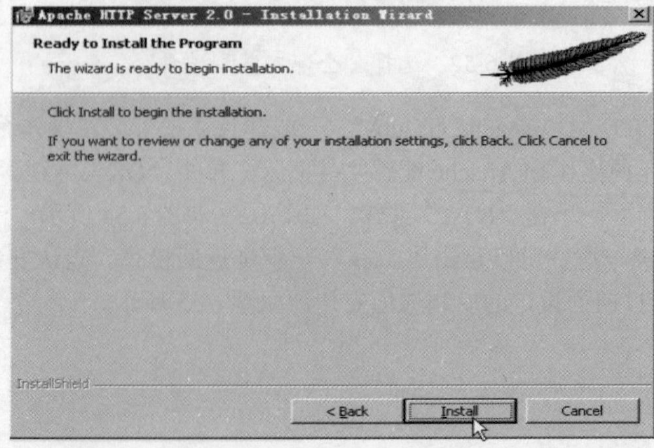

图 6.55　选择安装

如图 6.56 所示，进度条表示正在安装，请耐心等待，直到出现图 6.57 所示画面即完成安装。

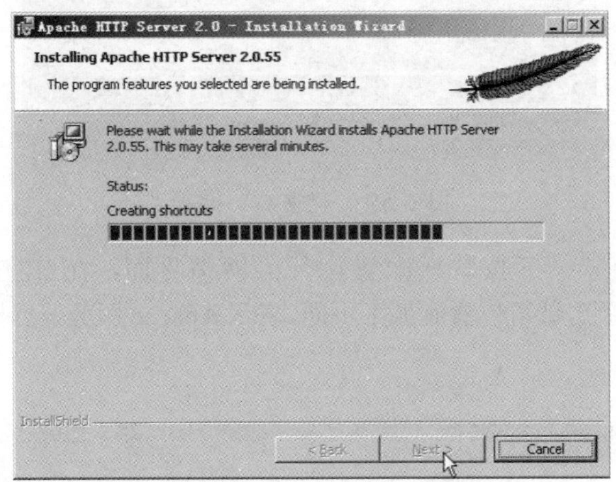

图 6.56 安装进度

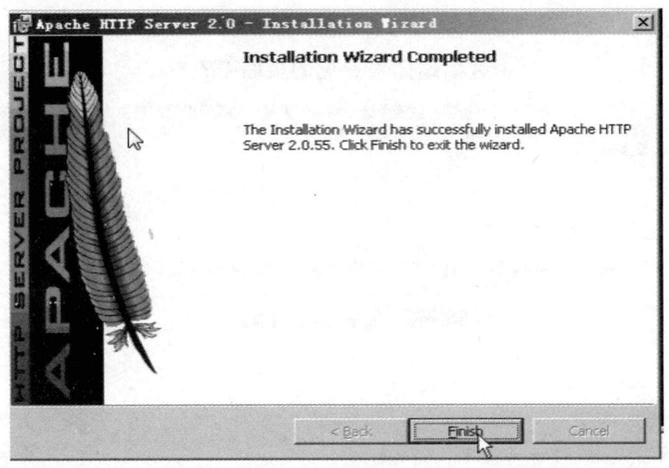

图 6.57 完成安装

安装向导成功完成，这时右下角状态栏应该出现了图 6.58 所示的绿色图标，表示 Apache 服务器已经开始运行，单击“Finish”结束 Apache 的软件安装。

图 6.58 任务栏

在图标上单击，如图 6.59 所示，有“Start（启动）”“Stop（停止）”“Restart（重启）”三个选项，可以很方便地对 Apache 服务器进行操作。

图 6.59 “重启”选项

现在我们来测试一下按默认配置运行的网站界面，在 IE 地址栏输入“http://127.0.0.1”，点击“转到”，就可以看到如下页面，表示 Apache 服务器已安装成功，如图 6.60 所示。

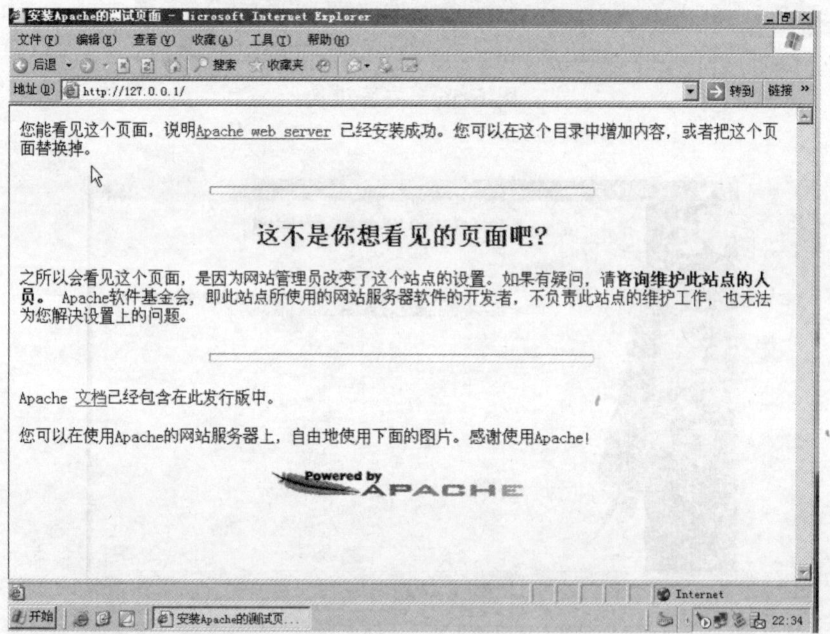

图 6.60 测试页面

现在开始配置 Apache 服务器，使它更好地替我们服务，事实上，如果不配置，安装目录下的“Apache2\htdocs”文件夹就是网站的默认根目录，在里面放入文件就可以了。这里我们还是要配置一下，有什么问题或修改，配置始终是必要的。点击“开始”→“程序”→“Apache HTTP Server 2.0.55”→“Configure Apache Server”→“Edit the Apache httpd conf Configuration file”，如图 6.61 所示。

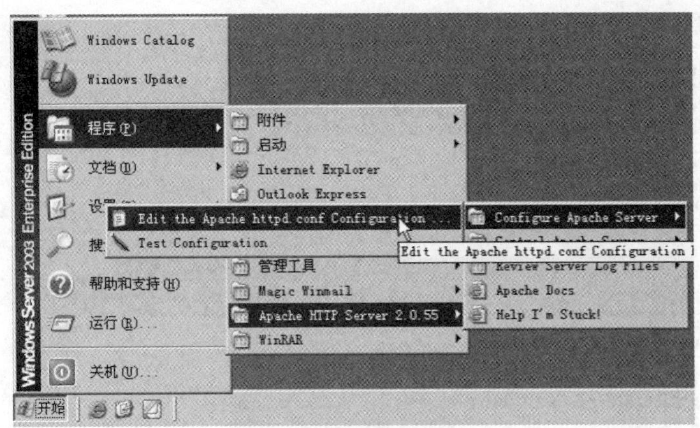

图 6.61 编辑配置文档

记事本有了些小变化，其中很实用的一个功能就是可以看到文件内容的行、列位置，如图 6.62 所示，点击“查看”→“状态栏”，界面右下角就多了个标记，“Ln 78，Col 10”就表示“行 78，列 10”，这样可以迅速地在文件中定位，方便解说。当然，也可以通过“编辑”→“查找”输入关键字来快速定位。每次配置文件改变并保存后，必须重启 Apache 服务器才能生效，可以用前面介绍的小图标方便地控制服务器随时“重启”。

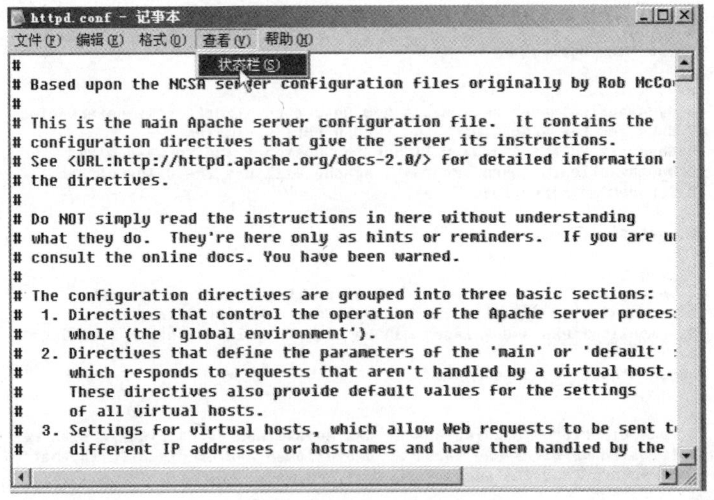

图 6.62 编辑配置文档

配置 Apache 服务器目录：

现在正式开始配置 Apache 服务器，选择“Ln 228”或者查找关键字“DocumentRoot”（也就是网站根目录），找到图 6.63 所示深色部分，然后将下面引号内的地址改成你的网站根目录，地址格式按照图上的写，要注意的是一般文件地址的“\”在 Apache 里要改成“/”。

选择“Ln 253”（第 253 行），也可以通过查找“< P>”找到此行，如图 6.64 所示。

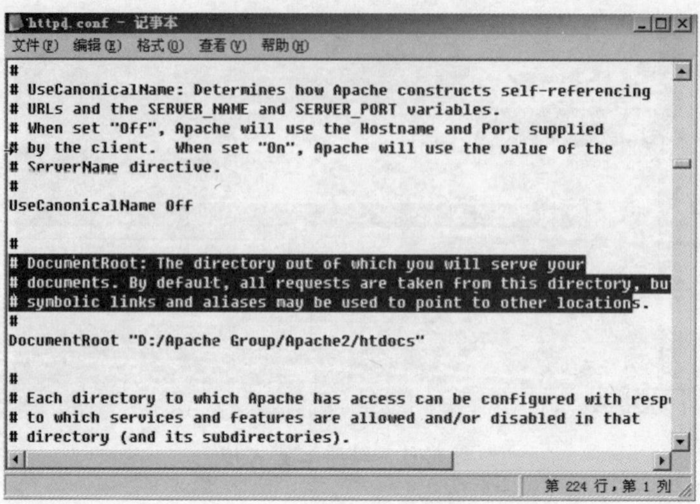

图 6.63　编辑配置文档

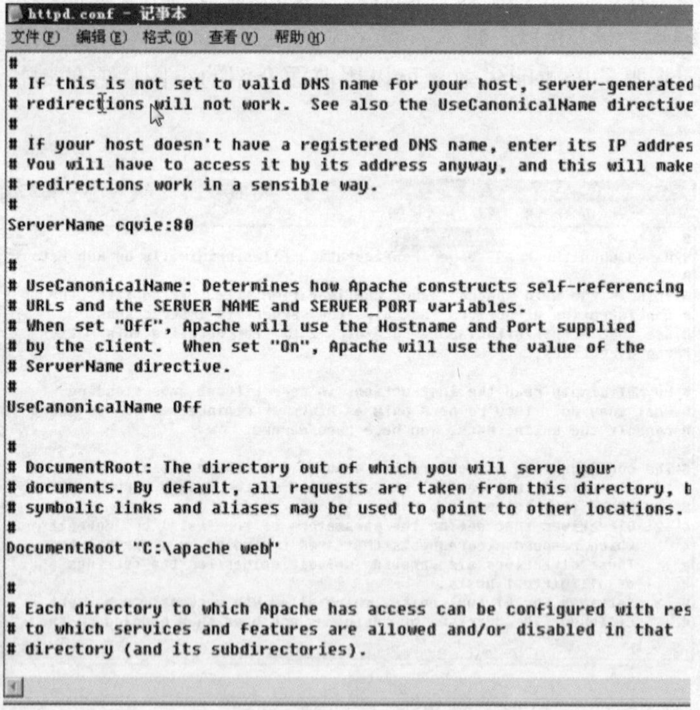

图 6.64　编辑配置文档

配置 Apache 服务器端口：

在 Web Server 界面，不管是微软的 IIS 还是 Apache，它们安装好后默认的网页服务端口号都是 80。有必要指出的是，如果你的电脑中已经安装有某种 Web Server 软件（如 IIS），想要再增加一种 Web Server 软件（如 Apache）的话，那么必须先修改前者默认的网页服务端口 80，否则可能会无法完成安装。

Apache 安装好后，在其安装目录下的 conf 文件夹内会有 httpd.conf 这样一个文本文档，它是 Apache 的配置文件，用于指挥 Apache 的运行，如图 6.65 所示。同时按下键盘上的 Ctrl+F 组合键，在弹出的“查找”对话框中输入“Listen 80”，如图 6.66 所示。

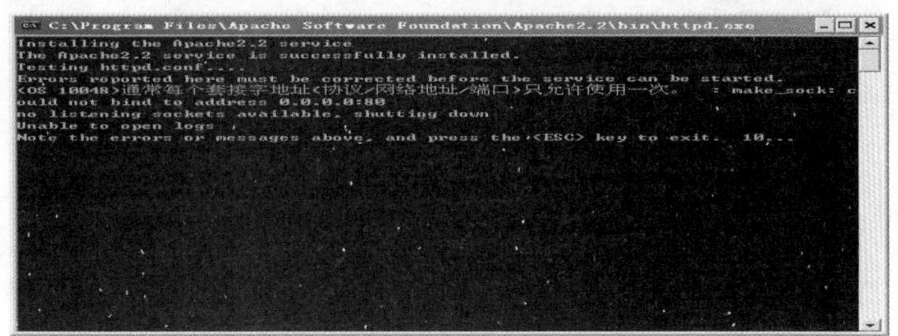

图 6.65　httpd.conf 文件

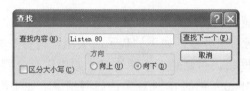

图 6.66　配置 Apache 端口

在查找出来的“Listen 80”字符串中（仅此一处），将 80 改为 8000 或 8080 等可用的端口。在“Listen 80”的上方还有“#Listen 12.34.56.78:80”这样的一串字符，此外的 80 不是一定要随“Listen 80”中的 80 而变化，可改可不改，这只是一个样例。

结束上述操作后，同时按下键盘上的 Ctrl+S 组合键进行保存，然后关闭即完成对 Apache 默认网页服务端口号的修改，一定记得要停止（Stop）一次 Apache 服务后再启动（Start），使刚刚的修改生效。但要注意的是，如果修改了默认端口号（假如将 Listen 80 改为 Listen 8080），那么你将无法通过 http://localhost 或 http://127.0.0.1 打开位于 Apache 服务器上的网页，必须在地址后面加上“冒号 + 端口号”，如 http://localhost:8080 或 http://127.0.0.1:8080，才能访问位于 Apache 服务器中的网页。

配置 Apache 服务器目录索引：

选择“Ln321”DirectoryIndex（目录索引，也就是在仅指定目录的情况下，默认显示的文件名）。目录索引可以添加很多，系统会根据从左至右的顺序来优先显示，以单个半角空格隔开，比如有些网站的首页是 index.htm，就在图 6.67 所示深色处加上“index.htm ”文件名是任意的，不一定非得是“index.html”，比如“test.php”等都可以。

还有一个选择配置选项，就是强制所有输出文件的语言编码。如果打开的网页出现乱码，请先检查网页内有没有 html 语言标记，如果没有，添加上去就能正常显示了。把“# DefaultLanguage nl”前面的“# ”去掉，把“nl”改成要强制输出的语言，中文是“zh-cn”，保存关闭，重启服务生效。

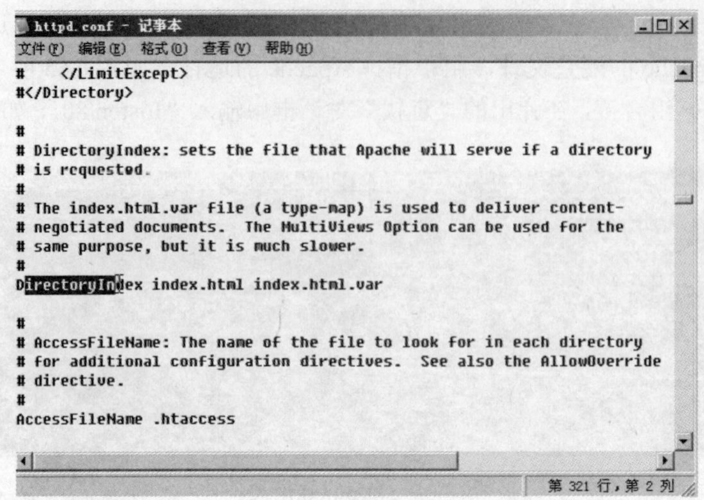

图 6.67　编辑配置文档

简单的 Apache 配置就到此结束了，现在利用小图标重启动，所有的配置便生效了，你的网站就成了一个网站服务器，如果加载了防火墙，请打开 80 或 8080 端口，或者允许 Apache 程序访问网络，否则别人不能访问。如果你有公网 IP 就可以邀请所有能上网的朋友访问使用“http:// 你的 IP 地址”访问网站了；如果你没有公网 IP，也可以把内网 IP 地址告诉局域网内的其他用户，让他们通过“http:// 你的内网 IP 地址”访问你的网站。安装成功的测试页面如图 6.68 所示。

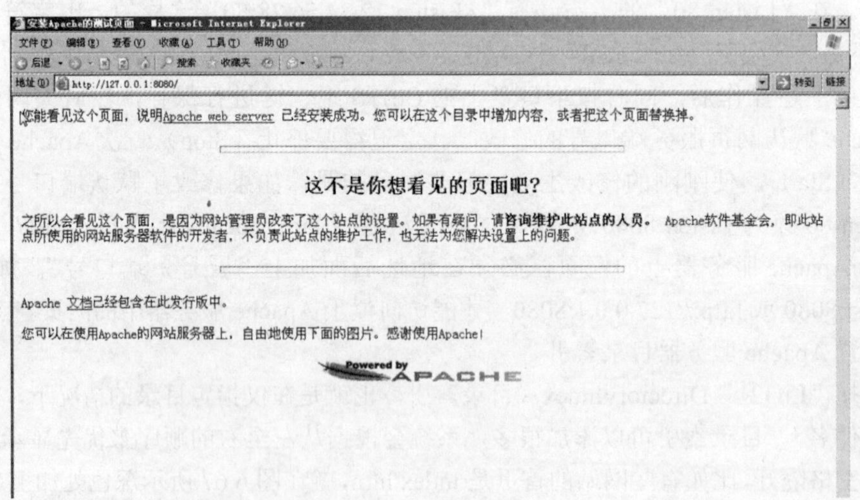

图 6.68　测试页面

（2）安装 PHP。以 module 方式，将 PHP 与 Apache 结合使你的网站服务器支持 PHP 服务器脚本程序。

①安装 PHP。

将下载的 PHP 安装文件 php-5.0.5-Win32.zip 右键解压缩，如图 6.69 所示。

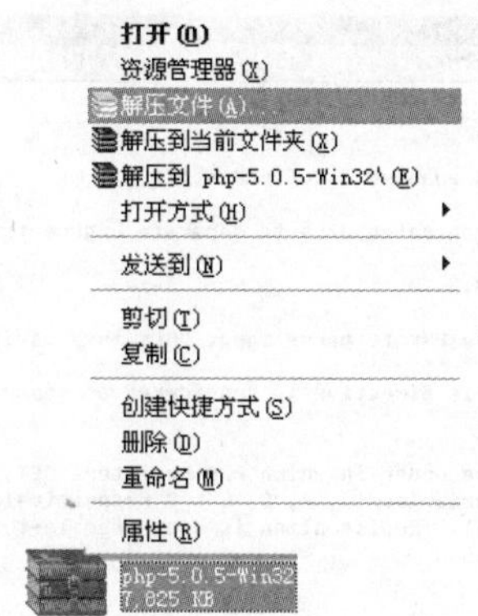

图 6.69 解压 PHP 安装文件

指定解压缩的位置，此外设定在“C:\PHP”，如图 6.70 所示。

文件(F) 编辑(E) 查看(V) 收藏(A) 工具(T) 帮助(H)

地址(D) C:\PHP

名称	大小	类型	修改日期	属性
BACKUP		文件夹	2012-6-8 15:01	
fdftk.dll	408 KB	应用程序扩展	2005-9-5 16:28	A
dev		文件夹	2012-6-8 15:15	
ext		文件夹	2012-6-8 15:15	
extras		文件夹	2012-6-8 15:15	
PEAR		文件夹	2012-6-8 15:15	
fribidi.dll	88 KB	应用程序扩展	2005-9-5 16:28	A
gds32.dll	339 KB	应用程序扩展	2005-9-5 16:28	A
go-pear.bat	1 KB	Windows 批处理文件	2005-9-5 16:28	A
install.txt	69 KB	文本文档	2005-9-5 16:28	A
libeay32.dll	1,056 KB	应用程序扩展	2005-9-5 16:28	A
libmhash.dll	162 KB	应用程序扩展	2005-9-5 16:28	A
libmysql.dll	1,044 KB	应用程序扩展	2005-9-5 16:28	A
license.txt	4 KB	文本文档	2005-9-5 16:28	A
msql.dll	56 KB	应用程序扩展	2005-9-5 16:28	A
news.txt	65 KB	文本文档	2005-9-5 16:28	A
ntwdblib.dll	273 KB	应用程序扩展	2005-9-5 16:28	A
php-cgi.exe	53 KB	应用程序	2005-9-5 16:27	A

图 6.70 指定解压缩的位置

②配置 PHP.ini。

查看解压缩后的文件夹内容，找到“php.ini-dist”文件，将其重命名为“php.ini”，打开文件进行编辑，找到“Ln385”，有一个“register_globals = Off”值，如图 6.71 所示。这个值是用来打开全局变量的，比如表单发送过来的值。如果这个值设为“Off”，就只能用“$_POST[' 变量名 ']、$_GET[' 变量名 ']”等来取得发送过来的值。如果设为“On”，就可以直接使用“$ 变量名”来获取发送过来的值。当然，设为“Off”就比较安全，不会让人轻易将网页间传送的数据截取。

这里还有一个地方要编辑，功能就是使 PHP 能够直接调用其他模块，比如访问 mysql，如图 6.72 所示。在“Ln563”选择要加载的模块，去掉前面的“;”，表示要加载此模块了。加载的越多，占用的资源也就越多，比如要用 mysql，就要把“;extension=php_mysql.dll”前的“;”去掉。所有的模块文件都放在 PHP 解压缩目录的“ext”下，图 6.72 中默认前面的“;”没去掉，是因为默认“ext”目录下没有此模块，加载会提示找不到文件而出错。编辑好后保存，关闭。

```
php.ini - 记事本
文件(F) 编辑(E) 格式(O) 查看(V) 帮助(H)
; Data Handling ;
;;;;;;;;;;;;;;;;;
;
; Note - track_vars is ALWAYS enabled as of PHP 4.0.3

; The separator used in PHP generated URLs to separate arguments.
; Default is "&".
;arg_separator.output = "&amp;"

; List of separator(s) used by PHP to parse input URLs into variables.
; Default is "&".
; NOTE: Every character in this directive is considered as separator!
;arg_separator.input = ";&"

; This directive describes the order in which PHP registers GET, POST, Cookie,
; Environment and Built-in variables (G, P, C, E & S respectively, often
; referred to as EGPCS or GPC).  Registration is done from left to right, newer
; values override older values.
variables_order = "EGPCS"

; Whether or not to register the EGPCS variables as global variables.  You may
; want to turn this off if you don't want to clutter your scripts' global scope
; with user data.  This makes most sense when coupled with track_vars - in which
; case you can access all of the GPC variables through the $HTTP_*_VARS[],
; variables.
;
; You should do your best to write your scripts so that they do not require
; register_globals to be on;  Using form variables as globals can easily lead
; to possible security problems, if the code is not very well thought of.
register_globals = Off
```

图 6.71　配置 PHP.ini

```
php.ini - 记事本
文件(F) 编辑(E) 格式(O) 查看(V) 帮助(H)
;extension=php_cpdf.dll
;extension=php_curl.dll
;extension=php_dba.dll
;extension=php_dbase.dll
;extension=php_dbx.dll
;extension=php_exif.dll
;extension=php_fdf.dll
;extension=php_filepro.dll
;extension=php_gd2.dll
;extension=php_gettext.dll
;extension=php_ifx.dll
;extension=php_iisfunc.dll
;extension=php_imap.dll
;extension=php_interbase.dll
;extension=php_java.dll
;extension=php_ldap.dll
;extension=php_mcrypt.dll
;extension=php_mhash.dll
;extension=php_mime_magic.dll
;extension=php_ming.dll
;extension=php_mssql.dll
;extension=php_msql.dll
extension=php_mysql.dll
;extension=php_oci8.dll
;extension=php_openssl.dll
;extension=php_oracle.dll
;extension=php_pdf.dll
;extension=php_pgsql.dll
;extension=php_shmop.dll
;extension=php_snmp.dll
```

图 6.72　加载 extension= php_mysql.dll

如果上一步加载了其他模块，就要指明模块的位置，否则重启 Apache 的时候会提示“找不到指定模块”的错误。这里介绍一种最简单的方法，直接将 PHP 安装路径里面的 ext 路径指定到 Windows 系统路径中，如在桌面“计算机”上右键选择“属性”，再选择“高级”标签中的“环境变量”，在“系统变量”下找到“Path”变量，双击或点击“编辑”将“;D:\php;D:\php\ext”加到原有值的后面。当然，其中的“D:\php”是安装目录，要将它改为自己的 PHP 安装目录，如图 6.73 所示，全部点击“确定”。系统路径添加好后要重启电脑才能生效，可以现在重启，也可以在所有软件安装或配置好后重启。

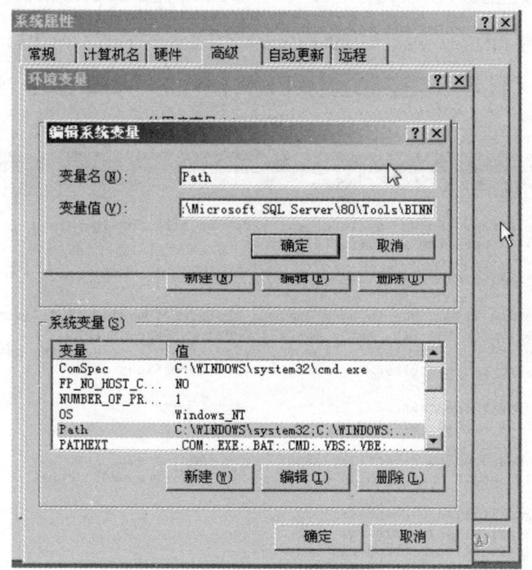

图 6.73　配置 PHP 环境

现在开始将 PHP 以 module 方式与 Apache 相结合，使 PHP 融入 Apache，按照先前的方法打开 Apache 的配置文件，找到“Ln 173”，添加图 6.74 的最后两行。第一行“LoadModule php5_module c:/php/php5apache2.dll”是指以 module 方式加载 php，第二行“PHPIniDir"c:/php"”指明 PHP 的配置文件 php.ini 的位置。当然，其中的“c:/php”要改成你先前选择的 PHP 解压缩的目录。

图 6.74　加载相应的模块

继续打开 Apache 的配置文件，在“Ln 757”加入“AddType application/x-httpd-php .php”“AddType application/x-httpd-php.html”两行，你也可以加入更多，实质上就是添加可以执行 PHP 的文件类型。比如再加上一行“AddType application/x-httpd-php.htm”，则 .htm 文件也可以执行 PHP 程序了。甚至还可以添加上一行“AddType application /x-httpd-php.txt”，让普通的文本文件格式也能运行 PHP 程序，如图 6.75 所示。

```
httpd.conf - 记事本
文件(F)  编辑(E)  格式(O)  查看(V)  帮助(H)
#
# AddType allows you to add to or override the MIME configuration
# file mime.types for specific file types.
#
#AddType application/x-tar .tgz
#
# AddEncoding allows you to have certain browsers (Mosaic/X 2.1+) uncompress
# information on the fly. Note: Not all browsers support this.
# Despite the name similarity, the following Add* directives have nothing
# to do with the FancyIndexing customization directives above.
#
#AddEncoding x-compress .Z
#AddEncoding x-gzip .gz .tgz
#
# If the AddEncoding directives above are commented-out, then you
# probably should define those extensions to indicate media types:
#
AddType application/x-compress .Z
AddType application/x-gzip .gz .tgz
AddType application/x-httpd-php .php
AddType application/x-httpd-php .html
#
# AddHandler allows you to map certain file extensions to "handlers":
# actions unrelated to filetype. These can be either built into the server
# or added with the Action directive (see below)
#
# To use CGI scripts outside of ScriptAliased directories:
# (You will also need to add "ExecCGI" to the "Options" directive.)
#
#AddHandler cgi-script .cgi
```

图 6.75　加载相关网页 PHP

目录默认索引文件也可以修改一下，如图 6.76 所示，因为现在增加了 PHP，有些文件就直接存为“.php”了，我们可以把“index.php”设为默认索引文件，按优先顺序放在第一位即可。保存退出重启服务生效。

```
httpd.conf - 记事本
文件(F)  编辑(E)  格式(O)  查看(V)  帮助(H)
# or whichever, as appropriate.
#
#<Directory "C:/Documents and Settings/*/My Documents/My Website">
#    AllowOverride FileInfo AuthConfig Limit
#    Options MultiViews Indexes SymLinksIfOwnerMatch IncludesNoExec
#    <Limit GET POST OPTIONS PROPFIND>
#        Order allow,deny
#        Allow from all
#    </Limit>
#    <LimitExcept GET POST OPTIONS PROPFIND>
#        Order deny,allow
#        Deny from all
#    </LimitExcept>
#</Directory>

#
# DirectoryIndex: sets the file that Apache will serve if a directory
# is requested.
#
# The index.html.var file (a type-map) is used to deliver content-
# negotiated documents.  The MultiViews Option can be used for the
# same purpose, but it is much slower.
#
DirectoryIndex index.html index.html.var index.php index.htm

#
# AccessFileName: The name of the file to look for in each directory
# for additional configuration directives.  See also the AllowOverride
# directive.
#
```

图 6.76　设置默认页面

至此，PHP 的安装及其与 Apache 的结合已经全部完成，用屏幕右下角的小图标重启 Apache，测试成功 Apache 服务器就支持了 PHP。

测试方法：

在 Web 目录中编写 index.php 文件，输入 <?php phpinfo();?>，如图 6.77 所示。

图 6.77 编写程序代码

在浏览器中输入地址 127.0.0.1:8080 进入测试，测试成功如图 6.78 所示。

PHP Version 5.0.5

System	Windows NT CQVIE 5.2 build 3790
Build Date	Sep 5 2005 15:50:13
Configure Command	cscript /nologo configure.js "--enable-snapshot-build" "--with-gd=shared"
Server API	Apache 2.0 Handler
Virtual Directory Support	enabled
Configuration File (php.ini) Path	C:\PHP\php.ini
PHP API	20031224
PHP Extension	20041030
Zend Extension	220040412
Debug Build	no
Thread Safety	enabled
Zend Memory Manager	enabled
IPv6 Support	enabled
Registered PHP Streams	php, file, http, ftp, compress.zlib
Registered Stream Socket Transports	tcp, udp

This program makes use of the Zend Scripting Language Engine:
Zend Engine v2.0.5, Copyright (c) 1998-2004 Zend Technologies

图 6.78 测试 PHP 成功

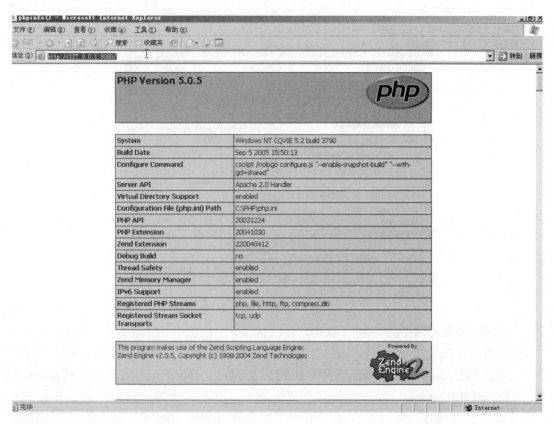

（3）安装 MySQL，将其与 PHP、Apache 相结合。

打开下载的 MySQL 安装文件 mysql-4.1.14-win32.zip，双击解压缩，运行“setup.exe”，出现如图 6.79 所示的界面。

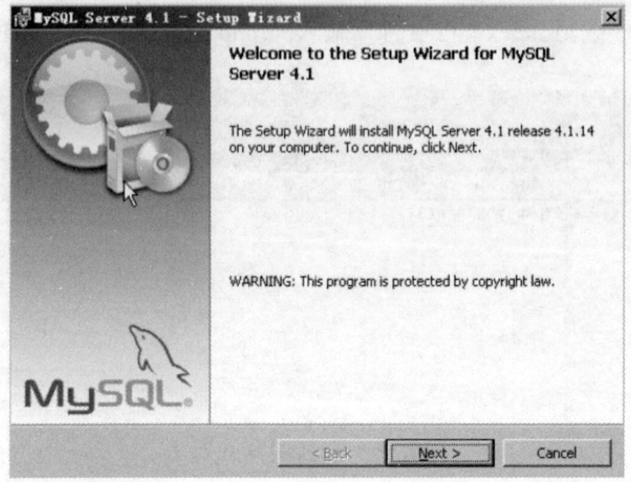

图 6.79　安装配置 MySQL（1）

启动 MySQL 安装向导，点击“Next”继续，如图 6.80 所示。

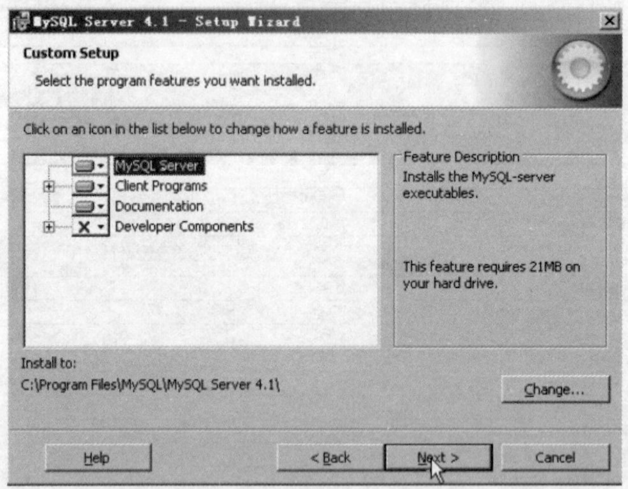

图 6.80　安装配置 MySQL（2）

选择安装类型，有“Typical（默认）”、“Complete（完全）”、“Custom（用户自定义）”三个选项，我们选择“Custom”，自定义安装有更多的选项，方便熟悉安装过程。

单击“Developer Components（开发者部分）”，选择“This feature，and all subfeatures，will be installed on local hard drive.”，即“此部分，及下属子部分内容，全部安装在本地硬盘上”，如图 6.81 所示。在上面的“MySQL Server（MySQL 服务器）”“Client Programs（MySQL 客户端程序）”“Documentation（文档）”也作此操作，以保证安装所有文件。点击“Change”，手动指定安装目录，如图 6.82 所示。

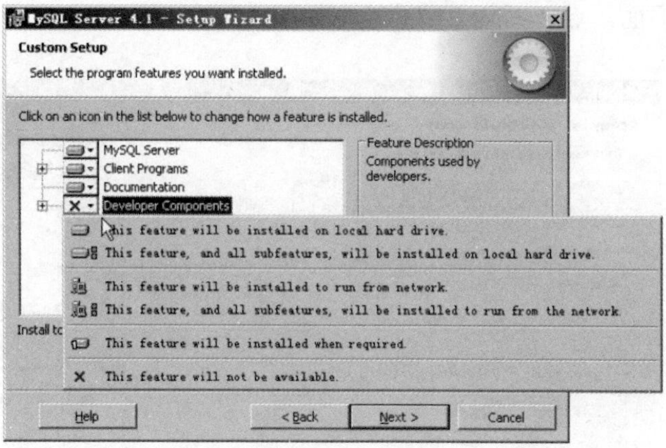

图 6.81　安装配置 MySQL（3）

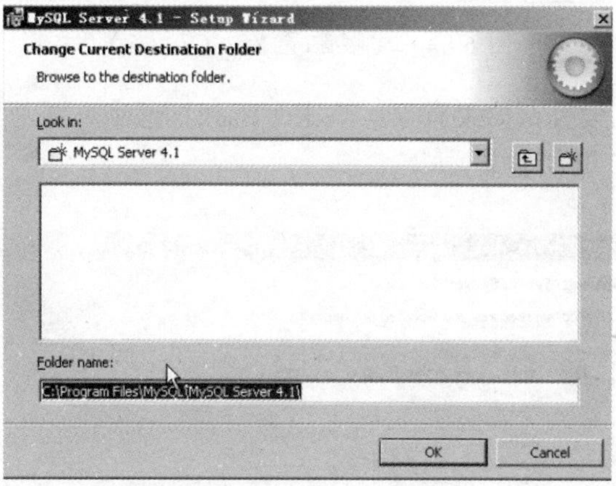

图 6.82　安装配置 MySQL（2）

输入安装目录“D:\MySQL”，建议不要与操作系统放在同一盘区，这样可以防止系统备份还原时数据被清空。点击“OK”继续，如图 6.83 所示。

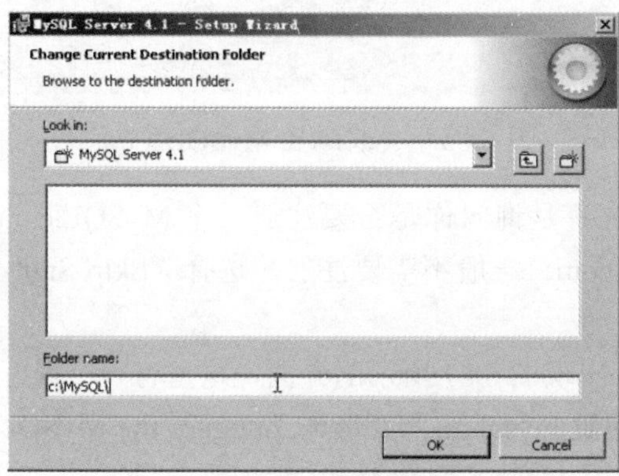

图 6.83　选择目录

返回刚才的界面，点击“Next”继续，如图 6.84 所示。

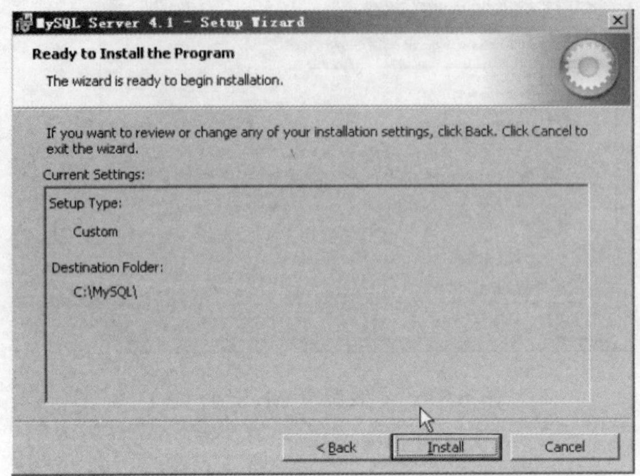

图 6.84　安装配置 MySQL（5）

确认一下先前的设置，如果有误，点击“Back”返回重置，如图 6.85 所示。确认无误后点击“Install”开始安装。

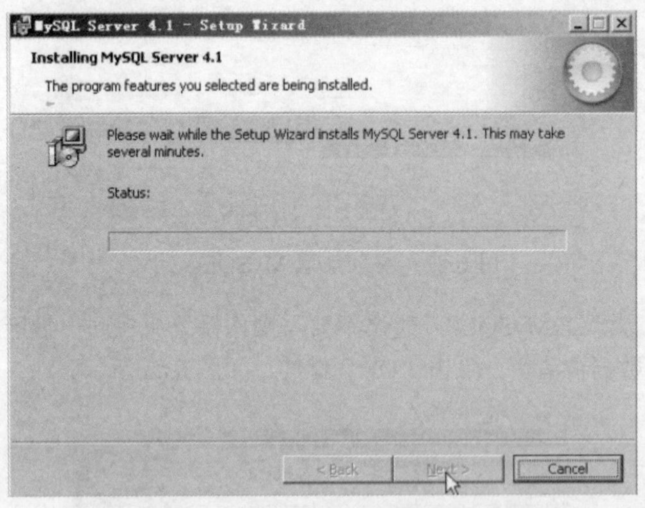

图 6.85　安装配置 MySQL（6）

如图 6.86 所示，这里是询问你是否要注册一个 MySQL.com 的账号，或是使用已有的账号登录 MySQL.com。一般不需要注册，选择“Skip Sign-Up”，点击“Next”略过此步骤。

软件安装完成后，出现图 6.87 所示的界面，这里有一个很好的功能，MySQL 配置向导，不用自己手动配置 mysql.ini。勾选“Configure the MySQL Server now”复选框，点击“Finish”结束软件的安装并启动 MySQL 配置向导。

图 6.86 选择 Skip Sign-Up

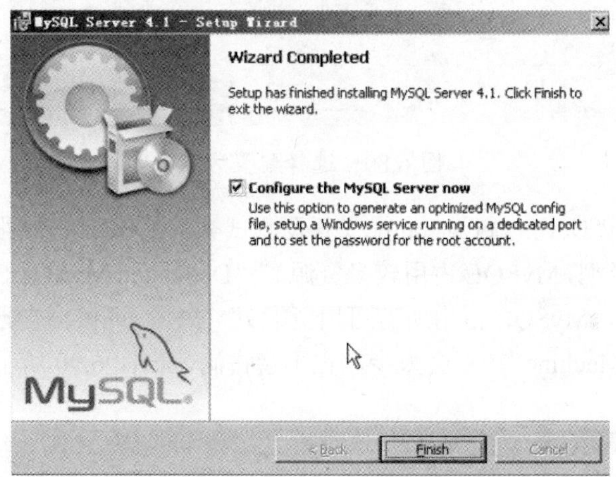

图 6.87 安装配置 MySQL（6）

MySQL 配置向导启动界面如图 6.88 所示，点击“Next”继续。

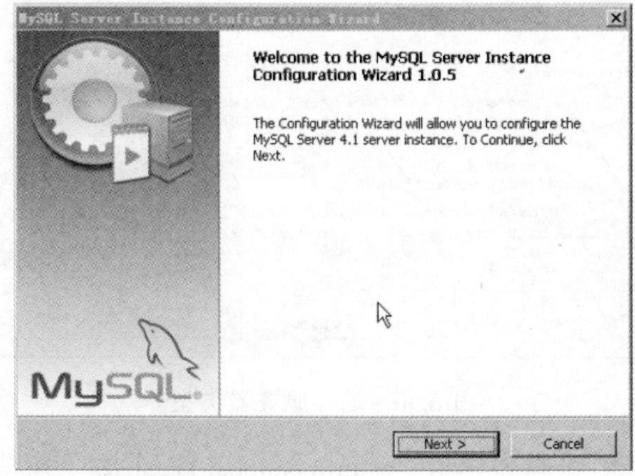

图 6.88 MySQL 配置向导启动界面

配置方式有“Detailed Configuration（手动精确配置）”“Standard Configuration（标准配置）”两种，我们选择“Detailed Configuration”，方便熟悉配置过程，如图 6.89 所示。

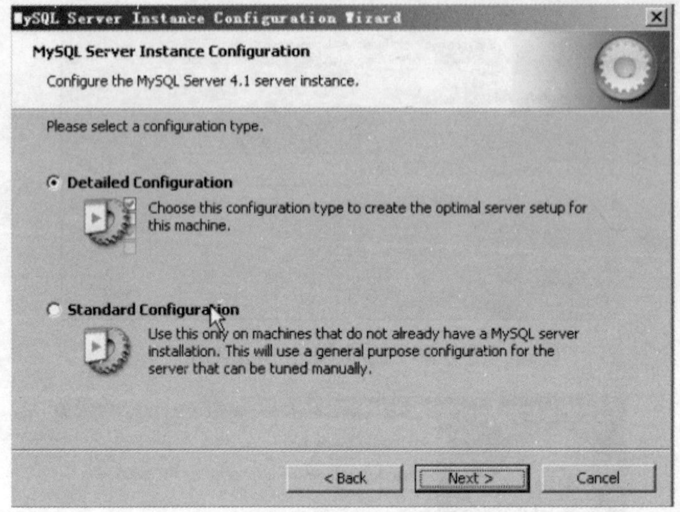

图 6.89　选择配置方式

服务器类型有“Developer Machine（开发测试类，MySQL 占用很少资源）”“Server Machine（服务器类型，MySQL 占用较多资源）”“Dedicated MySQL Server Machine（专门的数据库服务器，MySQL 占用所有可用资源）”三种，可根据自己需要的类型选择，一般选择“Server Machine”，不会太少，也不会占满，如图 6.90 所示。

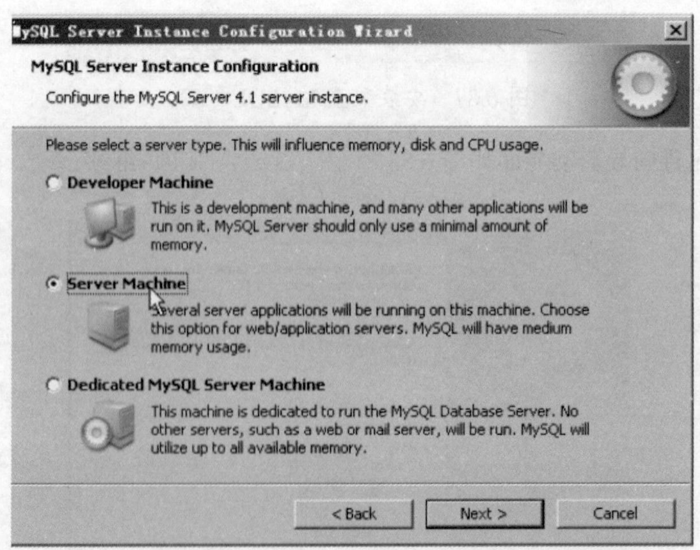

图 6.90　选择服务器类型

MySQL 数据库的大致用途有“Multifunctional Database（通用多功能型，好）”“Transactional Database Only（服务器类型，专注于事务处理，一般）”“Non-Transactional

Database Only（非事务处理型，较简单，主要做一些监控、记数用，对 MyISAM 数据类型的支持仅限于 Non-Transactional），随自己的用途而选择，这里选择“Transactional Database Only”，点击“Next”继续，如图 6.91 所示。

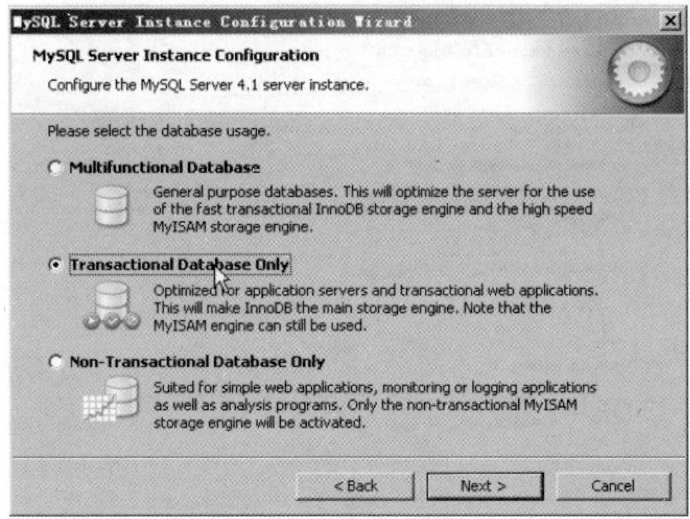

图 6.91　选择数据库的用途

对 InnoDB Tablespace 进行配置就是为 InnoDB 数据库文件选择一个存储空间，如果作了修改，要记住位置，重装的时候要选择同样的位置，否则可能会造成数据库损坏。当然，对数据库做个备份就没问题了，此外不详述。这里使用默认位置，直接点击“Next”继续，如图 6.92 所示。

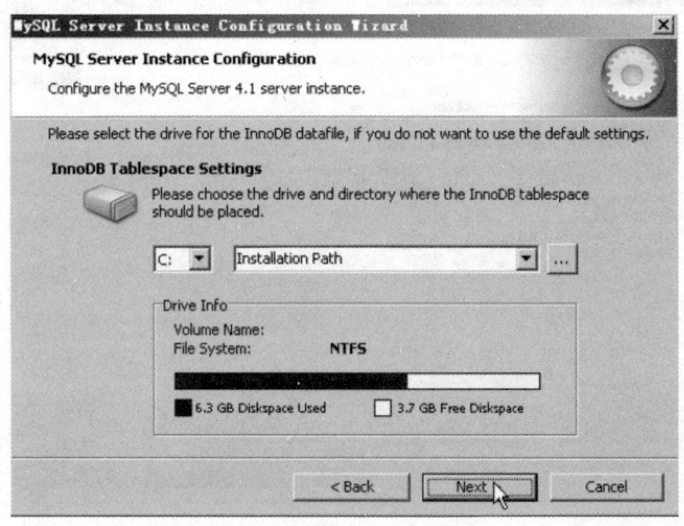

图 6.92　配置 InnoDB Tablespace

选择网站的一般 MySQL 访问量和同时连接的数目，如图 6.93 所示，有“Decision

Support（DSS）/OLAP（20 个左右）”“Online Transaction Processing（OLTP）（500 个左右）”“Manual Setting（手动设置，自己输入一个数）”，这里选择“Online Transaction Processing（OLTP）”，个人的服务器应该够用了，点击“Next”继续

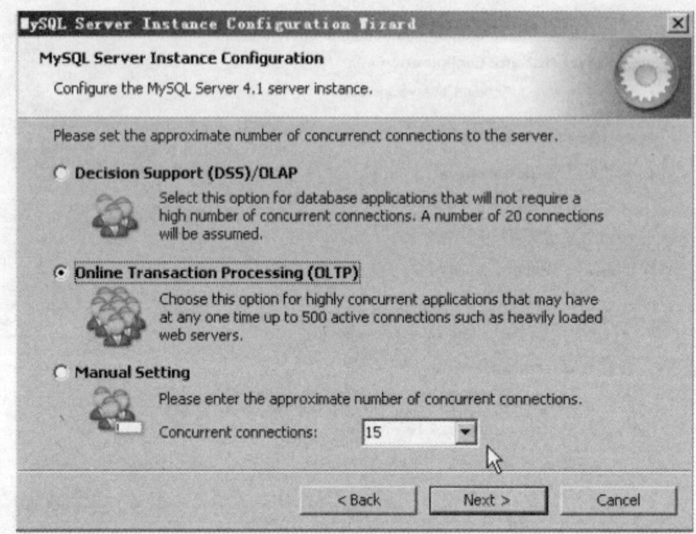

图 6.93　选择 OLTP

设置是否启用 TCP/IP 连接。设定端口，如果不启用，就只能在自己的机器上访问 MySQL 数据库了；启用就勾选“Enable TCP/IP Networking”复选框，Port Number 设置为 3306，点击“Next”继续，如图 6.94 所示。

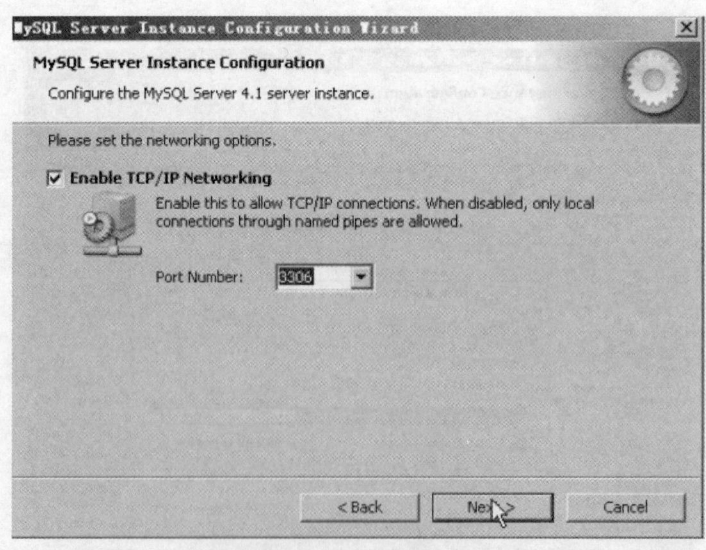

图 6.94　选择端口

接下来比较重要，要对 MySQL 默认数据库语言编码进行设置。第一个是西文编码，第二个是多字节的通用 UTF8 编码，这两个都不是通用的编码，此外选择第三个，然

后在 Character Set 编辑框中选择或填入“gbk”，如图 6.95 所示。当然也可以用“gb2312”，区别就是 gbk 的字库容量大，包括了 gb2312 的所有汉字，并且加上了繁体字和其他字，使用 MySQL 的时候，在执行数据操作命令之前运行一次“SET NAMES GBK;”（运行一次就行了，GBK 可以替换为其他值，视设置而定），就可以正常的使用汉字（或其他文字）了，否则不能正常显示汉字。点击“Next”继续。

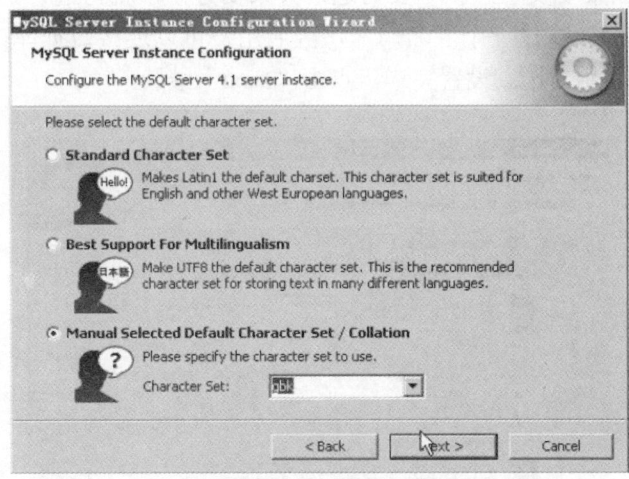

图 6.95　选择语言编码

选择是否将 MySQL 安装为 Windows 服务，还可以指定 Service Name（服务标识名称），以及是否将 MySQL 的 bin 目录加入到 Windows PATH（加入后，就可以直接使用 bin 目录下的文件，而不用指出目录名。比如连接“mysql.exe -uusername -ppassword;”就可以了，不用指出 MySQL.exe 的完整地址，很方便）。如图 6.96 所示，勾选所有的复选框，Service Name 不变，点击“Next”继续。

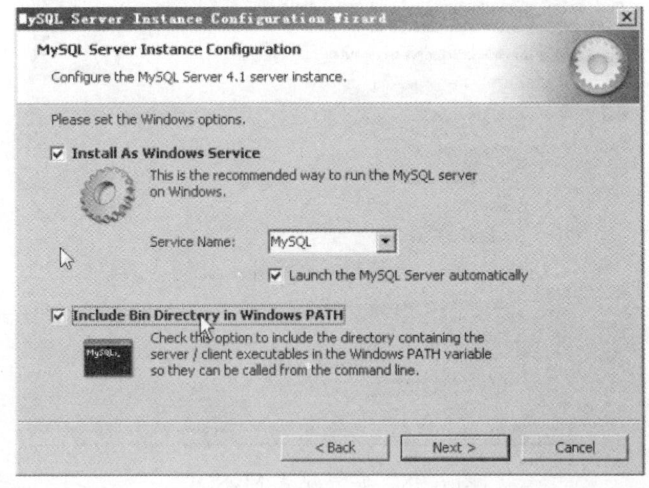

图 6.96　安装配置 MySQL

如图 6.97 所示，这一步询问是否要修改默认 root 用户（超级管理）的密码（默认为空）。“New root password”如果要修改，就在此填入新密码（如果是重装，并且之前已经设置了密码，在这里更改密码可能会出错，请留空，并取消勾选“Modify Security Settings”复选框，安装配置完成后另行修改密码），“Confirm（再输一遍）”内再填一次，防止输错。“Enable root access from remote machines（是否允许 root 用户在其他的机器上登录，如果要安全，就不要勾选，如果要方便，就勾选）”。最后“Create An Anonymous Account（新建一个匿名用户，匿名用户可以连接数据库，不能操作数据，包括查询）”一般不用勾选。设置完毕，点击“Next”继续。

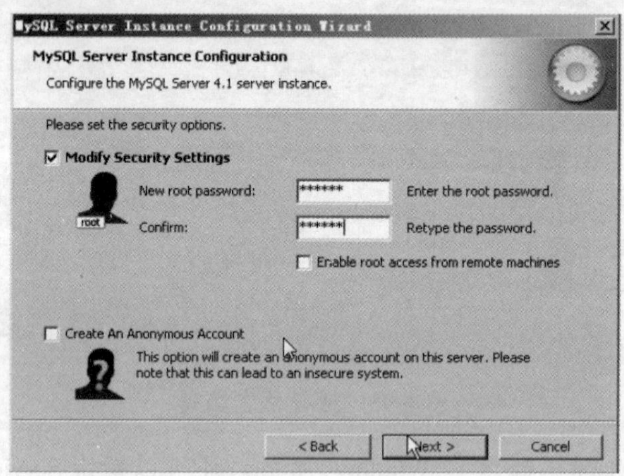

图 6.97　输入相关信息

确认设置无误。如果有误，点击“Back”返回检查。点击“Execute”使设置生效，如图 6.98 所示。

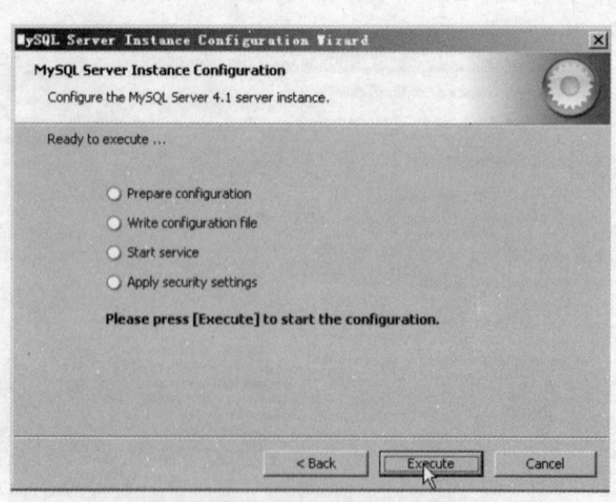

图 6.98　安装配置 MySQL

设置完毕，点击“Finish”结束 MySQL 的安装与配置，如图 6.99 所示。

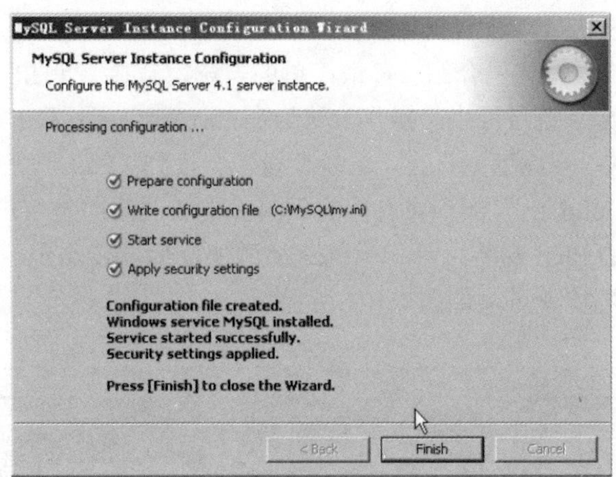

图 6.99　安装完成

注意：

这里有一个比较常见的错误，就是不能选择“Start service”，一般出现在以前有安装 MySQL 过的服务器上。解决的办法是先保证以前安装的 MySQL 服务器彻底卸载掉了；不行的话，检查是否按上面一步所说，之前的密码是否有修改；如果依然不行，将 MySQL 安装目录下的 data 文件夹备份，然后删除，在安装完成后，将安装生成的 data 文件夹删除，备份的 data 文件夹移回，再重启 MySQL 服务就可以了，这种情况下，可能需要将数据库检查一下，然后修复一次，防止数据出错。

Apache 与 PHP 相结合，前面已提到过，这里再说明一下。在 PHP 安装目录下，找到先前重命名并编辑过的 php.ini，如图 6.100 所示。选择“Ln563”，把“;extension= php_mysql.dll”前的“;”去掉，加载 MySQL 模块。保存并关闭后，重启 Apache 就可以了。

```
php.ini - 记事本
文件(F) 编辑(E) 格式(O) 查看(V) 帮助(H)
;extension=php_cpdf.dll
;extension=php_curl.dll
;extension=php_dba.dll
;extension=php_dbase.dll
;extension=php_dbx.dll
;extension=php_exif.dll
;extension=php_fdf.dll
;extension=php_filepro.dll
;extension=php_gd2.dll
;extension=php_gettext.dll
;extension=php_ifx.dll
;extension=php_iisfunc.dll
;extension=php_imap.dll
;extension=php_interbase.dll
;extension=php_java.dll
;extension=php_ldap.dll
;extension=php_mcrypt.dll
;extension=php_mhash.dll
;extension=php_mime_magic.dll
;extension=php_ming.dll
;extension=php_mssql.dll
;extension=php_msql.dll
extension=php_mysql.dll
;extension=php_oci8.dll
;extension=php_openssl.dll
;extension=php_oracle.dll
;extension=php_pdf.dll
;extension=php_pgsql.dll
;extension=php_shmop.dll
;extension=php_snmp.dll
```

图 6.100　加载 php_mysql.dll

项目 6

同样，加载了模块后，就要指明模块的位置，否则重启 Apache 的时候会提示“找不到指定模块”的错误。这里介绍一种最简单的方法，直接将 PHP 安装路径里面的 ext 路径指定到 Windows 系统路径中。操作方法为在“计算机”上右击选择“属性”，再选择“高级”标签中的“环境变量”，在“系统变量”下找到“Path”变量，双击或点击“编辑”，将“;D:\php;D:\php\ext”加到原有值的后面。当然，其中的“D:\php”是安装目录，也可将它改为自己的 PHP 安装目录。系统路径添加好后要重启电脑才能生效，生效后可用 SET 命令查看环境变量，如图 6.101 所示。

```
C:\WINDOWS\system32\cmd.exe
HOMEDRIVE=C:
HOMEPATH=\Documents and Settings\Administrator
LOGONSERVER=\\CQUIE
NUMBER_OF_PROCESSORS=1
OS=Windows_NT
Path=C:\WINDOWS\system32;C:\WINDOWS;C:\WINDOWS\System32\Wbem;C:\Program Files\Mi
crosoft SQL Server\80\Tools\BINN;c:\php;c:\php\ext;C:\MySQL\bin
PATHEXT=.COM;.EXE;.BAT;.CMD;.VBS;.VBE;.JS;.JSE;.WSF;.WSH
PROCESSOR_ARCHITECTURE=x86
PROCESSOR_IDENTIFIER=x86 Family 6 Model 37 Stepping 5, GenuineIntel
PROCESSOR_LEVEL=6
PROCESSOR_REVISION=2505
ProgramFiles=C:\Program Files
PROMPT=$P$G
SESSIONNAME=Console
SystemDrive=C:
SystemRoot=C:\WINDOWS
TEMP=C:\DOCUME~1\ADMINI~1\LOCALS~1\Temp
TMP=C:\DOCUME~1\ADMINI~1\LOCALS~1\Temp
USERDOMAIN=CQUIE
USERNAME=Administrator
USERPROFILE=C:\Documents and Settings\Administrator
windir=C:\WINDOWS

C:\Documents and Settings\Administrator>
```

图 6.101　配置系统变量

配置 phpMyAdmin，管理 MySQL：

将 phpMyAdmin 子目录 library 里的 config.default.php 拷贝到 phpMyAdmin 根目录下并且重命名为 config.inc.php，然后修改 config.inc.php 里的内容，把

```
$cfg['Servers'][$i]['auth_type'] = 'config';
```

改为：

```
$cfg['Servers'][$i]['auth_type'] = 'cookie';
$cfg['Servers'][$i]['user']= 'root';    //MySQL 的用户名
$cfg['Servers'][$i]['password'] = '';    //MySQL 密码
```

重新启动 Apache 就全部设置好了。在浏览器中输入网址进行测试，如图 6.102 和图 6.103 所示。

3. 安装配置 Discuz PHP 开源论坛

Discuz 是一套通用的社区论坛软件系统，自 2001 年 6 月面世以来，Discuz 已拥有五年以上的应用历史和三十多万网站用户案例，是全球成熟度最高、覆盖率最大的论坛软件系统之一，如图 6.103 所示。

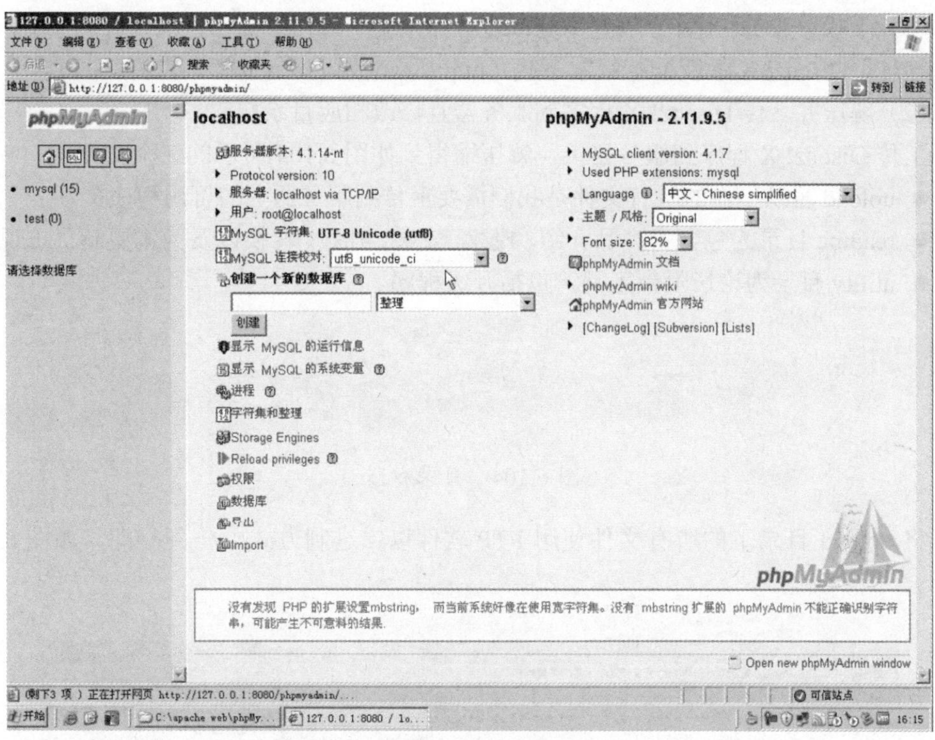

图 6.102　MySQL 数据库管理（1）

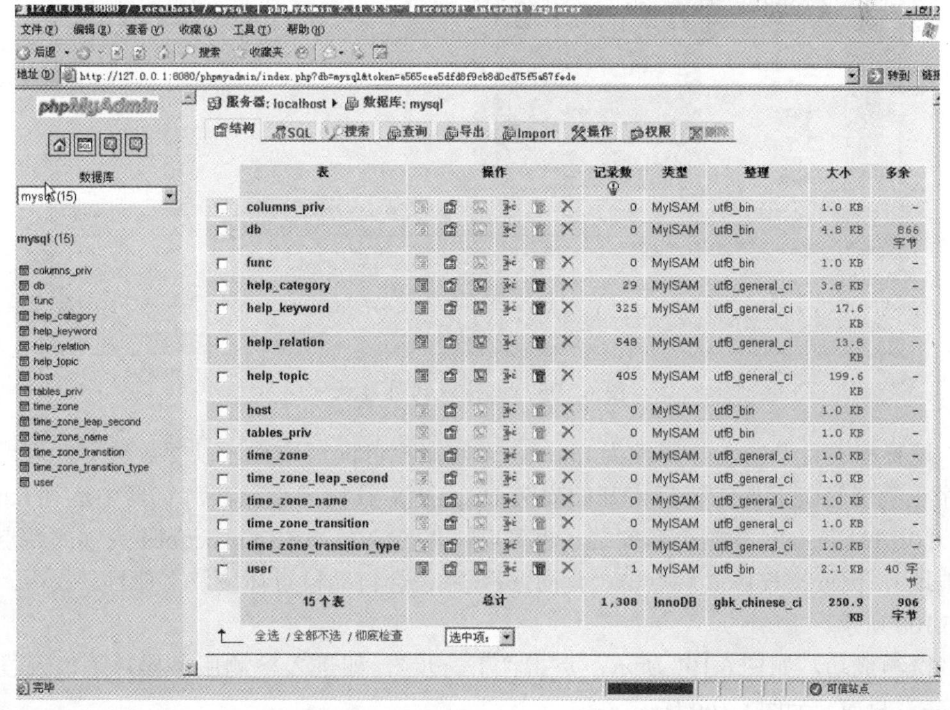

图 6.103　MySQL 数据库管理（2）

（1）下载 Discuz! X 官方版到本地或服务器上。

地址：Discuz! X 最新推荐版本下载（http://www.discuz.net/）。

（2）解压并上传 Discuz! X 程序到服务器且修改相应目录权限。

上传 Discuz! X 程序到服务器上，解压缩得到如图 6.104 所示的三个文件夹。

- upload 目录下面的所有文件是我们需要上传到服务器上的可用程序文件；
- readme 目录为包含为产品介绍、授权、安装、升级、转换以及版本更新日志说明；
- utility 目录为论坛附带工具，包括升级程序。

图 6.104　目录权限

将 upload 目录下的所有文件使用 FTP 软件以二进制方式上传到空间，如图 6.105 所示。

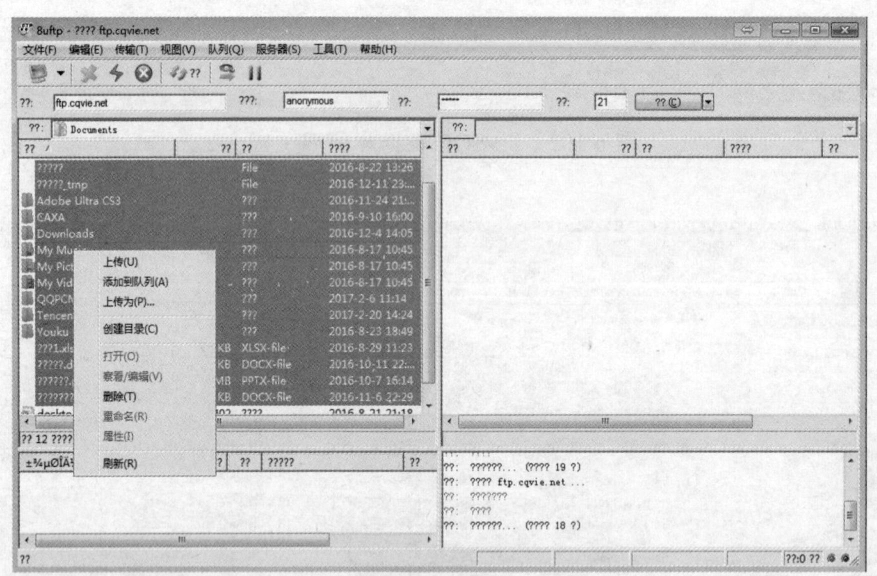

图 6.105　上传或拷贝目录

设置相关目录的文件属性为 Internet 来宾账户可读写属性，以便数据文件可以被程序正确读写。上传完毕后，开始安装 Discuz! X 社区软件，在浏览器中运行 http://127.0.0.1/bbs/install/ 开始全新安装（也可以输入 http://www.cqvie.net/bbs 为你的站点访问地址），阅读授权协议后点击“我同意”，系统会自动检查环境及文件目录权限，如图 6.106 所示。

检测成功，如图 6.107 所示，点击“下一步”，即进入检测服务器环境以及设置 UCenter 界面，如图 6.108 所示。

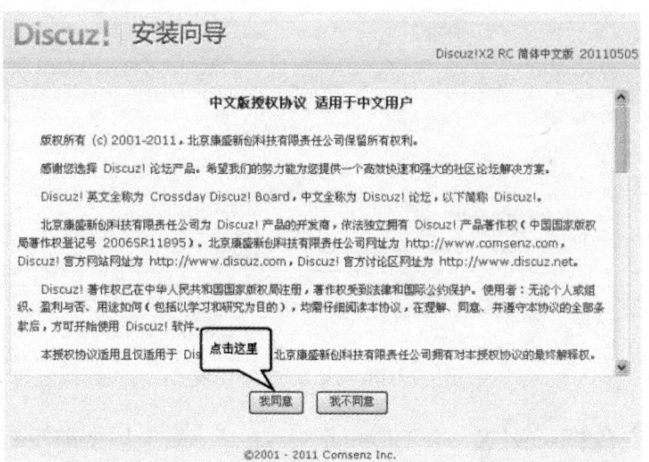

图 6.106　安装向导

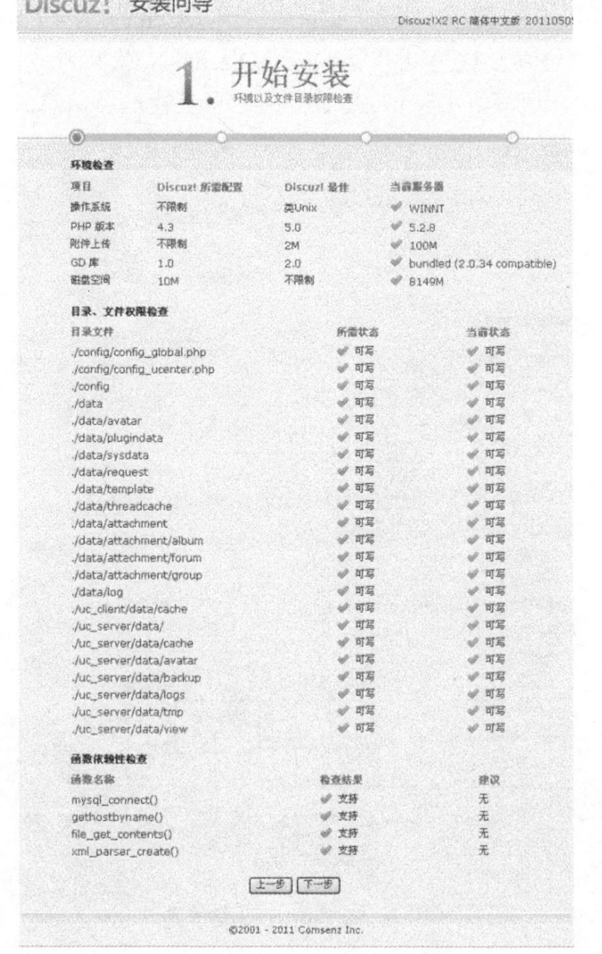

图 6.107　开始安装

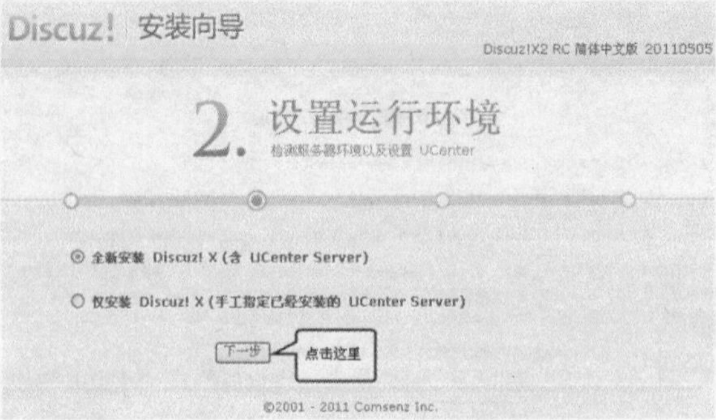

图 6.108　设置运行环境

选择“全新安装 Discuz! X（含 UCenter Server）”，如果您之前没有安装过我们的产品，需要全新安装的话，请选择此项。选择“仅安装 Discuz! X（手工指定已经安装的 UCenter Server ）”，如果您之前安装过我们的产品，现在只是升级的话，请选择此项并保证之前的 UCenter 是 UCenter 1.6.0 版本。如果之前安装的 UCenter Server 没有进行升级操作的话，一般为 1.5.1 版本，您需要首先升级 UCenter 到 1.6.0 版本，否则安装程序会提示错误，无法继续。这里以“全新安装 Discuz! X ”为例。

如图 6.109 所示，填写好 Discuz! X 数据库信息及管理员信息。

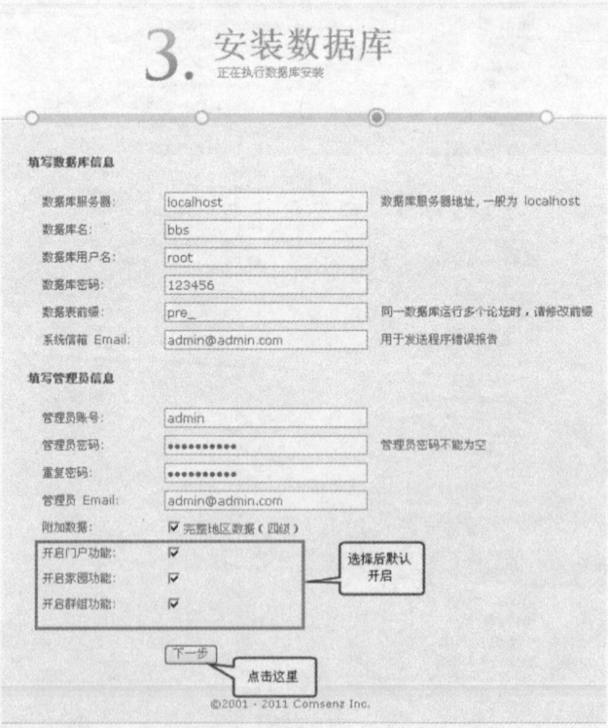

图 6.109　输入相关信息

附加数据：为测试数据，可以不选择安装，主要是演示专题和完整地区数据。

同时这里可以选择站点默认是否“开启门户、家园和群组功能”，如果不选择开启，安装后也可以在后台开启相应的功能。

点击“下一步”，系统会自动安装数据库直至完毕，如图 6.110 所示界面。

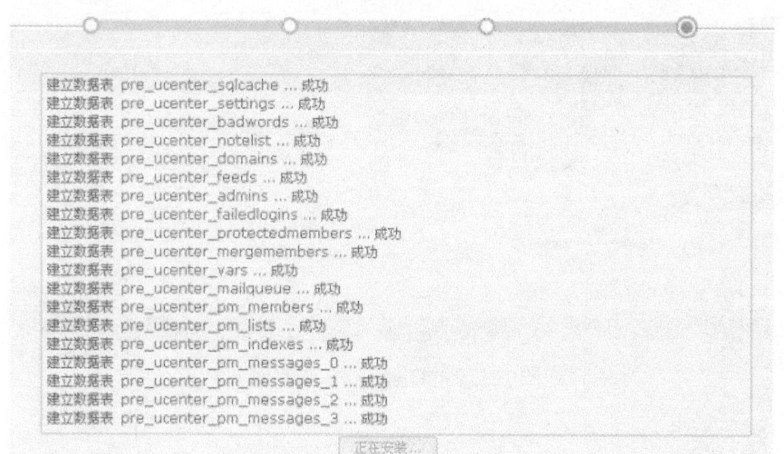

图 6.110　安装数据库

安装完毕后的界面如图 6.111 所示，可进入 Discuz! X 首页查看网站。

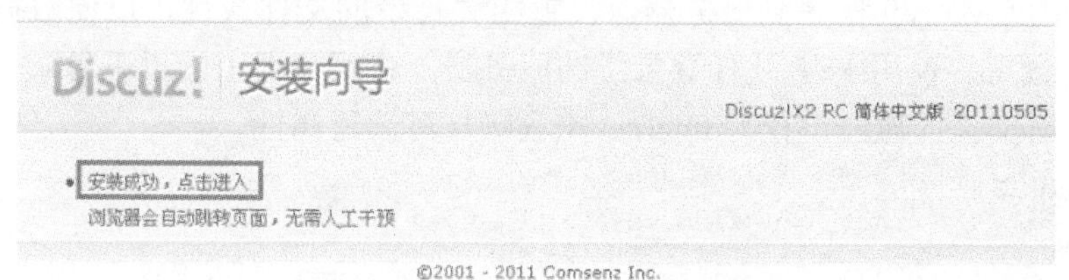

图 6.111　安装成功

在浏览器中输入网址进行测试，如图 6.112 所示。

4. 安装配置 PHPCMS 网站内容管理系统

PHPCMS 该软件采用模块化开发，支持多种分类方式，使用它可方便实现个性化网站的设计、开发与维护。它支持众多的程序组合，可轻松实现网站平台迁移，并可满足各种规模的网站需求，可靠性高，是一款具备文章、下载、图片、分类信息、影视、商城、采集、财务等众多功能的强大、易用、可扩展的优秀网站管理软件。

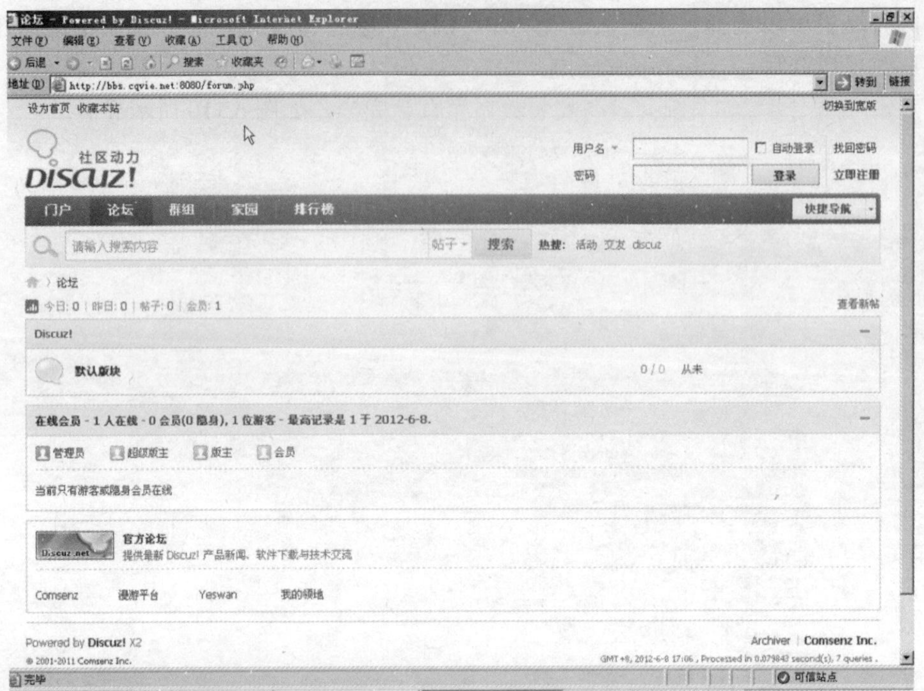

图 6.112 Discuz 网页测试

（1）软件下载

首先打开官方网站 http://www.phpcms.cn/ 进入软件下载频道，在程序下载中找到 PHPCMS V9 软件下载。

（2）目录权限设置

上传 PHPCMS V9 程序到服务器。设置相关目录的文件属性，以便数据文件可以被程序正确读写。使用 FTP 软件登录您的服务器，将服务器上的以下目录，以及该目录下面的所有文件的属性设置为 Internet 来宾账户可读写属性。

./ uploadfile

./caches

./phpsso_server/caches/

./phpsso_server/uploadfile/

./ html/

（3）软件安装

在步骤（1）、（2）都操作完成且确定无误的情况下，就可以正式开始在浏览器中安装 PHPCMS V9。直接输入网址，系统会自动引导进行安装。

阅读图 6.113 所示的“安装许可协议”后点击“开始安装”，系统会自动检查环境及文件目录权限，如图 6.114 所示。

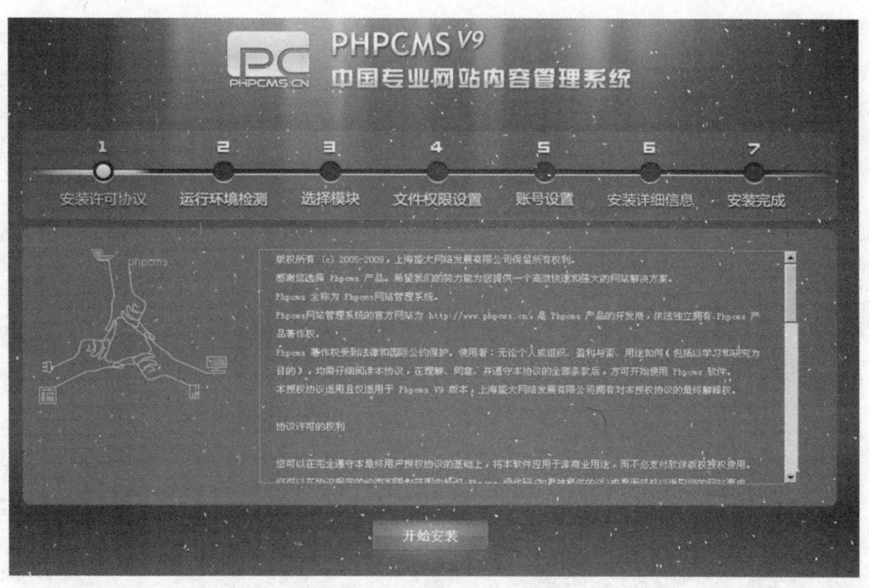

图 6.113　安装许可协议

1 安装许可协议　2 运行环境检测　3 选择模块　4 文件权限设置　5 账号设置　6 安装详细信息　7 安装完成

检查项目	当前环境	PHPCMS 建议	功能影响
操作系统	Windows NT.BJ-WANGGUANQING 5.1 build 2600	Windows_NT/Linux/Freebsd	✓
WEB 服务器	Apache/2.2.9 (Win32) PHP/5.2.6	Apache/Nginx/IIS	✓
PHP 版本	PHP 5.2.6	PHP 5.2.0 及以上	✓
MYSQL 扩展	√	必须开启	✓
ICONV/MB_STRING 扩展	√	必须开启	✓
JSON扩展	√	必须开启	✓
GD 扩展	√（支持 png jpg gif）	建议开启	✓
ZLIB 扩展	√	建议开启	✓
FTP 扩展	√	建议开启	✓
allow_url_fopen	√	建议打开	✓
DNS解析	√	建议设置正确	✓

上一步　下一步

图 6.114　运行环境检测

检测成功，点击“下一步”，即进入“选择模块”界面，如图 6.115 所示。

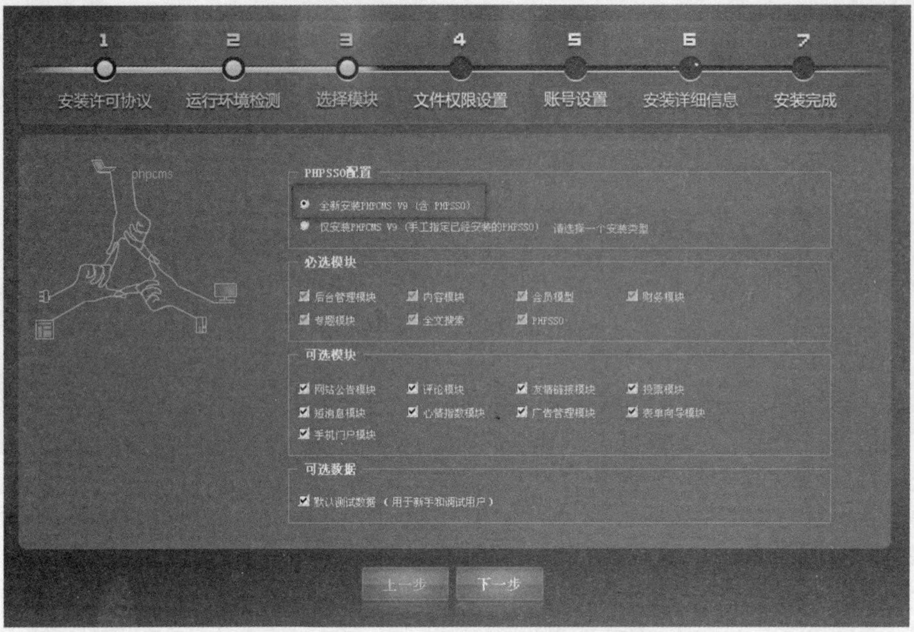

图 6.115　选择模块

在这里，“PHPSSO 配置”项选择“全新安装 PHPCMS V9（含 PHPSSO）”，“可选模块”默认不变，点击“下一步”，进入“文件权限设置”并进行检查，如图 6.116 所示。

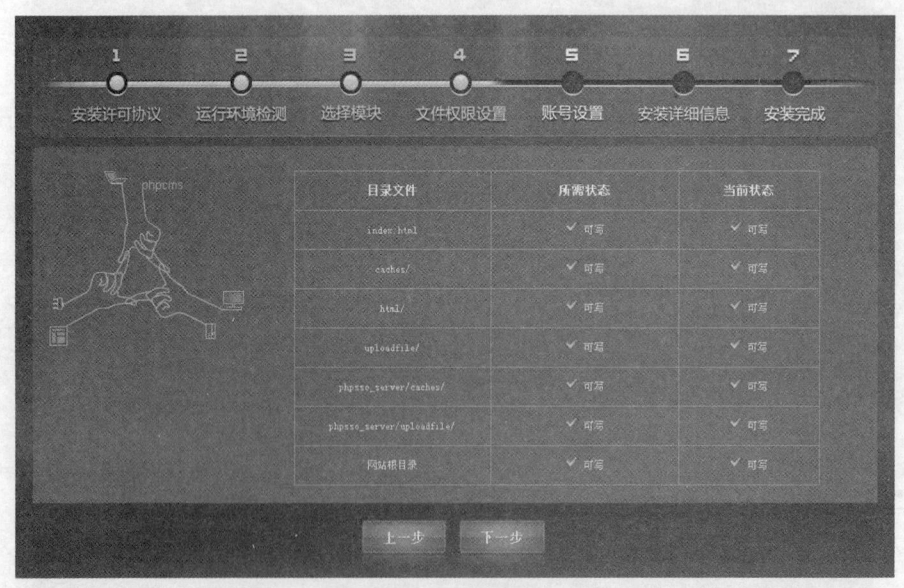

图 6.116　文件权限设置

文件权限检查完毕，确认无误即可直接点击“下一步”进入“数据库配置”选项，如图 6.117 所示。

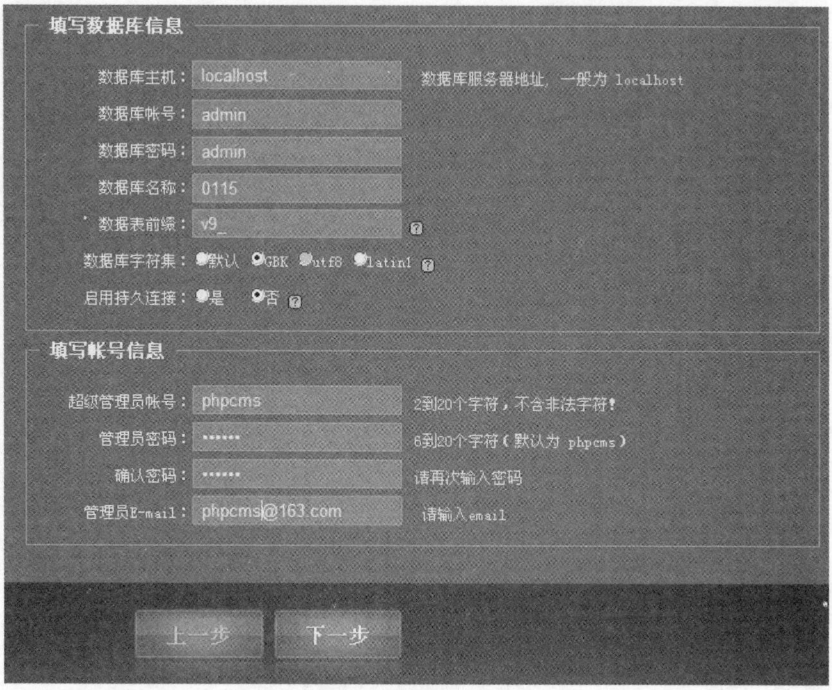

填写数据库信息

数据库主机：localhost 数据库服务器地址，一般为 localhost

数据库帐号：admin

数据库密码：admin

数据库名称：0115

数据表前缀：v9_

数据库字符集：默认 GBK utf8 latin1

启用持久连接：是 否

填写帐号信息

超级管理员帐号：phpcms 2到20个字符，不含非法字符！

管理员密码：•••••• 6到20个字符（默认为 phpcms）

确认密码：•••••• 请再次输入密码

管理员E-mail：phpcms@163.com 请输入email

上一步 下一步

图 6.117 数据库配置

当前安装版本为 GBK 版本，所以数据库也选择为 GBK 编码。请正确填写好 PHPCMS V9 数据库及管理员信息，点击“下一步”，系统会自动安装，直到安装完毕，如图 6.118 所示。可点击“后台管理”进入 PHPCMS V9 后台管理，至此，PHPCMS V9 已经成功地安装完成。

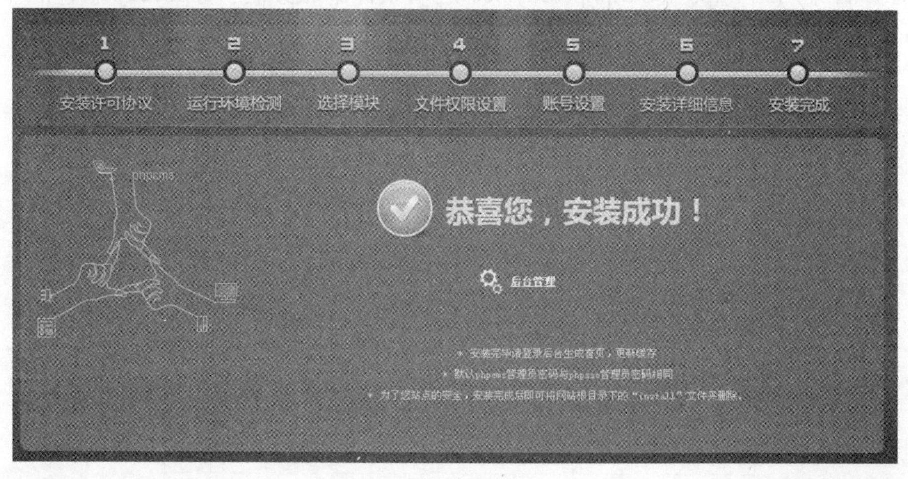

图 6.118 安装成功

在浏览器中输入网址进行测试，如图 6.119 所示。

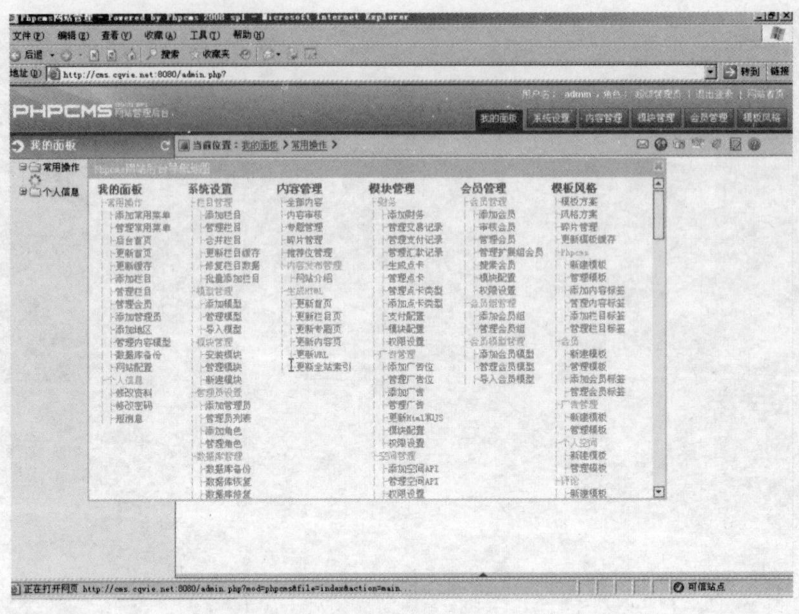

图 6.119　PHPCMS 后台

5. JspStudy

JspStudy 集成 JDK+Tomcat+Apache+MySQL，JSP 环境配置可一键启动。JspStudy 无需修改任何配置即可迅速搭建支持 JSP 的服务器运行环境，纯绿色解压即可，支持“系统服务”和“非服务模式”两种启动方式，可自由切换，控制面板能更加有效直观地控制程序的启停，将复杂的 JSP 环境配置简单化。

（1）软件下载

打开官方网站 http://www.phpstudy.net/ 进入软件下载频道，JspStudy 软件版本如图 6.120 所示。

其他版本：

软件	简单说明	各版本的区别	大小	下载
phpStudy	16种组合，超全大合集	Apache+Nginx+LightTPD+IIS php5.2 php5.3 php5.5 php7.0 MySQL phpMyAdmin MySQL-Front 16种组合自由切换，是下面5个版本的合集 同时支持apache/nginx/Lighttpd和IIS7/8/6	35M	解压版 maria版 x64版
phpStudy Lite	新手用，经典wamp组合	Apache+php5.3+php5.4+MySQL (wamp集成包) 没有上面合集复杂的多版本设置，简单适合新手。	15M	解压版
phpStudy for IIS	IIS服务器专用	IIS+php5.2+php5.3+php 5.4+MySQL php一键安装包 for IIS7/8/6 (IIS服务器专用)	21M	解压版
phpStudy for Linux	Linux服务器专用(lamp)	Apache+Nginx+LightTPD+MySQL php5.2+php5.3+php5.4+php5.5一键安装包 支持centos,ubuntu,debian等Linux系统，12种组合	80M	安装版
phpfind	nginx+php组合(wnmp)	Nginx+php5.3+php5.4+MySQL (wnmp集成包) nginx+php组合，适合喜欢用nginx的朋友	14M	解压版
phpLight	lighttpd+php组合(wlmp)	Lighttpd+php5.3+php5.5+MySQL (wlmp集成包)	15M	解压版
phpStudy (php5.2)	apache+php5.2珍藏版	Apache2.2+php5.2.17+MySQL5.1 php5.2经典组合值得收藏，仅有11M，无需运行库	11M	解压版
JspStudy	JSP环境一键安装包	JDK+tomcat+Apache+mysql+php 纯绿色解压即可,不添加环境变量，不修改注册表	51M	解压版

图 6.120　JspStudy 软件版本

项目6

（2）软件安装

解压 JspStudy 安装文件，如图 6.121 所示。

图 6.121　解压 JspStudy 安装文件

（3）软件运行

运行 JspStudy，启动服务器，运行模式为“非服务模式”，如图 6.122 所示。运行之后若发现 Tomcat 服务器启动不了，一般都是因为端口占用造成的。

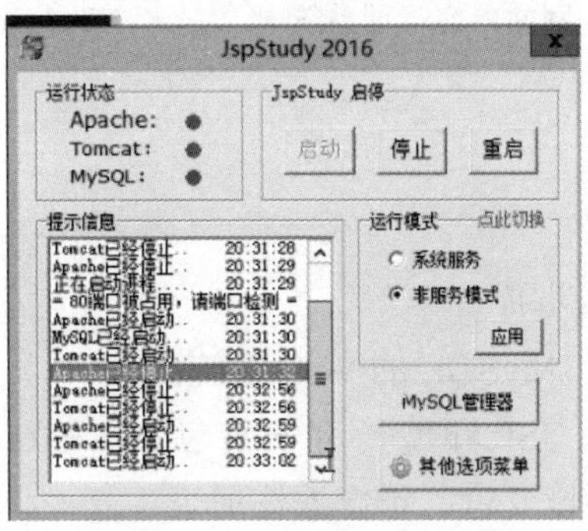

图 6.122　JspStudy 运行状态

（4）JSP 测试

检测 Tomcat 是否安装成功，在浏览器中输入 127.0.0.1:8089 出现 Tomcat 主页，如图 6.123 所示。

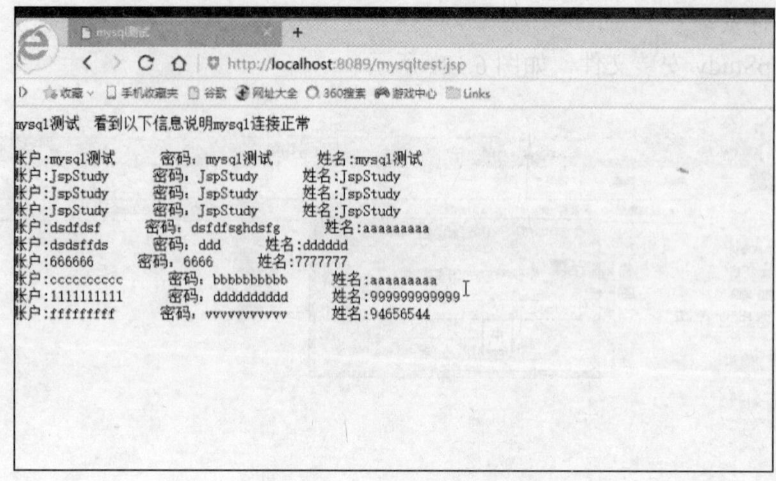

图 6.123　JSP 测试成功页面

【拓展实训】

PHP.JSP 下的 Web 服务器的架构主要内容如表 6.3 所示。

表 6.3　PHP.JSP 下的 Web 服务器的架构

项目	主要内容
1	安装配置 Apache+PHP+MySQL 服务器
2	安装配置 Discuz PHP 开源论坛
3	安装配置 PHPCMS 网站内容管理系统

【同步训练】

1．深入使用 MySQL 数据库。

2．配置更多基于 PHP、MySQL 的 Web 系统。

3．配置基于 JspStudy、JSP 环境一键安装包 JDK+Tomcat+Apache+MySQL+PHP。纯绿色解压即可，不添加环境变量，不修改注册表。

项目 7
邮件服务器配置与管理

【学习目标】

知识目标：了解电子邮件系统的组成，理解 SMTP、POP3、IMAP 等服务的作用和工作原理。

技能目标：能根据任务需求配置 Winmail 邮件系统，掌握邮件客户端软件和网页形式收发邮件的技巧和方法，掌握邮件列表的使用、自动转发邮件和自动回复邮件等邮件收发方法。

【任务描述】

邮件服务器是一种用来负责电子邮件收发管理的设备，它比网络上的免费邮箱更安全和高效，因此一直是企业、公司的必备设备。

某教育机构在本地有几所分校，由于各分校不在一起，如果有事情需要通知教职员工，必须逐个电话通知，不方便。即便是通过校园网发布信息，也存在一些问题。如有会议只希望一定范围内的教职员工参加，不希望全体员工都参与，针对这种情况，校长让网络管理员拟出解决方案。网络管理员首先想到的是建立学校自己的邮件服务器，然后便可通过学校内部的邮件服务器向员工发出通知，既保密，又准确。

在本次任务中，需要搭建如图 7.1 所示的网络平台，架设 DNS 服务器、邮件服务器（Mail）、POP3 服务器、SMTP 服务器等，电子邮件系统才能正常运行。

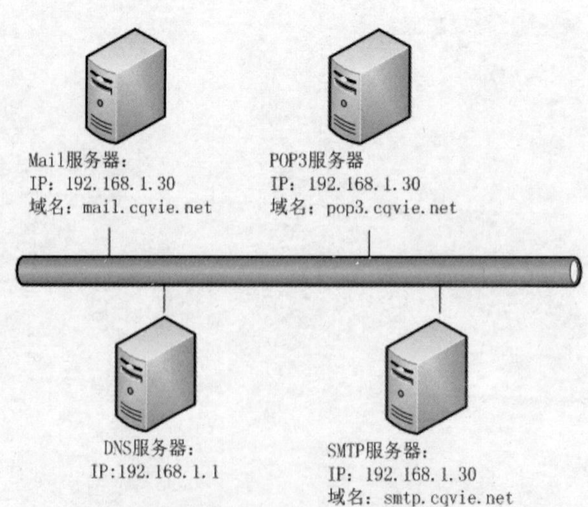

图 7.1　某教育机构电子邮件系统网络结构图

【相关知识】

随着网络的发展和普及，邮件服务器正成为人们日常生活中不可缺少的部分。现在，许多企业采用 Lotus Notes、Exchange 或者 GroupWise 作为公司内部的邮件服务器和 SMTP 网关。一些 ISP 采用 sendmail（一个著名的 UNIX/Linux 系统上的邮件服务器软件）或者其他的一些基于 UNIX/Linux 系统的邮件服务器，比如 Qmail 和 Postfix，提供邮件服务。

电子邮件服务由专门的服务器提供，Gmail、Hotmail、网易邮箱、新浪邮箱等邮箱服务也是建立在电子邮件服务器基础上的，但是大型邮件服务商的系统一般是自主开发或是对其他技术二次开发实现的。主要的电子邮件服务器有以下几种：

- 基于 Postfix/Qmail 的邮件系统，如网易邮箱的 MTA 基于 Postfix 系统，Yahoo 的邮箱基于 Qmail 系统。
- 微软的 Exchange 邮件系统。
- IBM Lotus Domino 邮件系统。
- Scalix 邮件系统。
- Zimbra 邮件系统。
- MDeamon 邮件系统。
- U-Mail 邮件系统。

1. 工作过程

用户首先开启自己的邮箱，然后通过键入命令的方式将需要发送的邮件发到对方的邮箱中。邮件在邮箱之间进行传递和交换，也可以与另一个邮件系统进行传递和交换。收件方在取信时，使用特定账号从邮箱提取。

电子邮件的工作过程遵循客户 / 服务器模式。每份电子邮件的发送都要涉及到发送方与接收方，发送方构成客户端，而接收方构成服务器端，服务器含有众多用户的电子邮箱。发送方通过邮件客户程序，将编辑好的电子邮件向邮局服务器（SMTP 服务器）发送。邮局服务器识别接收者的地址，并向管理该地址的邮件服务器（POP3 服务器）发送消息。邮件服务器将消息存放在接收者的电子邮箱内，并告知接收者有新邮件到来。接收者通过邮件客户程序连接到服务器后，就会看到服务器的通知，进而打开自己的电子邮箱来查收邮件。

通常 Internet 上的个人用户不能直接接收电子邮件，而是通过申请 ISP 主机的一个电子邮箱，由 ISP 主机负责电子邮件的接收。一旦有用户的电子邮件到来，ISP 主机就将邮件移到用户的电子邮箱内，并通知用户有新邮件。因此，当发送一条电子邮件给另一个用户时，电子邮件首先从用户计算机发送到 ISP 主机，再到 Internet，再到收件人的 ISP 主机，最后到收件人的个人计算机。

ISP 主机起着“邮局”的作用，管理着众多用户的电子邮箱。每个用户的电子邮箱实际上就是用户所申请的账号名。每个用户的电子邮箱都要占用 ISP 主机一定容量的硬盘空间，由于这一空间是有限的，因此用户要定期查收和阅读电子邮箱中的邮件，以便腾出空间来接收新的邮件。

2. A 记录

A（Address）记录用来指定主机名（或域名）对应的 IP 地址记录。用户可以将该域名下的网站服务器指向到自己的 Web Server 上，同时也可以设置该域名的二级域名。

3. NS 记录

NS（Name Server）记录是域名服务器记录，用来指定该域名由哪个 DNS 服务器来进行解析。

4. 别名记录

别名记录（CNAME）也被称为规范名字。这种记录允许用户将多个名字映射到同一台计算机，通常用于同时提供 WWW 和 Mail 服务的计算机。例如，有一台计算机名为“host.mydomain.com”（A 记录），它同时提供 WWW 和 Mail 服务，为了便于用户访问服务，可以为该计算机设置两个别名（CNAME）：WWW 和 Mail。这两个别名的全称就是“www.mydomain.com”和“mail.mydomain.com”，实际上它们都指向“host.mydomain.com”。

5. 泛域名解析

泛域名解析定义为：客户的域名 a.com 下所设的 *.a.com 全部解析到同一个 IP 地址上。比如客户设置的 b.a.com 就会自动解析到与 a.com 相同的 IP 地址上去。

6. MX 记录

MX（Mail Exchanger）记录是邮件交换记录，它指向一个邮件服务器，用于电子邮件系统发邮件时根据收信人的地址后缀来定位邮件服务器。例如，当 Internet 上的某用户要发一封信给 user@mydomain.com 时，该用户的邮件系统通过 DNS 查找 mydomain.com 这个域名的 MX 记录，如果 MX 记录存在，用户计算机就将邮件发送到 MX 记录所指定的邮件服务器上。

这样域名的 MX 记录设置就完成了，接下来只要在邮件服务器上正确安装设置完 Winmail Server，并对 Internet 开放 SMTP 25、POP3 110、Webmail 6080 等端口（经过路由的需要做端口映射），邮件服务器就可以正常使用了。

7. 检查 MX 记录

进行 DNS 查询的一个非常有用的工具是 nslookup，可以使用它来查询 DNS 中的各种数据。可以在 Windows 的命令行下直接运行 nslookup 进入一个交互模式，在这里能查询各种类型的 DNS 数据。

DNS 的名字解析数据可以有各种不同的类型，有设置 zone 参数的 SOA 类型数据，有设置名字对应的 IP 地址的 A 类型数据，有设置邮件交换的 MX 类型数据。这些不同类型的数据均可以通过 nslookup 的交互模式来查询，在查询过程中可以使用 set type 命令设置相应的查询类型。举例如下：

```
C:\>nslookup
Default Server:[202.106.184.166]
Address:202.106.184.166
> set type=mx
> sina.com.cn
Default Server:[202.106.184.166]
Address:202.106.184.166
Non-authoritative answer:
sina.com.cn MX preference = 10, mail exchanger = sinamx.sina.com.cn
sina.com.cn nameserver = ns1.sina.com.cn
sina.com.cn nameserver = ns3.sina.com.cn
sinamx.sina.com.cn internet address = 202.106.187.179
sinamx.sina.com.cn internet address = 202.106.182.230
ns1.sina.com.cn internet address = 202.106.184.166
ns3.sina.com.cn internet address = 202.108.44.55
```

如果所要查的某域名的 MX 记录不存在，则出现类似以下的提示：

```
C:\>nslookup
> set type=mx
> demo.magicwinmail.com
Default Server:[202.106.184.166]
Address:202.106.184.166
Non-authoritative answer:
*** Can't find demo.magicwinmail.com:No answer
Authoritative answers can be found from:
magicwinmail.com
origin = dns1.hichina.com
mail addr = hostmaster.hichina.com
serial = 2006091503
refresh = 21601
retry = 3600
expire = 1728000
minimum = 21600
```

8. 在邮件系统中使用自己的域名

假设邮件服务器地址是：61.176.1.120。已经建了一条 A 记录：mail.mydomain.com A 61.176.1.120。

（1）对于 MX 记录已经存在的情况

如果 MX 记录已经存在，并且已经检查出是在某一个域名服务器上，需要做的工作就是与该域名服务商或该域名服务器的管理人员联系，把该 MX 记录按如下的形式进行修改：

域名　　IN MX 10 mail.mydomain.com

（2）对于 MX 记录不存在的情况

要弄清楚域名是在哪个域名服务器（DNS）中进行域名解析的，有两种办法：一种是查阅注册该域名时提交的有关申请资料，得到当时受理申请的单位，与该受理申请的单位联系，让对方的相关人员帮您查清楚；另一种是在 Windows 或各种 UNIX 操作系统中通过使用 nslookup 得到。

找到域名服务器后，请与您的域名服务商或该服务器的管理人员联系，让对方为您增加一条 MX 记录，该记录的形式如下：

您的域名　　IN MX 10 mail.mydomain.com

9. 主机名能否建邮件系统

完全可以。假设你的邮件服务器的主机名是 mail.mydomain.com，就是说在 Internet 上 mail.mydomain.com 能解析到你的邮件服务器 IP 地址。你可以在你的邮件系统中建立一个叫 mail.mydomain.com 的域，Email 格式为 user1@mail.mydomain.com，其他邮件系统可以发信到你的服务器，使用动态域名指向的也是一样。如果你有一个静态 IP 地址，你甚至可以建一个以 IP 地址为结尾的邮件系统。还有一种情况是，你的域名直接指向你的邮件服务器，就是说在 Internet 上 mydomain.com 能解析到你的邮件服务器，这时建一个 mydomain.com 的域，Email 格式为 user1@mydomain.com。

10. 动态域名

Internet 上的域名解析一般是静态的，即一个域名所对应的 IP 地址是静态的，长期不变的。也就是说，如果要在 Internet 上搭建一个网站，需要有一个固定的 IP 地址。

动态域名的功能就是实现固定域名到动态 IP 地址之间的解析。用户每次上网得到新的 IP 地址之后，安装在用户计算机里的动态域名软件就会把这个 IP 地址发送到动态域名解析服务器，更新域名解析数据库。Internet 上的其他人要访问这个域名的时候，动态域名解析服务器会返回正确的 IP 地址给他。

因为绝大部分 Internet 用户上网的时候分配到的 IP 地址都是动态的，用户用传统的静态域名解析方法把自己上网的计算机做成一个有固定域名的网站是不可能的。而有了动态域名，这个美梦就可以成真。用户可以申请一个域名，利用动态域名解析服务，把域名与自己上网的计算机绑定在一起，这样就可以在家里或公司搭建自己的网站，非常方便。

【任务实施】

1. 安装 Winmail 邮件系统

Winmail Server 是一款安全、易用、全功能的邮件服务器软件，不仅支持 SMTP、POP3、IMAP、Webmail、LDAP（公共地址簿）、多域、发信认证、反垃圾邮件、邮件过滤、邮件组、公共邮件夹等标准邮件功能；还提供邮件签核，邮件杀毒，邮件监控，支持 IIS、Apache 和 PWS，短信提醒，邮件备份，SSL（TLS）安全传输协议，邮件网关，动态域名支持，远程管理，Web 管理，独立域管理员，在线注册，二次开发接口等特色功能。它既可以作为局域网邮件服务器、互联网邮件服务器，也可以作为拨号 ISDN、ADSL 宽带、

FTTB、有线通（Cable Modem）等接入方式的邮件服务器和邮件网关。

在安装系统之前，必须选定操作系统平台，Winmail Server 可以安装在所有 Windows 操作系统上。

安装过程和一般的软件类似，下面只给出一些要注意的步骤，如安装组件、安装目录、运行方式以及设置管理员的登录密码等。

（1）开始安装，如图 7.2 所示。

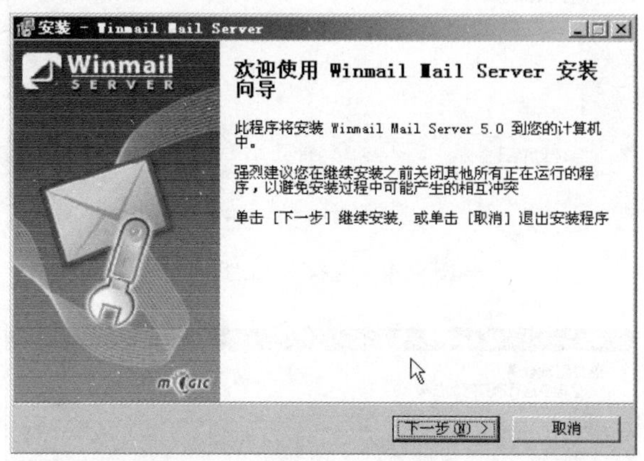

图 7.2　安装程序欢迎界面

（2）选择安装目录，如图 7.3 所示，注意不要用中文目录。

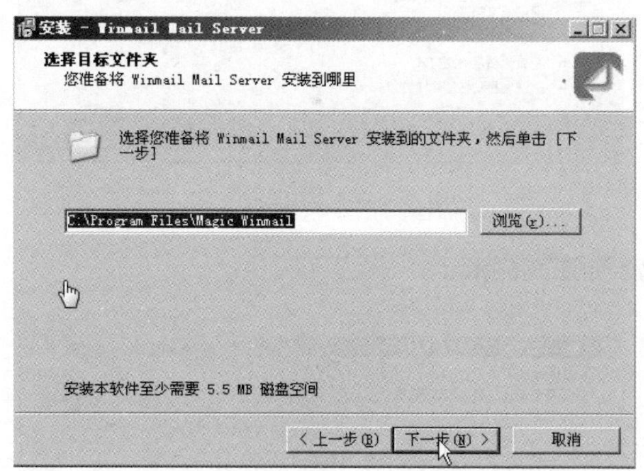

图 7.3　选择安装目录

（3）选择安装组件，如图 7.4 所示。

Winmail Server 主要的组件有服务器程序和管理端工具两部分。服务器程序主要是完成 SMTP、POP3、ADMIN、HTTP 等服务功能；管理端工具主要是负责设置邮件系统，如设置系统参数、管理用户、管理域等。

（4）选择附加任务，如图 7.5 所示。

在安装过程中，如果检测到配置文件已经存在，安装程序会让您选择是否覆盖已有的配置文件，注意升级时要选择“保留原有设置”。

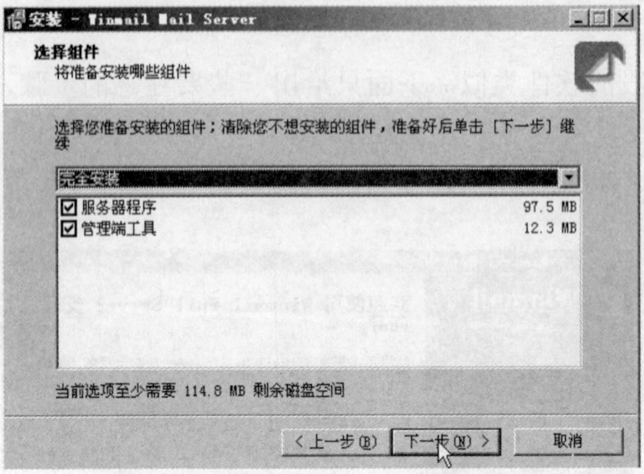

安装 - Winmail Mail Server
选择组件
将准备安装哪些组件
选择您准备安装的组件；清除您不想安装的组件，准备好后单击［下一步］继续
完全安装
服务器程序
97.5 MB
管理端工具
12.3 MB
当前选项至少需要 114.8 MB 剩余磁盘空间
< 上一步(B)
下一步(N) >
取消

图 7.4　选择安装组件

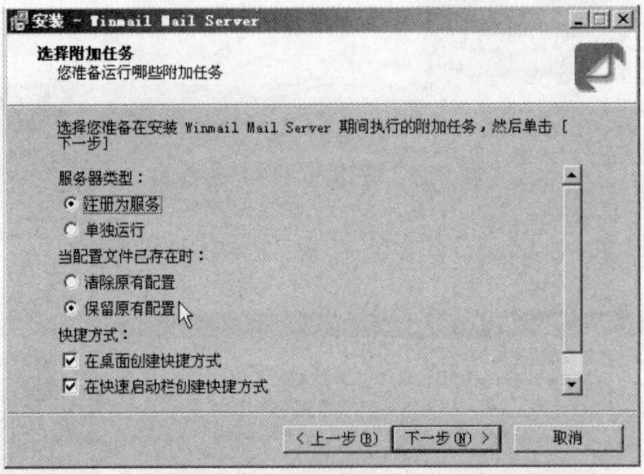

安装 - Winmail Mail Server
选择附加任务
您准备运行哪些附加任务
选择您准备在安装 Winmail Mail Server 期间执行的附加任务，然后单击［下一步］
服务器类型：
注册为服务
单独运行
当配置文件已存在时：
清除原有配置
保留原有配置
快捷方式：
在桌面创建快捷方式
在快速启动栏创建快捷方式
< 上一步(B)
下一步(N) >
取消

图 7.5　选择附加任务

（5）设置密码，如图 7.6 所示。

安装 - Winmail Mail Server
密码设置
要登录管理工具必须设置密码
管理工具的登录密码（登录名为admin，密码长度必须4位以上）
再次输入管理工具的登录密码
< 上一步(B)
下一步(N) >
取消

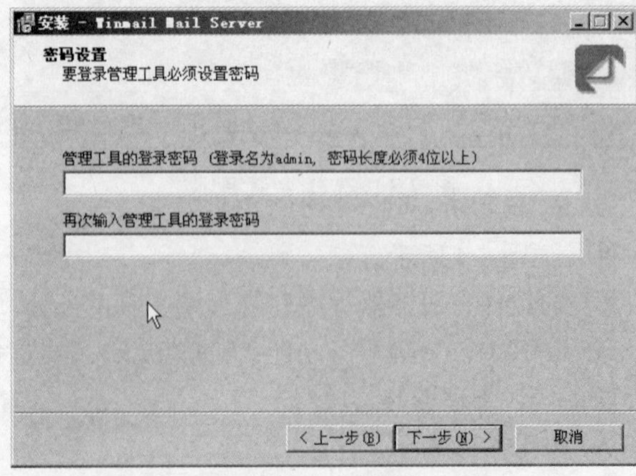

图 7.6　设置管理员和系统邮箱密码

在步骤（4）中，如果您选择覆盖已有的配置文件或第一次安装，则安装程序还会让您输入系统管理员的密码和系统管理员邮箱的密码。为安全起见，请设置一个安全的密码。当然，密码以后是可以修改的。

（6）安装成功，如图 7.7 所示。

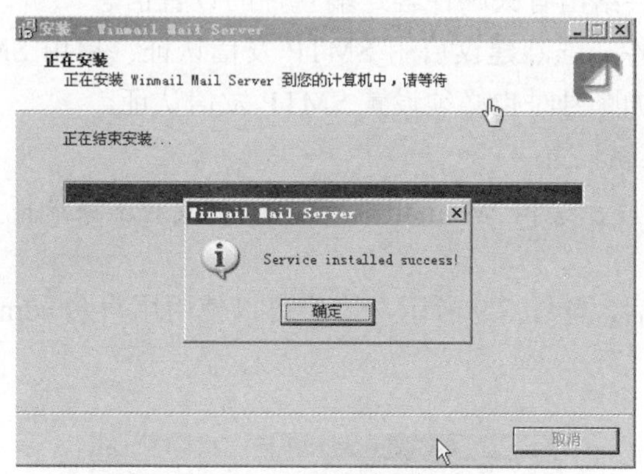

图 7.7　安装成功

系统安装成功后，安装程序会让用户选择是否立即运行 Winmail Server 程序。如果程序运行成功，将会在系统托盘区显示图标；如果程序启动失败，则用户在系统托盘区看到图标，这时用户可以到 Windows 系统的“管理工具”→“事件查看器”查看系统“应用程序日志”，了解 Winmail Server 程序启动失败原因（注意，如果提示重新启动系统，请务必重新启动）。

（7）初始化配置

在安装完成后，管理员必须对系统进行一些初始化设置，系统才能正常运行。服务器在启动时如果发现还没有设置域名会自动运行快速设置向导，用户可以用它来简单快速地设置邮件服务器。当然用户也可以不用快速设置向导，而用功能强大的管理端工具来设置服务器。

1）使用快速设置向导设置邮件服务器，如图 7.8 所示。

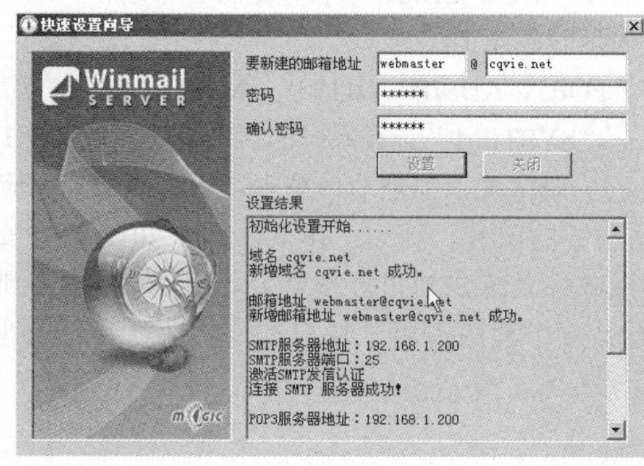

图 7.8　快速设置向导

在“快速设置向导”对话框中输入一个要新建的邮箱地址及密码，点击“设置”按钮，设置向导会自动查找数据库是否存在新建的邮箱以及域名，如果发现不存在，向导会向数据库中增加新的域名和邮箱，同时也会测试 SMTP、POP3、ADMIN、HTTP 服务器是否启动成功。设置结束后，在“设置结果”栏中会显示设置信息及服务器测试信息，设置结果的最下面也会给出有关邮件客户端软件的设置信息。

为了防止垃圾邮件，强烈建议启用 SMTP 发信认证。启用 SMTP 发信认证后，用户在客户端软件中增加账号时也必须设置 SMTP 发信认证。

2）使用管理端工具设置

① 登录管理端程序，运行 Winmail 服务器程序或双击系统托盘区的图标，启动管理端工具。

管理端工具启动后，如图 7.9 所示，用户可以使用用户名 admin 和在安装时设定的密码进行登录。

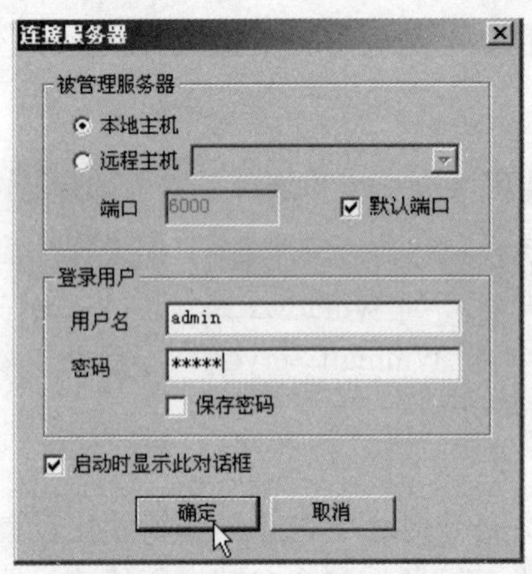

图 7.9　登录管理端程序

② 检查系统运行状态，如图 7.10 所示。

管理端工具登录成功后，使用“系统设置”→“系统服务”查看系统的 SMTP、POP3、ADMIN、HTTP、IMAP、LDAP 等服务是否正常运行。绿色的图标表示服务成功运行，红色的图标表示服务停止。

如果发现 SMTP、POP3、ADMIN、HTTP、IMAP 或 LDAP 等服务没有启动成功，可使用“系统日志”→“SYSTEM”查看系统的启动信息，如图 7.11 所示。

如果启动不成功，一般情况下都是端口被占用而无法启动，应关闭占用程序或者更换端口再重新启动相关的服务。例如，在 Windows 2012 缺省安装时会安装 IIS 的 SMTP 服务，从而导致邮件系统 SMTP 服务无法运行。如果找不到占用程序，可以用 Active Ports 软件查看是哪个程序占用了端口，该软件可到 http://www. magicwinmail.com/ 下载。

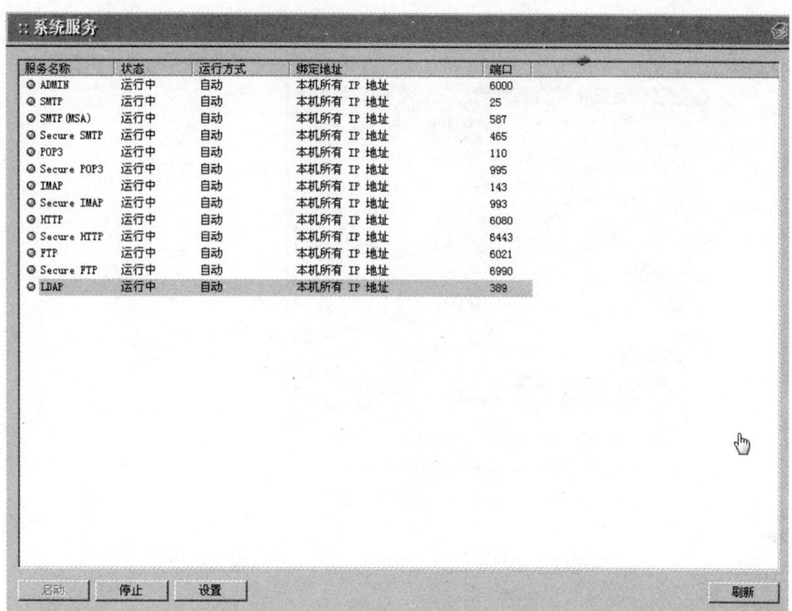

图 7.10 查看系统运行状态

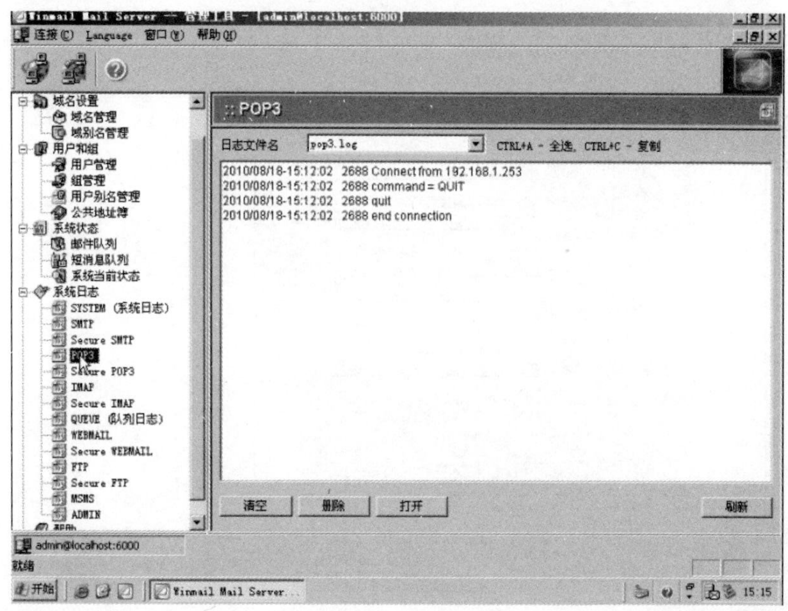

图 7.11 系统日志

③ 设置邮件域

为邮件系统设置一个域，使用“域名设置”→“域名管理”，如图 7.12 所示。

④ 增加邮箱

用户成功增加域后，可以使用“用户和组”→“用户管理”加入几个邮箱，如图 7.13 所示。

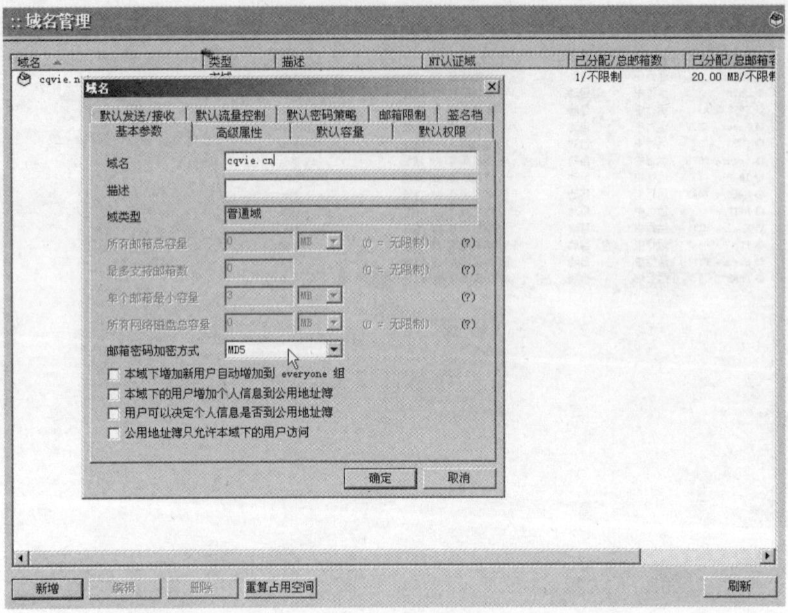

图 7.12　域名管理

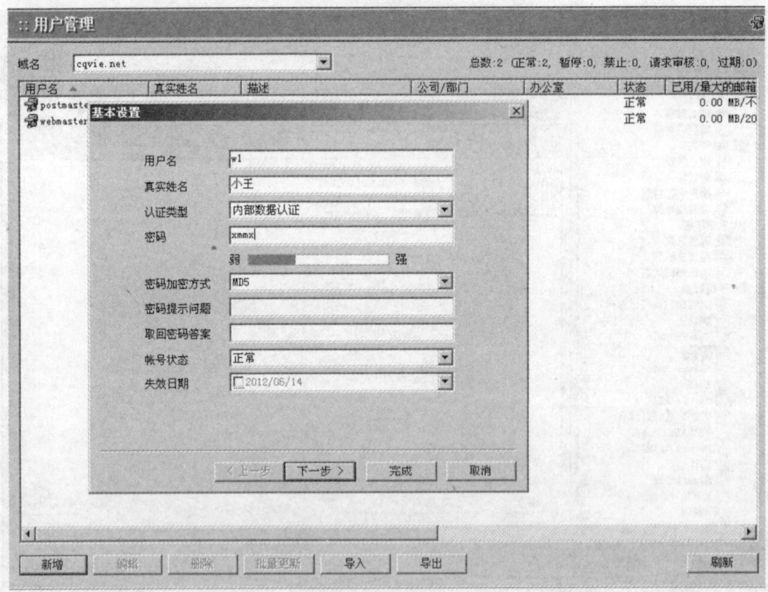

图 7.13　用户管理

注意：

为了安全起见请不要用很简单的口令，例如使用 test 做 test 用户的口令。

（8）收发邮件测试

以上各项均设置完成后，可以使用常用的邮件客户端软件如 Outlook Express、Outlook、Foxmail 进行测试，“发送邮件服务器（SMTP）”和“接收邮件服务器（POP3）”中设置邮件服务器的 IP 地址或主机名，POP3 用户名和口令要输入用户管理中设定的。

2. 客户端软件测试

（1）安装完成后，软件会自动进入设置向导环节，出现图 7.14 所示的界面。

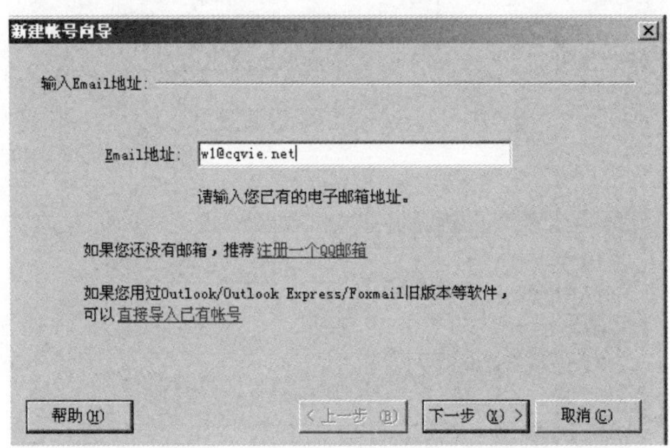

图 7.14 Foxmail 新建账号向导

（2）填写邮箱地址、密码，其他设置默认即可，也可根据提示设置账户在 Foxmail 的显示名称和邮件中采用的名称，如图 7.15 所示，以某公司测试邮箱为例。

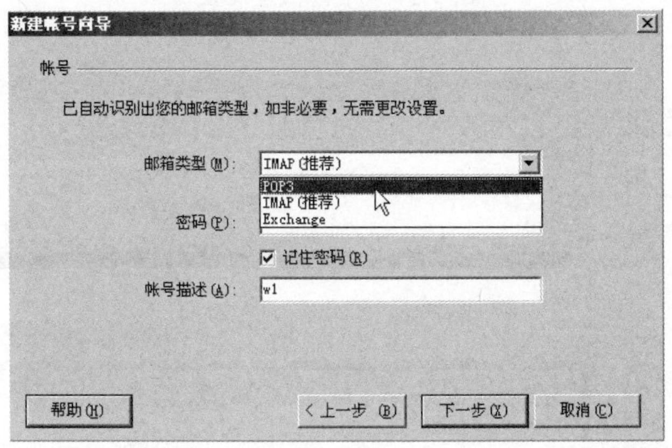

图 7.15 Foxmail 邮箱设置（1）

（3）填写后点击“下一步”，如图 7.16 所示，然后点击“完成”。

（4）把“接收邮件服务器”和“发送邮件服务器”的地址改为图 7.17 所示的地址，然后点击“下一步”。

（5）账户建立基本完成，图 7.18 所示为邮件收发测试结果。

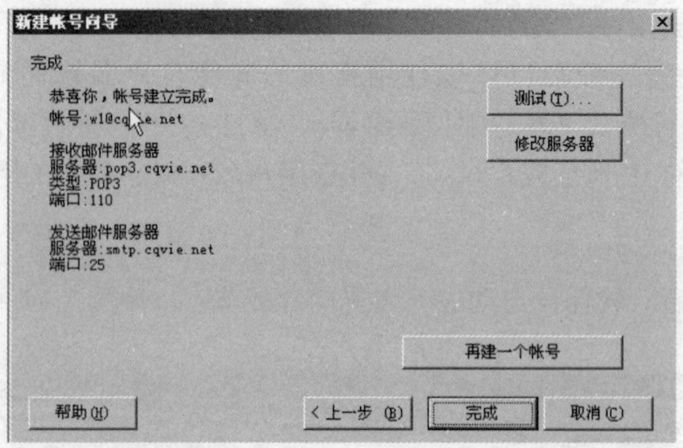

图 7.16　Foxmail 邮箱设置（2）

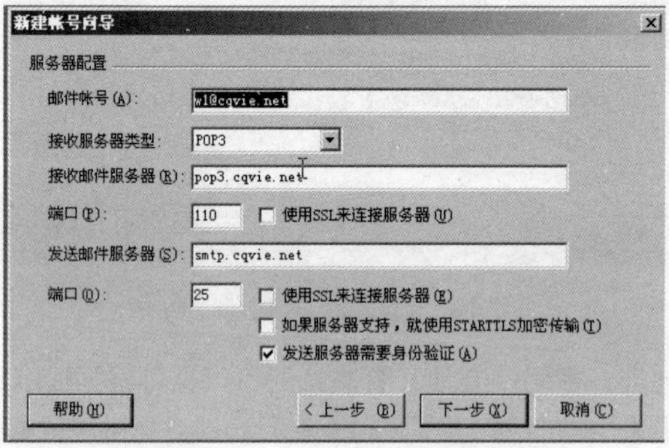

新建帐号向导

服务器配置

邮件帐号(A): w1@cqvie.net

接收服务器类型: POP3

接收邮件服务器(R): pop3.cqvie.net

端口(P): 110　使用SSL来连接服务器(U)

发送邮件服务器(S): smtp.cqvie.net

端口(O): 25　使用SSL来连接服务器(E)

如果服务器支持，就使用STARTTLS加密传输(T)

发送服务器需要身份验证(A)

帮助(H)　< 上一步(B)　下一步(X)　取消(C)

图 7.17　邮箱相关设置

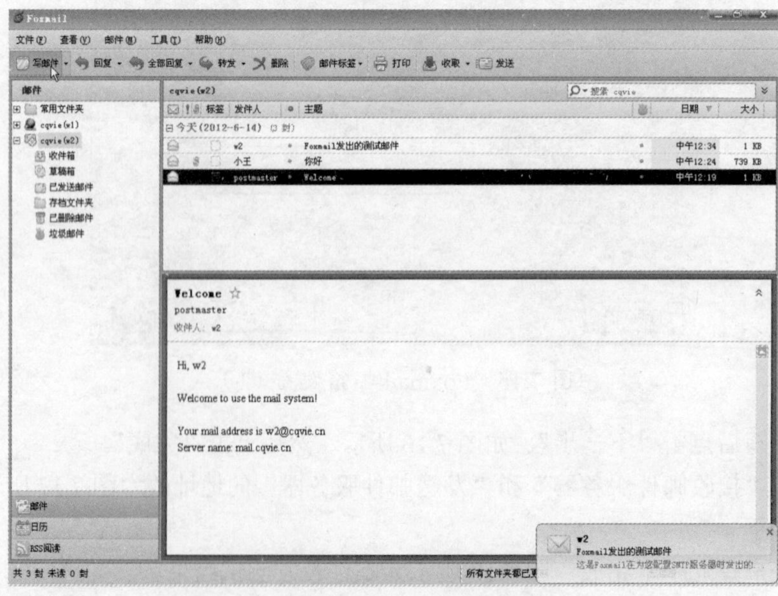

图 7.18　Foxmail 邮件收发测试结果

3．Webmail 测试

Winmail 系统支持 Webmail 收发邮件，安装完成后结果可以使用浏览器进行测试。登录地址是 http://mail.cqvie.net:6080/。

（1）登录 Winmail，如图 7.19 所示。

图 7.19　登录 Winmail

（2）文件夹列表如图 7.20 所示。

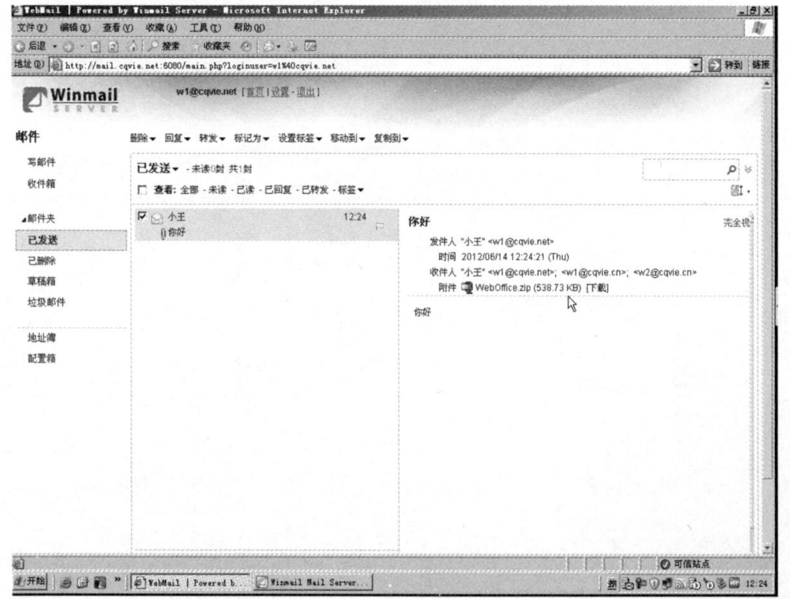

图 7.20　Winmail 文件夹列表

【拓展实训】

邮件服务器架构的主要内容如表 7.1 所示。

表 7.1　邮件服务器的架构

项目	主要内容
1	通过 nslookup 命令测试域名相关信息
2	通过 netstat 或 Aports 工具测试系统端口占用情况
3	安装配置 Winmail 服务器程序和管理端工具
4	通过 Web 方式进行收发电子邮件
5	通过 Foxmail 进行收发电子邮件

【同步训练】

1．简述 SMTP、POP3、IMAP 等服务的作用和工作原理。

2．配置 DNS 服务，建立双域名或多域名邮件系统。

项目 8
网络负载均衡群集配置

【学习要点】

知识目标：了解服务器群集的作用，理解服务器的网络结构与工作过程，理解服务器的负载均衡。

技能目标：能根据任务需求配置服务器群集，能进行群集相关应用的配置，能实现服务器负载均衡。

【任务描述】

群集是一组运行相同业务的计算机组成的集合，一般应用在 Web、FTP、邮件与数据库等关键服务器上，为它们提供更高的访问量、安全性以及故障冗余等功能。

某企业内部有运行数据库、Web 站点等关键业务的服务器，在出现故障或进行维护时，为不停止关键业务的服务，准备建立 Web 站点的网络负载均衡群集。

本任务将构建如图 8.1 所示负载均衡群集，在企业内部域中实现 Web 站点 DC1 和 DC2 的负载均衡群集。

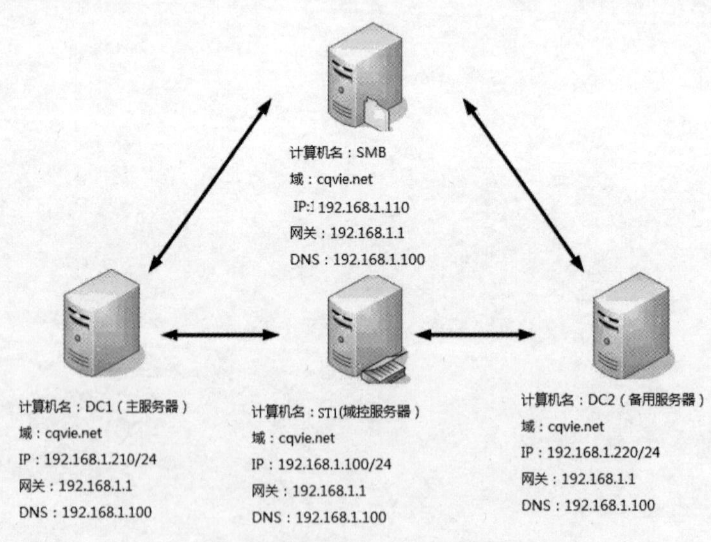

图 8.1　负载均衡网络结构

【相关知识】

群集是一种常见的大幅提高服务器安全性的方法。它在一组计算机上运行相同的软件并虚拟成一台主机系统为客户端与应用提供高可靠性的服务。大多数模式下，群集中所有的计算机拥有一个共同的名称，群集内任一系统上运行的服务可被所有的网络客户所使用。

服务群集内各服务器通过一个内部局域网相互通信。当一台结点服务器发生故障时，这台服务器上所运行的应用程序将被另一结点服务器自动接管。当一个应用服务发生故障时，应用服务将被重新启动或被另一台服务器接管。当以上任一故障发生时，对客户来说并不会感觉到有任何改变。

1. 服务器群集特点

（1）高可用性

通过服务器群集，磁盘和 IP 地址等资源的所有权会自动从故障服务器转移到可用的服务器。当群集中的某个系统或应用程序发生故障时，群集软件会在可用的服务器上重新启动故障应用程序，或者将工作从故障结点分散到剩下的结点上。由此，用户只在瞬间感觉到服务的暂停。

（2）故障恢复

当故障服务器重新回到其预定的首选所有者的联机状态时，群集服务将自动在群集中重新分配工作负荷。该特性可配置，但默认禁用。

（3）可管理性

使用“群集管理器”工具可将群集作为一个单一的系统进行管理，并对犹如运行于一个单一服务器的应用程序实施管理。该工具可以将应用程序转移到群集中的其他服务器。“群集管理器”可用于手动平衡服务器的工作负荷，并针对计划维护释放服务器，同时可以监控群集的状态、所有结点以及来自网络任何地方的资源。

（4）可伸缩性

群集服务可扩展以满足需求的增长。当群集监督应用程序的总体负荷超出了群集的能力范围时，可以添加附加的结点。

2. 服务器群集需求

（1）镜像服务器

群集中镜像服务器双机系统是硬件配置最简单和价格最低廉的解决方案，通常镜像服务的硬件配置至少需要两台服务器，在每台服务器上有独立的操作系统硬盘和数据存储硬盘，每台服务器有与客户端相连的网卡，另有一对镜像卡或完成镜像功能的网卡。

镜像服务器具有配置简单、使用方便、价格低廉等诸多优点，但由于镜像服务器需要采用网络方式的镜像数据，通过镜像软件实现数据的同步，因此需要占用网络服务器的 CPU 及内存资源，其性能比单一服务器的性能要低一些。

有一些镜像服务器群集系统采用内存镜像技术，这个技术的优点是所有的应用程序和网络操作系统在两台服务器上镜像同步，当主机出现故障时，备份机可以在几乎没有感觉的情况下接管所有应用程序。因为两个服务器的内存完全一致，但当系统应用程序带有缺陷从而导致系统宕机时，两台服务器会同步宕机。即内存镜像卡或网卡可实现数据同步，但在大数据量读写过程中，两台服务器在某些状态下也会产生数据不同步，因此镜像服务器适合那些预算较少、对群集系统要求不高的用户。镜像服务器结构如图 8.2 所示。

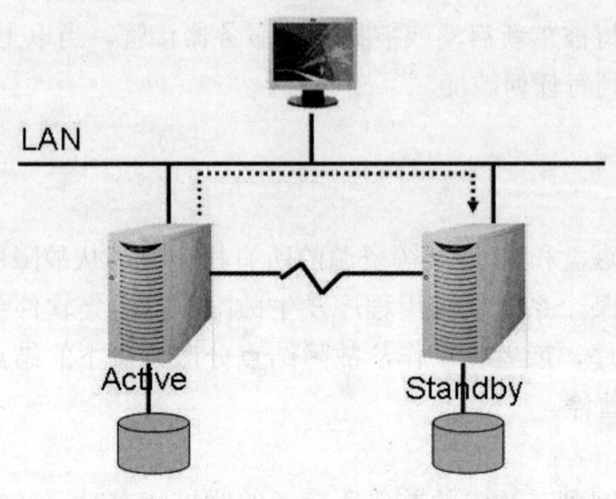

图 8.2　镜像服务器结构

硬件配置范例：

- 网络服务器至少两台。
- 每台服务器操作系统硬盘一块。
- 每台服务器数据存储硬盘视用户需要而定。
- 每台服务器镜像卡一块。
- 每台服务器网卡一块。

（2）服务器与磁盘阵列柜

与镜像服务器双机系统相比，双机与磁盘阵列柜互联结构多出了第三方生产的磁盘阵列柜。双机与磁盘阵列柜互联结构不采用内存镜像技术，因此需要有一定的切换时间（通常为 60 ～ 180s），它可以有效地避免由于应用程序自身的缺陷导致系统全部宕机。同时由于所有的数据全部存储在磁盘阵列柜中，当工作机出现故障时，备份机接替工作机，从磁盘阵列中读取数据，所以不会产生数据不同步的问题。由于这种方案不需要网络镜像同步，因此这种群集方案服务器的性能要比镜像服务器性能好很多。

双机与磁盘阵列柜互联结构的缺点是在系统当中存在单点错的缺陷，所谓单点错是指当系统中某个部件或某个应用程序出现故障时，会导致所有系统全部宕机。在这个系统中，磁盘阵列柜是会导致单点错的，当磁盘阵列柜出现逻辑或物理故障时，所有存储的数据会全部丢失。因此，在选配这种方案时，需要考虑阵列柜数据的冗余问题。服务器与阵列结构如图 8.3 所示。

硬件配置范例：

- 网络服务器至少两台。

- 每台服务器操作系统硬盘一块。
- 磁盘阵列柜或网络存储一套。
- 每台服务器存储设备连接线一根。
- 每台服务器网卡两块。

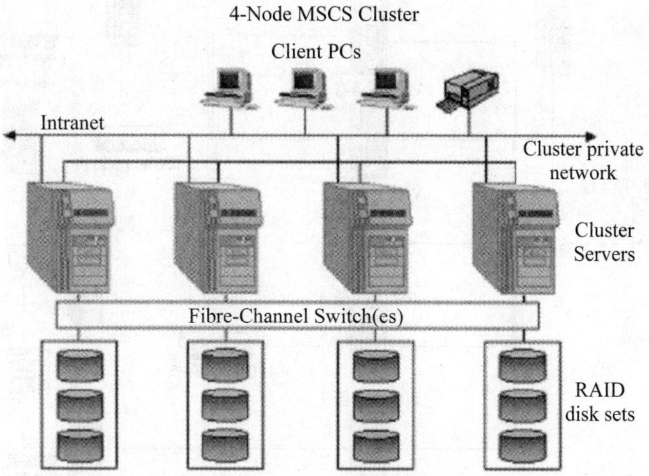

4-Node MSCS Cluster
Client PCs
Intranet
Cluster private network
Cluster Servers
Fibre-Channel Switch(es)
RAID disk sets

图 8.3 服务器与阵列结构

（3）服务器群集软件需求

操作系统：群集中的所有计算机均安装了 Microsoft Windows Server 2012。

网络：一个现有的域模型，并且所有的结点必须是同一个域的成员。

管理员用户：一个域级账户，必须是每个结点上的本地管理员组的成员。

3. 网络负载均衡群集

当把一台服务器（包括 Web 服务器、FTP 服务器或者流媒体服务器等）放入网络中之后，随着客户端数量的不断增加，人们往往需要功能更强大、处理速度更快的服务器。为了解决这个问题，如果将原有的服务器替换成功能更强大、处理速度更快的服务器显然并不合适。网络负载平衡（Network Load Balancing，NLB）群集的出现正好实现了这一目的。

网络负载均衡充当前端群集，用于在整个服务器群集中，分配传入的 IP 流量，是为电子商务 Web 站点实现增量可伸缩性和出色可用性的理想选择。最多可以将 32 台计算机连接在一起共享一个虚拟 IP 地址，实现用户对群集中 Web 站点使用同一地址的透明访问。

负载均衡网络结构如图 8.4 所示。

①单播

在单播模式下，NLB 服务会重新对每个结点中启用 NLB 的网卡分配 MAC 地址（此 MAC 地址称为群集 MAC 地址），并且所有的 NLB 结点均使用相同的 MAC 地址（均使用群集 MAC 地址），同时 NLB 会修改所有发送的数据包中的源 MAC 地址，这样就会导致交换机不能将此群集 MAC 地址绑定在某个端口上。工作在单播模式下的 NLB

可以在所有网络环境下正常运行（兼容性最好）。

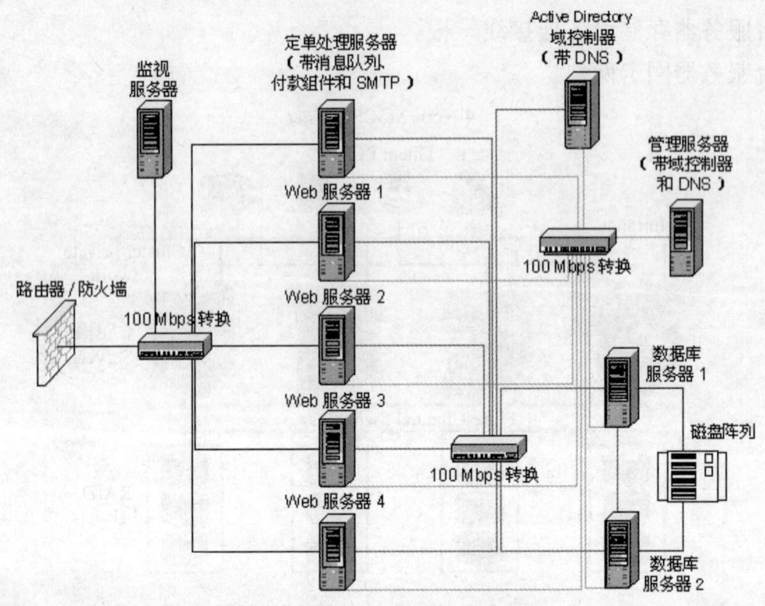

图 8.4　负载均衡网络结构图

②多播

在多播模式下，NLB 不会修改 NLB 结点中启用 NLB 的网络适配器的 MAC 地址，而是为它再分配一个二层多播 MAC 地址（此 MAC 地址称为群集 MAC 地址）专用于 NLB 的通信，这样 NLB 结点之间可以通过自己原有的专用 IP 地址进行通信。但是在多播模式中，NLB 结点发送的针对群集 IP 地址 /MAC 地址 ARP 请求的 ARP 回复会将群集 IP 地址映射到多播 MAC 地址，而许多路由器或者交换机会拒绝这一行为。

③ IGMP 多播

IGMP 多播可以通过使用 IGMP 协议支持来使交换机只将 NLB 通信发送到连接 NLB 结点的端口，而不是所有交换机的端口，但是此特性必须要求交换机支持 IGMP 侦听，并且要求群集工作在多播模式下。

4. Microsoft 群集服务

Microsoft 群集服务又称为 MSCS（Microsoft Cluster Service），主要充当后端群集，可为数据库、消息传递以及文件和打印服务等应用程序提供高可用性。当任一结点（群集中的服务器）发生故障或脱机时，MSCS 将尝试最大程度地减少故障对系统的影响。

MSCS 相关概念

结点：构成服务器群集的各个服务器计算机都被称为结点。

结点管理器：运行在每个结点上，它维护着一个包含群集所属结点的本地列表。结点服务器会定期向在群集中其他结点上运行的结点服务器发送消息（称为“心跳”），以检测结点故障，这是保持群集中的所有结点时时刻刻都具有完全一致的群集成员身

项目 8

份所不可或缺的。

群集服务：指在各个结点上执行群集操作的组件所构成的集合。

资源：指在群集内由群集服务管理的硬件和软件组件。服务器群集为实现资源管理而提供的规范机制是资源动态链接库（DLL）。资源 DLL 定义了资源抽象方法、通信接口以及管理操作。群集资源包括磁盘驱动器和网卡等物理硬件设备以及 Internet 协议（IP）地址、应用程序、应用数据库等逻辑实体。群集中的每个结点都有自己的本地资源。但群集也有共用资源，比如共用的数据存储阵列和专用的群集网络。群集中的每个结点都可以访问这些共用资源。

仲裁资源：一个特殊的共用资源，指共用的群集磁盘阵列中对群集运行有着关键性作用的物理磁盘。它是结点操作（如构成群集或加入群集）得以发生所必须具备的。

资源组：指群集服务作为一个逻辑单元进行管理的资源集合。通过将逻辑上相关的资源分成资源组，可以非常容易地管理应用资源和群集实体。对资源组执行群集服务操作时，操作对于该组内包含的各个资源都有效。通常来说，创建资源组的目的是为了将特定的应用程序服务器和客户端正常使用该应用程序所需的全部元素都包括在一起。

故障恢复：当故障结点恢复联机时，故障转移管理器可以决定是否将某些资源组转移回这个已恢复正常的结点。

5. 双机热备

双机热备特指基于高可用系统中的两台服务器的热备（或高可用），因两机高可用在国内使用较多，故得名双机热备。双机热备按工作中的切换方式分为：主备方式（Active-Standby 方式）和双主机方式（Active-Active 方式）。主备方式指的是一台服务器处于某种业务的激活状态（即 Active 状态），另一台服务器处于该业务的备用状态（即 Standby 状态）。而双主机方式即指两种不同的业务分别在两台服务器上互为主备状态（即 Active-Standby 和 Standby-Active 状态）。

（1）双机热备的方式

① 基于共享存储方式

共享存储方式主要通过磁盘阵列提供切换来保障数据的完整性和连续性。用户数据一般会存放在磁盘阵列上，当主机宕机后，备用机继续从磁盘阵列上取得原有数据。

这种方式因为使用一台存储设备，往往被业内人士称为磁盘单点故障。一般来说，其存储的安全性较高，所以如果忽略存储设备故障的情况，这种方式也是业内采用最多的热备方式。服务器群集就是双机热备的具体实施形式。

② 基于数据复制方式

这种方式主要是利用数据的同步方式，保证主备服务器数据的一致性。基于数据复制的方式有多种，其性能和安全性也不尽相同，主要有以下几种：

文件复制。以文件方式的复制主要适用于 Web 页更新、FTP 上传应用，在对主备机数据完整性、连续性要求不高的情况下使用。

数据库复制。利用数据库的复制功能，如 SQL Server 2000 或 SQL Server 2005 的订阅复制。该方法主要还是应用于数据快照服务，切莫用它来做双机热备中的数据同步。

镜像。通过软件或硬件方式实现双机间数据盘的镜像复制。

（2）热备份与备份的区别

热备份主要保障业务的连续性，实现的方法是故障点的转移。而备份主要是为了防止数据丢失而做的一份拷贝，所以备份强调的是数据恢复而不是应用的故障转移。

【任务实施】

某内部网络已有 Web 服务器 DC1（192.168.1.210），由于服务器压力过大，现增加一台 Web 服务器 DC2（192.168.1.220），将两台服务器作为负载均衡群集对外提供相同的访问内容。群集的 IP 地址为 192.168.1.250，名称为 fz.cqvie.net，其中域控制器为 st1.cqvie.net（192.168.1.100），DNS 服务器也为 192.168.1.100，文件共享服务器为 smb.cqvie.net（192.168.1.1），其结构见图 8.1。

（1）安装四台 Windows Server 2012 服务器，按图 8.1 规划设置计算机名和 IP 地址。

（2）打开“控制面板”→“系统和安全”→“Windows 防火墙”→“自定义设置”，在窗口中选择“关闭 Windows 防火墙”，如图 8.5 所示。

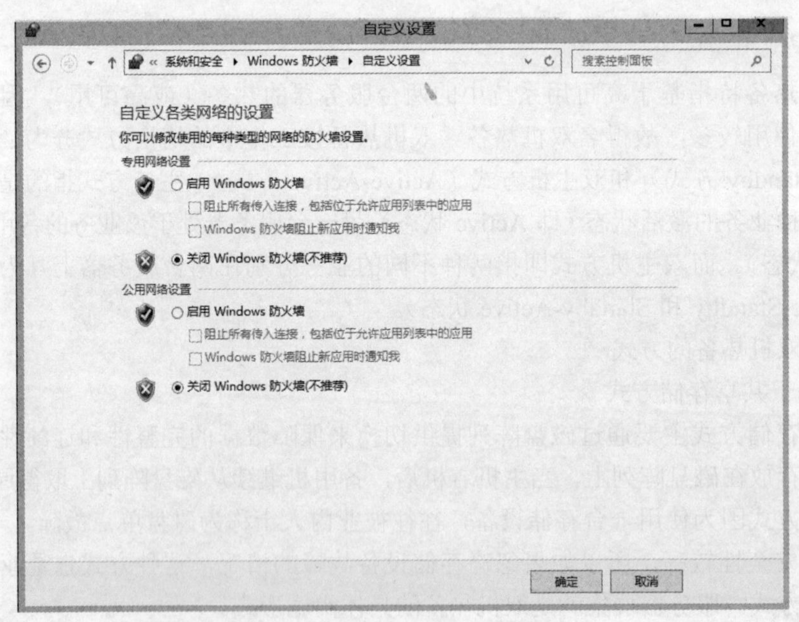

图 8.5　关闭 Windows 防火墙

（3）在 ST1 服务器上安装 Active Directory 服务和网络负载平衡

①单击“开始”→“服务器管理器”→“仪表盘”→“添加角色和功能向导”→“下一步”；选择“基于角色和基于功能的安装”，继续点击“下一步”；选择“从服务器池中选择服务器”，选择名称为 ST1 的服务器，点击“下一步”；选中“Active Directory

域服务”，点击“功能”→“网络负载平衡”→“添加功能”，点击“下一步”→“下一步”→“安装”。安装进度如图 8.6 所示。

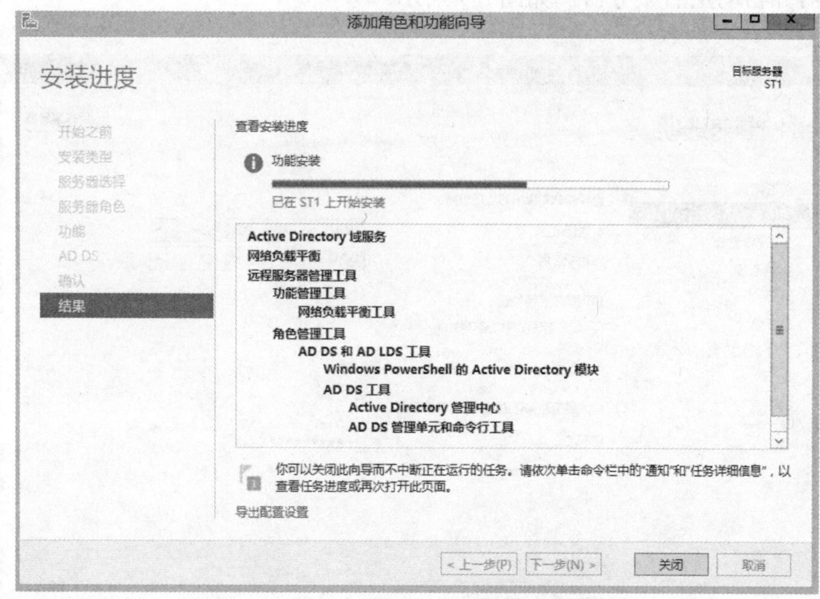

图 8.6　安装域控制服务器

②提升 ST1 为域控制器。

单击“开始”→“服务器管理器”→“仪表盘”，选择黄色“!”通知图标，点击“将此服务器提升为域控制器”，如图 8.7 所示。

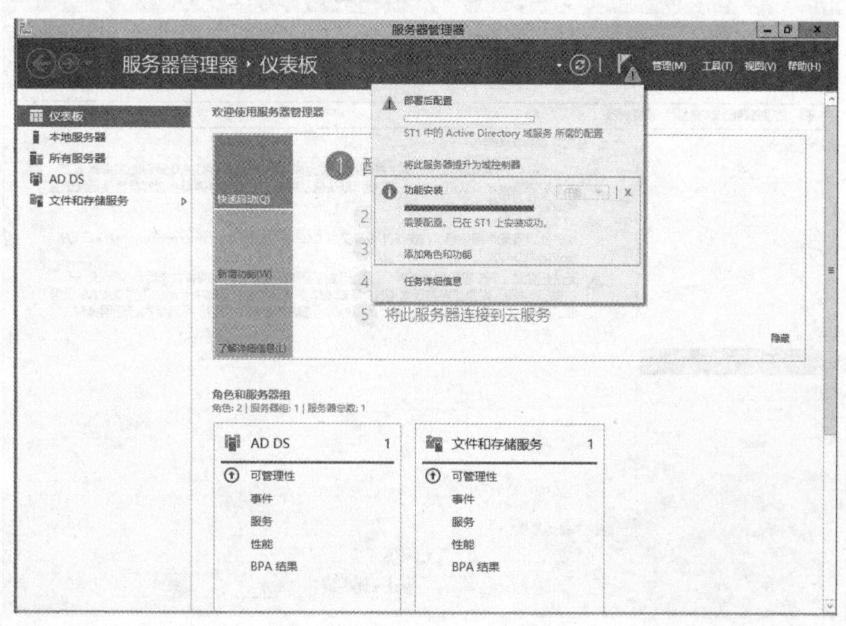

图 8.7　提升服务器为域控制器

③在弹出的窗口中选择“添加新林”，输入根域名“cqvie.net”，点击“下一步”，按图 8.8 所示设置选项后按提示点击多个“下一步”，再点击“安装”。提示已成功安装域控制器并自动重启服务器，如图 8.9 所示。

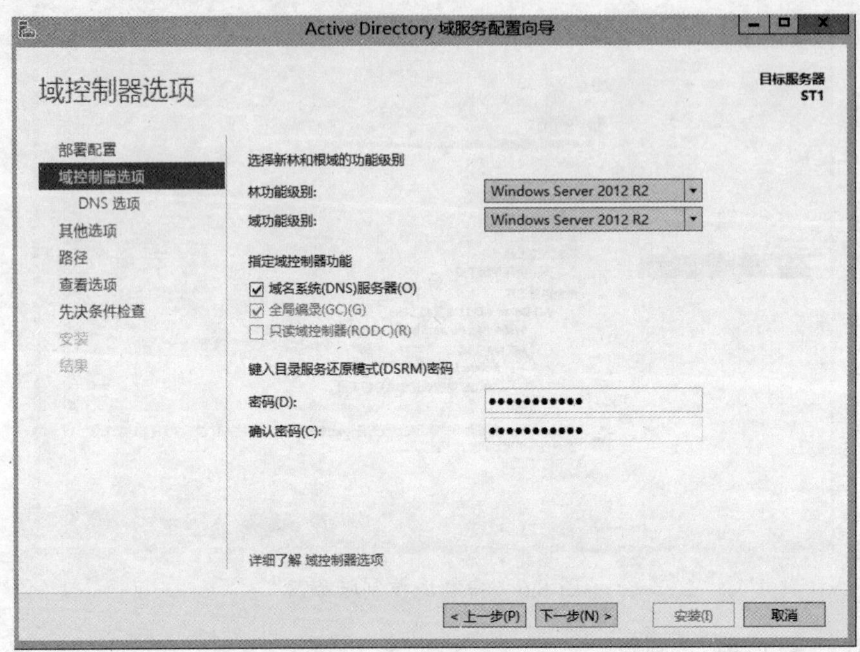

图 8.8　域控制器配置选项

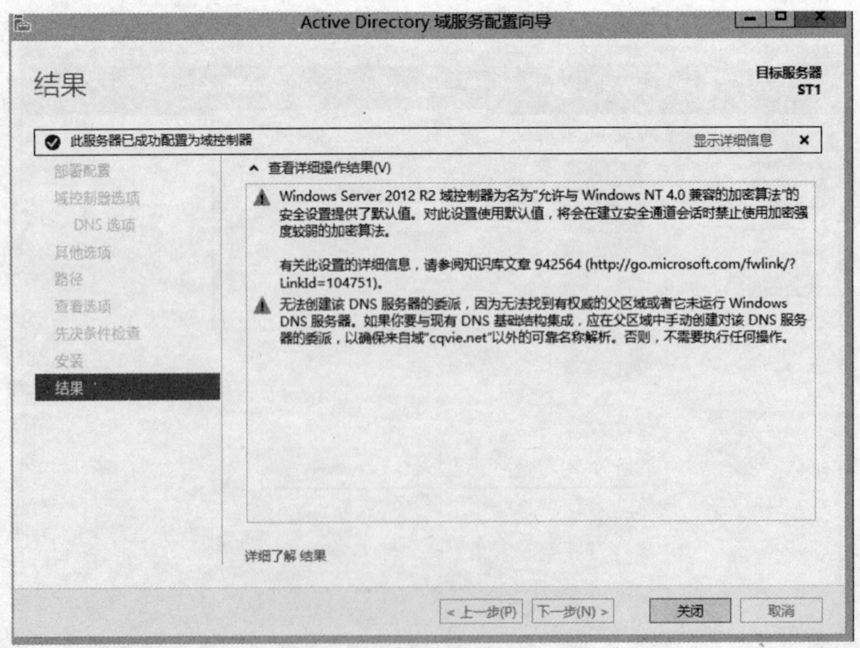

图 8.9　域控制器安装成功提示

（4）添加主服务器 DC1、备用服务器 DC2、SMB 服务器到 ST1 域服务器

①单击 DC1 的“这台电脑”→“属性”→“计算机”，单击“更改”按钮，在弹出的对话框中将“隶属于 / 域”修改为“cqvie.net”，如图 8.10 所示。单击“确定”。在弹出的窗口中输入 cqvie 域的管理员账户和密码，验证重启后就可看到添加服务器成功的结果，如图 8.11 所示。

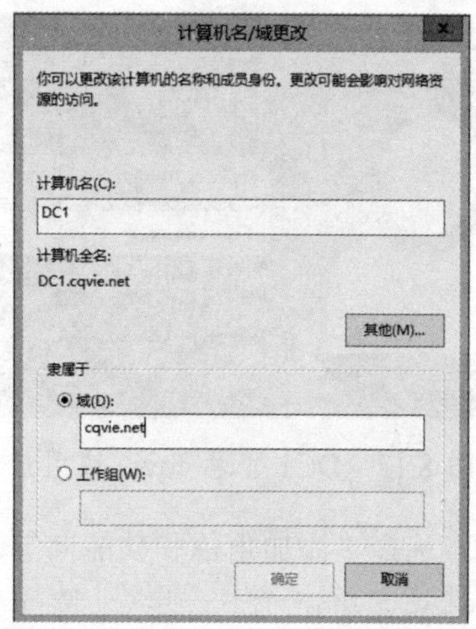

图 8.10　DC1 加入域 cqvie.net

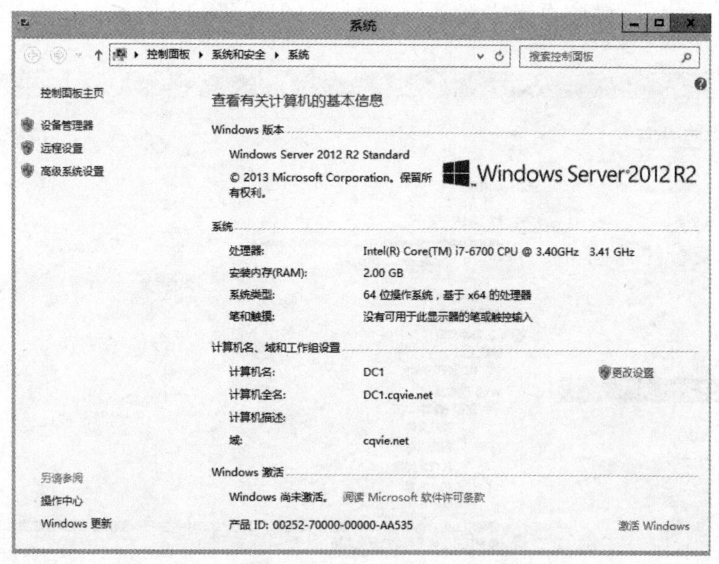

图 8.11　DC1 加入域 cqvie.net 成功的结果

注意：

若操作系统是克隆的，在加入域时会提示计算机 SID 相同，此时，可用系统文件夹里的 Sysprep 工具生成新的 SID。

②采用与第①步相同的方法将 DC2 和 SMB 加入到 cqive.net 域中。

（5）在 DC1、DC2 主副服务器上用域用户登录。登录后安装 IIS、NET 4.5 功能和网络负载均衡。

①在 DC1 服务器上用“cqvie\administrator”登录，系统启动后点击“开始”→“注销”→“选择其他用户”，输入域用户 cqvie\administrator 和密码登录，如图 8.12 所示。

图 8.12　DC1 登录 cqvie 域用户

②打开“服务器管理器”，选择“添加角色和功能向导”，点击“下一步”；选择“基于角色和基于功能的安装”选项，单击“下一步”；选择“从服务器池中选择服务器 DC1.cqvie.net”，点击“下一步”；在“服务器角色”中选择“Web 服务器角色（IIS）”，点击“添加功能”→“下一步”；在“功能”中选中“ASP .NET 4.5 和网络负载平衡选项”，一直点击“下一步”，最后点击“安装”。安装界面如图 8.13 所示。

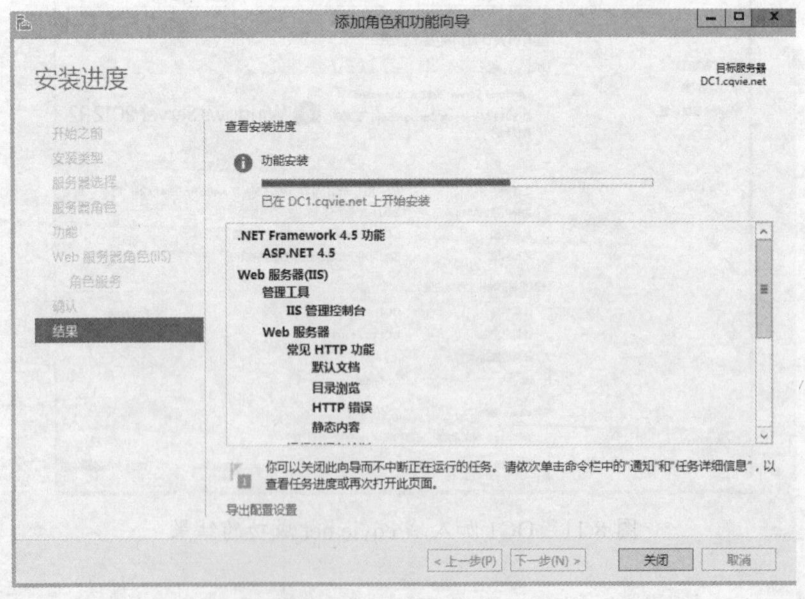

图 8.13　Web 服务器安装界面

③按前面项目中的系统服务开启的方法，在系统服务器管理器中打开以下三项服

务，如图 8.14 所示。

- Function Discovery Provider Host
- SSDP Discovery
- UPnP Device Host

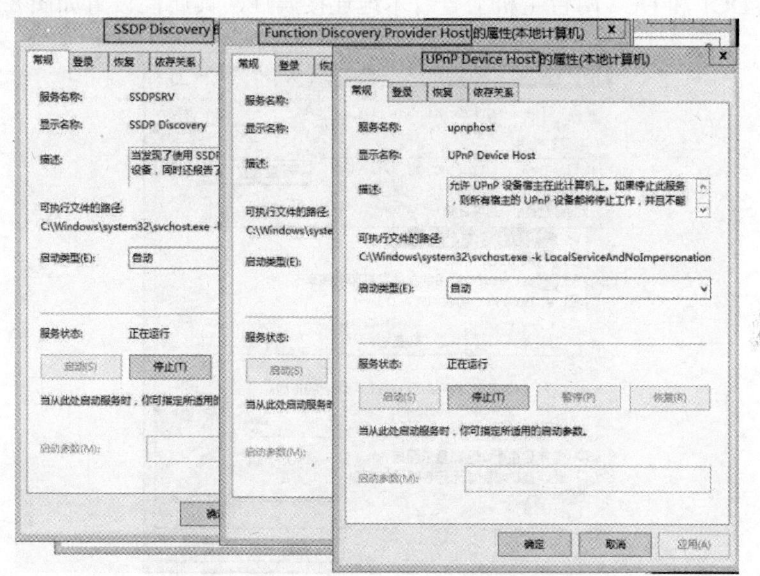

图 8.14　开启资源和设备相关服务

④打开“控制面板”，选择“网络和 Internet”→“网络和共享中心”→“高级共享设置”，选择“启用网络发现”“启用文件和打印机共享”，点击“保存更改”，如图 8.15 所示。

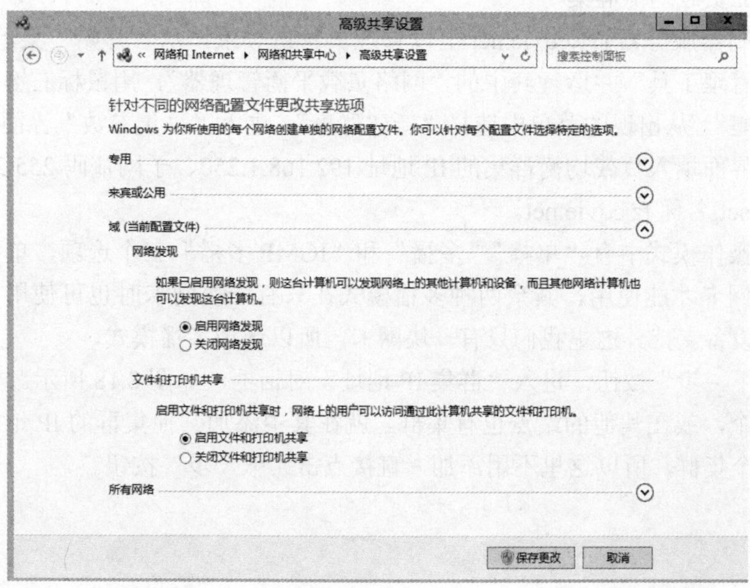

图 8.15　开启网络发现和共享功能

（6）网络属性设置

在需要加入负载均衡群集的每一台主机上查看网络属性，确保只能安装 TCP/IP 协议，而不安装任何其他的协议（如 IPX 协议或者 NetBEUI 协议），同时“网络负载平衡”选项也不能被选择。

分别在 DC1 和 DC2 两台主机上查看本地连接属性，其属性设置如图 8.16 所示。

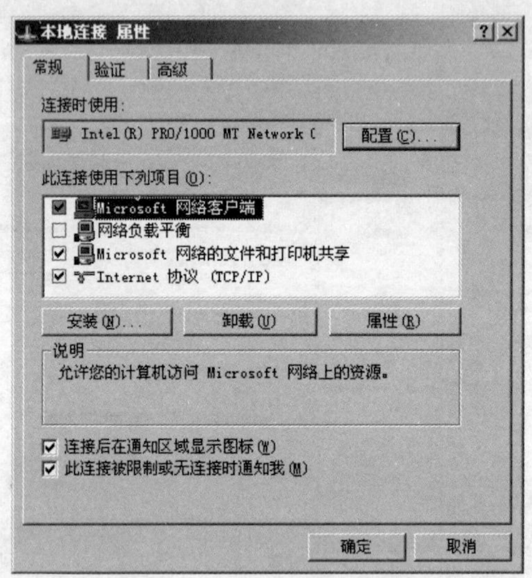

图 8.16　本地连接属性设置

同时为方便对结点计算机的管理，应将 DC1 和 DC2 都作为成员加入到 cqvie.net 域中。

（7）建立负载均衡群集

在域控制器服务器 st1.cqvie.net 上以管理员身份登录，从“开始”菜单的“程序”项中选择“管理工具”并运行其中的“网络负载平衡管理器”，用鼠标右键单击“网络负载平衡群集”，从出现的菜单中选择“新建群集”，进入“群集参数”界面，如图 8.17 所示，在该界面填入负载均衡群集的 IP 地址 192.168.1.250、子网掩码 255.255.255.0 和完整的 Internet 名称 fz.cqvie.net。

在群集操作模式中有“单播”“多播”和“IGMP 多播”三个选项，单播模式需要两块以上的网卡才能使用，其余两种多播模式在只有一块网卡时也可使用，但需要网络中的交换设备支持。这里我们只有一块网卡，所以选择多播模式。

点击“下一步”按钮，进入“群集 IP 地址”对话框，如图 8.18 所示。如果集群 IP 地址不止一个，或在其他的站点也有集群。就在其中添加其他集群的 IP 地址，当前网络中只有一个集群，所以这里不用添加，直接点击“下一步”按钮。

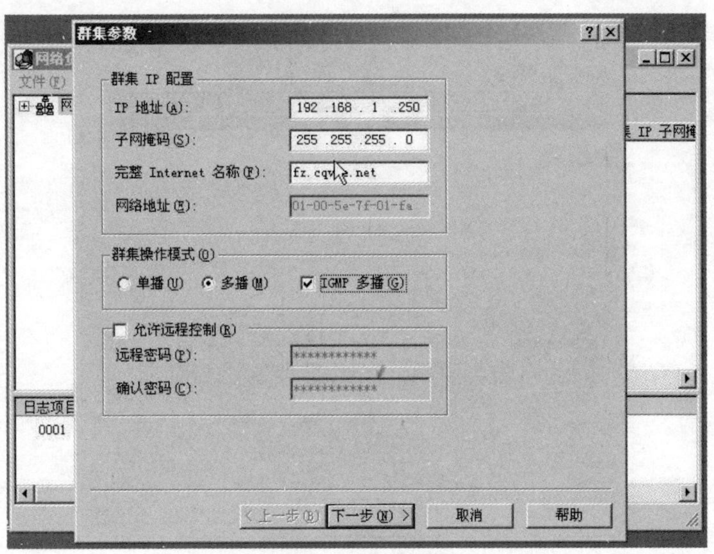

图 8.17 群集参数

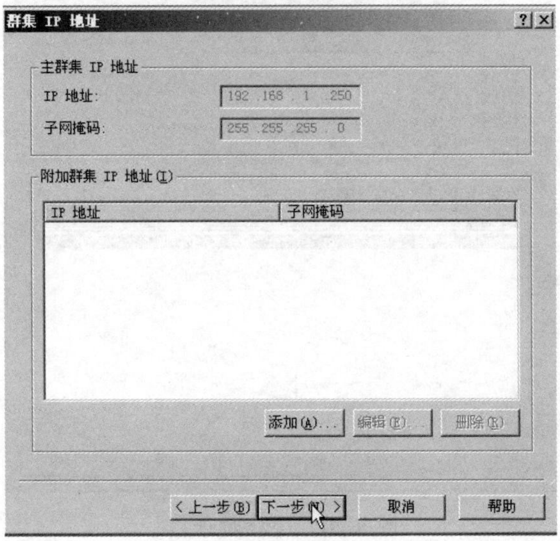

图 8.18 群集 IP 地址

点击“下一步”按钮后，进行“端口规则”设置。为提高安全性需要编辑提供业务服务应用的运行端口，如 IIS 所使用的端口为 80，就可通过编辑修改，默认情况下端口范围为 0 ～ 65535，如图 8.19 所示。

点击“下一步”按钮，进入“连接”对话框，在“连接”对话框的“主机”栏中输入当前计算机 DC1 的 IP 地址 192.168.1.210，然后点击“连接”按钮，将在“对配置一个新的群集可用的接口”框中显示出计算机的可用网络连接及 IP 地址，选中用于建立群集的网络连接即可，如图 8.20 所示。

端口规则

定义的端口规则（D）：

群集 IP 地址	开始	结束	协议	模式	优…	加载	相似性
所有	80	80	两者	多重	--	相等	单一

添加（A）… 编辑（E）… 删除（R）

端口规则描述

到达端口 80 的定向到任何群集 IP 地址的 TCP 和 UDP 通信在此群集的所有成员中平均平衡。客户端 IP 地址被用来指派客户端到指定的群集主机的连接。

< 上一步（B） 下一步（N）> 取消 帮助

图 8.19　端口规则设置

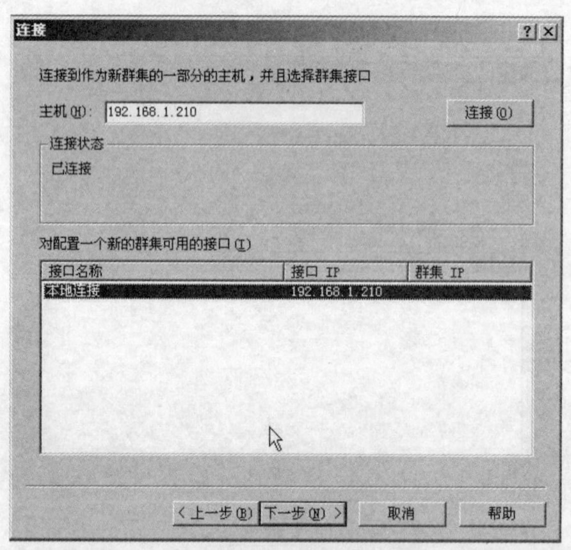

图 8.20　连接对话框

然后点击“下一步”按钮，进入设置“主机参数”界面，如图 8.21 所示。这里第一台计算机的优先级默认为 1，第二台默认为 2，以此类推，注意群集中的结点主机的优先级不能重复，专用 IP 配置栏默认为之前选定的网络连接 IP。点击“完成”按钮，系统将自动开始网络负载均衡群集的配置。

点击“完成”按钮以后“网络负载平衡管理器”会自动对 DC1 主机进行相关设置，此时 DC1 主机会出现在群集中。通过右键打开 fz.cqvie.net 群集可在弹出的菜单中选择“添加主机到群集”进行其他结点主机的添加，如图 8.22 所示。

此时会出现“连接”对话框，在“主机”栏中填写 DC2 的 IP 地址 192.168.1.220，点击“连接”按钮，并选中用于群集的网络连接，如图 8.23 所示。

主机参数
接口
本地连接
优先级(单一主机标识符)(P): 1
专用 IP 配置(I)
IP 地址(A): 192.168.1.210
子网掩码(S): 255.255.255.0
初始主机状态
默认状态(D): 已启动
在完成重启动后保持挂起状态(R)
< 上一步(B) 完成 取消 帮助

图 8.21 主机参数设置

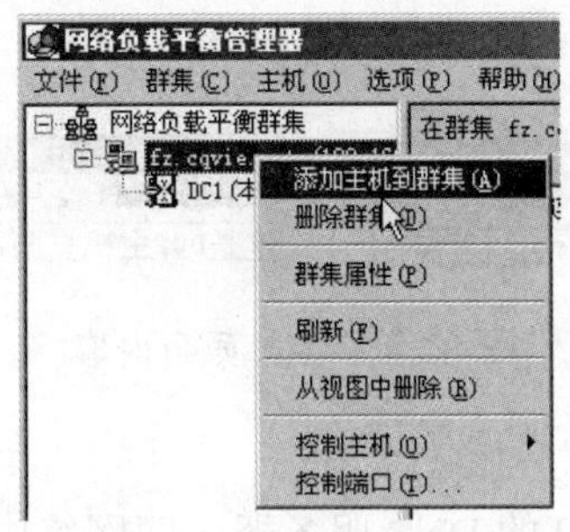

图 8.22 添加主机到群集

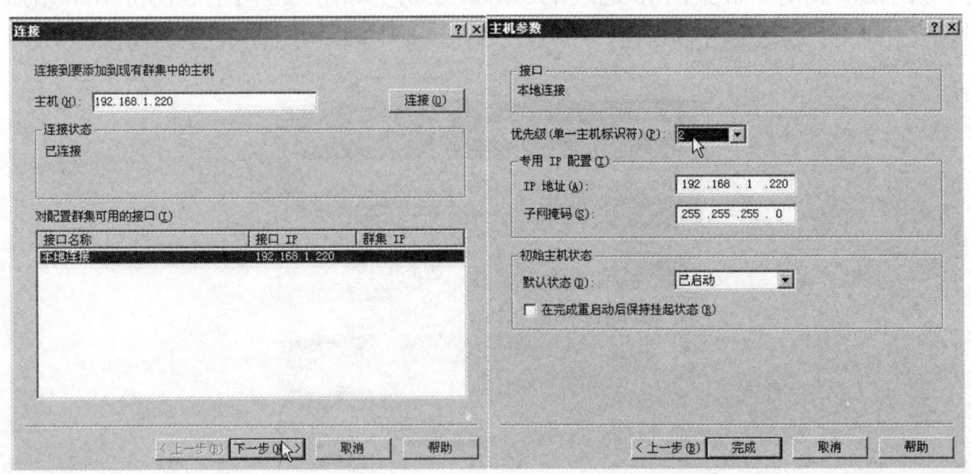

图 8.23 添加 DC2 主机

点击“下一步”按钮，在“主机参数”对话框中注意修改 DC2 主机的优先级。由于优先级 1 已被 DC1 所使用，因此 DC2 的优先级应选择为 2。

点击“完成”按钮再等待一段时间后，“网络负载平衡管理器”中会看到 DC1 与 DC2 主机的状态。如果出现“已聚合”状态，如图 8.24 所示，则表明负载均衡群集已建立成功。

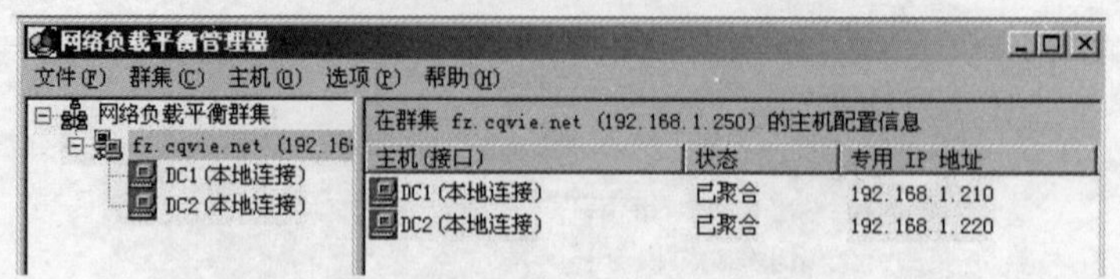

图 8.24 网络负载平衡管理器

（8）验证效果

① 建立 Web 站点

分别在 DC1 和 DC2 两台主机中添加 IIS，并配置 Web 站点。在实际应用中两台主机的站点内容应一致，这里为验证网络负载均衡群集的效果，故将站点内容按照图 8.25 做出修改。

图 8.25 站点页面内容

② 添加 DNS 主机

在 IP 地址为 192.168.1.100 的 DNS 服务器（即网络中的域控制器 st1.cqvie.net）上打开“DNS”管理器，并在名为 cqvie.net 的正向查找区域中添加名为 fz 的主机，IP 地址对应网络负载均衡群集的 IP 地址 192.168.1.250，如图 8.26 所示，使得 Web 站点可通过 fz.cqvie.net 的域名进行访问。

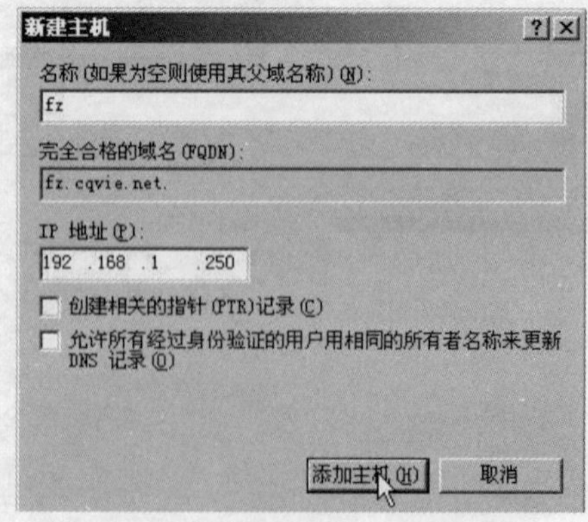

图 8.26 添加 DNS 主机

③ 添加 DNS 主机

通过网络中任意一台客户机的 IE 浏览器访问 http://fz.cqvie.net 时会出现图 8.27 所

示的页面，说明在默认情况下群集使用的是优先级为 1 的主机 DC1，只有当 DC1 访问量过大时一些客户机才会访问到 DC2 主机。

为验证效果我们将 DC1 主机关机，此时在客户机上刷新网页，Web 网站的内容即为 DC2 主机的内容，说明网络负载均衡群集已自动将网络访问指向了 DC2 主机，如图 8.28 所示。

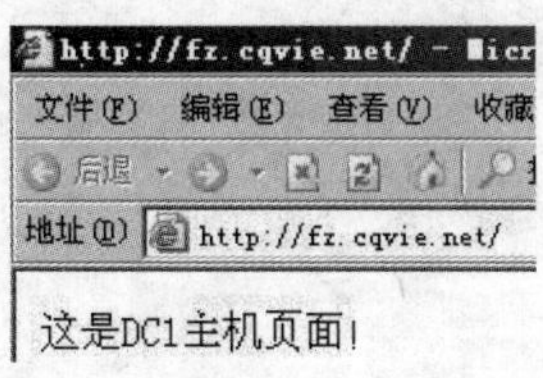

图 8.27 访问群集

图 8.28 负载均衡效果验证

由此可知网络负载均衡群集对于处于前台的 Web 等服务器具有增加站点访问量、减少服务器冗余等功能。

【拓展实训】

网络负载均衡群集配置的主要内容如表 8.1 所示。

表 8.1 网络负载均衡群集配置

项目	主要内容
1	在 Windows Server 2012 系统上安装配置活动目录服务
2	在 Windows Server 2012 系统上建立负载均衡群集
3	验证负载均衡群集

【同步训练】

1. 简述群集的分类。
2. 服务器群集与网络负载均衡群集有何区别？
3. 查阅资料建立 MSCS 群集。
4. 删除网络负载均衡群集中的主机。

项目 9
活动目录配置与管理

【学习目标】

知识目标：了解工作组和域两种网络结构与特点以及活动目录相关概念，理解活动目录的功能及其管理方式。

技能目标：能根据任务需求配置活动目录，能进行域用户和用户策略的管理。

【任务描述】

在 Windows 2012 中安装活动目录，将企业网络中的各种资源，如电脑、用户、共享的打印机、服务器等组织起来形成活动目录域，通过组策略设置来定义资源的进入权限，可以使用户很方便地访问活动目录域中的信息和在域中互相交换传递信息，从而实现企业的低成本管理、标准化管理和架构管理。

某公司要在公司内部实现活动目录，以方便单位内各部门用户访问其中的信息，现需架构域控制器，用户可根据不同权限访问不同资源，网络结构如图 9.1 所示。

本次任务中需要架构一个主域控制器和一个额外域控制器，实现活动目录，并建立用户和分配不同权限，实现资源共享。

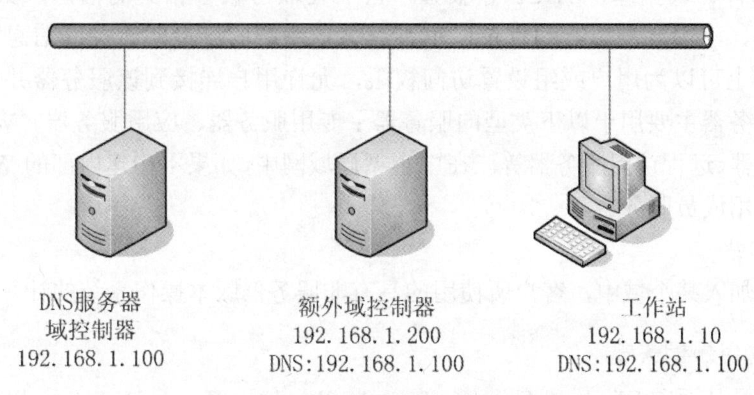

图 9.1　两个域控制器的网络结构

【相关知识】

1. Windows 2012 支持的网络结构

（1）工作组结构的网络（对等式网络）

网络上没有专门的服务器，没有集中的数据库，所有的资源分散在不同的计算机上，网络上的计算机都由本机的本地用户安全数据库审核。

（2）域结构的网络

域是管理员定义的一组对象的集合（计算机、用户和组），是一个安全边界，由网络上的计算机组成，域中的资源存放在集中数据库内，便于用户的查找和使用，便于管理员的管理。

对于域结构的网络，网络中的计算机有以下三种角色。

● 域控制器

域控制器是安装活动目录（Active Directory，AD）的计算机，主要负责管理用户对网络的各种权限，包括登录网络、账号的身份验证以及访问目录和共享资源等。当域中只存在一台 Windows 2012 Server 服务器时，一般要设置为域控制器。域内也可以有多台域控制器，它们的地位是平等的，多台域控制器之间按照一定的频率相互复制数据库以保持同步（即保持地位平等）。

使用多个域控制器首先可以避免域控制器损坏所造成的业务停滞，如果一个域控制器损坏了，只要域内其他的域控制器有一个是工作正常的，域用户就可以继续完成用户登录、访问网络资源等一系列工作，基于域的资源分配不会因此停滞。其次还可以起到负载平衡的作用，每个额外域控制器都可以处理用户的登录请求，从而减少用户登录等待时间。

● 成员服务器

指具有服务器版本的操作系统、属于某个域、没有存储活动目录数据库的计算机，负责提供邮件、数据库、DHCP 等服务。它不处理与账号相关的信息，如登入网络、身份验证等，不需要安装活动目录，也不存储与系统安全策略相关的信息。但是，在成员服务器上可以为用户或组设置访问权限，允许用户连接到该服务器并使用相应资源。成员服务器主要用于以下类型的服务器：专用服务器、应用服务器、Web 服务器、数据库服务器、远程访问服务器等。在中小型局域网中，如果不构建内部的 Web 服务器，一般很少使用成员服务器。

● 工作站

指本身加入某个域中，客户所使用的具有非服务器版本操作系统的计算机。

2. 活动目录相关概念

活动目录是面向 Windows Standard Server、Windows Enterprise Server 以及 Windows Datacenter Server 的目录服务，是微软目录服务的一种机制。它用来存储网络上的用户账户、计算机、打印机等资源信息，用户在使用资源时不需要了解该资源存放在哪台计算机上和哪台计算机上有哪些资源，不管用户从何处访问或信息处在何处，都对用户提供统一的视图，保证用户能够快速访问。

（1）名称空间

为划分好的区域定义的具有一定意义的名字，利用名称空间可以对网络中的资源进行管理、组织和控制，在该区域可以通过名称查找到与该名称相关的信息。Windows 2003 的 AD 与 DNS 紧密地整合在一起，其名称空间采用的是 DNS 架构，其域名也采用 DNS 格式，如：abc.com、xyz.com 等。

（2）对象及其属性

Windows 2012 的 AD 数据库将所有资源都当作对象来处理，如用户、计算机、打印机等都是对象，属性是用于描述对象信息的，如用户对象的电话号码、电子邮件等。

（3）容器

容器是活动目录名称空间的一部分，与对象一样，也有属性，但与对象不同的是，它不代表有形的实体，而是代表存放对象的空间，它比名称空间小。比如一个用户，它是一个对象，但这个对象的容器就仅限于从这个对象本身所能提供的信息空间，如它仅能提供用户名、用户密码，其他的如工作单位、联系电话、家庭住址等就不属于这个对象的容器范围了。

（4）组织单元

组织单元是活动目录的一个比较特殊的容器，除了可以包含其他对象和组织单元之外，还具有实施“组策略”的功能。一个组织单元就是活动目录中的一个“组策略对象”，只要在组织单元上实施了组策略，组织单元中的用户和计算机也随之生效。

（5）域

域是指由管理员定义的计算机、用户和组对象的集合。这些对象共享公用目录数据库、安全策略以及与其他域之间的安全关系。在使用了域之后，用户在域中只要拥有一个账户，用账户登录后即取得一个可以在域中漫游，访问域中任一台服务器上资源的身份。

（6）域树

域树是多个域按照一定的层次排列，构成倒置的树状结构，且共享一个连续的名称空间。其中最上层的是这棵域树的根域，下一层称为它的子域。域树内的所有域共享一个 AD，此 AD 内的数据分散地存储在各个域内，且每一个域内只存储该域内的数据。域树中的域层次越深，级别越低，一个“.”代表一个层次，如域 Child.Microsoft.com 就比 Microsoft.com 这个域级别低，因为它有两个层次关系，而 Microsoft.com 只有一个层次。域 Grandchild.Child.Microsoft.com 比 Child.Microsoft.com 级别低，道理一样。域是安全界限，必须在每个域的基础上为用户指派相应的权利和权限。

（7）信任关系

两个域之间必须在建立了“信任关系”之后，才可以访问对方的资源。

①单向信任：如果 A 域的用户可以访问 B 域的资源，但 B 域的用户不可以访问 A 域的资源，称为单向信任。

②双向信任：如果 A 域的用户可以访问 B 域的资源，B 域的用户也可以访问 A 域的资源，称双向信任。

③可传递信任：如果 A 域信任 B 域，B 域信任 C 域，则 A 域也信任 C 域，则称此信任具有可传递性。而因传递得到的信任关系称为隐性的信任关系。

Windows 2012 的域树上，父域和子域之间具备双向的、可传递的信任关系。同一棵域树上的任意两个域之间的双向信任关系是通过 Kerberos 安全协议来实现的，因此也被称为 Kerberos 信任。

（8）域林

域林由一个域树或多个域树组成，它们各自有着独立的名称空间。第一个域树的根域就是整个树林的根域，同时其名称也是这个树林的名称。Windows 2003 的域林中，同一个域林上的任意两个域之间都是双向信任的关系。

3. 域用户账户和组

Active Directory 用户账户用于验证用户身份，指派用户的访问权限。用户必须使用用户账户登录到特定的计算机和域。登录到网络的每个用户应有自己唯一的账户和密码。用户账户也可用作某些应用程序的服务账户。

Windows 2012 所支持用户类型有以下两种：

（1）本地用户

存储在本地计算机上的账号数据库中，本地用户只可访问本地计算机的资源，本地用户登录本机由本地计算机的 SAM 来审核。

（2）域用户

域用户存储在域数据库中，可访问域中允许的资源，域用户创建后会被复制到域控制器上。域控制器上不能创建本地用户。

一个域用户账户可以在域中的任何一台计算机上登录（域控制器除外），用户可以不再使用固定的计算机。当计算机出现故障时，用户可以使用域用户账户到另一台计算机上登录继续工作。

在域控制器上建立的是域用户账户，账户数据存储在 AD 中，用来登录域、访问域内的资源。非域控制器的计算机上还有本地账户。本地账户数据存储在本机中，不会发布到 AD 中，只能用来登录账户所在计算机，访问该计算机上的资源。本地账户主要用于工作组环境，对于加入域的计算机来说，一般不再建立和管理本地账户，除非要以本地账户登录。

Windows Server 2012 提供了两个内置域用户账户：Administrator 和 Guest。Administrator 是系统管理员账户，对域拥有最高权限，为安全起见，可将其重命名。Guest 是来宾账户，主要供没有账户的用户使用，访问一些公开资源，为安全起见，系统默认禁用此账户。默认情况下，用户账户一般位于 Users 容器中，域控制器计算机上的原本地账户自动转入该容器。

4. 组策略

组策略（Group Policy）是活动目录上的最大应用，可以使许多重复的管理工作自动化、简单化。组策略对象（Group Policy Object，GPO）是一种活动目录对象，可设置权限，在域内创建后可链接到站点、域和组织单元，使组策略的设置对一定范围的计算机和用户生效。本地（Local）策略可理解为一个特殊的组策略：在工作组下也可使用，只对本地用户和该计算机生效。

GPO 设置决定目录对象和域资源的进入权限，什么样的域资源可以被用户使用，以及这些域资源怎样使用等。例如，组策略对象可以决定当用户登录时用户在他们的计算机上看到什么应用程序，当它在服务器上启动时有多少用户可连接至 Server，以及当用户转移到不同的部门或组时他们可访问什么文件或服务。

GPO 使管理员可以管理少量的策略而不是大量的用户和计算机。通过活动目录，管理员可将组策略设置应用于适当的环境中，不管它是整个单位还是单位中的特定部门。

5. 活动目录功能

活动目录主要提供以下功能：

（1）基础网络服务：包括 DNS、WINS、DHCP、证书服务等。

（2）服务器及客户端计算机管理：管理服务器及客户端计算机账户，所有服务器及客户端计算机加入域管理并实施组策略。

（3）用户服务：管理用户域账户、用户信息、企业通讯录（与电子邮件系统集成）、用户组管理、用户身份认证、用户授权管理等，按需实施组管理策略。

（4）资源管理：管理打印机、文件共享服务等网络资源。

（5）桌面配置：系统管理员可以集中配置各种桌面配置策略，如界面功能的限制、应用程序执行特征限制、网络连接限制、安全配置限制等。

（6）应用系统支撑：支持财务、人事、电子邮件、企业信息门户、办公自动化、补丁管理、防病毒系统等各种应用系统。

6. 活动目录复制

复制目录提供了信息可用性、容错、负载平衡和性能优势。通过复制，AD 目录服务在多个域控制器上保留目录数据的副本，从而确保所有用户的目录可用性和性能。Active Directory 使用一种多主机复制模型，允许在任何域控制器上（而不只是委派的主域控制器上）更改目录。

7. 活动目录与 DNS 集成

Active Directory 与 DNS 集成并且共享相同的名称空间结构，两者的集成体现在以下三个方面。

- Active Directory 和 DNS 有相同的层次结构。
- DNS 区域可存储在 Active Directory 中。
- Active Directory 将 DNS 作为定位服务使用。要登录到 Active Directory 域，Active Directory 客户端应向配置的 DNS 服务器查询在指定域的域控制器上运行的 LDAP 服务的 IP 地址。DNS 用于将 AD 域、站点和服务名称解析成 IP 地址。

DNS 是一种名称解析服务，为 DNS 客户端提供 DNS 名称解析，不需要 Active Directory 也能运行。Active Directory 是一种目录服务，提供信息储存库并让用户和应用程序访问信息的服务。为了定位域控制器，Active Directory 客户端需查询 DNS，Active Directory 需要 DNS 才能工作。

8. 活动目录安装前的准备

安装活动目录前要进行一系列的策划和准备，否则无法发挥活动目录的优势，甚至不能正确安装活动目录。需要进行的策划和准备工作如下。

（1）安装活动目录之前，必须保证已经有一台机器安装了 Windows 2012，至少有一个 NTFS 分区，而且安装配置了 DNS，DNS 服务支持 SRV 记录和动态更新协议。

（2）规划好整个系统的域结构。活动目录可包含一个或多个域，如果整个系统的目录结构规划得不好，层次不清就不能很好地发挥活动目录的优越性。在这里选择根域（就是一个系统的基本域）是一个关键，根域名字的选择可以有以下几种方案。

①使用一个已经注册的 DNS 域名作为活动目的根域名，这样的好处在于企业的公共网络和私有网络使用同样的 DNS 名字。

②使用一个已经注册的 DNS 域名的子域名作为活动目录的根域名。

③选择一个与已经注册的 DNS 域名完全不同的域名。这样可以使企业网络在内部和互联网上呈现出两种完全不同的命名结构。

④企业网络的公共部分用一个已经注册的 DNS 域名进行命名，私有网络用另一个内部域名，从名称空间上把两部分分开，使得一部分要访问另外一部分时必须使用对方的名称空间来标识对象。

（3）进行域和账户命名策划。使用活动目录的意义之一就在于使内、外部网络使用统一的目录服务，采用统一的命名方案，以方便网络管理和商务往来。活动目录命名策略是企业规划网络系统的第一个步骤，命名策略直接影响到网络的基本结构，甚至影响网络的性能和可扩展性。

（4）设置规划好域间的信任关系。在域树中创建域时，相邻域（父域和子域）之间自动建立信任关系。在域林中，树林根域和添加到树林的每个域树的根域之间自动建立信任关系。如果这些信任关系是可传递的，则可以在域树或域林中的任何域之间进行用户和计算机的身份验证。

9．活动目录的删除

域控制器降级也就是删除 Active Directory 服务的过程，即将域控制器降级为成员服务器或独立服务器。当有新服务器接替域控制器的工作或者网络重新规划的情况，可能就需要执行此操作。Windows Server 2012 域控制器功能可以在添加角色和功能向导中，选择启动删除角色和功能向导，根据提示即可完成删除。

【任务实施】

1．任务实施环境

DNS 服务器和域控制器搭建在同一台计算机上（实际应用中可以分开搭建），操作系统为 Windows Server 2012，IP 设置为 192.168.1.100。网络中另外配置一台成员服务器和一台工作站，成员服务器用于管理域资源，工作站用于测试。创建两个组，四个用户，如表 9.1 所示，网络结构如图 9.2 所示。

表 9.1　所建组及用户表

人事处	财务处
陈人事	张会计
王人事	李会计
成员权限：都为全局用户，给与用户全部权限	

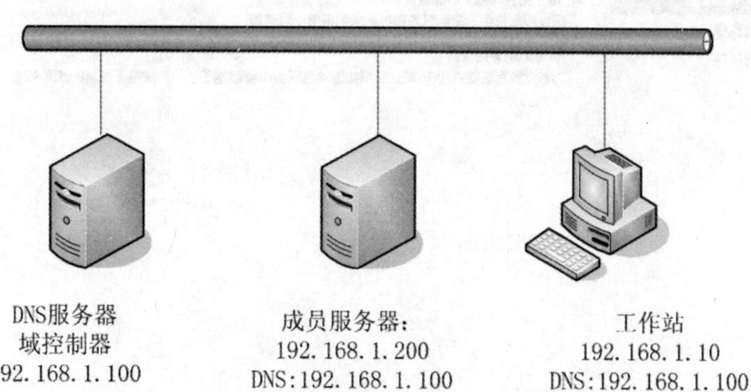

图 9.2　单个域控制器的网络结构

2. 建立域控制器

（1）在 IP 为 192.168.1.1 的计算机上安装活动目录之前，确定该计算机已安装了 DNS 服务组件，并配置 IP，如图 9.3 所示。

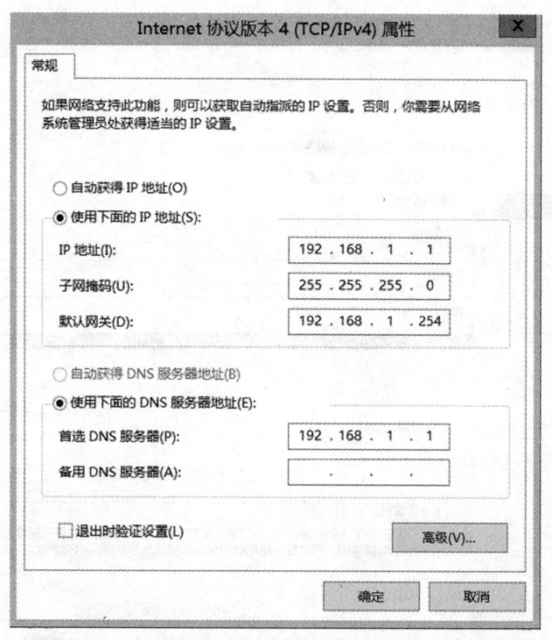

图 9.3　域控制器 IP 配置

（2）通过添加角色和功能向导，按照提示选择“基于角色或基于功能的安装”进行域控制器的安装，如图 9.4 所示。

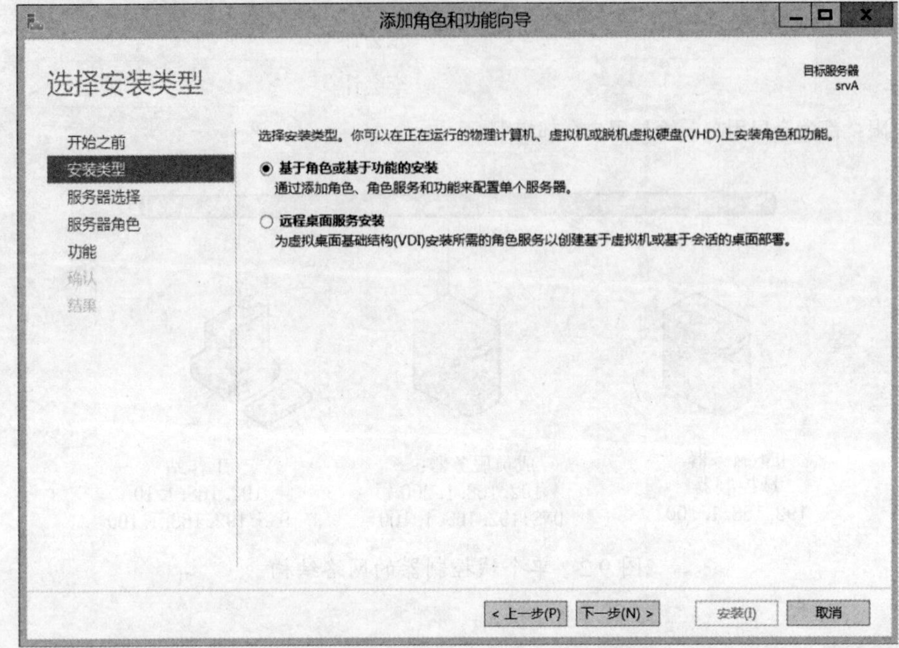

图 9.4　添加角色与功能向导

（3）选择安装角色的服务器，如图 9.5 所示。

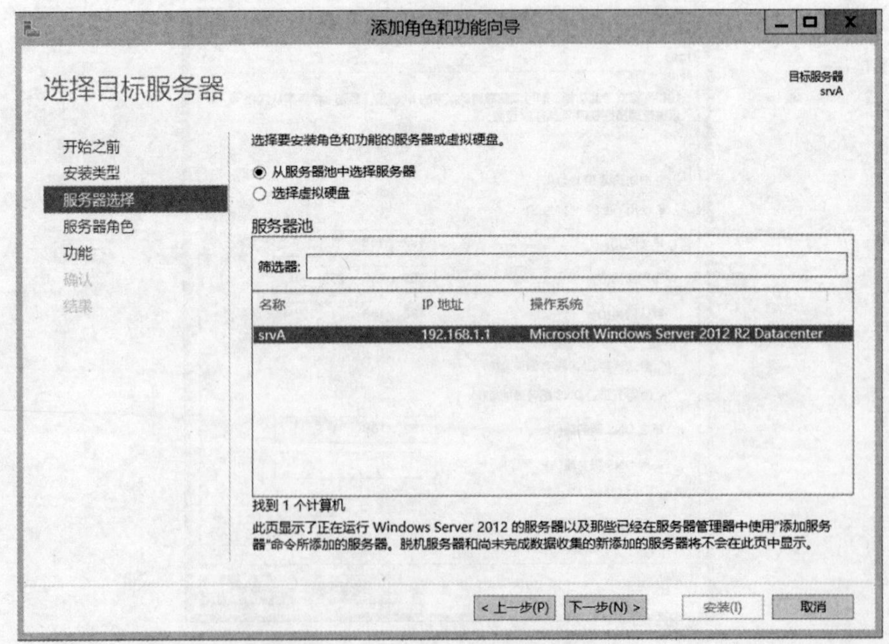

图 9.5　选择安装角色的服务器

（4）选择安装“Active Directory 域服务”，如图 9.6 和图 9.7 所示。

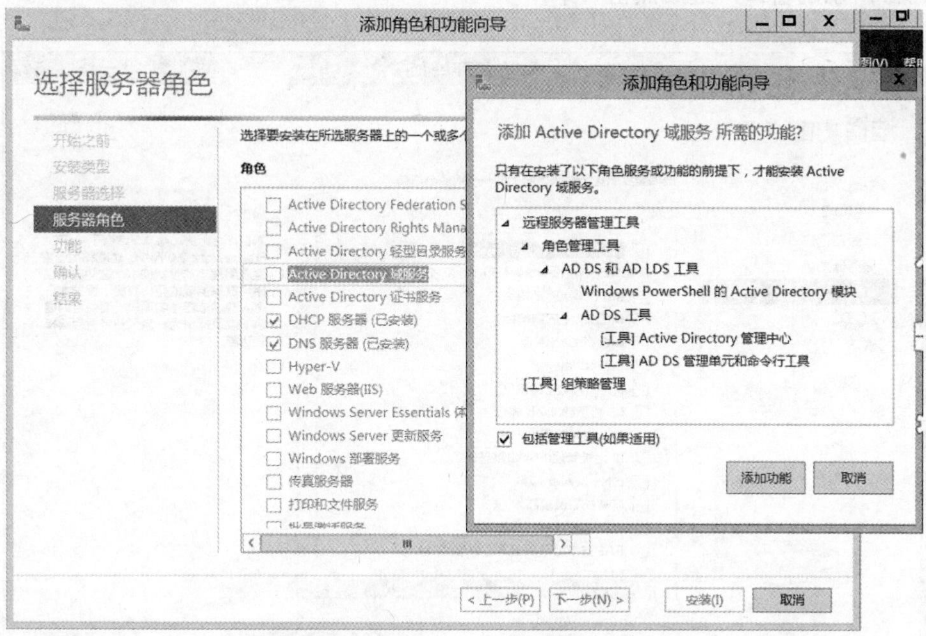

图 9.6　选择安装“Active Directory 域服务”

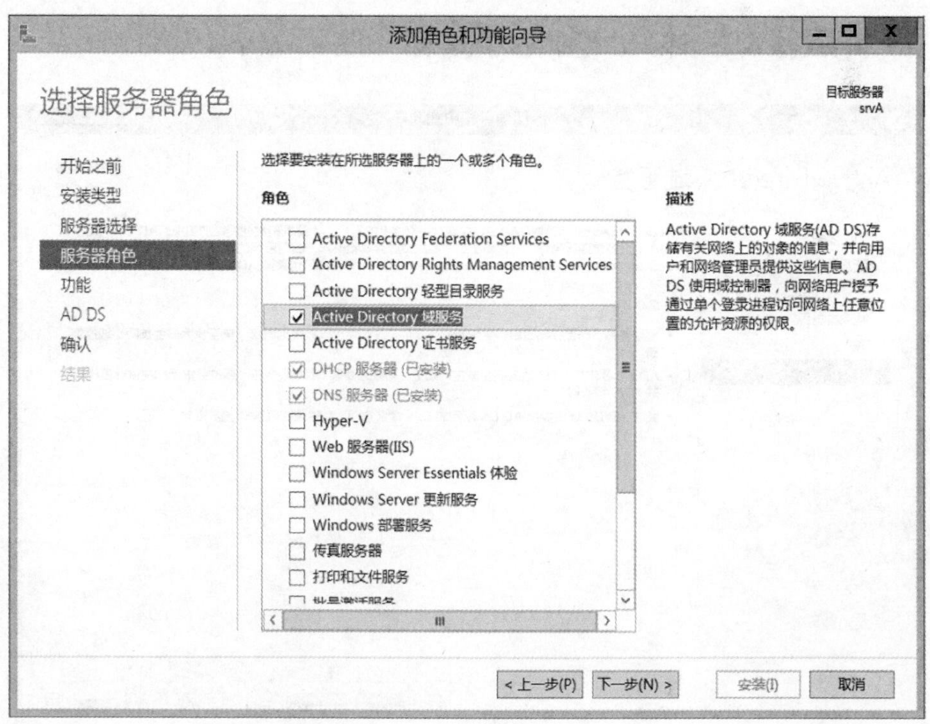

图 9.7　添加“Active Directory 域服务”

（5）在图 9.7 中确认“Active Directory 域服务”勾选成功后，点击“下一步”，进入图 9.8 所示的窗口，继续点击“下一步”。

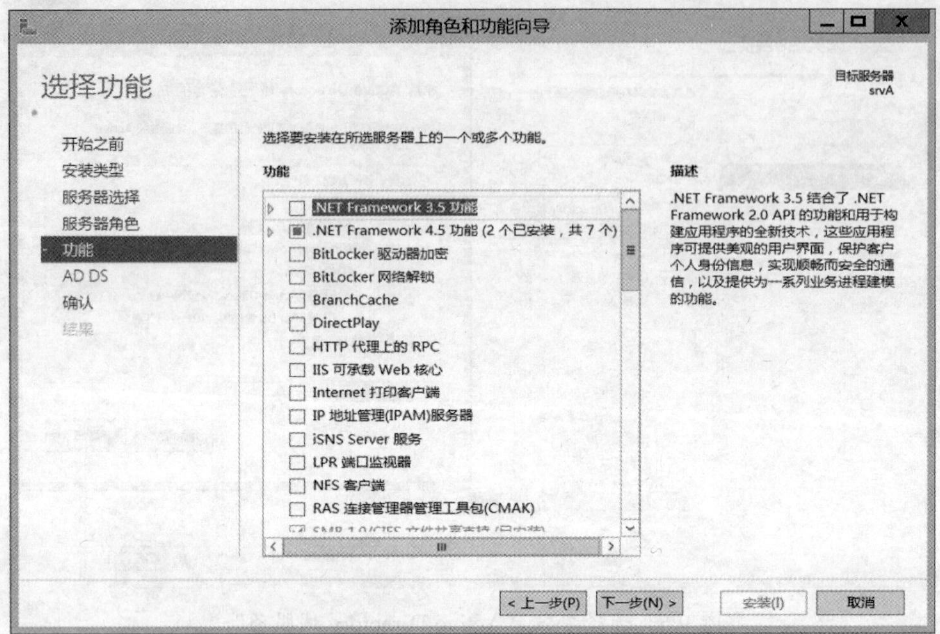

图 9.8　选择完毕的“AD 域服务”

（6）依次继续点击“下一步”即可完成安装，如图 9.9 所示。

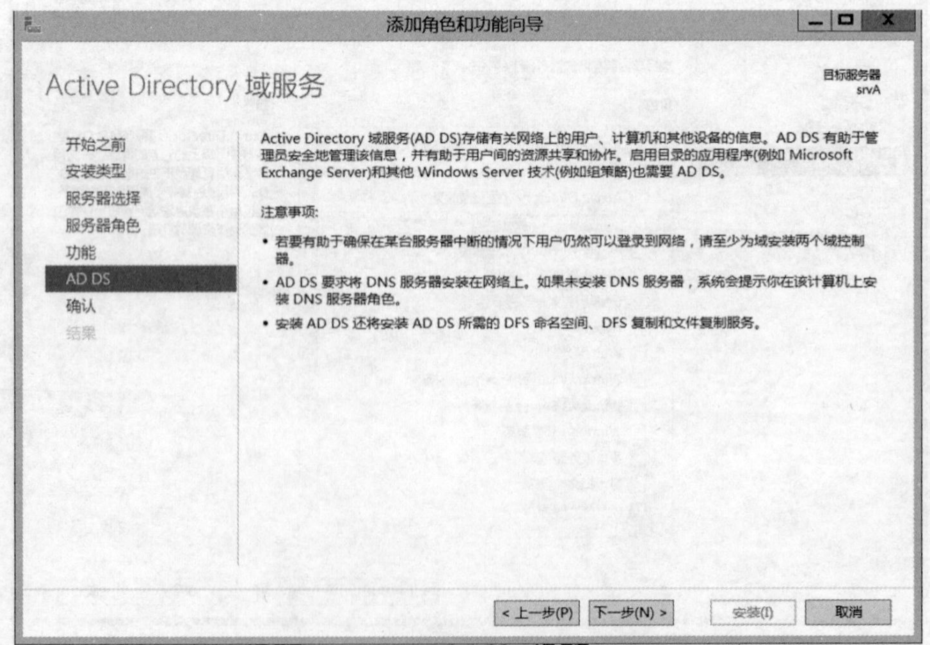

图 9.9　AD DS 安装前的提示信息

（7）安装完成时，务必点击图 9.10 中的“将此服务器提升为域控制器”。如果安装完成时忘记点击，则按照图 9.11 所示进行操作，也可以实现该功能。

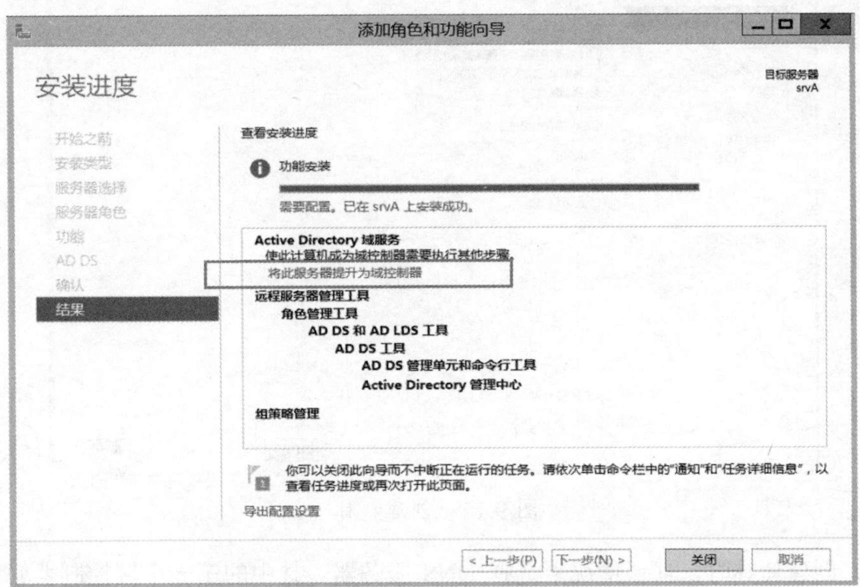

图 9.10　AD DS 安装成功

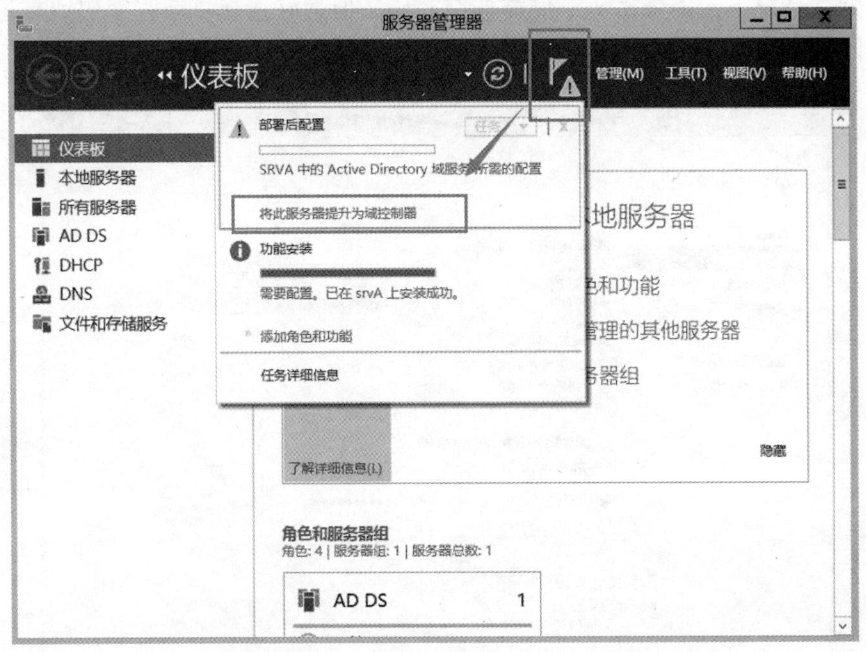

图 9.11　将服务器提升为域控制器

（8）点击“将此服务器提升为域控制器”会弹出“Active Directory 域服务配置向导”窗口，选择“添加新林”，如图 9.12 所示。

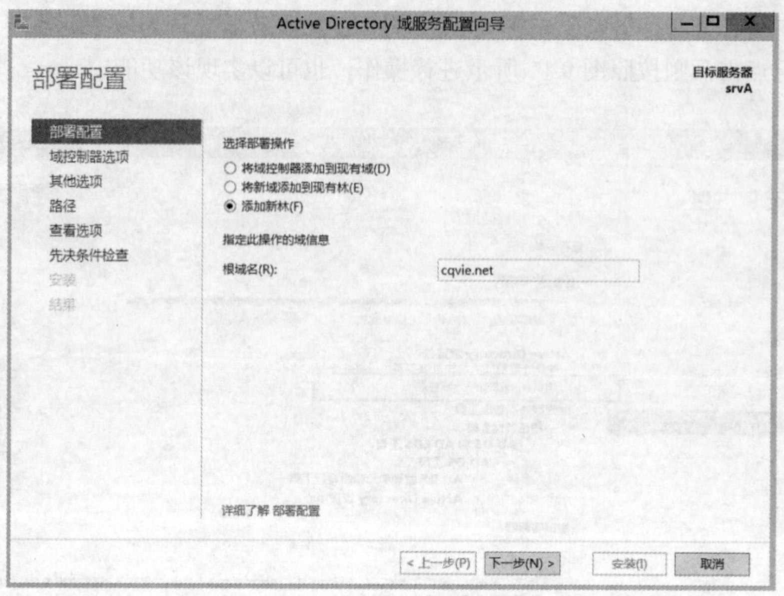

图 9.12　创建新林

（9）创建新林时，默认情况下选择 DNS 服务器。林中的第一个域控制器必须是全局目录（GC）服务器，且不能是只读域控制器（RODC）。需要目录服务还原模式（DSRM）密码才能登录未运行的 AD DS 域控制器。指定的密码必须遵循应用于服务器的密码策略，且默认情况下无需强密码，仅需非空密码。但最好选择复杂强密码或首选密码，这里我们设置为 cqvie.net。其他设置如图 9.13 所示。

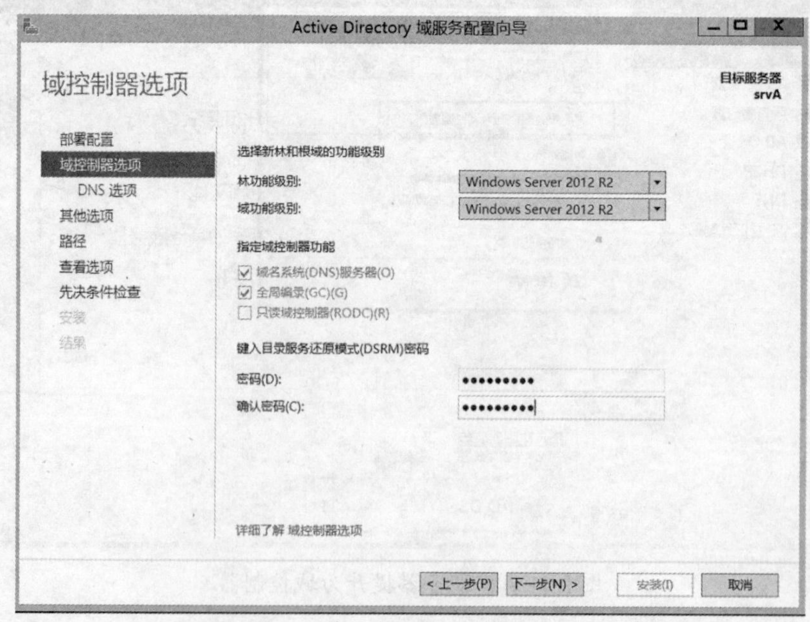

图 9.13　域控制器选项

（10）安装 DNS 服务器时，应该在父域名系统（DNS）区域中创建指向 DNS 服务器且具有区域权限的委派记录。委派记录将传输名称解析机构和提供对授权管理新区域的新服务器、其他 DNS 服务器及客户端的正确引用。由于本机父域指向的是自己，无法进行 DNS 服务器的委派，不用创建 DNS 委派。DNS 选项如图 9.14 所示。

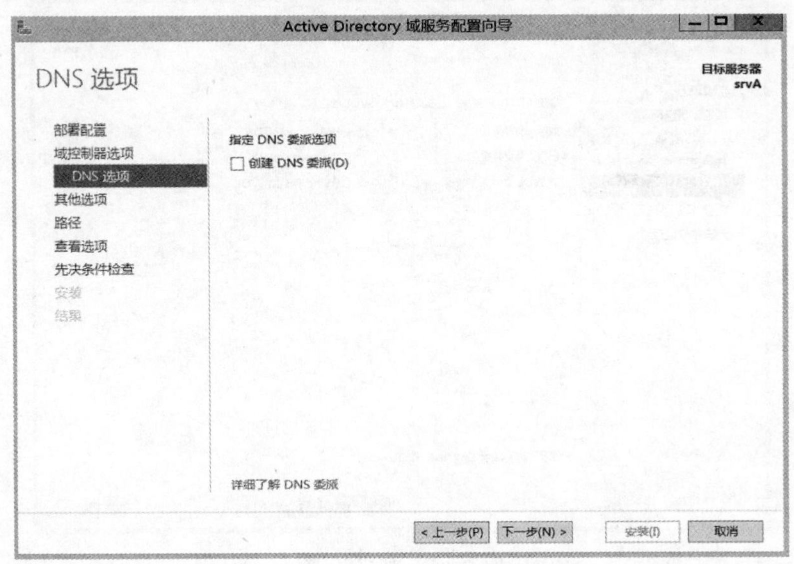

图 9.14　DNS 选项

（11）设置 NetBIOS 域名。这是早期 Windows 版本用来识别新域的，此外填入 CQVIE，如图 9.15 所示。

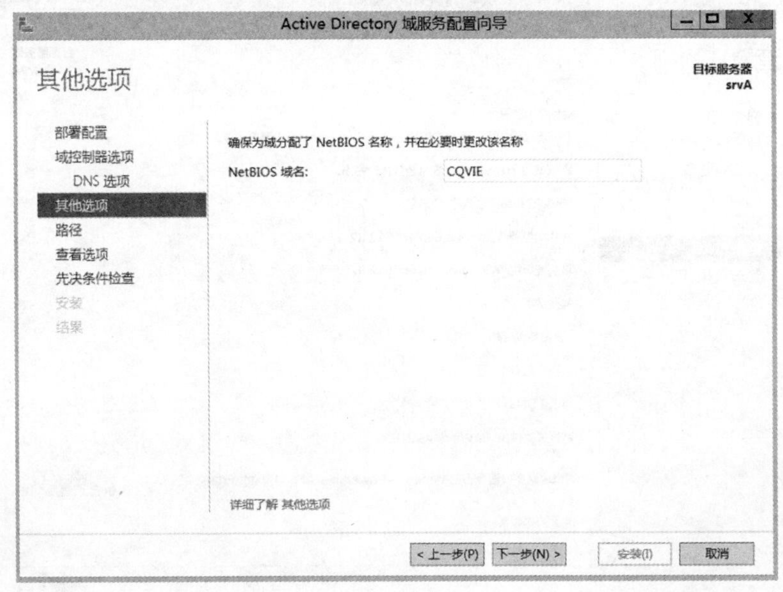

图 9.15　设置 NetBIOS 域名

（12）如图 9.16 所示，选择保存 AD 服务器的相关数据及日志。可以根据需要修改“路径”配置以用于覆盖 AD DS 数据库、数据库事务日志和 SYSVOL 共享的默认文件夹位置。默认位置始终位于 %systemroot% 中，保持默认设置即可。

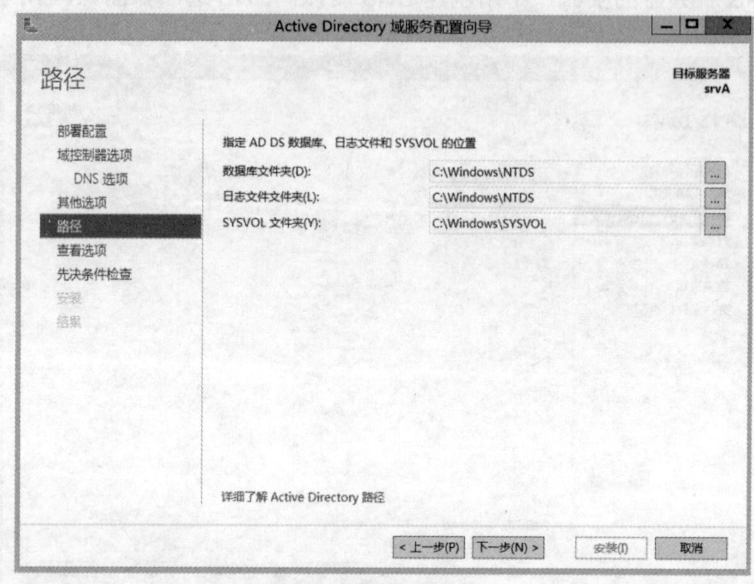

图 9.16　路径设置

（13）“查看选项”可以用于验证设置并确保在开始安装前满足要求。如图 9.17 所示，先查看和确认设置，然后再继续配置。

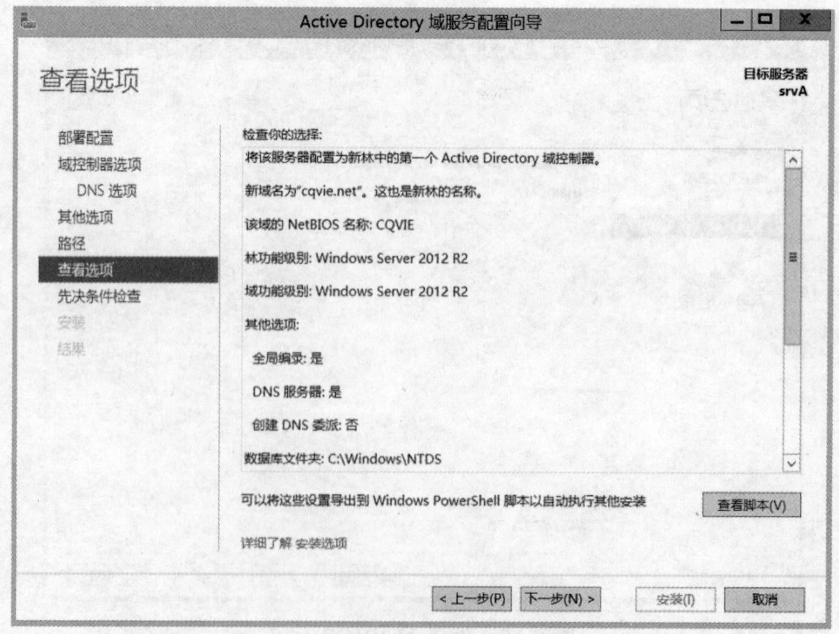

图 9.17　查看选项

（14）“先决条件检查”页面会有一些警告提示信息，告知是否会有没有满足的安装条件。在本次任务中，这些提示不影响功能，可以忽略，点击“安装”即可，如图 9.18 所示。

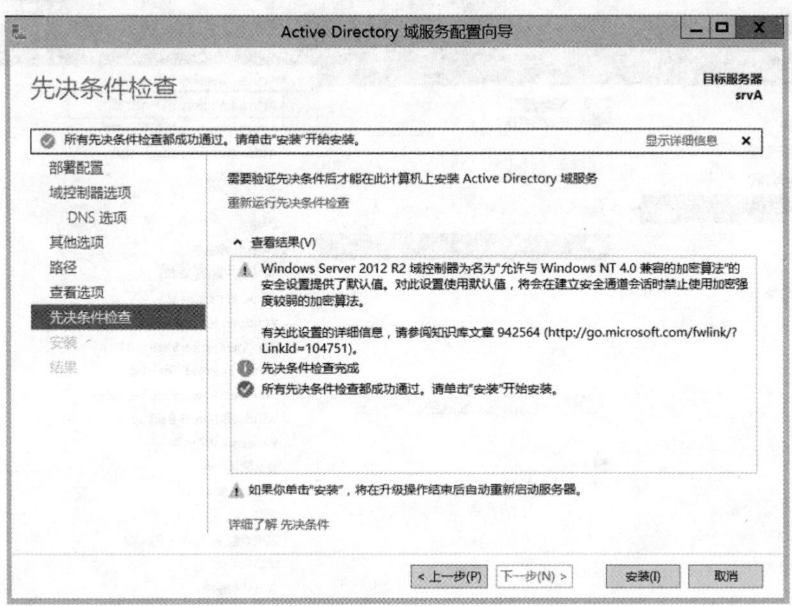

图 9.18　先决条件检查

（15）安装过程中会出现一些注意事项和信息的提示，安装完成后，系统会自动重启，如图 9.19 所示。

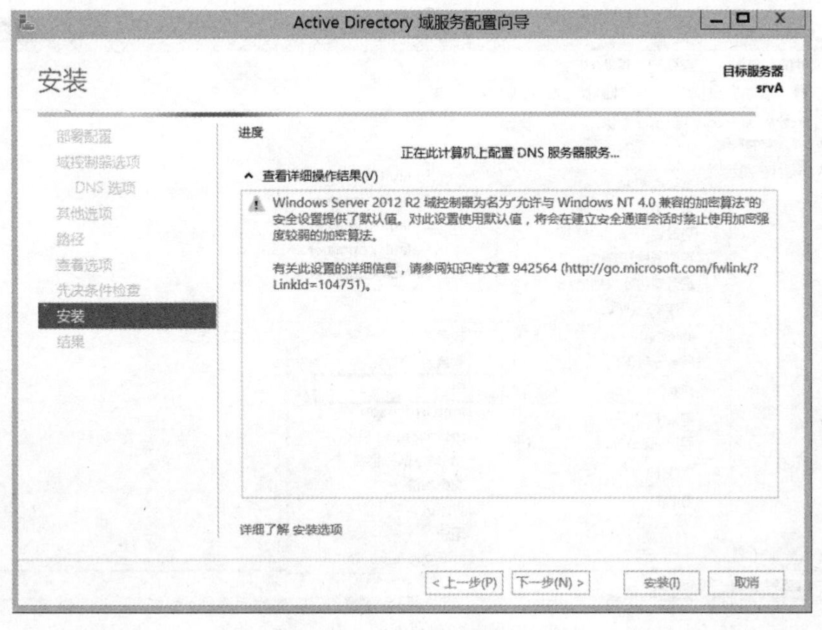

图 9.19　安装配置进行中

3. 创建用户和组

（1）打开“服务器管理器”，选择“Active Directory 用户和计算机”，如图 9.20 所示。

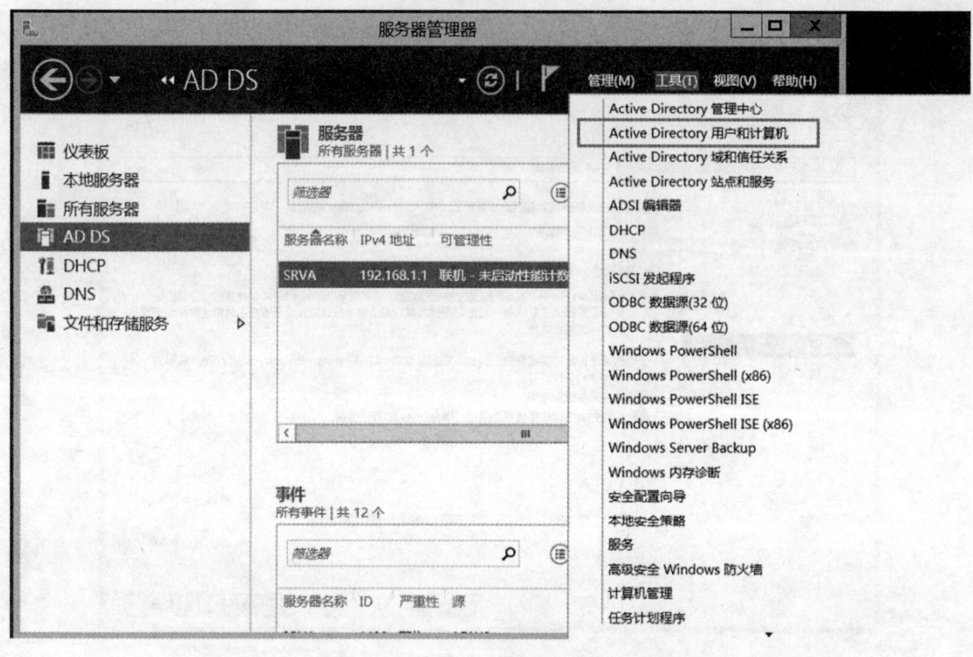

图 9.20　选择“Active Directory 用户和计算机”选项

（2）在“Active Directory 用户和计算机”窗口左侧选中“cqvie.net”，点击鼠标右键，选择快捷菜单中的“新建”→“组”，以进行新建组的操作，如图 9.21 所示。

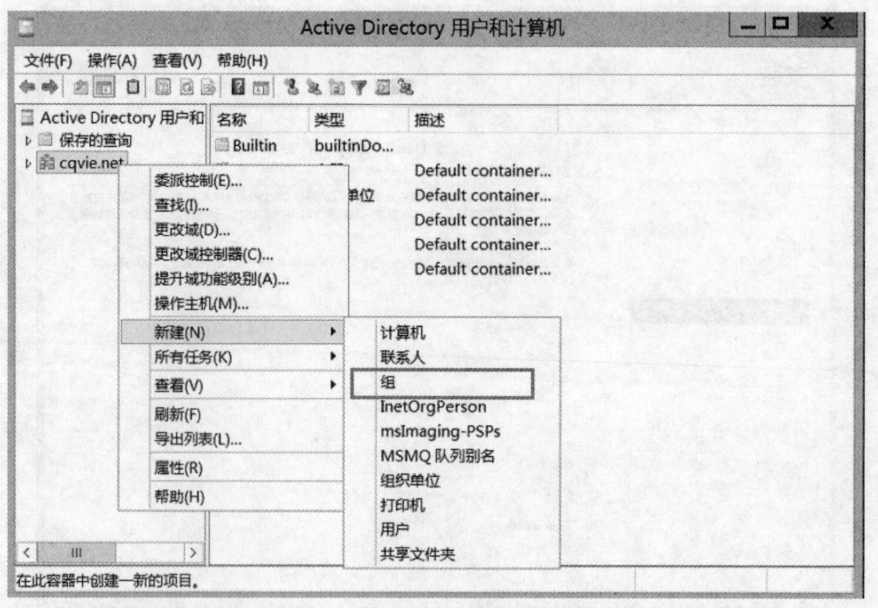

图 9.21　选择“新建”→“组”操作

主要的 Active Directory 对象类别如下，这些对象主要是通过“Active Directory 用户和计算机”控制台来管理的。

- 用户（User）：作为安全主体，被授予安全权限，可登录到域中。
- 计算机（Computer）：表示网络中的计算机实体，加入到域的 Windows NT/2000/XP/2003 计算机都可创建相应的计算机账户。
- 联系人(Contact)：一种个人信息记录。联系人没有任何安全权限，不能登录网络，主要用于通过电子邮件联系的外部用户。
- 组（Group）：某些用户、联系人、计算机的分组，用于简化大量对象的管理。
- 组织单位（Organization Unit）：将域细分的 Active Directory 容器。
- 打印机（Printer）：在 Active Directory 中发布的打印机。
- 共享文件夹（Shared Folder）：在 Active Directory 中发布的共享文件夹。
- InterOrgPersion：标准的用户对象类，对于 Windows Server 2003 域功能级别来说，可以作为安全主体。

（3）在“新建对象 - 组”对话框中，定义组名并指定组的作用域和组的类型，如图 9.22 所示。

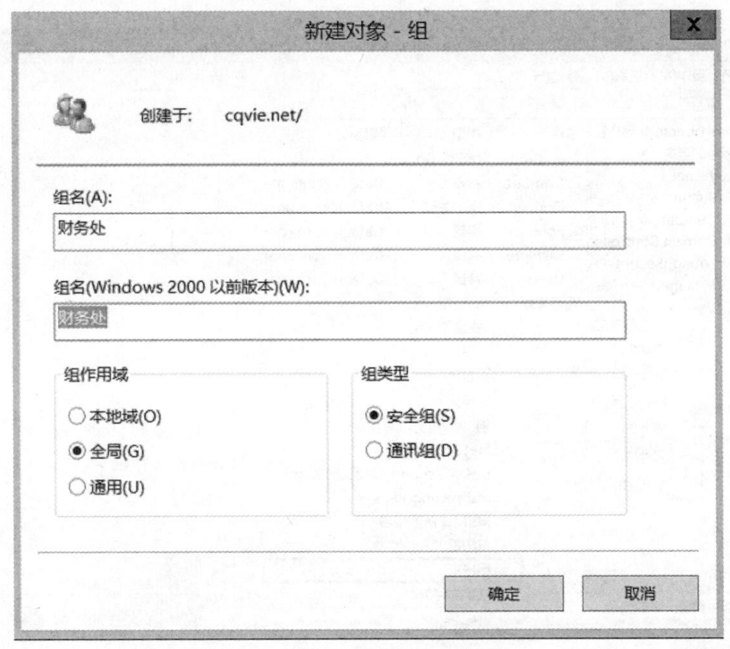

图 9.22　新建组设置

（4）重复执行步骤（2）、（3），依次新建“财务处”和“人事处”两个组，如图 9.23 所示。

（5）选中“cqvie.net”下的“Users”并点击鼠标右键，选择快捷菜单中的“新建”→“用户”，以进行新建用户操作，如图 9.24 所示。

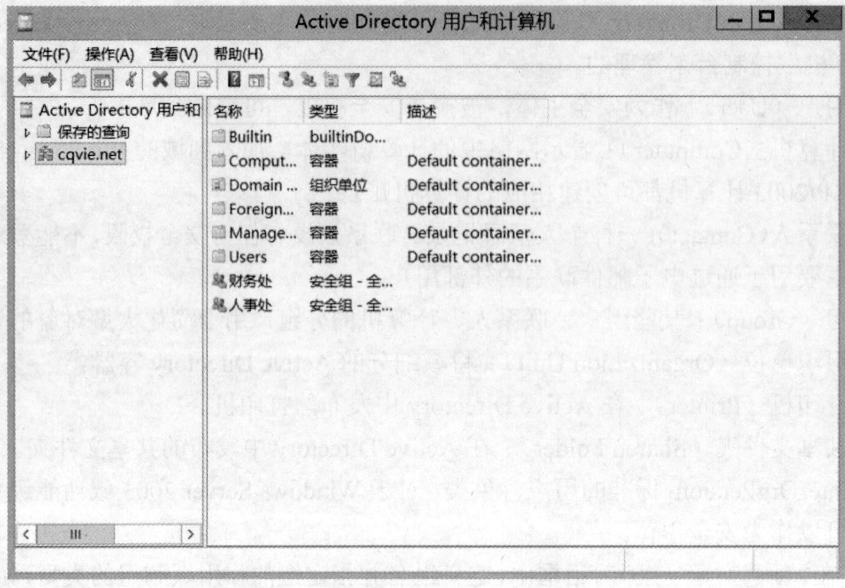

图 9.23　新建“财务处”“人事处”组

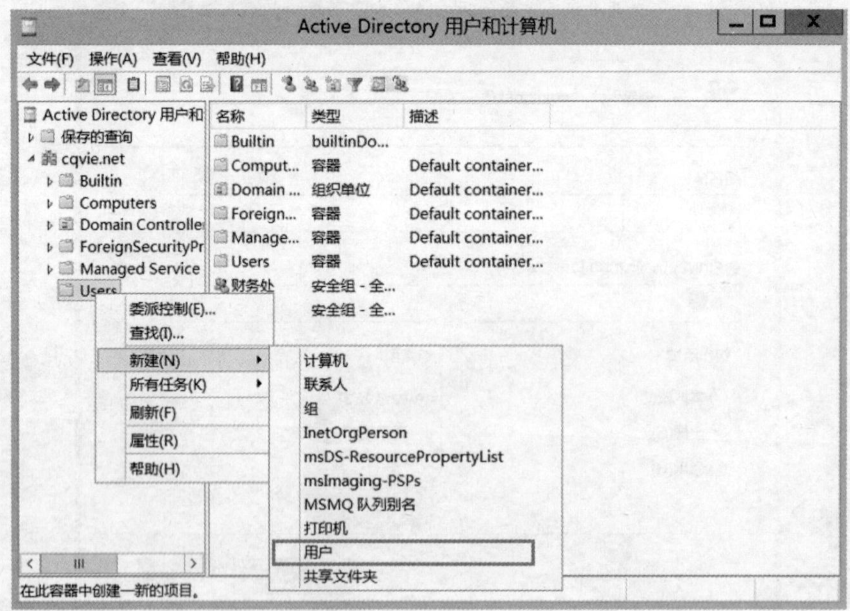

图 9.24　新建用户操作

（6）在“新建对象 - 用户”对话框中，定义新用户的基本信息后点击“下一步”，如图 9.25 所示。

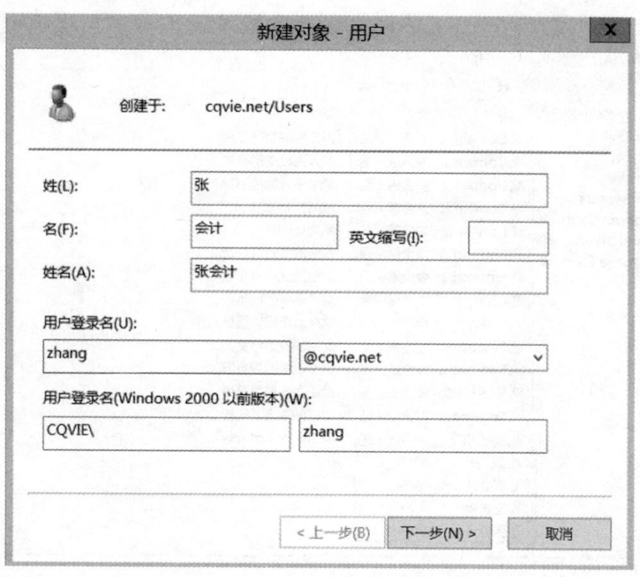

图 9.25 定义用户信息

（7）为新建的用户设置密码，并设定密码为永不过期，如图 9.26 所示。点击“下一步”完成新建用户的操作。

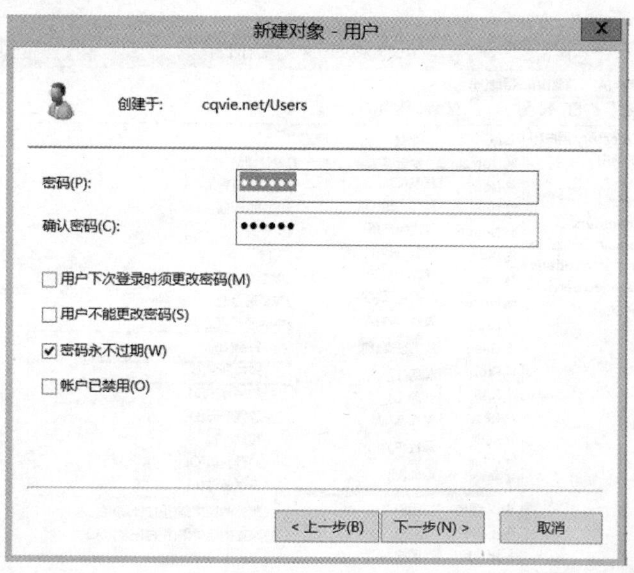

图 9.26 定义用户密码

（8）重复执行步骤（5）、（6）、（7），依次新建“张会计”“李会计”“陈人事”“王人事”四个用户。建好后如图 9.27 所示。

Active Directory 用户和计算机

文件(F) 操作(A) 查看(V) 帮助(H)

Active Directory 用户和
保存的查询
cqvie.net
Builtin
Computers
Domain Controlle
ForeignSecurityPr
Managed Service
Users

名称	类型	描述
Domain ...	安全组 - 全...	指定的域管理员
Domain ...	安全组 - 全...	加入到域中的所有...
Domain ...	安全组 - 全...	域中所有域控制器
Domain ...	安全组 - 全...	域的所有来宾
Domain ...	安全组 - 全...	所有域用户
Enterpri...	安全组 - 通...	企业的指定系统管...
Enterpri...	安全组 - 通...	该组的成员是企业...
Group P...	安全组 - 全...	这个组中的成员可...
Guest	用户	供来宾访问计算机...
Protecte...	安全组 - 全...	此组的成员将受到...
RAS and...	安全组 - 本...	这个组中的服务器...
Read-on...	安全组 - 全...	此组中的成员是域...
Schema ...	安全组 - 通...	架构的指定系统管...
WinRMR...	安全组 - 本...	Members of this ...
陈人事	用户	
李会计	用户	
王人事	用户	
张会计	用户	

图 9.27 新建的域用户

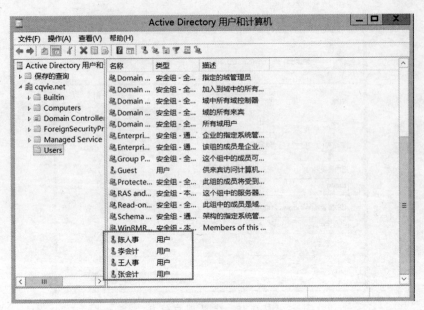

（9）选中某用户后点击鼠标右键，在快捷菜单中依次选择“所有任务”→“添加到组”，如图 9.28 所示。

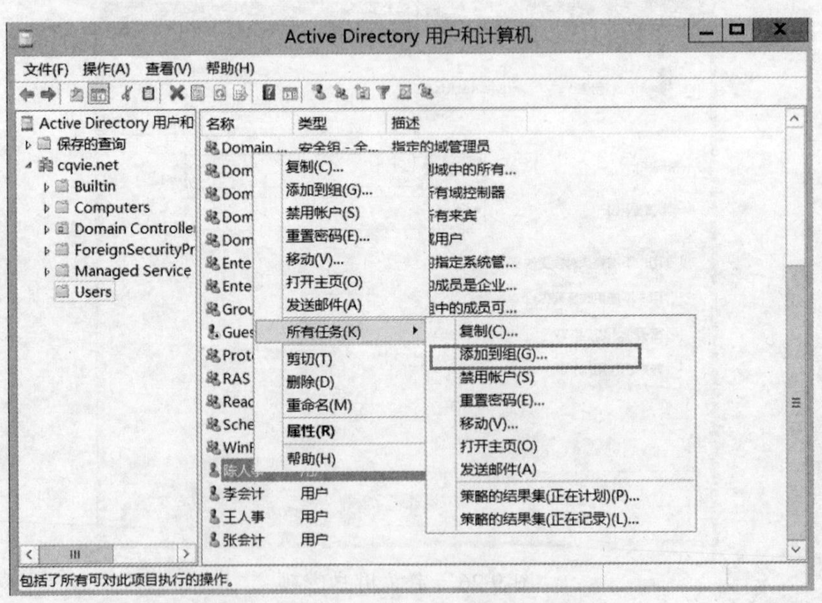

图 9.28 选择“添加到组”操作

（10）在“选择组”对话框中输入该用户要加入的组的组名，然后点击“确定”按钮，将用户加入到在步骤（2）、（3）、（4）中建好的组中，如图 9.29 所示。

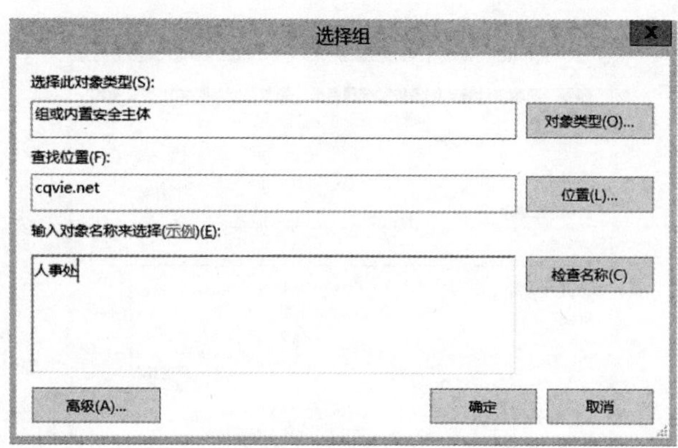

图 9.29 “选择组”操作

（11）重复执行步骤（9）、（10），依次将用户“张会计”“李会计”加入到“财务处”组中，将“陈人事”“王人事”加入到“人事处”组中。

4. 将客户机加入域

（1）设置成员服务器的 IP 为 192.168.1.200，首选 DNS 服务器为 192.168.1.1，如图 9.30 所示。

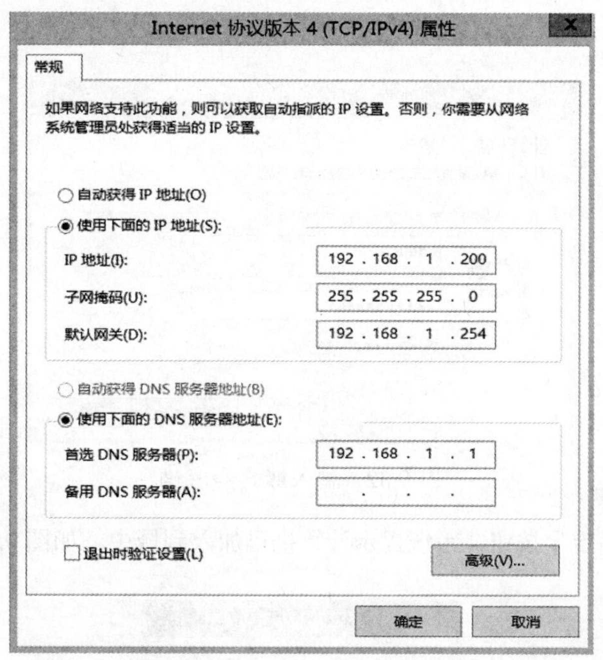

图 9.30 成员服务器 IP 设置

（2）右键单击“我的电脑”，选择“属性”，找到“高级系统设置”，然后弹出“系统属性”对话框，选择“计算机名”选项卡，点击对话框中的“更改”按钮，设置该计算机隶属于域“cqvie.net”，如图 9.31 所示。

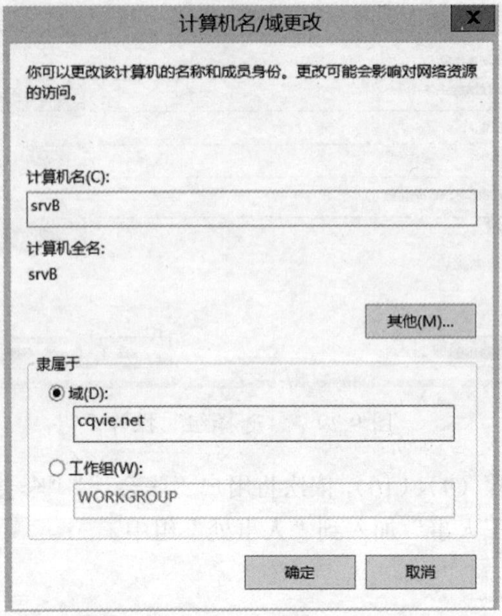

计算机名/域更改

你可以更改该计算机的名称和成员身份。更改可能会影响对网络资源的访问。

计算机名(C):

srvB

计算机全名:

srvB

其他(M)...

隶属于

域(D):

cqvie.net

工作组(W):

WORKGROUP

确定 取消

图 9.31　将计算机加入域

（3）点击“确定”按钮，输入域控制器的管理员名称和密码，使该计算机加入到域中，如图 9.32 所示。

图 9.32　输入账户和密码

（4）点击“确定”按钮，系统提示计算机已加入到域中，如图 9.33 所示。

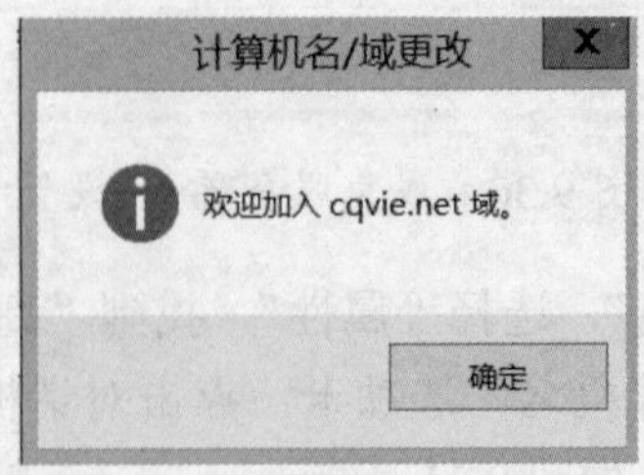

图 9.33　提示计算机已加入到域

(5) 加入域后，系统属性产生了相应变化，如图 9.34 所示，重启计算机以使修改生效。

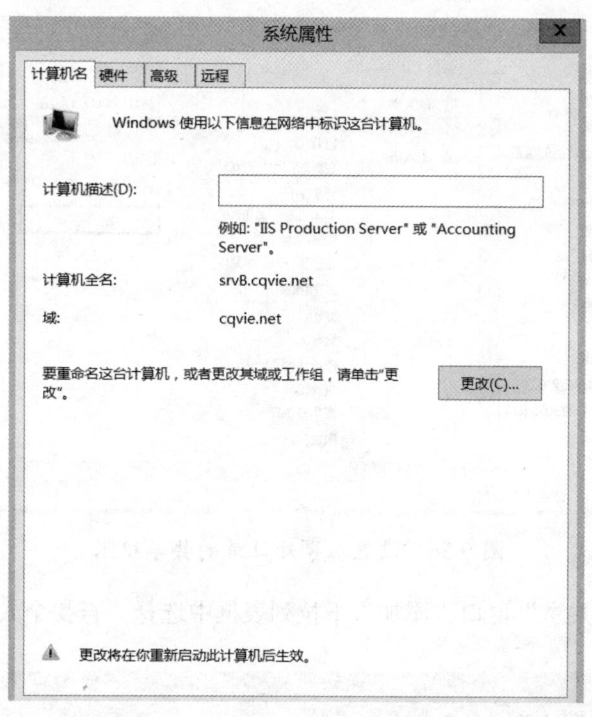

图 9.34　加入域后的计算机名

(6) 设置另一台工作站（Windows XP 系统）的 IP 为 192.168.1.10，首选 DNS 服务器为 192.168.1.1，重复步骤（2）～（5），将工作站加入到域“cqvie.net”中。

5. 域资源访问

(1) 在成员服务器的 NTFS 分区上创建“人事处”“王人事”“陈人事”三个文件夹，分别用于存储人事处公共资源以及王人事和陈人事的个人资源，如图 9.35 所示。

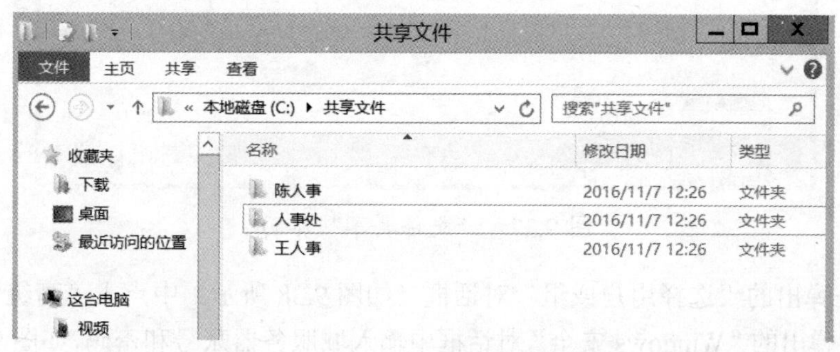

图 9.35　成员服务器资源文件夹

(2) 将“人事处”目录设置为共享，鼠标右键点击“人事处”，选择“共享”→“特定用户”，如图 9.36 所示指定域中的用户组“人事处”对该目录有完全控制权限。

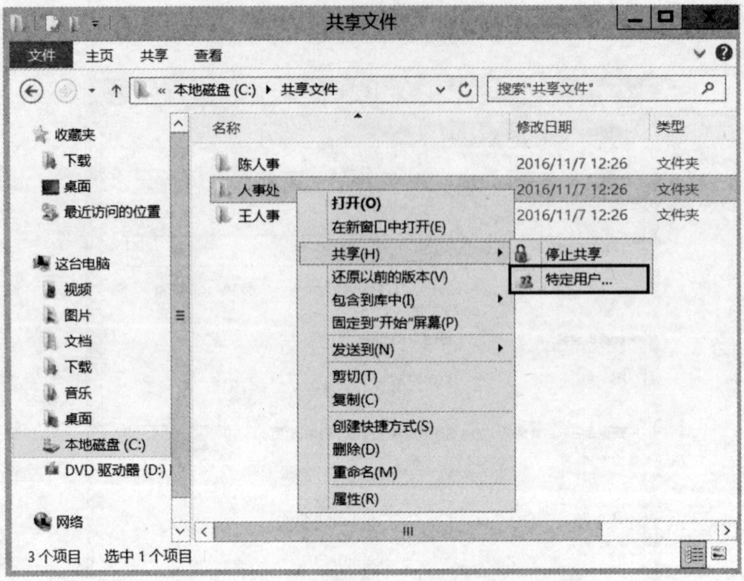

图 9.36　设置人事处目录的共享权限

（3）在“文件共享”窗口“添加”下拉列表框中选择“查找个人”，如图 9.37 所示。

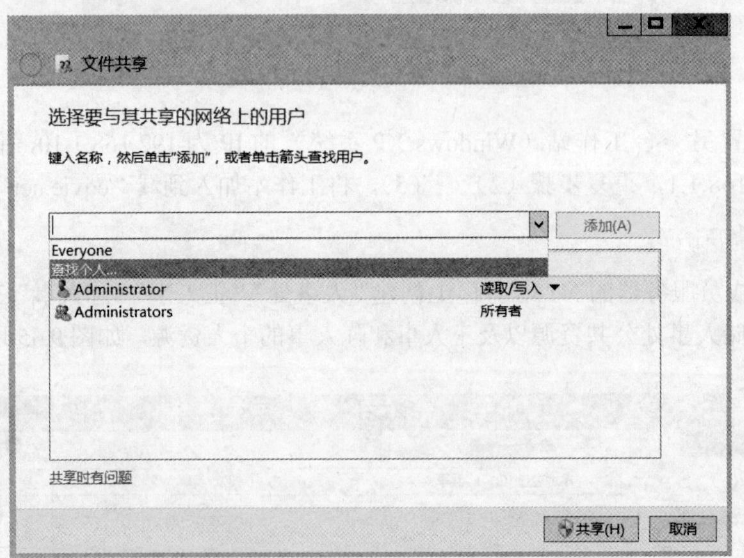

图 9.37　“文件共享”界面

（4）在弹出的“选择用户或组”对话框（如图 9.38 所示）中点击“高级”。

（5）在弹出的“Windows 安全”对话框中输入域服务器账号和密码，如图 9.39 所示。

（6）在弹出的“选择用户或组”对话框中点击“立即查找”，找到“人事处 cqvie.net”这个账号，然后点击“确定”，如图 9.40 所示。

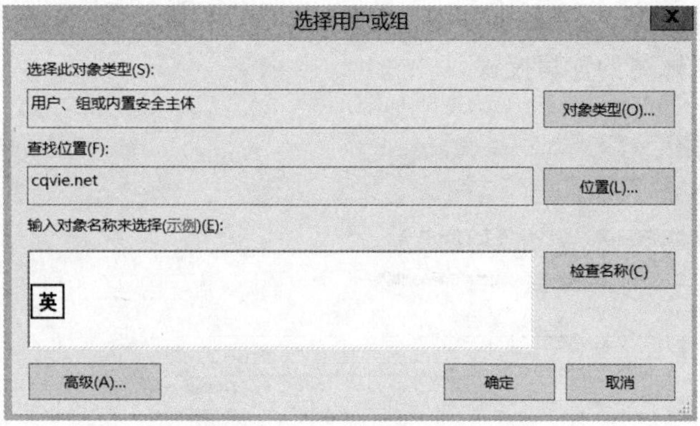

图 9.38　选择用户或组

图 9.39　输入账号和密码

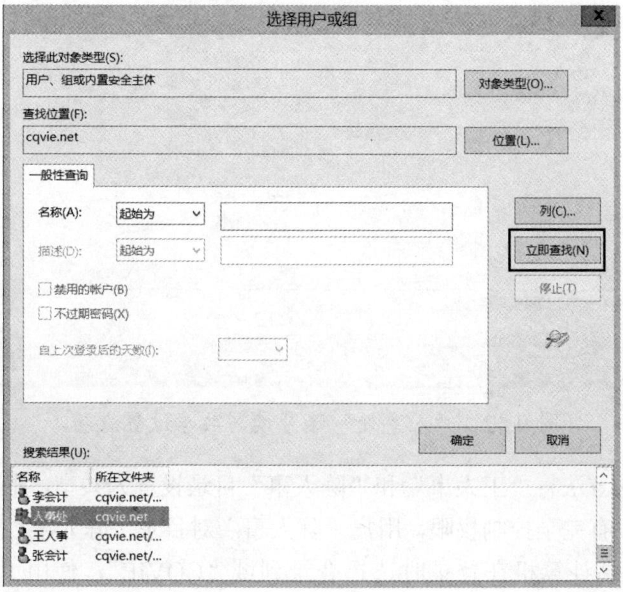

图 9.40　查找账号

（7）如图 9.41 所示，选择添加好的“人事处”，在“权限级别”中选择“读取 / 写入”，完成对“人事处”账号的读写授权。

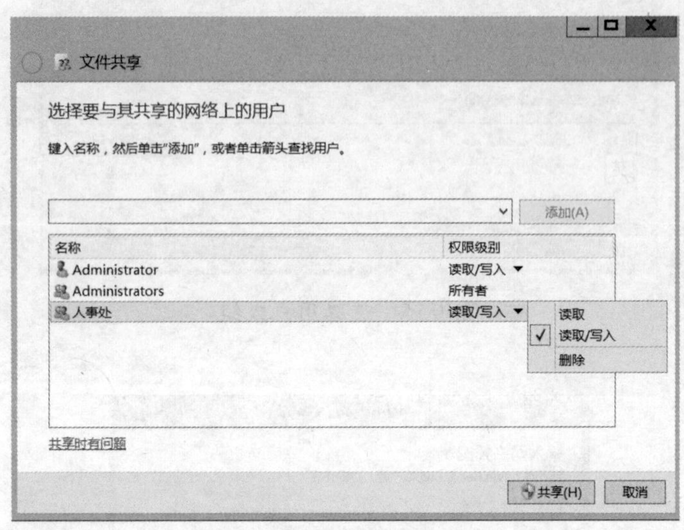

图 9.41　设置读写权限

（8）文件共享设置成功，如图 9.42 所示。

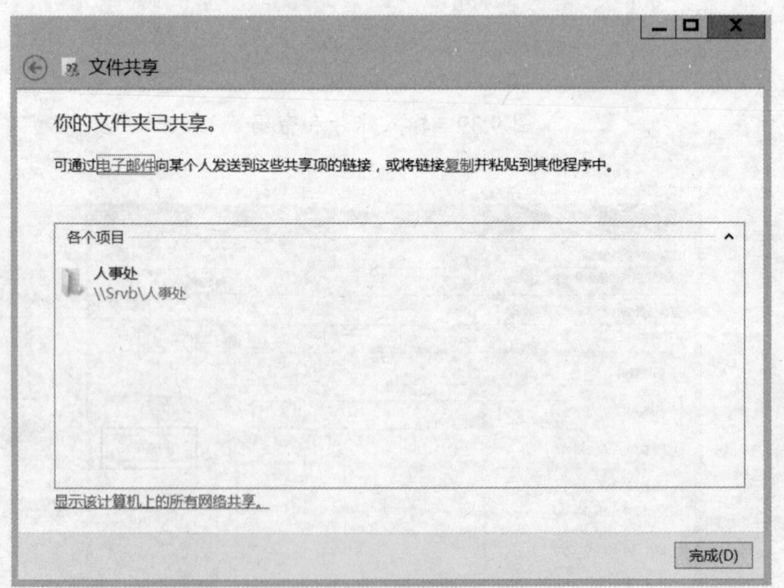

图 9.42　“人事处”账号读写共享设置成功

（9）按同样的方法将“王人事”和“陈人事”目录设置为共享，指定用户“王人事”对目录“王人事”有完全控制权限，用户“陈人事”对目录“陈人事”有完全控制权限。

（10）将工作站计算机在登录时选择登录到域“CQVIE”，使用“王人事”用户账号登录到域，如图 9.43 所示。

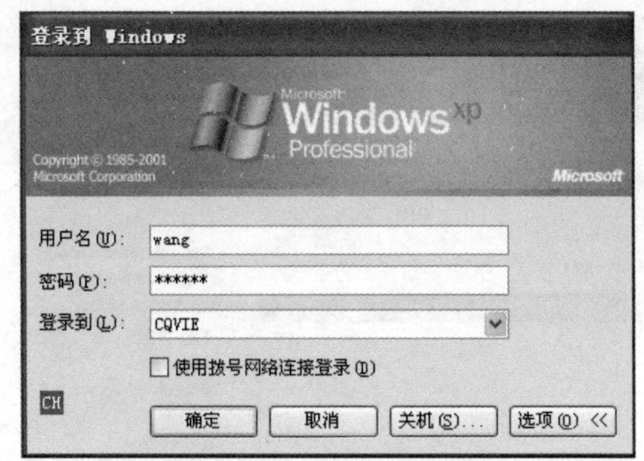

图 9.43 “王人事”登录

（11）在工作站打开“运行”窗口，输入“\\srvB”访问成员服务器 srvB，可以浏览到成员服务器所有的共享资源，如图 9.44 所示。

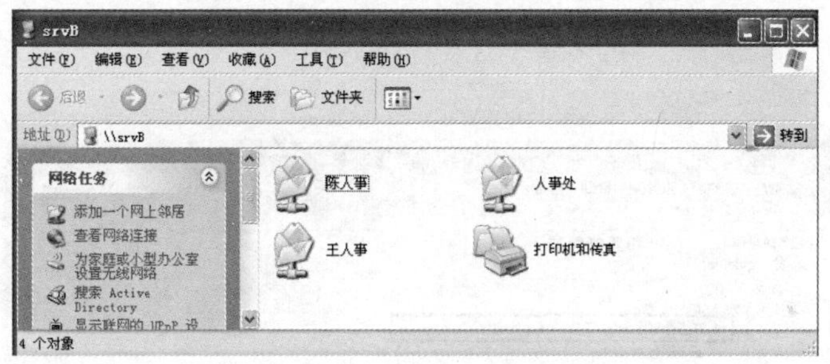

图 9.44 共享资源列表

（12）工作站是用“王人事”的账户登录的，故只能访问其中的“人事处”和“王人事”文件夹，当访问“陈人事”文件夹时，系统将拒绝访问，如图 9.45 所示。

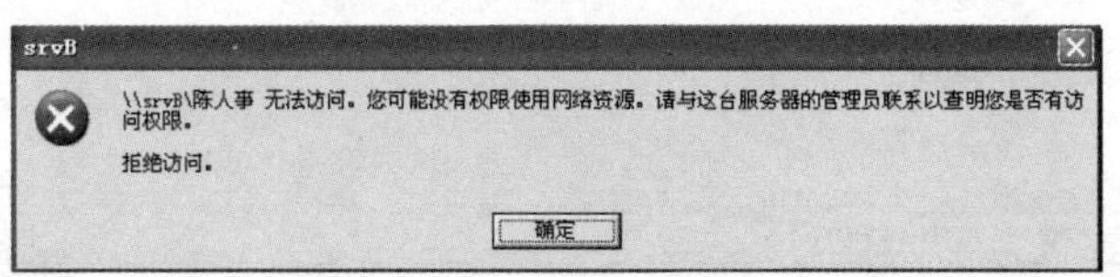

图 9.45 拒绝访问提示

（13）采用同样的方法可测试“陈人事”从工作站登录到域后对域中资源的访问情况。

6. 使用组策略对域成员进行统一管理

管理人员希望通过域服务器对登录域的所有计算机进行统一管理，让域内计算机打开 IE 浏览器时自动打开学校主页 http://www.cqvie.net。

（1）在域服务器的服务器管理器里找到“组策略管理”工具，图 9.46 所示。

（2）在“组策略管理”对话框中，右键点击“cqvie.net”，选择“在这个域中创建 GPO 并在此处链接”，如图 9.47 所示。

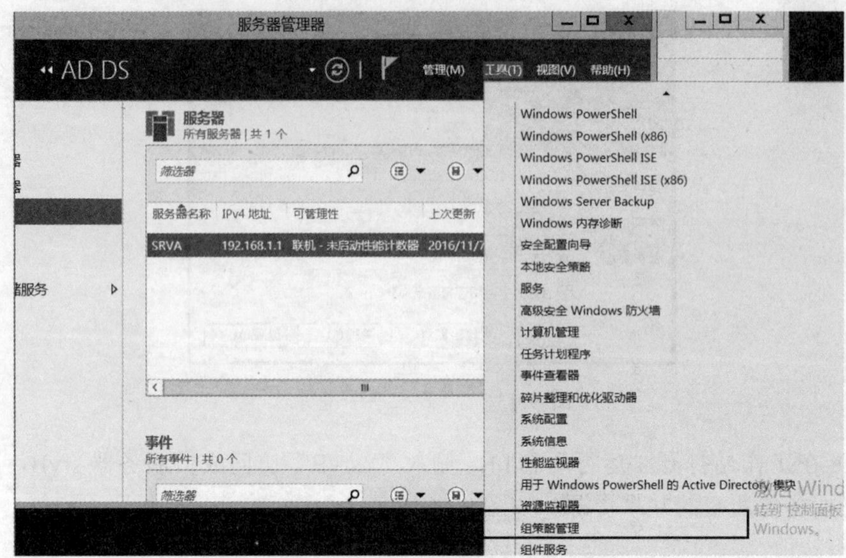

图 9.46 打开“组策略管理”

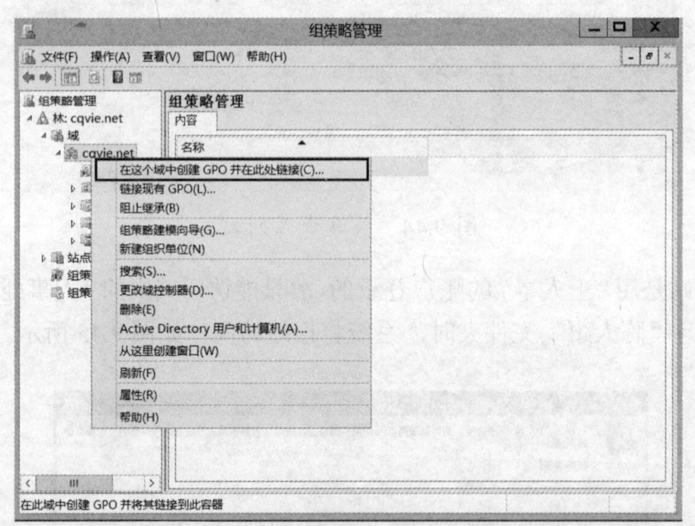

图 9.47 在“组策略管理”中新建 GPO

（3）输入组策略的名称，可以任意命名，如图 9.48 所示。

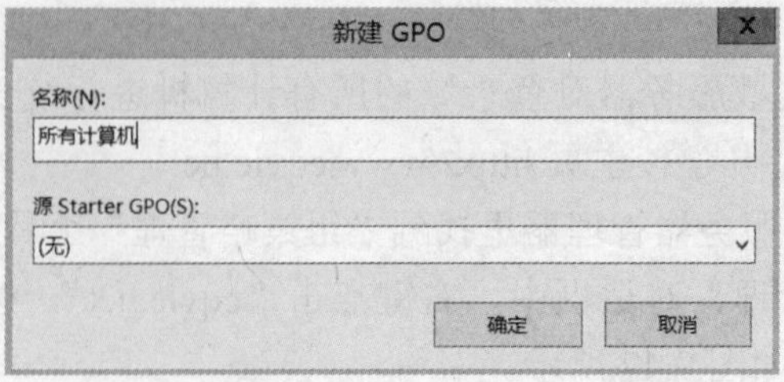

图 9.48 命名 GPO

（4）完成新建 GPO 后，回到“组策略管理”窗口，可以看到“所有计算机”这个组策略，点击该策略，在窗口右部会出现详细的配置界面，如图 9.49 所示。

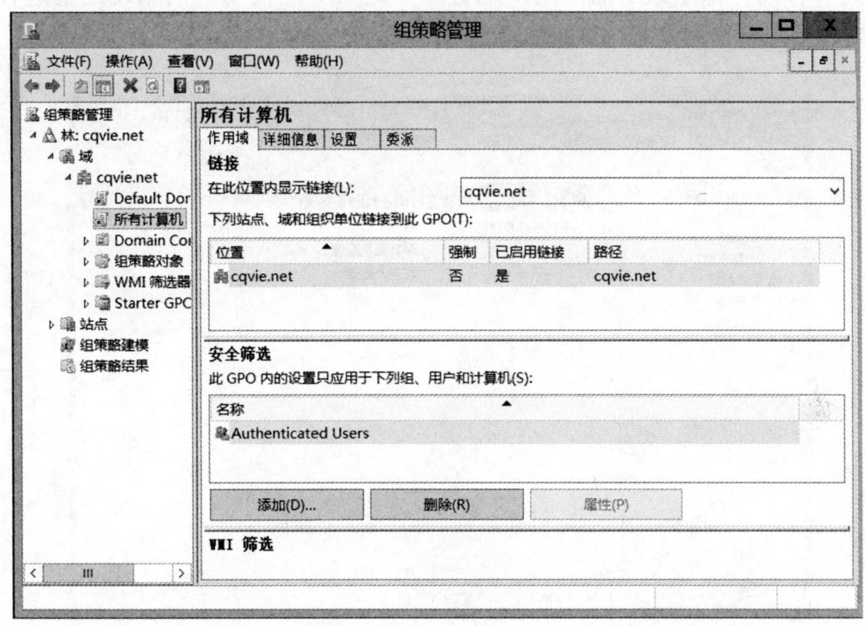

图 9.49 “组策略管理”窗口

（5）鼠标右键点击“所有计算机”组策略名称，选择“编辑”，如图 9.50 所示。

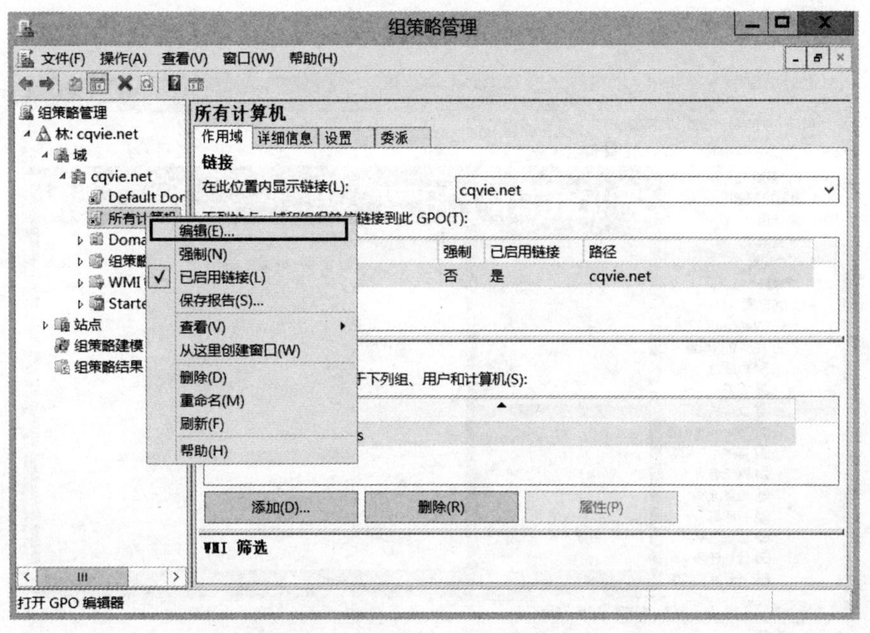

图 9.50 编辑组策略管理

（6）在弹出的“组策略管理编辑器”对话框中可以看到“计算机配置”和“用户

配置”，如图 9.51 所示。这两者中有部分项目是重复的，如都含有“软件设置”“Windows 设置”等。在“计算机配置”中可对整个计算机的系统配置进行设置，它对被设置的计算机的所有用户都生效；而“用户配置”则是只对当前用户的系统配置进行设置，即只对当前用户起作用。

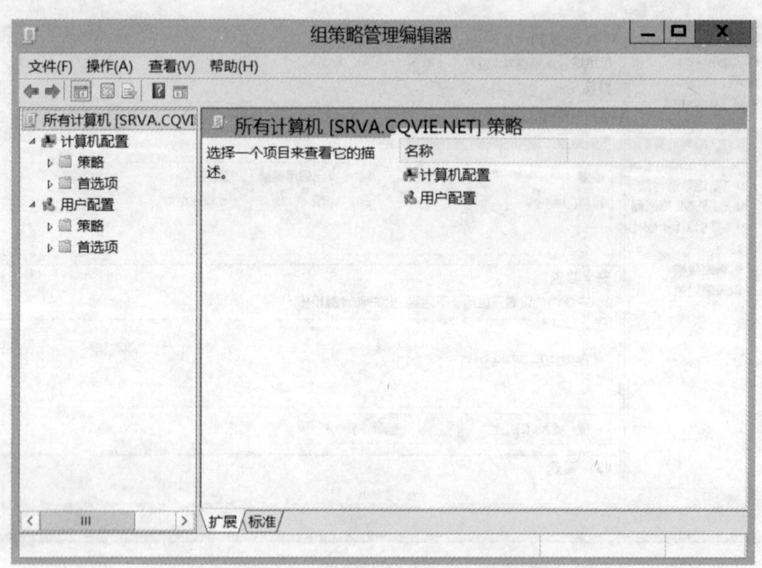

图 9.51　组策略管理编辑器

（7）选择“用户配置”下的“首选项”，在展开的“控制面板设置”中找到“Internet 设置”，如图 9.52 所示。

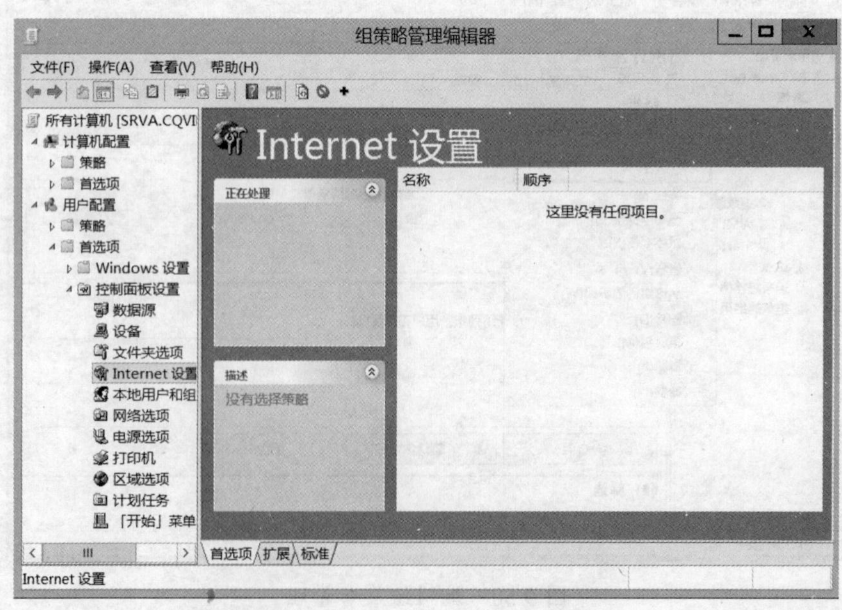

图 9.52　用户配置—Internet 配设置

（8）编辑 Internet 属性，这里可以根据浏览器的版本类型进行编辑，本次选择 IE6（针对 WinXP 系统），如图 9.53 和图 9.54 所示。

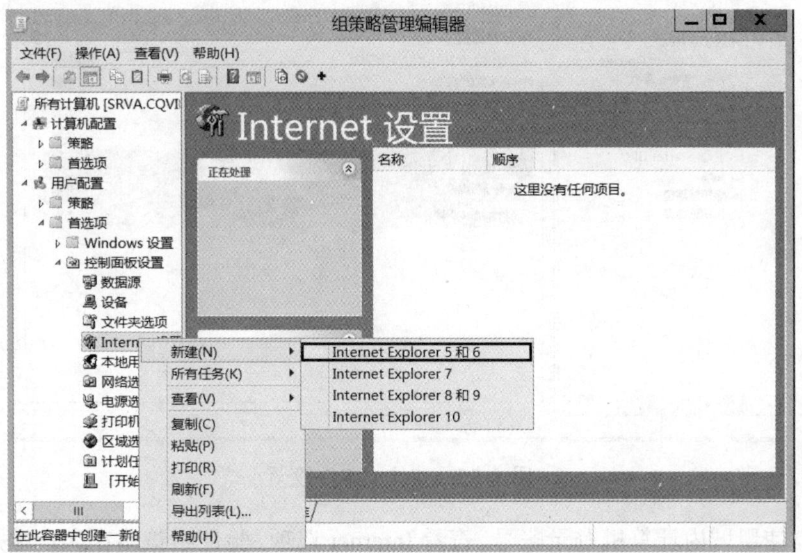

图 9.53　选择 IE 版本

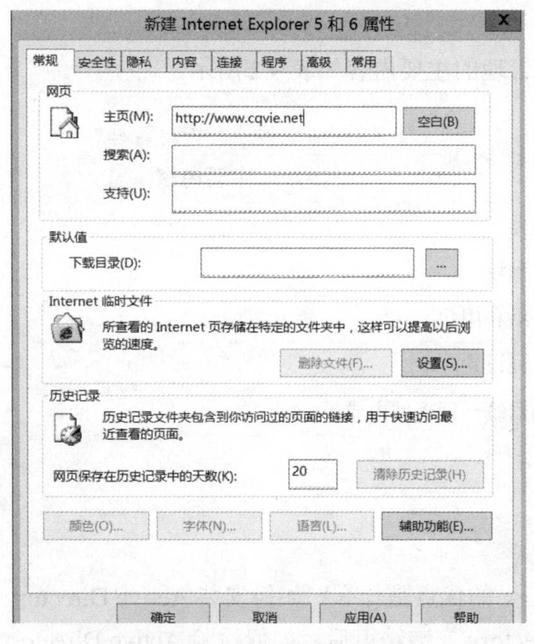

图 9.54　设置 IE 默认主页

（9）回到“组策略管理”窗口，选择“cqvie.net”，点击窗口右部的“设置”选项卡，可以看到该 GPO 的详细设置，如图 9.55 所示。

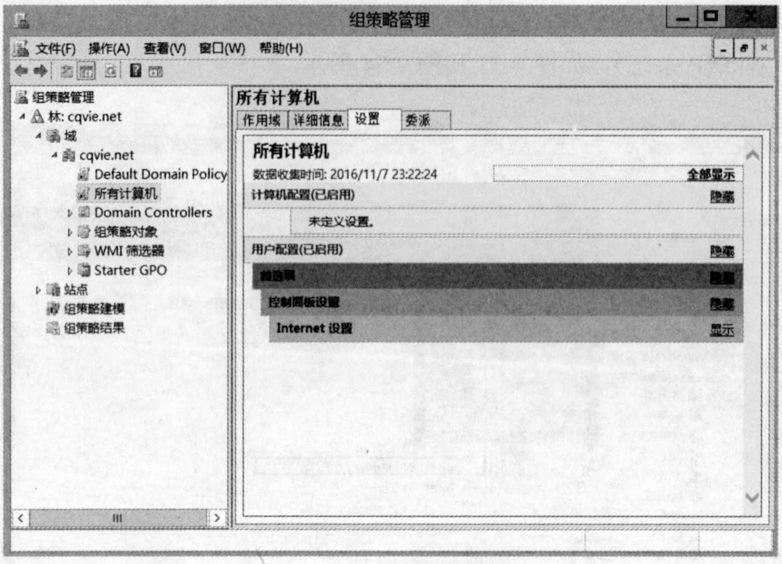

图 9.55 查看 GPO 设置

（10）使用域内计算机登录账号，查看 Internet 选项，验证组策略在客户端是否生效。

【拓展实训】

活动目录配置与管理的主要内容如表 9.2 所示。

表 9.2 活动目录配置与管理

项目	主要内容
1	部署域控制器
2	客户机加入到域
3	新建域用户组和用户
4	域资源的权限设置
5	通过域控制器统一管理域内成员

【同步训练】

1．Active Directory 的优点是什么？如何安装 Active Directory ？

2．在 Active Directory 安装结束后，如何检验 Active Directory 安装是否正确？

3．如何限制用户由某台客户机在某个特定时段登录？

4．将用户账户、计算机账户添加到组中的作用有何不同？

参考文献

[1] 王群．计算机网络教程 [M]．北京：清华大学出版社，2005.12．

[2] 蔡皖东．计算机网络（第三版）[M]．西安：西安电子科技大学出版社，2007.5．

[3] 王峰．Windows Sever 2003 服务器配置实用案例教程 [M]．北京：中国电力出版社，2007.8．

[4] （美）波诺赛克（Boronczyk,T）等著．薛淼译．Web 开发入门经典 —— 使用 PHP6、Apache 和 MySQL．北京：清华大学出版社，2009.7．

[5] IT 同路人．Windows Server 2003 服务器架设实例详解（修订版）．北京：人民邮电出版社，2010.6．

[6] 齐俊杰，胡洁，麻信洛．流媒体技术入门与提高．北京：国防工业出版社，2009.8．

[7] 杭州华三通信技术有限公司．路由交换技术．北京：清华大学出版社，2012.5.

[8] 邓文达，易月娥，王华兵，邓宁．Windows Server 2012 网络管理项目教程．北京：人民邮电出版社．2014.4.

[9] 汪应，邓荣．计算机网络组建．重庆：重庆出版社，2013.5．

[10] 黄君羡．Windows Server 2012 活动目录项目式教程．北京：人民邮电出版社，2015.5．

[11] 戴有炜．Windows Server 2012 网络管理与架站．北京：清华大学出版社，2015.6.